IT講師 丸山紀代 著
ITパスポート試験ドットコム 協力

この1冊で合格! 丸山紀代の ITパスポート テキスト&問題集

令和6 2024 年度版

KADOKAWA

本書の特徴

プロ講師×人気サイトが最短合格をナビゲート！

IT講師 丸山紀代

本書は、試験対策で受講者から高い満足度を得ている丸山紀代（まるやまのりよ）講師が執筆。月間10万人が利用する過去問学習サイト「ITパスポート試験ドットコム」と連携して、最短ルートの合格ポイントを伝授します。この1冊で対策は万全です！

✓ 本書のポイント

1 プロ講師が必修ポイントをわかりやすく解説

IT系国家試験対策で定評のある丸山講師が執筆。人気講義を紙面で再現しています。本書のベースとなったレジュメを使用した前職の社内受験では、9割以上の合格率を達成しています。

2 オールインワンだから1冊だけで合格

知識定着のため、各テーマに必ず問題を収録するだけでなく、1章まるごと本試験形式の過去問題集「過去問道場®」100問を収録。実際の過去問を解くことで確実に得点力がUPします。

3 見開き構成＋図解でパッとつかめる

試験では聞き慣れないITに関する専門用語が多く出てきます。本書はイメージで学んですぐに理解できるように、左ページに解説、右ページに図解の構成となっており、初学者でも読み切れます。

4 最新シラバス6.2に完全対応

新シラバス6.2では、話題のChatGPTのようなAIチャットボットや、精巧な画像を生成する生成AIの仕組みや活用例、留意事項等に関する項目が追加されましたが、これらの新用語も収録！

✓ 3つのステップで合格をつかみとる！

STEP 1 図解で理解しながら問題を解く

本書は、各テーマで必修ポイントを解説した後、「図解でつかむ」でイメージを定着させ、「問題にチャレンジ！」で過去問を解くことで実践力が身につくように構成しています。1テーマ見開き完結なのでスキマ学習にも最適です。

STEP 2 過去問道場®で得点力を高める

テキストを一通り学習して基礎ができたら、第6章の模擬試験を解いてみましょう。過去問から関連知識をさらに深めることができます。試験に慣れて合格がグッと近づきます。

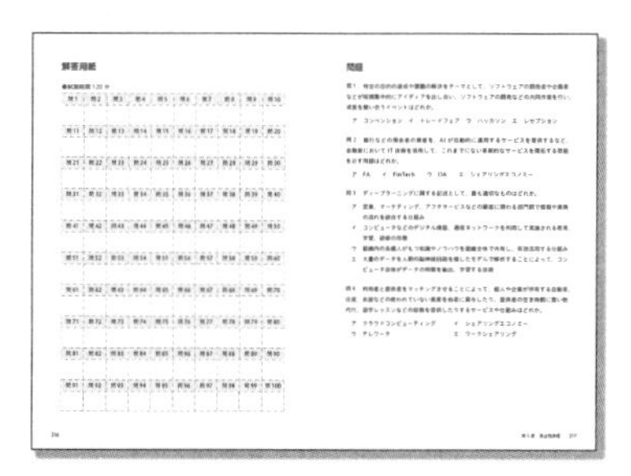

STEP 3 用語集や問題の再チェックで知識を確実にする

試験の直前には、巻末の用語集で知識にモレがないかを確認しましょう。また、これまでのステップで解けなかった問題があれば、再度解いたり、該当部分の解説を精読して理解を深めましょう。

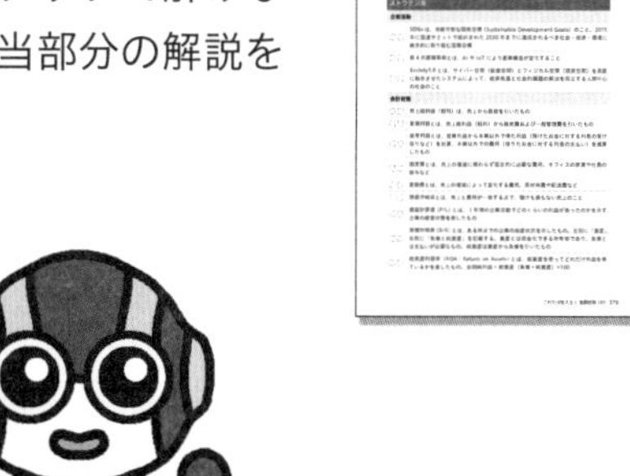

はじめに

はじめまして！ IT講師の丸山紀代といいます。私は13年前までシステム開発のエンジニアをしていましたが、現在はITパスポートや基本情報技術者試験・応用情報技術者試験といった各種IT系の国家試験対策やJava・Pythonなどプログラミングに関する企業研修を行っています。

さて、本書を読まれる皆さんは、それぞれ理由があって試験合格を目指しているのだと思いますが、どうすれば効率的かつ効果的に学習ができるのでしょうか？ ITパスポート試験は学生や非エンジニアの社会人が多く受ける試験ですから、皆さんのなかにはITが苦手な人、専門用語がわからない人もいらっしゃるでしょう。私は講師として多くの受講者を見てきましたが、同じ授業を受けているはずなのに、学んだことをすぐに理解して実行できる人と、理解するのに必死で知識の定着に時間がかかる人がいます。

この理解が早い人と遅い人の違いは一体何なのでしょうか？

一言でいえば、それは学習に対する目的意識の違いといえます。理解が早い人は「プログラミングを学んで業務に使おう」「試験に1回で合格するぞ」など自分で目的・目標を設定し、「だから研修ではこれらの知識を学ぶ必要があるのだ」と意識し、モチベーションを高めることで学習効率を向上させています。また、新しい技術を学ぶうえでも、単に用語や意味を暗記するのではなく、「何に使われる技術なのか？」「これまでとは違うどんな価値があるのだろう？」と関心を持つことで理解を深め、役立つ知識として身につけています。

本書は、合格という目的に向かって学習効率を高めるため、①頻出のテーマに絞って解説する、②知識の定着に役立つように見開きで図解と問題を入れる、③最新シラバスの傾向に従いつつ興味を持ちやすい新技術から始める構成としています。

さらには多数の受験者が利用している過去問学習サイトの「ITパスポート試験ドットコム」と連携した模擬試験を収録するなど、合格に必須の知識が1冊で身につくようにしています。合格はもちろんのこと、この先も役立つ知識を身につけてもらえれば嬉しいです。

IT講師　丸山 紀代

誰でも最短でわかる！
IT パスポート試験とは

IT パスポート試験は、IT を利活用するすべての社会人・これから社会人となる学生が備えておくべき、IT に関する基礎的な知識が証明できる国家試験です。**IT を正しく使いこなすための知識と、IT を使って業務の課題を検討し、解決するための知識**が問われます。

IT パスポートの概要

IT パスポート試験は、コンピュータを操作して問題を解く CBT（Computer Based Testing）方式によって行われます。この試験で初めてコンピュータ試験を受ける方もいらっしゃるでしょう。CBT 試験については 186 ページで解説していますので、初めての方は目を通しておくとよいでしょう。

CBT 導入翌年の 2012 年度の受験者数は 62,848 人でしたが、令和 4（2022）年度には 231,526 人と受験者数を伸ばしている人気の試験です。応募者の内訳として、学生が 22.4%、社会人が 77.6% となっており、非 IT 系が約 7 割を占めているのが特徴です（令和 4 年度）。合格率は、令和 4 年度は 51.6%、令和 3 年度は 52.7%、令和 2 年度は 58.8% と 50% 超で推移しています。

試験はストラテジ系、マネジメント系、テクノロジ系の 3 つの分野から出題されます。分野ごとに基準点が設定されているため、バランスよく知識を習得することが求められます。

試験時間	120 分
出題数	100 問
出題形式	四肢択一式（4 つの選択肢から 1 つ選ぶ）
出題分野	ストラテジ系（経営全般）：35 問程度
	マネジメント系（IT 管理）：20 問程度
	テクノロジ系（IT 技術）：45 問程度
合格基準	**総合評価点 600 点以上かつ分野別評価点もそれぞれ 300 点以上** **【総合評価点】** 600 点以上／ 1,000 点（総合評価の満点） **【分野別評価点】** ストラテジ系　300 点以上／ 1,000 点（分野別評価の満点） マネジメント系 300 点以上／ 1,000 点（分野別評価の満点） テクノロジ系　300 点以上／ 1,000 点（分野別評価の満点）

受験料	7,500円（税込）
試験方式	**CBT（Computer Based Testing）方式** 受験者はコンピュータに表示された試験問題に対して、マウスやキーボードを用いて解答します。自分の都合のよい日時や会場を選んで受験が可能です。

出題分野

3分野のうち、ストラテジ系（経営全般）とテクノロジ系（IT技術）の出題数が多くなっています。ストラテジ系では、企業がIT技術を正しく活用するための法律や経営戦略、システム戦略について問われます。マネジメント系ではシステム開発における各種技術やプロジェクトのマネジメントに関する知識が問われます。テクノロジ系はIT技術の基盤であるコンピュータサイエンスの基礎理論や現代の生活に欠かせないセキュリティやネットワーク、データベースの知識などが問われます。

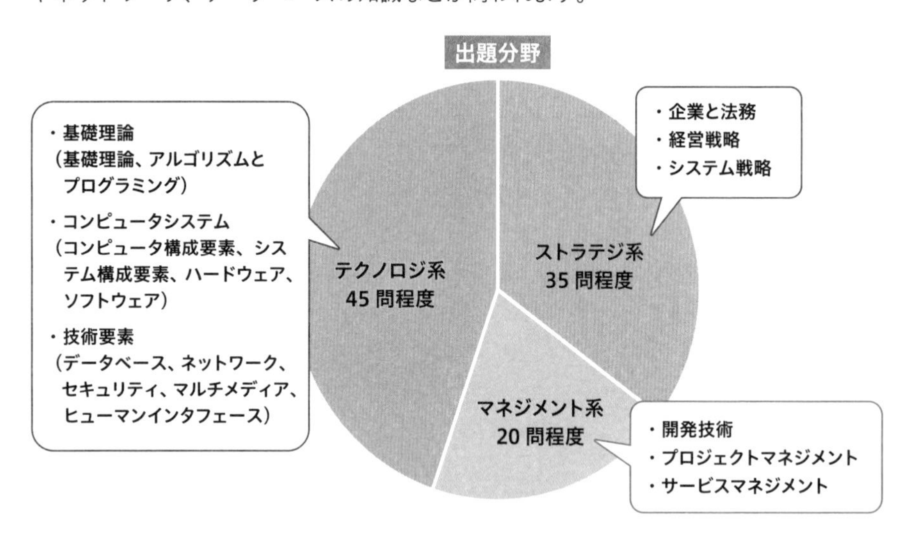

出題範囲・シラバスについて

試験はシラバスに基づいて実施されますが、本書は令和6（2024）年4月から適用されるVer.6.2に対応しています。AI分野において、「人間が書いたような自然な文章」や「精巧な画像」を生成する「生成AI」の登場が、話題になっています。こうした状況を踏まえ、Ver.6.2では、「生成AIの仕組みや活用例、留意事項等に関する項目」などが追加されています。なお、出題範囲・シラバスは、技術動向や環境変化等を踏まえて適宜改訂が行われます。

受験手続

ITパスポート試験の申込みは、公式のウェブサイトから行います。まず、受信可能なメールアドレスを入力し、利用者のID登録をします。ID登録が完了したら、自分の都合のよい会場や日程を選んで申込みを行い、支払方法を選択します。当日は、受験関連メニューの「受験申込」からダウンロードした①確認票、②顔写真付きの本人確認書類を試験会場で提示して受験します。

試験結果は採点終了後、その場で表示されます。また、公式サイトから試験結果のレポートをダウンロードすることができます。

手続きについては公式サイトに詳細に掲載されていますが、試験内容や申込手続について不明な点があれば、下記のコールセンターに問合せを行うことができます。

ITパスポート試験公式サイト

https://www3.jitec.ipa.go.jp/JitesCbt/

ITパスポート試験 コールセンター

TEL：03-6631-0608（8:00〜19:00までの営業。年末年始等の休業日を除く）

Eメール：call-center@cbt.jitec.ipa.go.jp

プロ講師が分析。傾向と対策

令和６年の４月からシラバス 6.2 が適用されます。実感としては、シラバス改訂ごとに試験の難易度は上がっており、その場しのぎの学習では対応が難しくなっています。ここでは、傾向と対策をまとめましたので、テキスト学習の際の参考にしてください。

本番で慌てないための傾向を教えます

次の理由により、単純に用語の定義を暗記するだけでなく、傾向を踏まえた学習を行う必要があります。

①該当するものだけをすべて挙げる問題の増加

②シラバス改訂により新用語が増加

③用語や法令の丸暗記では対応できない事例を使った設問の増加

③について特に AI やデータサイエンス、IoT、RPA に関してはそれぞれ２～４問程度、事例を問う問題が出題されています。

①の、該当するものだけをすべて挙げる問題としては、次の問題が参考になります。

Q 情報の取扱いに関する不適切な行為ａ～ｃのうち、不正アクセス禁止法で定められている禁止行為に該当するものだけを全て挙げたものはどれか。

(令和２年 10 月・問 13)

a. オフィス内で拾った手帳に記載されていた他人の ID とパスワードを無断で使い、ネットワークを介して自社のサーバにログインし、サーバに格納されていた人事評価情報を閲覧した。

b. 自分には閲覧権限のない人事評価情報を盗み見するために、他人のネットワーク ID とパスワードを無断で入手し、自分の手帳に記録した。

c. 部門の保管庫に保管されていた人事評価情報が入った USB メモリを上司に無断で持ち出し、自分の PC に直接接続してその人事評価情報をコピーした。

ア a　**イ** a, b　**ウ** a, b, c　**エ** b, c

こうした問題の場合、選択すべきものが１つではなく複数、場合によってはすべてが該当することもあります。a は「他人の ID とパスワードを不正に入手しアクセスを行う行為」として禁止されていますが、不正アクセス禁止法ではその他に「他人の ID とパスワードを保管する行為」も不正アクセスにつながるとして禁止されています。つまり、a と b が該当するため、イが正解となります。

このように不正アクセス禁止法の一部を理解しているだけでは正解できない問題が増えているのです。すべての選択肢を正しく読み取るためには、解答に時間もかかりますし、集中力も必要になります。

また、今回の問題にはありませんが、例えば「実在する Web サイトに似た偽サイトで、ID とパスワードを入力させる。」といった選択肢があった場合は、不正に ID とパスワードを入手してアクセスを行う行為につながるため、これも該当します。加えて、③の用語や法令の丸暗記では対応できない事例を使った問題も増えていることから、意味や目的といった「基礎知識」に加えて、それを正しく使いこなす「応用力」が求められます。本書では、コンパクトに用語が生まれた背景までわかるように解説しています。

対策を踏まえて学べば万全

✓ 知識は目的と使われ方をセットで理解する

用語や法令はキーワードや一部を暗記するのではなく、「何のために」「どこで、どのように使われているか」を併せて理解しましょう。例えば、通信プロトコルの SSL/TLS であれば「通信の暗号化」だけでなく、「通信の暗号化と通信相手の認証のため」のプロトコルで、「インターネット通信の暗号化（HTTPS 通信）で、Web ブラウザとサーバ間の通信の暗号化とサーバの認証に利用されている」といった具合です。

✓ 知識を応用して事例に当てはめる

事例問題の場合は、知識を実際に使うと設問のどれに該当するのかという視点で考えてみましょう。初めて見る事例だと正解の絞り込みが難しいかもしれませんが、その場合は消去法で、あり得ないものを消していきましょう。見慣れない表現は、事例を元に何か違う用語で表現できないか考えてみてください。具体的な事例については、過去問題で色々な事例の知識を増やしていくとよいでしょう。

また、具体的な対策とは異なりますが、IT 技術の進歩や時代の変化に合わせてシラバスの改訂サイクルが短くなっています。シラバス改訂では毎回多くの用語が追加されますが、削除される用語はほとんどありません。時代の変化に左右されない基礎的な技術や法令も多くあるためです。

IT パスポート試験は学習期間が比較的短いですが、本書を使ってシラバス 6.2 のうちに受験することをおすすめします。

これで合格！鉄板学習法

ITパスポートはエンジニアを目指す人だけではなく、社会で生活していくうえで誰もが身につけておきたいITの知識を習得するための試験です。忙しい皆さんが仕事や学業などの合間に学習し、合格するために必要なのは、①目的意識を持ち続けること、②自分に合った効率的な学習方法で取り組むことです。

1 まずは目的を明確にしよう

まず、ITパスポート試験を受験する目的を明確にして、それを常に意識してください。心の中にとどめておくより、言葉や文字でアウトプットすると、より実現しやすくなります。勉強をはじめる前に、まずその目的を以下のシートに書き出してみましょう。その際、合格するとどんなメリットがあるのかも一緒に書きましょう。

✔ ITパスポート試験を受験する目的は？

✔ 合格すると自分にとってどんなメリットがありますか？

このページを本書を開く際に必ず見ることで、学習意欲が薄れたとき、挫折しそうになったときのモチベーション維持につながります。

2 受験日を決めよう

ITパスポート試験は、自分で試験会場と試験日を予約して受験します。つまり、いつ受験するかは自分で決めることになるのです。そのため「過去問で700点以上になったら受験しよう」などといった期限を設定しない取組みをしていると、合格はもちろんのこと、受験すら先延ばしになってしまうのです。

まず、「本書を2カ月でマスターして万全の状態で受ける」「仕事が忙しいので2週間で集中して勉強する」など受験日を決め、その日に合格することを目指しましょう！

✔ いつ IT パスポート試験を受験しますか？

受験予定日	年	月	日

3 どうやって学習するかを決めよう

学習のために十分な時間を確保できる人であっても、効率的に合格したいものです。効率的かつ効果的な学習のためには、日常生活の一部に学習習慣を組み込んでいきましょう。自分に合わない学習法は長続きしませんので、自分に合った方法で進めていくことが肝心です。

具体的には「いつ」「どこで」「どうやって」学習するのかを決めていきます。

「いつ」は、学習する時間を指します。例えば、通勤・通学の途中、お昼休みや入浴中など、5 分間でいいので自分に合った学習時間を見つけましょう。一度取り組み始めれば、案外集中して 5 分が 10 分、15 分と継続できるようになります。

「どこで」は学習する場所です。例えば、通勤・通学の電車の中、自分の部屋、近くのカフェなど誘惑に負けずに学習できる場所を見つけましょう。

「どうやって」は何を使って学習するかです。例えば、基礎知識は本書を読み、過去問題はスマートフォンで過去問学習サイト「IT パスポート試験ドットコム」を活用するなどです。

本書は比較的時間のあるときに読み、スキマ時間に問題を解くなどして使い分けをするとよいでしょう。「1 駅通過するまでに 1 問解く」などと、短時間で集中してメリハリをつけることも、飽きずに学習を継続するコツです。

IT パスポート試験ドットコム （https://www.itpassportsiken.com/）

スマートフォンや PC を使用して、過去問にチャレンジできます。分野別の問題にもチャレンジでき、苦手分野の強化ができます。解説も丁寧で用語集も掲載されています。ぜひ本書と組み合わせて活用し、応用力アップに役立ててください。使い方を 140 ページで解説しています。

※本サービスは予告なく終了することがあります。「IT パスポート試験ドットコム」の利用などに関する問い合わせは、本サイトの「お問い合わせ」からお願いします。

4 押さえておきたい学習のポイント

ここでは、私がITパスポート試験講師として長年培ってきた経験から、6つの学習ポイントをお教えします。これらを押さえておくことで学習がグッとラクになります。

✓ 暗記ではなく理解することを意識しよう

最近の出題傾向としては、技術や用語の意味だけでなく、技術や用語がどのように使われているかを問う応用的な問題が増えています。同じ用語の説明であっても表現を変えて出題されていて、単純な暗記では解けない問題も出ています。テキストや解説は流し読みせず、他人に説明するように自分の言葉でかみ砕いて理解することを意識しましょう。

✓ 用語は正式名称でつかむ

例えば、RPAは、Robotic Process Automationの略です。直訳すると「ロボットがプロセス（手順）を自動化（オートメーション）すること」です。

アルファベットの用語を苦手とする人は多いです。理由は、アルファベットは単なる記号として並んでいるため、意味を理解しない限り覚えるのは難しいからです。しかし、正式名称を理解すれば、RはRoboticという具体的に意味を持つ言葉となるため、理解しながら覚えられます。

✓ 全体像やグルーピングでまとめを意識する

例えば、「プロトコル（通信の手順）はテクノロジ系（IT技術）のネットワークの用語」といった具合に、どの分野の用語なのかを意識して学習しましょう。また、**同じような概念のものはグループとしてまとめて理解し、違いを押さえましょう。**「メールのプロトコルにはPOP、IMAP、SMTPがある。POPとIMAPはメールの受信用のプロトコル。SMTPはメールの送信用のプロトコル。POPとIMAPとの違いは、POPは受信したメールをPCで管理するが、IMAPはサーバで管理する点」というようにです。**用語は1つではなく、複数を関連づけることで、まとめて理解することができます。**

✓ テキストと過去問はバランスよく

本書で項目ごとに理解した内容は、その都度、過去問を解いて理解度を確認しましょう。正解できるとモチベーションも上がり、学習を継続しやすいというメリットがあります。すでに知っている項目があれば、いきなり過去問にチャレンジしてもよいでしょう。テキストだけをすべて読み進めて、力試しのように過去問にチャレンジする方法もありますが、読むことに途中で飽きてしまったり、挫折してしまうなど欠点が多いためオススメしません。

基礎学習→過去問で理解度を確認というメリハリをつけた学習が効果的です。

✔ 過去問で応用力と読解力をUPさせよう

正解の解説だけでなく、不正解の選択肢の解説もすべて読むようにしましょう。1問につき4つの用語の説明を読むことになるため、効率的な学習ができます。問題を解く際には、問題文や選択肢の言い回しに惑わされず、言い換えるとどういうことかを読み解くようにしましょう。最近は、設問が数行にわたる問題が多くなっていますので、長文の問題にも慣れておきましょう。

文章中のキーワードを見つけることは重要ですが、キーワードに飛びついて選択してみたものの、引っかけだったという場合もあります。何を問われているのか、問題文をしっかり読むことが基本です。

✔ 見たことのない難しい問題でも落ち込まない

総合評価は92問、そのうち分野別評価はストラテジ系32問、マネジメント系18問、テクノロジ系42問で行われます。残りの8問は今後出題する問題を評価するために使われます。つまり、採点されない問題が8問ありますが、この問題が難易度の高い問題になっています。ITパスポート試験は、各分野で3割ずつ、全体で6割正解すれば合格できます。過去問や本試験で見たことがない問題が出題されても、落ち込まず、他の問題で正解率を上げていけば大丈夫です。

YouTubeの丸山先生の無料講義も要チェック！

独学者向けの学習サイト「KADOKAWA資格の合格チャンネル」にて、新シラバスのポイントや新しく追加された用語解説など、試験対策動画を無料公開しています。日常の学習にあわせて視聴するのもよいですし、直前期に見ることもオススメです。テキストと無料動画で合格をつかみましょう！

ITパスポート KADOKAWA資格の合格チャンネル

https://www.youtube.com/channel/UCe5Uzqpx1EsJaVd6jrRQ_Kg/

※なお、本サービスは予告なく終了する場合があります。予めご了承ください。

本書の特徴 …… 2
はじめに …… 4
誰でも最短でわかる！ IT パスポート試験とは …… 5
プロ講師が分析。傾向と対策 …… 8
これで合格！ 鉄板学習法 …… 10
令和６年３月までに受験される方に向けて …… 20

第1章 情報とデータサイエンス

1 社会における IT 利活用の動向 …… 22
2 AI(人工知能)とは …… 26
3 AI の活用目的 …… 30
4 AI 活用の原則と指針 …… 32
5 AI を活用する上での留意事項 …… 34
6 データサイエンス …… 36
7 ビッグデータ分析 …… 38
8 データの種類と前処理 …… 40
9 応用数学の活用 …… 42
10 統計情報の活用 …… 44
11 統計の基礎知識 …… 46
12 業務分析手法① …… 48
13 業務分析手法② …… 50
14 情報デザイン …… 54
15 情報メディア …… 56
16 アルゴリズムの基礎 …… 58

17 代表的なアルゴリズム 64
18 プログラム言語 66
19 データ構造 68
20 基数 70
21 ２進数の計算 72
column1 単位と 16 進数 74

第2章 ネットワークとセキュリティ

1 ネットワークアーキテクチャ 76
2 プロトコル 78
3 端末情報 80
4 中継装置 82
5 インターネットのしくみと Web 技術 84
6 無線通信 88
7 無線 LAN 90
8 IoT を支えるしくみ・通信技術 92
9 通信サービス① 94
10 通信サービス② 96
11 脅威と脆弱性 98
12 マルウェア 100
13 攻撃手法① 102
14 攻撃手法② 106
15 攻撃手法③ 108
16 リスクマネジメント 110
17 情報セキュリティ管理 112
18 個人情報保護・セキュリティ機関 114
19 情報セキュリティ対策① 116
20 情報セキュリティ対策② 118
21 暗号化と認証のしくみ 122

22 公開鍵基盤 126
23 IoT システムのセキュリティ 128
24 セキュリティ関連法規① 130
25 セキュリティ関連法規② 132
26 SNS を利用する際のガイドライン 134
27 データビジネスに関する動向 136
28 セキュリティ関連ガイドライン 138
column2 定番の過去問学習サイト「IT パスポート試験ドットコム」の使い方 140

第3章 システム開発

1 システム戦略 142
2 業務プロセス 144
3 ソリューション 146
4 業務改善および問題解決 148
5 コミュニケーションツール・普及啓発 150
6 システム企画 152
7 要件定義 154
8 調達計画・実施 156
9 システム開発プロセス・見積り手法 158
10 ソフトウェア開発手法 162
11 開発モデル 164
12 アジャイル 166
13 開発プロセスに関するフレームワーク 168
14 プロジェクトマネジメント 170
15 サービスマネジメント 174
16 サービスマネジメントシステム 176
17 ファシリティマネジメント 178
18 監査 180
19 システム監査 182

20 内部統制 184
column3 CBT試験って？ 186

第4章 経営

1 企業活動 188
2 ヒューマンリソースマネジメント 190
3 経営管理 192
4 経営組織 194
5 生産戦略 196
6 問題解決手法 198
7 会計・財務① 200
8 会計・財務② 202
9 財務諸表① 204
10 財務諸表② 206
11 財務指標を活用した分析 208
12 知的財産権① 210
13 知的財産権② 212
14 労働関連法規 214
15 取引関連法規① 216
16 取引関連法規② 218
17 その他の法律・ガイドライン 220
18 標準化 222
19 経営情報分析手法 224
20 経営戦略に関する用語① 228
21 経営戦略に関する用語② 230
22 マーケティングの基礎① 232
23 マーケティングの基礎② 234
24 目標に対する評価と改善 236
25 経営管理システム① 238

26 経営管理システム② 240
27 技術開発戦略① 242
28 技術開発戦略② 244
29 ビジネスシステム 248
30 エンジニアリングシステム 252
31 e-ビジネス① 254
32 e-ビジネス② 256
33 電子商取引の留意点 258
34 IoTを利用したシステム 260
column4 可逆圧縮の方法 264

第5章 コンピュータ

1 コンピュータの構成 266
2 CPU 268
3 記憶装置(メモリ) 270
4 入出力デバイス 272
5 システムの構成① 274
6 システムの構成② 278
7 システムの評価指標〜性能 280
8 システムの評価指標〜信頼性① 282
9 システムの評価指標〜信頼性② 284
10 システムの評価指標〜経済性 286
11 信頼性を確保するしくみ 288
12 OS(オペレーティングシステム) 290
13 OSの機能 292
14 ファイル管理 294
15 バックアップ 296
16 オフィスツール① 298
17 オフィスツール② 300

18 OSS(オープンソースソフトウェア) 302
19 データベース方式 304
20 データベース設計 306
21 データ操作 308
22 トランザクション処理 310
column5 グラフィックス処理 314

第6章 過去問道場®

問題 317
解答と解説 344
column6 さらに過去問を解いてみよう 378

巻末企画

これだけ覚える！ 重要用語 180 379
INDEX 392

〈凡　例〉

本書では、IT パスポート試験の公式ウェブサイト上で公開されている過去問について、例えば令和元年度における秋期分の問題番号 58 の場合、「令和元年秋・問 58」と表記しています。

〈ご注意〉

- 本書は 2023 年 11 月時点での情報に基づいて執筆・編集を行っています。試験に関する最新情報は、IT パスポート試験の公式ウェブサイト等でご確認ください。
- 本書の記述は、著者および株式会社 KADOKAWA の見解に基づいています。
- IT パスポート試験ドットコムは株式会社 KADOKAWA のサービスではありません。

〈商　標〉

本文における製品名およびサービス名称は、一般に各社の登録商標または商標です。本文中では、™、©、®マークなどは原則として表示していません。

令和６年３月までに受験される方に向けて

ITパスポート試験の新シラバスVer.6.2は、令和６年４月試験から適用されます。令和６年３月までに受験される方は、本書の新シラバスVer.6.2に関する下記の内容は出題範囲外となります。

●第１章　2 AI（人工知能）とは（28ページ）
- 5 効果的な学習方法
- 6 ニューラルネットワークの種類

3 AIの活用目的（30ページ）
- 3 生成AI

5 AIを活用する上での留意事項（34ページ）
- 2 AIの活用におけるリスク
- 3 説明可能なAI（XAI：Explainable AI）

10 統計情報の活用（44ページ）
- 4 バイアス

●第２章　15 攻撃手法③（108ページ）
- 2 そのほかの攻撃
  - ・プロンプトインジェクション攻撃
  - ・敵対的サンプル（Adversarial Examples）

24 セキュリティ関連法規①（130ページ）
- 3 個人情報保護法
  - ・生成AIに関する記述

26 SNSを利用する際のガイドライン（134ページ）
- 2 SNS利用のリスク

●第４章　12 知的財産権①（210ページ）
- 1 著作権
  - ・生成AIに関する記述
- 2 産業財産権
  - ・生成AIに関する記述

本文デザイン・DTP……………… Isshiki
本文イラスト………………………… 寺崎愛

情報とデータサイエンス

本章のポイント

ビッグデータの実用化が進み、日常生活のさまざまな場面で多種多様な情報が利活用されています。こうした社会の動きを理解し、AI やビッグデータを適切に利用するための基礎知識を学習します。また、コンピュータ内部では情報がどのように表現され、処理されているかをフローチャートや擬似言語を使って学習します。

1 社会における IT利活用の動向

ストラテジ系
企業活動
出る度 ★★★

AI（人工知能）やIoT（身の回りのあらゆるモノがインターネットにつながるしくみ）の発達は、産業構造や社会のシステムにも影響を及ぼしています。現状と今後の動向について、大きな流れを押さえておきましょう。

1 第4次産業革命

第1次産業革命（蒸気機関による変革）、第2次産業革命（電力、モーターによる変革）、第3次産業革命（コンピュータによる変革）に続き、**AIやIoTにより産業構造が変化すること**を第4次産業革命といいます。IoTによって収集されたあらゆる情報をAIが分析し、自ら学習することで人間を超える高度な判断が可能になりました。自動車の自動運転など、今までは実現不可能と思われていたことが可能になりました。

2 Society5.0（ソサエティ 5.0）

狩猟社会（Society1.0）、農耕社会（Society2.0）、工業社会（Society3.0）、情報社会（Society4.0）に続く、**サイバー空間（仮想空間）とフィジカル空間（現実空間）を高度に融合させたシステムによって、経済発展と社会的課題の解決を両立する、人間中心の社会（Society）**がSociety5.0です。第4次産業革命によってIoTやAIが生み出した新たな価値を共有して、経済の発展だけでなく少子高齢化、地方の過疎化など社会の課題を克服し、一人ひとりが快適で活躍できる豊かな社会を目指すという政府の提言です。

3 データ駆動（くどう）型社会

Society5.0の実現には、機械・システム、データ、技術が必要ですが、中でもデータは特に重要です。大量のデータを収集、分析しその結果をもとに未来の予測や課題の解決に利用しています。データ駆動の「駆動」とは「動力を伝えて動かす」ことで、さまざまなデータを活用して、意思決定や未来の予測を行っていきます。データ駆動型社会とは、**データの分析結果を実社会に取り入れることで、Society5.0が目指す経済の発展と社会課題の解決を両立すること**です。

4 デジタルトランスフォーメーション（DX）

デジタルトランスフォーメーションは、デジタル変革とも呼ばれ、**AIやIoTをはじめとするデジタル技術を駆使して、新たな事業やサービスを提供し、顧客満足度の向上**

を狙う取組みです。インターネット書店としてスタートし、今や世界最大級のインターネット通販サイトとなったAmazonの例が有名です。

図解でつかむ

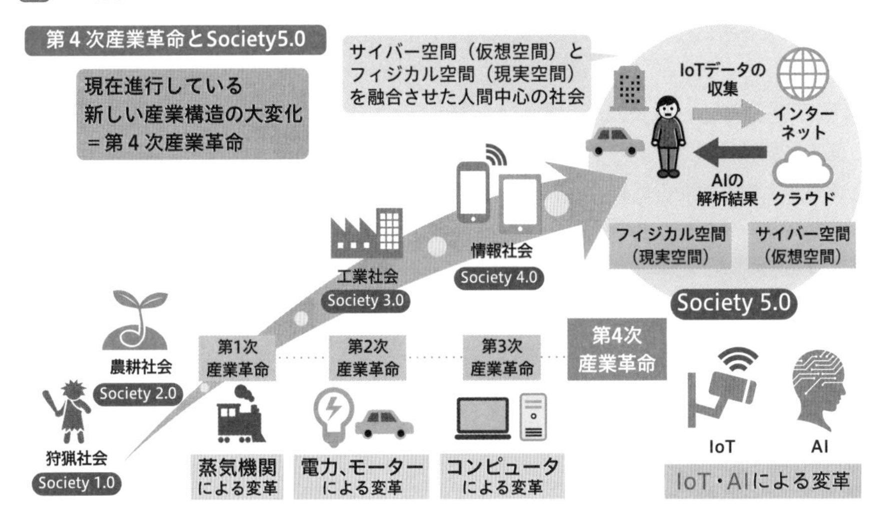

問題にチャレンジ！

Q 第4次産業革命に関する記述として、最も適切なものはどれか。

（令和5年・問35）

ア 医療やインフラ、交通システムなどの生活における様々な領域で、インターネットやAIを活用して、サービスの自動化と質の向上を図る。

イ エレクトロニクスを活用した産業用ロボットを工場に導入することによって、生産の自動化と人件費の抑制を行う。

ウ 工場においてベルトコンベアを利用した生産ラインを構築することによって、工業製品の大量生産を行う。

エ 織機など、軽工業の機械の動力に蒸気エネルギーを利用することによって、人手による作業に比べて生産性を高める。

解説

イ 第3次産業革命の説明です。 **ウ** 第2次産業革命の説明です。 **エ** 第1次産業革命の説明です。

A ア

5 PoC（Proof of Concept）

PoC は「概念実証」「コンセプト実証」という意味で、**新しい技術や概念が実現可能かどうかをプロジェクトの開始前に試作品を作って検証すること**です。DX のような新たな取組みに伴うリスクを排除するために、試作品を作って新サービスや技術の実現可能性や効果を事前に検証する PoC を採用する企業が増えています。

6 国家戦略特区（スーパーシティ）構想

国家戦略特区（スーパーシティ）とは、**第４次産業革命を実現する「丸ごと未来都市を作る」という政府の取組み**です。今までにも ICT（Information and Communication Technology（情報通信技術））を活用し、都市のサービスを効率化する「スマートシティ」がありましたが、エネルギーや交通などの個別分野での取組みにとどまっていました。

スーパーシティは AI や IoT を活用して、住民目線でよりよい未来都市を作ることを目指しています。例えば、自動運転、キャッシュレス、遠隔医療、遠隔教育などのサービスがあり、それらのサービスの効率化のために、さまざまなデータを収集・整理し、共有します。このデータを管理するしくみをデータ連携基盤といいます。

7 国家戦略特区法（スーパーシティ法）

例えば、遠隔医療のような先進的なサービスの実現には、医療と金融の２つの分野の規制改革が必要です。スーパーシティ構想を実現するための規制改革に関する法律が、国家戦略特区法（スーパーシティ法）です。

この法律は、複数分野の規制改革を同時かつ一体的に進めていく手続きを定め、データ連携基盤の整備を行う事業者については、国や自治体が持つデータの提供を求めることができます。また、都市間でバラバラなシステムの乱立を防止し、相互連携を強化するために、システム間の接続仕様である API（Application Programming Interface）をオープンにすることも義務化されています。このように必要なときに必要なデータを迅速に連携、共有できる取組みをデータ連携基盤整備事業といいます。政府はスーパーシティを具体化し、地方における Society5.0 の先行実現を目指しています。

8 官民データ活用推進基本法

官民データ活用推進基本法は Society 5.0 の実現に向けて、官民（国や地方自治体、民間企業）に散在するデータの利活用を推進する法律です。国や地方自治体はオープンデータ（国や地方自治体、民間企業が所有しているデータを誰でも無料で利用できるように公開されたデータ）に取り組むことが義務付けられています。

9 デジタル社会形成基本法

デジタル社会形成基本法は経済的な発展と社会課題の解決を目的に、デジタル社会の形成についての基本理念やデジタル庁の設置などについて定めた法律です。

図解でつかむ

スーパーシティの構成

問題にチャレンジ！

Q 新しい概念やアイディアの実証を目的とした、開発の前段階における検証を表す用語はどれか。（令和2年10月・問28）

ア CRM　イ KPI　ウ PoC　エ SLA

解説

ア Customer Relationship Managementの略。顧客満足度を向上させるために、顧客との関係を構築することに力点を置く経営手法です。　**イ** Key Performance Indicatorの略。企業目標やビジネス戦略の実現に向けて行われるビジネスプロセスについて、その実施状況をモニタリングするために設定する指標です。日本語では「重要業績評価指標」と訳されます。　**エ** Service Level Agreementの略。ITサービスの利用者と提供者の間で結ばれるサービス品質に関する合意です。

A ウ

2 AI(人工知能)とは

テクノロジ系

基礎理論

出る度 ★★★

AI（Artificial Intelligence：人工知能)とは、人間の知的な行動(言語の理解や推論、問題解決など)をコンピュータを使って再現したものです。AI にも種類があり、それぞれ特徴があります。ここではまず AI の技術の特徴と基本的な考え方について理解します。

1 ルールベース

ルールベースは、**事前にコンピュータに登録しておいた大量のルールに従って判断する方法**です。例えば、「『件名』に『広告』というキーワードを含んでいたら、迷惑メールとする」といったルールです。

2 機械学習

機械学習は、コンピュータに**特徴となるデータ**（特徴量）を渡すと、その情報を反復的に学習し、ルールやパターンを見つけ出して判断します。ただし、学習しすぎると、未知のデータの予測がうまくできない過学習が起きることもあります。

機械学習には、教師あり学習、教師なし学習、強化学習の 3 つがあります。

教師あり学習では、例えば、「迷惑メール」と「そうではないメール」のサンプルを与えて、迷惑メールの**特徴を学習させてから**分類を行います。

教師なし学習では、サンプルを与えずに**コンピュータが自分で学習**してメールから特徴を見つけて分類を行います。教師なし学習の例が、購入履歴から消費者の興味関心を推測してオススメ商品を紹介するレコメンド機能です。

強化学習では、コンピュータが**自ら試行錯誤して価値が最大になるような行動を学習**します。ルールやパターンを見つけるだけでなく、状況に合わせた最適な行動が可能で、囲碁 AI の「AlphaGO(アルファ碁)」やエレベーターの制御システムに利用されています。

3 ニューラルネットワーク（Neural Network）

ニューラルネットワークは、人間の脳神経細胞（ニューロン）の回路のしくみを模倣した学習モデルで、入力層、出力層、中間層の 3 つの層から構成されています。入力された値を基に計算し、次のニューロンに渡す値を出力する活性化関数や、推測した結果と正解との誤差を減らすバックプロパゲーション（誤差逆伝播法（ごさぎゃくでんぱほう））というしくみがあります。

ニューラルネットワークは、機械学習やディープラーニングなどコンピュータが学習する際の基礎になっています。

4 ディープラーニング（深層学習）

機械学習を高度に発展させた技術がディープラーニングです。顔認識、テキスト翻訳、音声認識のような複雑な識別が必要とされる分野に特に適しています。自動車の自動運転技術における車線の分類や交通標識の認識などに利用されています。コールセンターなどの人間のオペレーターに代わって AI が質問に回答するチャットボットなども、この技術を活用しています。

図解でつかむ

AIの技術

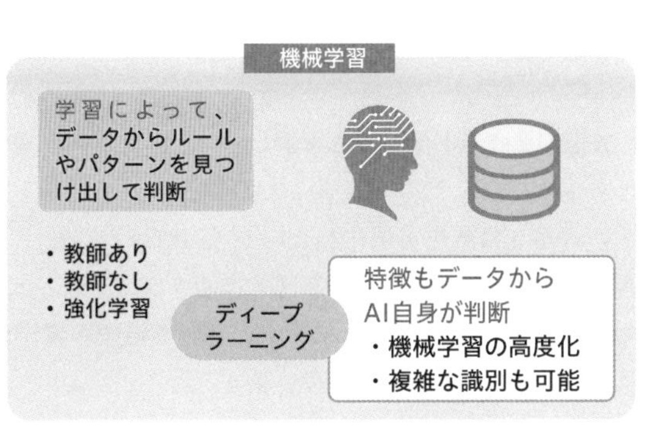

問題にチャレンジ！

Q AI に利用されるニューラルネットワークにおける活性化関数に関する記述として適切なものはどれか。 （令和５年・問 91）

ア ニューラルネットワークから得られた結果を基に計算し、結果の信頼度を出力する。

イ 入力層と出力層のニューロンの数を基に計算し、中間層に必要なニューロンの数を出力する。

ウ ニューロンの接続構成を基に計算し、最適なニューロンの数を出力する。

エ 一つのニューロンにおいて、入力された値を基に計算し、次のニューロンに渡す値を出力する。

解説

ア 評価関数の説明です。 **イ** ニューロンの数を決定する関数ではありません。

ウ ニューロンの数を決定する関数ではありません。

A エ

5 効果的な学習方法

ディープラーニングでは､質のいい大量のデータで学習させる必要がありますが､データの収集は容易ではありません。そのため、**大量のデータで事前学習した**基盤モデルが使われます。基盤モデルは、大量のデータで学習させたため応用力が高く、その後の学習によって、音声認識や画像認識などさまざまな用途に適応できます。

転移学習は、学習済みのモデルを少量のデータに適用させて効率的に学習させる方法です。学習済みモデルに対して、**追加した層のみを使用して学習**します。

これに対して、**追加した層も含めてモデル全体を微調整して再度学習**することをファインチューニングといいます。学習コストは高くなりますが、より性能を高められる手法です。

大量のテキストデータを学習し、人が使っている言語（自然言語）を処理するモデルを大規模言語モデル（LLM）といいます。これをファインチューニングして、人間に近い流暢な会話を可能にしたのが ChatGPT です。ChatGPT などの生成 AI に対して**適切な指示（プロンプト）を出す技術**をプロンプトエンジニアリングといいます。生成 AI は指示の出し方によって、出力される結果の質が大きく異なるため、より適切な指示を行うスキルが求められています。

6 ニューラルネットワークの種類

畳み込みニューラルネットワーク（CNN）は、「畳み込み層」や「プーリング層」と呼ばれる層を持ち、主に**画像認識の分野で利用される**アルゴリズムです。

再帰的ニューラルネットワーク（RNN）は、**自然言語翻訳や音声認識の分野で利用される**アルゴリズムです。前後の単語の関係性を踏まえながら、文章全体に言語処理を再帰的に繰り返すことで、自然な言語理解が可能になっています。

敵対的生成ネットワーク（GAN）は、近年注目を集めているアルゴリズムで、入力したテキストを基に**精度の高い画像を生成**することができます。データを「生成するモデル」とデータが本物かを「識別するモデル」の 2 つのモデルを敵対的に学習させることで、精度の高い偽物のデータを生成できます。

図解でつかむ

効果的な学習方法

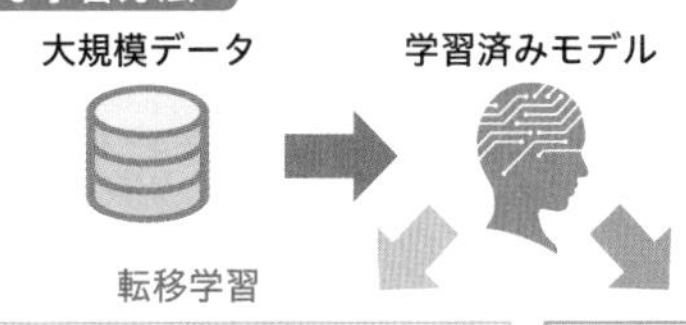

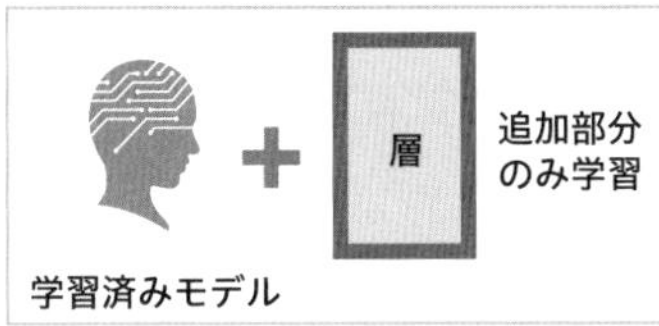

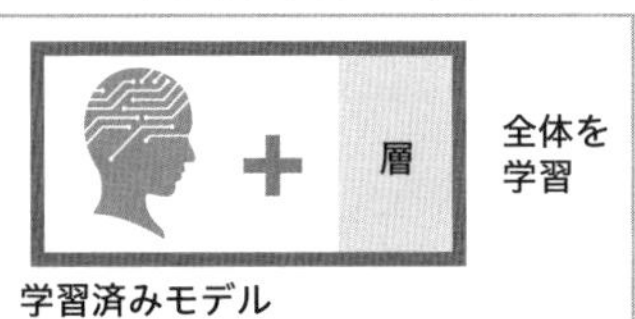

ニューラルネットワークの種類

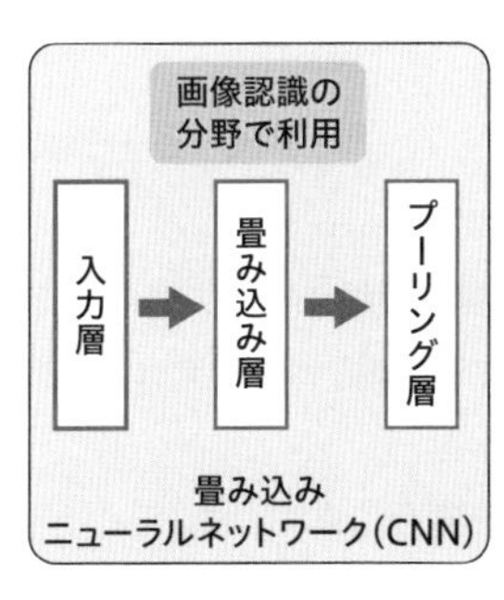

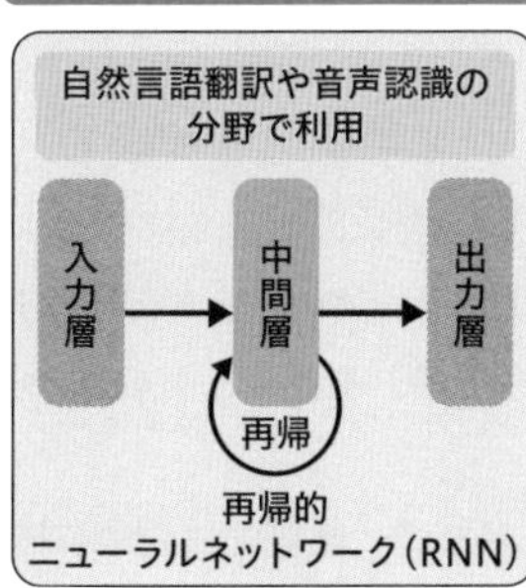

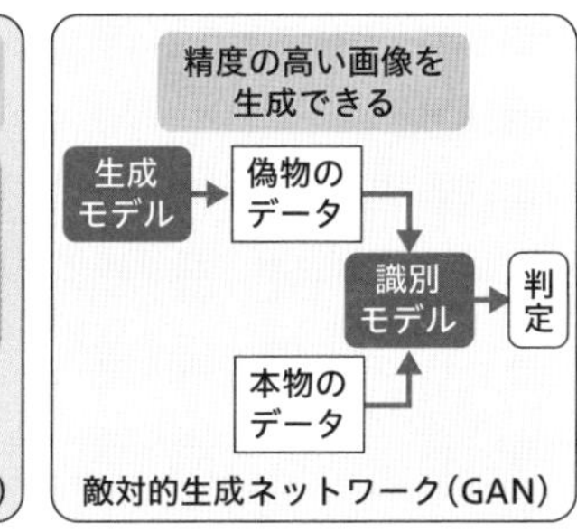

問題にチャレンジ!

Q AI における基盤モデルの特徴として、最も適切なものはどれか。

(IT パスポート試験 生成 AI に関するサンプル問題 3)

ア “A ならば B である”といったルールを大量に学習しておき、それらのルールに基づいた演繹(えんえき)的な判断の結果を応答する。

イ 機械学習用の画像データに、何を表しているかを識別できるように“犬”や“猫”などの情報を注釈として付与した学習データを作成し、事前学習に用いる。

ウ 広範囲かつ大量のデータを事前学習しておき、その後の学習を通じて微調整を行うことによって、質問応答や画像識別など、幅広い用途に適応できる。

エ 大量のデータの中から、想定値より大きく外れている例外データだけを学習させることによって、予測の精度をさらに高めることができる。

解説

ア ルールベースの説明です。 **イ** 教師あり学習の説明です。 **エ** 学習するデータに偏りがあるため、不適切です。

A ウ

3 AI の活用目的

ストラテジ系
ビジネスインダストリ
出る度 ★★★

AI 技術は研究開発や製造、物流、販売、マーケティング、サービス、金融、公共、医療など、さまざまな分野で活用されています。ここでは AI 技術が実社会でどのように活用されているか、また、どのような目的で利用されているかを見ていきます。

1 AI の活用目的と活用事例

AI を活用する目的とそれぞれの活用事例です。

・知識発見

蓄積されたデータから、新しいパターンやルールといった知識を発見します。

例 医療ビッグデータを解析して病気の予兆を発見する

・原因究明

学習したパターンやルールから、事象の原因を究明します。

例 テレマティクス技術（カーナビや GPS などの車載器と通信システムを利用して情報やサービスを提供する）を活用した自動車事故状況把握システム

・判断支援

学習したパターンやルールをもとに、業務の決定や判断を支援します。

例 医療ビッグデータを活用した医療画像診断支援システム

・活動代替

学習したパターンやルールをもとに、人間が行ってきた作業を代替します。

例 自動車の自動走行制御システム

2 特化型 AI と汎用 AI

画像認識や音声認識など、特定の分野に特化した AI のことを「特化型 AI」といいます。それに対して人間と同じようにさまざまな分野に対応できる AI を「汎用 AI」といいます。現在広く活用されている AI は特化型です。汎用 AI は技術的なハードルが非常に高く、まだ実現していません。

3 生成 AI

人間のように自然な会話ができる AI チャットサービス、ChatGPT のように、**言葉で指示するだけでコンテンツを生成できる AI** を生成 AI と呼びます。生成 AI には、テキスト、音声、画像など、**複数種類のデータを組み合わせて処理できる**マルチモーダル AI という技術が使われています。**既存のデータからどれほど離れたものを作るか**というランダム性の調整が可能で、これにより、今までにないまったく新しいコンテンツを作ることができます。

テキスト生成 AI や画像生成 AI などが、文章の要約や論文の執筆、コンテンツ制作といったさまざま分野で活用されています。

図解でつかむ

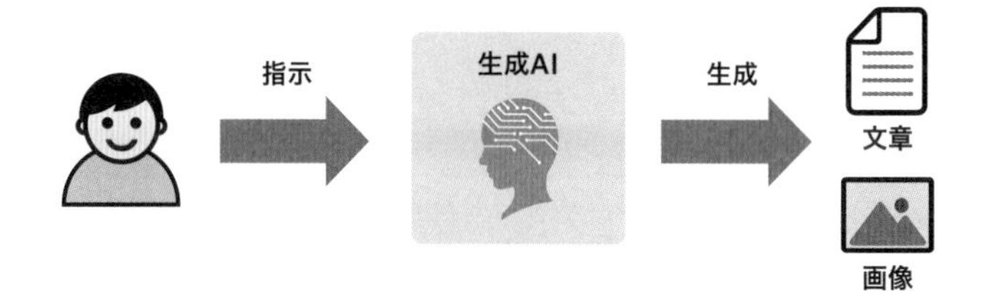

問題にチャレンジ！

Q 生成 AI の特徴を踏まえて、システム開発に生成 AI を活用する事例はどれか。

(IT パスポート試験 生成 AI に関するサンプル問題 1)

ア 開発環境から別の環境へのプログラムのリリースや定義済みのテストプログラムの実行、テスト結果の出力などの一連の処理を生成 AI に自動実行させる。

イ システム要件を与えずに、GUI 上の設定や簡易な数式を示すことによって、システム全体を生成 AI に開発させる。

ウ 対象業務や出力形式などを自然言語で指示し、その指示に基づいて E-R 図やシステムの処理フローなどの図を描画するコードを生成 AI に出力させる。

エ プログラムが動作するのに必要な性能条件をクラウドサービス上で選択して、プログラムが動作する複数台のサーバを生成 AI に構築させる。

解説

生成 AI は指示に従って、テキストや画像を生成するので、**ウ**が正解です。

A ウ

4 AI 活用の原則と指針

ストラテジ系
ビジネスインダストリ
出る度 ★★☆

AI 技術がさまざまな分野で活用されていくことで、私たちの生活は快適になります。しかし、その技術を悪用される可能性も否定できません。そうしたリスクを抑え、AI 技術を健全に社会に取り入れるための原則や指針が作成されています。

1 人間中心の AI 社会原則

AI が社会に受け入れられ、適正に利用されるために、社会全体で理解しておくべき基本原則が定められています。

人間中心の原則	AI は人間の能力を拡張するためのもので、どのように利用するかの判断と決定は人間が行うこと
教育・リテラシーの原則	格差や AI 弱者を生み出さないために、幅広く教育の機会が提供されること
プライバシー確保の原則	パーソナルデータを利用する場合は、個人の自由、尊厳、平等が侵害されないこと
セキュリティ確保の原則	社会の安全性と持続可能性（機能を失わずに継続できること）が向上するように務めること
公正競争確保の原則	ビジネスの成長と社会課題の解決のために、公正な競争環境が維持されること
公平性、説明責任および透明性の原則	すべての人々が公平に扱われること。AI 利用についての適切な説明や開かれた対話の場を設けること
イノベーションの原則	継続的なイノベーションを目指すため、国際化・多様化と企業や大学・研究機関などの連携を推進すること

2 AI 利活用ガイドライン（AI 利活用原則）

AI の開発者だけでなく、実際に AI を利用する人を対象に AI を利活用する際の留意事項がまとめられています。

3 信頼できるAIのための倫理ガイドライン（Ethics guidelines for trustworthy AI）

「信頼できる AI のための倫理ガイドライン」は、**欧州連合（EU）**で作成されたガイドラインです。ガイドラインでは、信頼できる AI とは、**合法的で倫理的、セキュリティが確保されているべき**としています。

4 人工知能学会倫理指針

人工知能学会倫理指針は、人工知能の研究、開発、教育などに携わる人工知能研究者に対する指針です。人工知能研究者は自らの良心と良識に従って倫理的に行動しなければならないとしています。

図解でつかむ

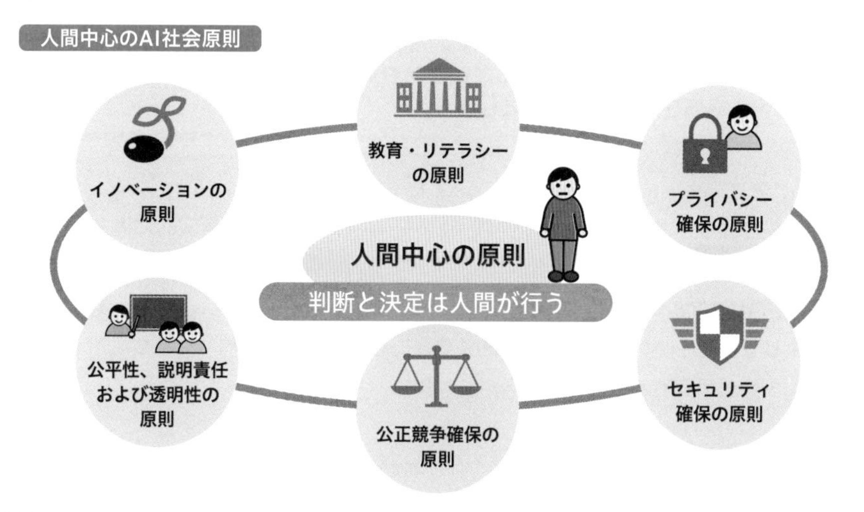

問題にチャレンジ！

Q 記述 a ～ c のうち、“人間中心の AI 社会原則”において、AI が社会に受け入れられ、適正に利用されるために、社会が留意すべき事項として記されているものだけを全て挙げたものはどれか。 （令和 5 年・問 34）

a. AI の利用に当たっては、人が利用方法を判断し決定するのではなく、AI が自律的に判断し決定できるように、AI そのものを高度化しなくてはならない。

b. AI の利用は、憲法及び国際的な規範の保障する基本的人権を侵すものであってはならない。

c. AI を早期に普及させるために、まず高度な情報リテラシーを保有する者に向けたシステムを実現し、その後、情報弱者も AI の恩恵を享受できるシステムを実現するよう、段階的に発展させていかなくてはならない。

ア　a、b　　イ　a、b、c　　ウ　b　　エ　b、c

解説

a. AI の利用に当たっては、人が自らどのように利用するかの判断と決定を行うことが求められます。b. 記載されています。人間中心の原則です。c. 各ステークホルダーは、AI 普及の過程で情報弱者や技術弱者を生じさせず、AI の恩恵をすべての人が享受できるよう、使いやすいシステムの実現に配慮すべきです。 **A** ウ

5 AI を活用する上での留意事項

ストラテジ系
ビジネスインダストリ
出る度 ★★☆

AI が出力するデータには、誤った情報や偏った情報、悪意ある情報などが含まれる可能性があります。また、AI サービスを利用する際には、入力したデータが学習に利用されることがあります。AI を活用する際にはこれらの留意事項を理解しておきましょう。

1 バイアス

データに偏りがある状態をバイアスといい、AI の利用者が、意図的に偏ったデータを AI に学習させることを AI 利用者の関与によるバイアスといいます。

また、AI のアルゴリズム（どのように学習するか）によっても、AI の判断にバイアスが生じる可能性があります。特に機械学習においては、一般的に、多数派がより尊重されて少数派が反映されにくい傾向があります。

2 AI の活用におけるリスク

AI は、事実に基づかない、**もっともらしいウソの情報を生成する**ことがあり、これを「幻覚」という意味のハルシネーションといいます。大量のデータを学習する際に、偏った情報や AI によって作り出された偽の動画（ディープフェイク）などが含まれるためで、これを防ぐのが、ヒューマンインザループ（HITL）です。データの収集から結果のフィードバックまで、**学習のプロセスに人間を介在させる**ことで、AI がより正しい結果を出力できるようになります。

また、AI サービスは入力したデータをサービスの改善に利用することがあります。入力したデータを利用されたくない場合は、AI サービスのオプトアウトポリシーを設定して、オプトアウト（AI サービスへの情報提供を拒否）します。

3 説明可能な AI（XAI：Explainable AI）

従来の AI には、導き出した結果の根拠が解釈しにくく、誤った判断をしてしまった場合、原因の究明が難しいという問題がありました。そこで生まれたのが、説明可能な AI です。**導き出した結果について、その根拠を説明できる AI** のことです。この技術により、判断過程の検証が可能になり、アルゴリズムを改善しやすくなりました。

4 AI の責任論

AI は自動運転のような人命に関わるものにも搭載されていますが、そこで倫理的な課題になるのがトロッコ問題です。トロッコ問題とは「どの選択をしても犠牲者が出てしまう状況で、どの選択をするのか」を問う問題です。例えば、電車が暴走してしまい、進路を切り換えるレバーがあったとします。レバーを引けば電車はAルート、何もしなければBルートを進みます。Aルート上には1人、Bルート上には3人います。このときレバーを引くべきかという**道徳観や倫理感を問う問題**です。このような緊迫した状況に置かれたとき、AIがどのような判断をするのかは大きな問題になります。この問題は現在世界各国で研究されていますが、いまだ解決策は見つかっていません。

図解でつかむ

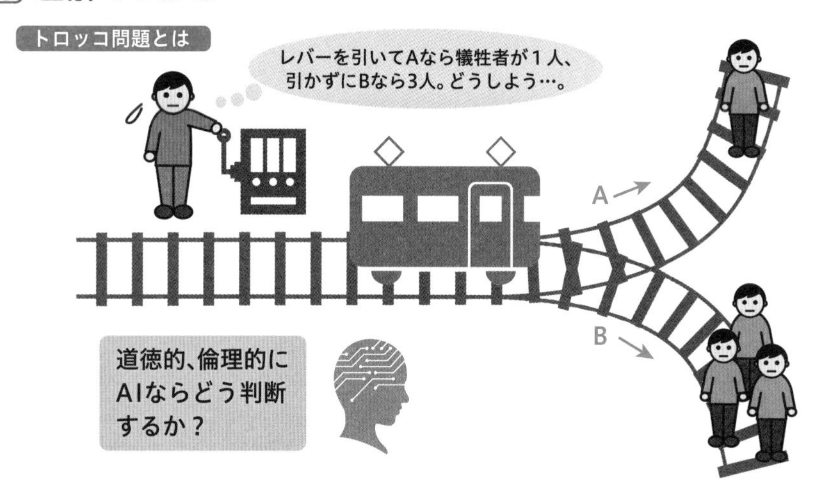

問題にチャレンジ！

Q 生成AIが、学習データの誤りや不足などによって、事実とは異なる情報や無関係な情報を、もっともらしい情報として生成する事象を指す用語として、最も適切なものはどれか。 （ITパスポート試験 生成AIに関するサンプル問題2）

ア アノテーション　**イ** ディープフェイク
ウ バイアス　**エ** ハルシネーション

解説

ア テキストや画像などのデータにタグ（注釈）を付ける作業で、機械学習の「教師あり学習」に欠かせない前処理です。 **イ** 「ディープラーニング」と「フェイク」を組み合わせた造語で、AIを使って本物そっくりに似せて合成したコンテンツやそれを生成する技術のことです。 **ウ** 「偏り」という意味で、統計やAIに利用するデータの偏りには、AI利用者の関与によるバイアス、選択バイアス、情報バイアス、認知バイアスなどがあります。

A エ

6 データサイエンス

テクノロジ系
企業活動
出る度 ★★★

ビジネスが急速に変化するなか、企業は常に顧客のニーズを的確に把握し、サービスに反映する必要があります。そのため、データを分析する専門的なスキルを持った人材の需要が高まっています。

1 テキストマイニング

マイニングとは「発掘する」という意味で、**自由に書かれた大量のテキストデータを分析する手法**のことです。テキストマイニングは、テキストを単語に分解して、単語の種類や出現頻度、単語間の関係を分析して全体の傾向を把握します。アンケートや口コミの評価に使われています。

2 データサイエンス／データサイエンティスト

データサイエンスとは、**データ分析そのものや、その分析手法に関する学問のことです。さまざまなデータの共通点を見つけ出し、そこから、一定の結論を導き出します。**

このような推論の方法には、演繹（えんえき）法と帰納（きのう）法があります。演繹法は一般的な原則などから特定の事象を導き出す方法です。帰納法はさまざまな事象の共通点に着目して結論を出す方法です。データサイエンスでは、帰納的推論が多く採用されています。また、データサイエンティストは**データ処理の専門家で、膨大なデータを分析して企業の課題の解決をサポートする役割**です。データサイエンティストには、以下のスキルが求められます。

- **ビジネスの課題を整理して解決する**
- **統計やAI、情報処理などのデータ分析の知識を理解し、活用する**
- **データを分析して、新たなサービスや価値を生み出すためのヒントやアイディアを抽出する**

3 データサイエンスのサイクル

データサイエンスでは、大量のデータを収集、分析し、**得られた価値を実際のビジネス現場へと生かすこと**、そしてこの**サイクルを回していくこと**が重要です。

図解でつかむ

データサイエンス

多くのデータから共通点を発見！

結論を導く

データサイエンティストに必要なスキル

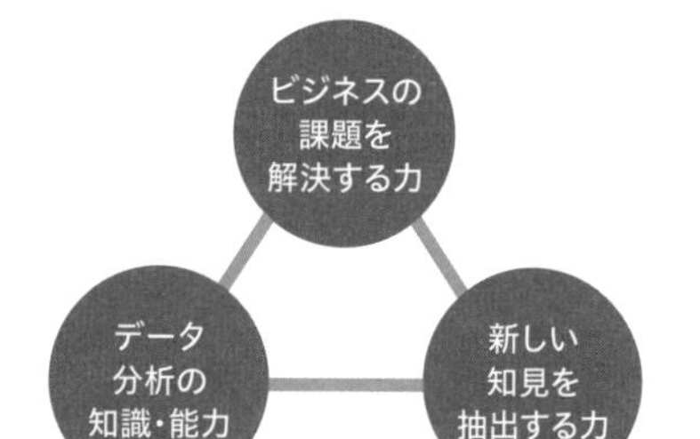

データサイエンスやデータサイエンティストは、単にデータを分析するだけでなく、新しい価値やサービスを見出すことに意義があります。

問題にチャレンジ！

Q 統計学や機械学習などの手法を用いて大量のデータを解析して、新たなサービスや価値を生み出すためのヒントやアイディアを抽出する役割が重要となっている。その役割を担う人材として、最も適切なものはどれか。 （令和元年秋・問 23）

ア　IT ストラテジスト
イ　システムアーキテクト
ウ　システムアナリスト
エ　データサイエンティスト

解説

ア IT ストラテジストは、経営陣に近い立場で IT を活用した経営戦略の立案を行うとともに、IT 戦略を主導する人材です。 **イ** システムアーキテクトは、情報システムの開発に必要となる要件を定義し、それを実現するためのアーキテクチャを検討し、開発を主導する人材です。 **ウ** システムアナリストは、情報システムの評価・分析を行う人材です。

A エ

7 ビッグデータ分析

ストラテジ系

企業活動

出る度 ★☆☆

近年、企業が収集可能なデータは爆発的に増加しています。そして、得られる情報の内容も複雑になっています。こうしたビッグデータを活用するためのツールやしくみについて理解しておきましょう。

データはビジネスにおける宝の山でもあります。以下の用語を押さえておきましょう。

1 BI（ビーアイ）（Business Intelligence）ツール

BI ツールは、**企業に蓄積された大量のデータを集めて分析し、可視化するツール**のことです。BI ツールによる分析結果は、業務や経営の意思決定、マーケティング分析に利用されています。この BI ツールを活用することによって、専門家でなくてもデータ分析が可能になり、社内に点在している Excel やデータベース、グループウェアといったさまざまな形式のデータを集めて、短時間にレポートを作成することができます。

2 データウェアハウス

ウェアハウスは「倉庫」の意味です。データウェアハウスは、**業務で発生したさまざまなデータを時系列に保管したもの**で、DWH と略されることもあります。

データウェアハウスのデータは、BI ツールで利用されています。一般的に使われているデータベースのデータはデータ量が増えすぎないように不要なデータから削除されますが、**データウェアハウスのデータは削除されません。**

3 データマイニング

マイニングとは「発掘」の意味で、データマイニングとは、**データウェアハウスなどに蓄積された大量のデータを分析し、新しい情報を発掘すること**です。

インターネットの普及やコンピュータ、ネットワークの性能の向上により、**文字だけでなく、画像、音声、動画といったさまざまな種類の膨大な情報**（ビッグデータ）を企業が収集し、分析できるようになりました。

データマイニングは、ビッグデータの中から今まで知り得なかった有用なパターンやルールを発見し、それをマーケティング活動に活かすための統計的手法やツールであり、BI ツールの一種ともいえます。

図解でつかむ

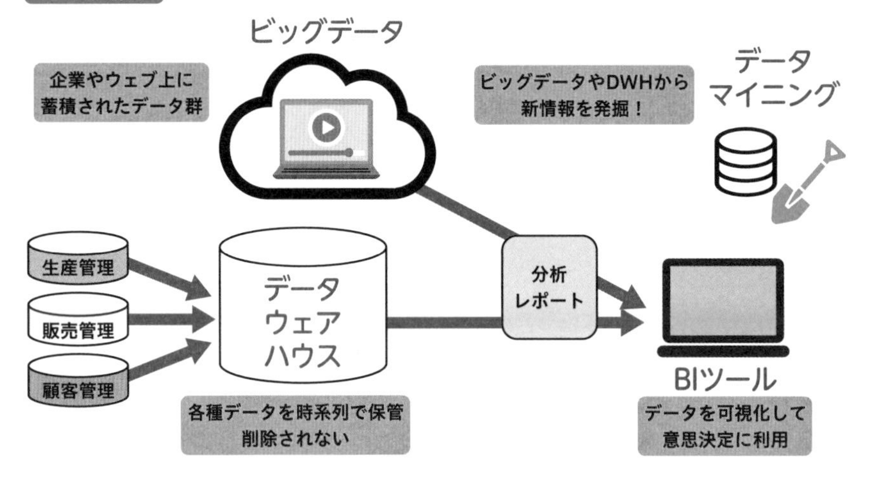

問題にチャレンジ！

Q ビジネスに関わるあらゆる情報を蓄積し、その情報を経営者や社員が自ら分析し、分析結果を経営や事業推進に役立てるといった概念はどれか。

(平成 27 年春・問6)

ア BI　**イ** BPR　**ウ** EA　**エ** SOA

解説

イ Business Process Reengineering の略。既存の組織やビジネスルールを抜本的に見直し、職務・業務フロー・管理機構・情報システムを再設計する手法です。**ウ** Enterprise Architecture の略。組織の全体最適化の観点より、業務及びシステム双方の改革を実践するために、業務およびシステムを統一的な手法でモデル化し、改善することを目的とした設計・管理手法です。**エ** Service Oriented Architecture の略。システムの機能をサービスとして独立させ、サービスの組合せでシステムを構築する手法です。SOA を導入すれば、既存システムの機能が再利用できます。サービス指向アーキテクチャとも呼ばれます。

A ア

8 データの種類と前処理

ストラテジ系
企業活動
出る度 ★★☆

さまざまなデータがシステムで利用されていますが、その中に、重複しているデータや異常なデータが含まれていることがあります。データに問題があると、分析結果などにも影響を及ぼします。そのためデータをそのまま使うのではなく、前処理が必要な場合があることを理解しておきましょう。

1 データの種類

・ログデータ

機械や人の行動など、**いつどのような動作を行ったかの記録**です。機械の稼働状況の監視システムなどで利用されます。

・GIS データ

地理空間情報とも呼ばれ、位置情報とそれに関連する情報をまとめたものです。スマートフォンの位置情報で観光地の人出を把握するシステムなどで利用されます。

・クロスセクションデータ

ある時点での複数項目の情報を横断的に集めたデータのことで、横断面データとも呼ばれます。例えば、今月の商品別売上などです。

・メタデータ

データそのものではなく、**データに関する情報をまとめたデータ**です。ファイルの更新日や作成者、格納場所などです。ファイルの更新頻度から価値のあるデータを見つけ出すなどの用途で利用されます。

・構造化データ／非構造化データ

表のように列と行の構造で管理されたデータを構造化データといいます。例えば、顧客データや商品データなどです。検索や集計が行いやすく、データの解析や分析に最も適しています。一方、**定型的に扱えないデータ**を非構造化データといいます。画像や音声、動画、SNS などのデータです。個々のニーズの分析などで利用されています。構造化データと非構造化データをまとめてビッグデータ（さまざまな種類の大量のデータ）と呼んでいます。

2 データの前処理

・名寄せ

重複したデータを１つに統合する作業です。例えば同じ顧客情報が重複して登録されていた場合、名寄せを行わないと正確な顧客管理や分析ができません。

・データの外れ値・異常値・欠損値の処理

大規模なデータを解析する場合、外れ値（データ全体の分布から外れている値）

や異常値（外れ値のうち原因がわかっている値）、欠損値（空白になっている値）が含まれます。これらの値を除去したり、予測値で補完することで、結果にバイアス（偏り）が生じることを防ぎます。

・アノテーション

テキストや画像などのデータにタグ（注釈）を付ける作業です。機械学習の「教師あり学習」に欠かせない前処理です。

図解でつかむ

ログデータ（動作の記録）

人や機械の行動

GISデータ（地理空間情報）

位置情報

クロスセクションデータ（ある時点での複数項目の情報）

今月の商品別売上

	商品A	商品B	商品C
今月	12,000	5,000	38,000
先月	10,000	7,800	31,000

問題にチャレンジ！

Q ビッグデータの分析に関する記述として、最も適切なものはどれか。

（令和3年・問19）

ア 大量のデータから未知の状況を予測するためには、統計学的な分析手法に加え、機械学習を用いた分析も有効である。

イ テキストデータ以外の、動画や画像、音声データは、分析の対象として扱うことができない。

ウ 電子掲示板のコメントやSNSのメッセージ、Webサイトの検索履歴など、人間の発信する情報だけが、人間の行動を分析することに用いられる。

エ ブログの書き込みのような、分析されることを前提としていないデータについては、分析の目的にかかわらず、対象から除外する。

解説

イ 動画や音声などもビッグデータの分析対象です。 **ウ** センサーから得られる情報も分析対象です。 **エ** ブログやSNSなどの非構造化データも分析対象です。 **A ア**

9 応用数学の活用

テクノロジ系

基礎理論

出る度 ★☆☆

方程式などを使ってシミュレーション(模擬実験)することで、社会のさまざまな現象を再現、予測することができます。社会の課題を解決するために、幅広い分野で数学的な見方や考え方が応用されています。

1 数値解析

数値解析とは、社会のさまざまな現象を方程式などで数学的に表現して、再現、予想することです。シミュレーション（模擬実験）とも呼ばれ、**台風の進路予測や建物の耐震強度計算**などさまざまな分野で利用されています。

数値解析の典型的な分野に線形代数があります。線形代数では、ベクトルや行列を扱います。ベクトルとは、**大きさと向きを持つ量**で、行列とは、**数字を縦横に並べたもの**です。線形代数をデータ分析へ応用すると、データの中から**重要な成分を抽出することができます**。身近な例では、Google のページランク(Google 検索エンジンが Web ページを評価する際の指標の1つ）に利用されています。

データを評価するときの基準を尺度といいます。尺度には種類があり、名義尺度は他と区別するためだけのもので、血液型（A 型、B 型、O 型、AB 型）などです。順序尺度は順序や値の大小関係に意味があり、順位（1 位、2 位、 3 位）などです。間隔尺度は数値の差に意味があり、前日との気温差（+ 5 度）などです。比例尺度（比尺度）は順序尺度、間隔尺度の性質に加えて、ゼロを基点としたもので、時間、速度などです。

数値計算には誤差（**実際の値との差**）はつきものです。コンピュータで扱うデータはビット数が限られているため、桁数が多い小数を切捨てや四捨五入して計算すると、誤差が発生します。計算の際は順序や方法の改良などにより、できるだけ実際の値に近い値を求める工夫がされています。

2 グラフ理論

グラフ理論は、**頂点（ノード)、辺（エッジ）で構成される連結関係を表す図（グラフ)**を元に、**つながり方を解く**ための数学分野の１つです。無向グラフ（辺が向きを持たないグラフ）と有向グラフ（辺が向きを持つグラフ）があります。グラフ理論は、電車の路線図や AI のニューラルネットワークなどさまざまな分野で利用されています。

3 最適化問題

物事を最適な状態にすることを最適化といいます。最適化問題とは、**複数の選択肢の中から指定された条件を満たす最適な方法を見つけること**です。目的地までの最短ルートを検索する乗換案内には最適化のアルゴリズムが利用されています。

4 モデル化

現象の法則性などを単純化したものをモデルといいます。モデルを数式などで表現し、シミュレーションすることで将来の現象を予測できます。確定モデルは、**方程式などで表せるモデル**で、複利法（元金に利息を加算し、それを次の期間の元金として利息を計算していく方法）による預金金額の変化などに利用されます。確率モデルは、**不規則な現象を含んだモデル**で、さいころの目の出方の予測などに利用されます。

図解でつかむ

グラフ理論

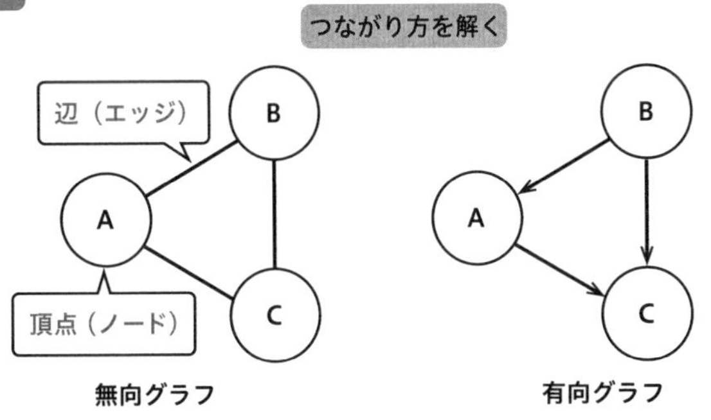

問題にチャレンジ！

Q 図1のA_1地点からC_2地点へ行くとき、通過する地点が最も少なくて済む最短経路は、図2のように数えることによって3通りであることがわかる。A_1地点から、C_2地点を経由して、D_4地点へ行く最短経路は何通りあるか。 （平成22年秋・問72）

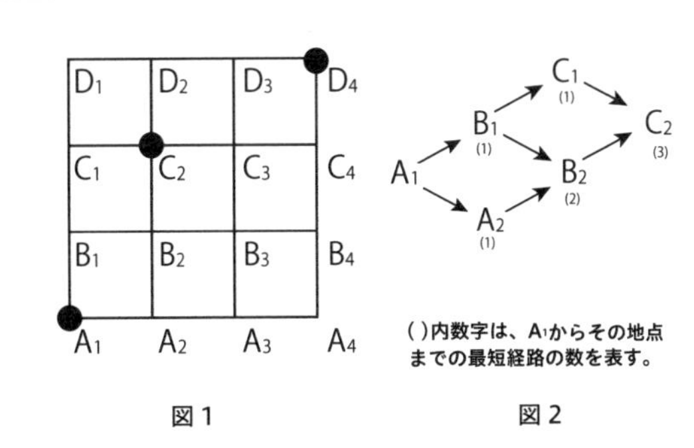

図1　図2

ア 6　イ 9　ウ 12　エ 20

解説

A_1地点からC_2地点まで3通りの経路があります。A_1地点からC_2地点までと、C_2地点からD_4地点までは進む方向が変わっているだけなので、C_2地点からD_4地点までも3通りの経路があることがわかります。A_1地点からC_2地点までの3通りの各々に対して、C_2地点からD_4地点までの3通りがあることになるので、最短経路数は$3 \times 3 = 9$通りです。

A イ

10 統計情報の活用

ストラテジ系

企業活動

出る度 ★☆☆

統計とは、調査対象の傾向や性質を表したもので、世の中の事象や実験データを理解するための手段です。例えば、テレビの視聴率や世論調査、薬の臨床実験など、さまざまな分野で統計が利用されています。ここでは統計調査の実施方法を見ていきます。

1 全数調査

調査の対象となる集団全体のことを母集団といい、**母集団そのものを調査すること**を全数調査といいます。例えば、国民全員を調べる国勢調査は全数調査です。

2 標本調査

標本とは**母集団の情報を推測するために取り出した一部の集団**のことで、この**標本を調査して全体を推測する**のが標本調査です。母集団から無作為に抽出する単純無作為抽出や、母集団をいくつかの層（グループ）に分割してから無作為に抽出する層別抽出などがあります。

3 仮説検定

仮説検定は母集団に関するある仮説について標本のデータを使って真偽を判断する方法です。導き出したい結論とは反対の仮説（帰無仮説）を設定します。帰無仮説が真であるのに偽と判断してしまうこと（第１種の誤り）があり、この誤りが発生する確率を有意水準といいます。帰無仮説が偽であるのに真と判断してしまうこと（第２種の誤り）もあります。仮説検定は新薬開発や品質改善などで効果の判定に応用されています。

4 バイアス

抽出したデータに偏りがある状態をバイアスといいます。母集団から正しく標本が抽出されていないと選択バイアスが発生し、標本から正しいデータが得られないと情報バイアスが発生します。先入観や直感などにより生じる認知バイアスなどもあり、バイアスを最小限にするために、データの取得方法を十分に検討する必要があります。

5 A/B テスト

特定の期間だけ Web サイトの広告を **A と B の２パターン用意して、どちらがより高い成果を出せるのかを検証する**ことです。成果とは、その広告により商品の購入や申込みに至った割合のことです。A/B テストは Web マーケティング手法の１つで、インターネット広告の費用対効果を向上させる目的で広く利用されています。

図解でつかむ

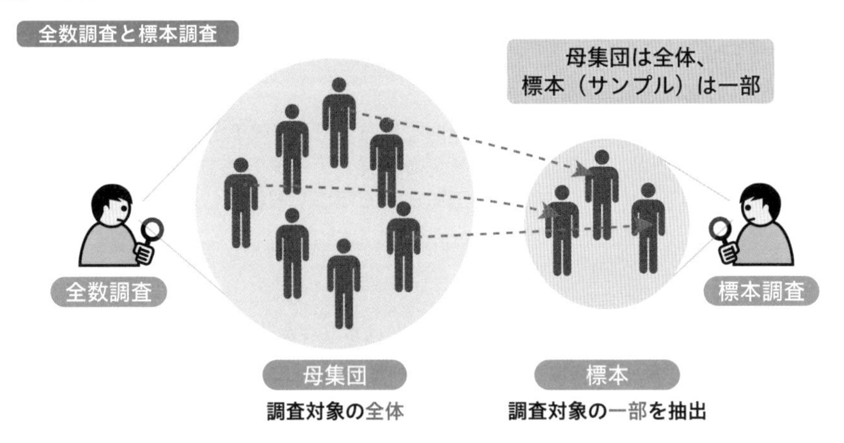

A/Bテスト

広告を２パターン用意して検証

Bの広告のほうが
効果があった！
➡Bを採用

Aの広告により購入に至った割合

15%

Bの広告により購入に至った割合

35%

問題にチャレンジ！

Q あるオンラインサービスでは、新たに作成したデザインと従来のデザインのWebサイトを実験的に並行稼働し、どちらのWebサイトの利用者がより有料サービスの申込みに至りやすいかを比較、検証した。このとき用いた手法として、最も適切なものはどれか。 (令和４年・問34)

ア A/Bテスト　　**イ** ABC分析

ウ クラスタ分析　　**エ** リグレッションテスト

解説

イ あるデータに対して、割合の高い項目を割り出す手法です。 **ウ** 似ているデータを集めて分類する手法です。 **エ** プログラムの一部を修正したことにより、他の箇所に影響が出ていないかを検証するテスト手法です。 **A** ア

11 統計の基礎知識

テクノロジ系
基礎理論
出る度 ★★☆

データを数える、平均を出す、傾向を見る、分類するなど、データに何らかの手を加えることによって、データの性質やデータの持つ意味を見出すことができます。そのいくつかの手法について知っておきましょう。

1 統計で使用する値

データがどのように分布しているのかを表す値を「代表値」といい、代表値には平均値、中央値（メジアン）、最頻値（モード）があります。平均値は**すべてのデータの値を合計してデータの個数で割った値**です。中央値（メジアン）は**データを小さい順に並べたときの中央の値**です。最頻値（モード）は**データ数が一番多い値**です。

また、平均値との差を表す値として、標準偏差と偏差値があります。標準偏差は平均値からどのくらいの幅でデータが分布しているかという**データのばらつき**を表し、値が大きいほどばらつきが大きいことを示しています。偏差値は**データの中でその値がどれくらいの位置にいるかを表す数値**です。平均値と同じであれば、偏差値は必ず50になります。

2 相関分析

2つのデータの関係の強さを相関係数で表し、データ間の関係を統計的に分析するのが相関分析です。相関係数は、値として**－１～＋１の間の実数値**をとり、－１に近ければ負の相関、＋１に近ければ正の相関があるといいます。値が0に近いときには2つのデータの相関は弱いと判断されます。散布図では、２つのデータをグラフの縦軸と横軸にプロット（点を打つこと）し、点のばらつき方により、**データの関係性（相関関係）の有無**を調べます。プロットが右上がりの場合は正の相関、右下がりの場合は負の相関、まんべんなくばらついている場合は相関無しとなります。例えば、気象情報と農作物の収穫量にどのような関係があるかを分析する際に利用されます。

3 回帰分析

相関から将来的な値を予測する手法が回帰分析です。最小二乗法という関係式を使って、散布図上に相関データの関係を表す直線**（回帰直線）を引いて将来的な値を予測します**。回帰分析では、**原因を表すデータ**を説明変数、**予測される結果データ**を目的変数といいます。例えば、気象情報から農作物の収穫量を予測する場合、気象情報が説明変数、収穫量が目的変数になります。

図解でつかむ

統計で使用する値

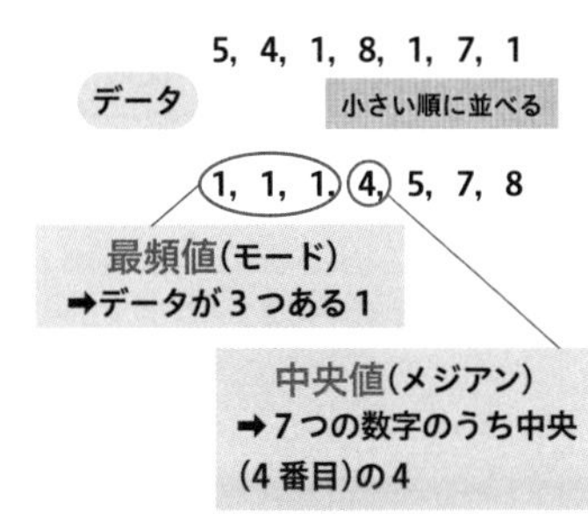

この事例はデータが奇数個ですが、偶数個の場合は中央の2つの値の和を2で割って求めます。

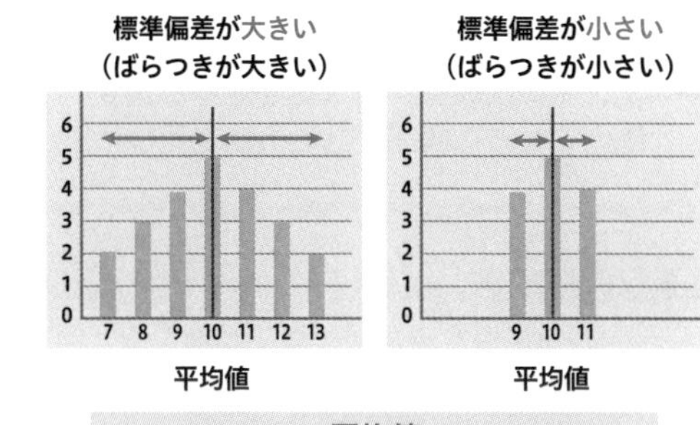

平均値
データのすべての値を合計して個数で割った値

相関分析　データの関係性がわかる!

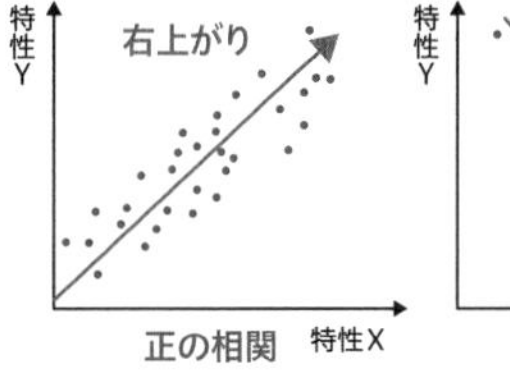

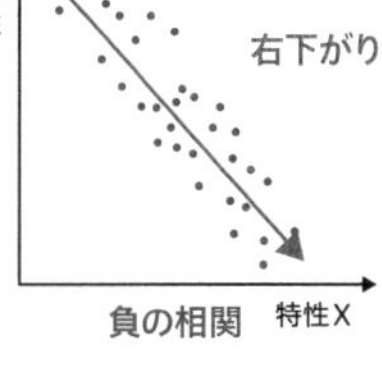

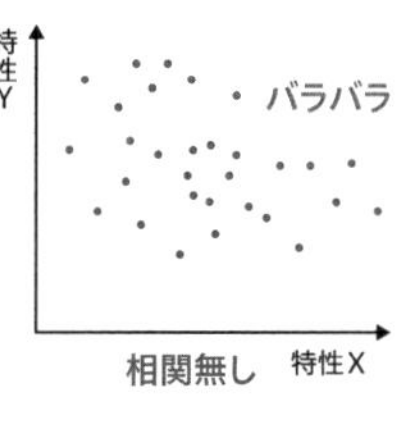

回帰分析

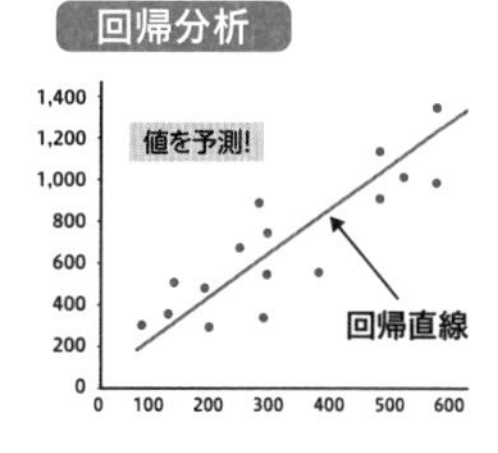

問題にチャレンジ！

Q 次のデータの平均値と中央値の組合せはどれか。　(令和4年・問59)

〔データ〕10, 20, 20, 20, 40, 50, 100, 440, 2000

	平均値	中央値
ア	20	40
イ	40	20
ウ	300	20
エ	300	40

解説

平均値は、(10 + 20 + 20 + 20 + 40 + 50 + 100 + 440 + 2000)÷9 = 300　です。

中央値は、中央（9個中5番目）に位置する40です。　**A** エ

12 業務分析手法①

ストラテジ系

企業活動

出る度 ★★☆

売上向上や品質向上といった業務改善を行うにあたって、まずは情報収集によって現状の業務の状況を把握します。その上で、目的に合った分析手法を使ってどこに課題があるのかを見つけていくことが重要です。

1 業務の把握

業務内容を把握するための情報収集方法にはアンケートやインタビューがあります。構造化インタビューは、あらかじめ用意した質問を使用して行い、半構造化インタビューは、大まかな質問を用意しておき、回答者の回答に応じて質問内容を重ねていく形式です。非構造化インタビューは、事前に質問は決めずに自然な会話が中心で、回答者についての理解を深めるための手法です。回答者の現場を観察するフィールドワークでは、インタビューだけではわからなかった課題に気づくことができます。

2 業務分析手法

ABC分析とは、**あるデータ（値）に対して、割合の高い項目を割り出す手法**です。パレート図（**データの値が大きい順に並べた棒グラフとデータの累積を示した折れ線グラフ**）でデータの構成比率を求め、ABCのランク付けを行います。例えば、商品の売上累計の75％までを占める商品群をA、75％から90％以下を占める商品群をB、それ以外の商品群をCとします。すると、商品群Aを重点的に販売することで効率的に売上向上を見込めることがわかります。ABC分析により売上の高い商品やニーズの高い要望などがはっきりし、**どこに重点的な対応をすべきかが明確**になります。

特性要因図は、**特性（結果）と要因（原因）の関係を整理するための図**で、魚の骨のような形からフィッシュボーンチャートとも呼ばれます。要因をカテゴリで分け、カテゴリごとに具体的な要因を書き込み、特性に対してどのような要因があるのかをまとめます。なぜ特性が起きたかを図式化することで、潜んでいる問題点が明確になり、**不良品の発生や事故などの原因を特定する手段**として利用されています。

管理図は品質管理や製造工程での異常を確認するためのグラフです。中心線と上方と下方の限界値を設定し、品質や工程の状態をプロットします。**限界値を超えたり、偏りがあるデータは異常**と判断します。

系統図（ロジックツリー）は、**目的を達成するためのさまざまな手段を体系的に枝分かれさせた図**です。**さまざまな観点から課題の解決策を整理することができ**、品質改善などに利用されています。

図解でつかむ

ABC分析

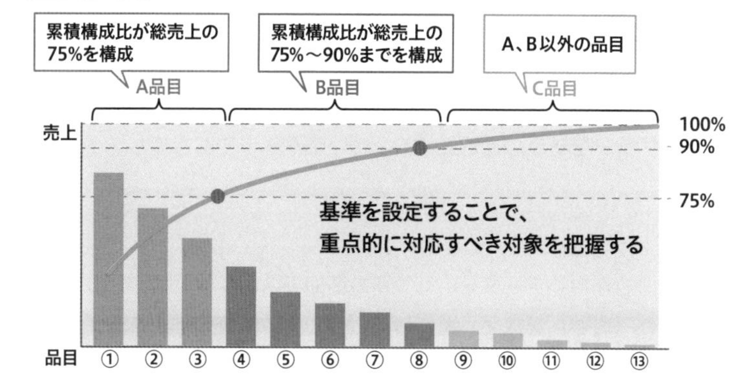

特性要因図（フィッシュボーンチャート）

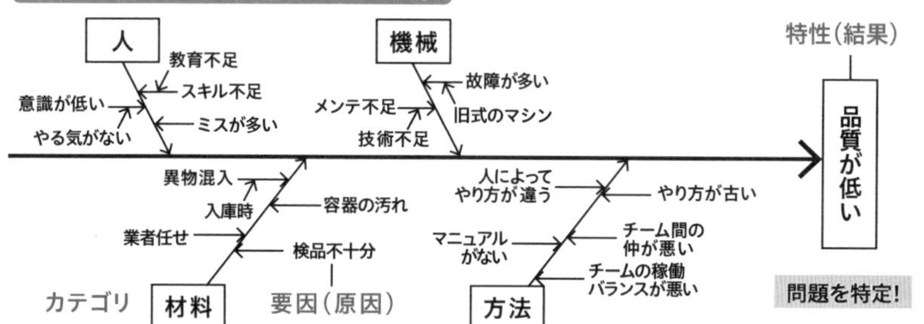

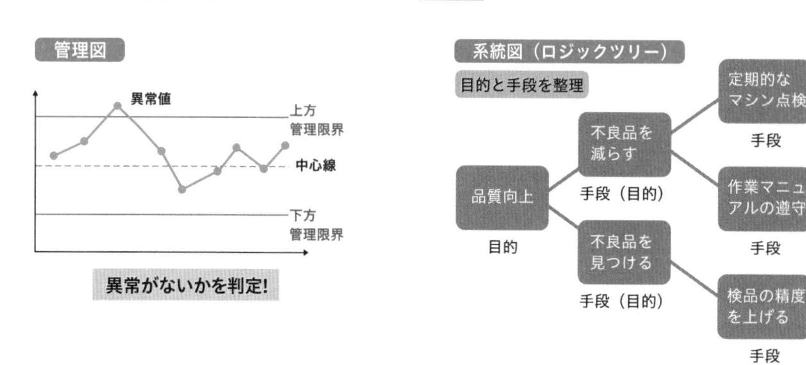

問題にチャレンジ！

Q ABC分析で使用する図として、適切なものはどれか。 （平成26年春・問14）

ア 管理図　**イ** 散布図　**ウ** 特性要因図　**エ** パレート図

解説

左ページの説明により、**エ**が正解です。

A エ

13 業務分析手法②

ストラテジ系
企業活動
出る度 ★★☆

図表やグラフにすることによって、数値を見ているだけではわからなかったデータの相関関係や規則性に気づくことができます。「どういう目的のときに、どの種類のグラフを使うのが適しているか」を確認しておきましょう。

1 度数分布表／ヒストグラム

度数分布表は、**ばらつきがあるデータをいくつかの範囲で区切り、それぞれの範囲でデータがいくつあったか（度数）を数え、表にしたもの**です。**度数分布表を棒グラフで表したもの**をヒストグラムといいます。横軸に範囲、縦軸に範囲内の個数をとって、データのばらつきの度合いを把握します。

一般的なヒストグラムの形状は、中央値が高く、中央から離れるに従って低くなります。**不安定なデータがあると、ヒストグラムの形状が変化**します。この形状を見ることで、工程の問題点や異常を発見することができ、品質管理などに利用されています。

2 分割表（クロス集計表）

分割表とは、**複数の項目を縦横に掛け合わせて（クロスして）集計する手法**です。項目が交わる部分に該当する回答を記載します。回答結果をより細分化して把握できるため、アンケート調査の集計に活用されています。**分割表をグラフにしたもの**がモザイク図です。それぞれの度数の割合をよりわかりやすく表現することができます。

3 箱ひげ図

箱ひげ図は、**データのばらつき具合を示す図**で、長方形の箱と、箱から伸びた棒（ひげ）で構成されています。データを小さい値から並び替え、データの個数で4等分したときの区切り点を四分位数といい、それぞれ第1四分位数、中央値、第3四分位数と呼びます。箱ひげ図は年毎の製品の品質管理や複数製品の品質管理のように、**異なる複数のデータのばらつきを比較**することができます。

4 ヒートマップ

ヒートマップは、**数値データを強弱で色分けすることでデータを視覚化したもの**です。さまざまな業界、分野で利用されていますが、Webサイト解析におけるヒートマップでは、サイトを訪れた利用者がページ上でどのような行動をとったのかを把握することができます。

図解でつかむ

度数分布表

得点	人数
0～10	0
10～20	1
20～30	5
30～40	9
40～50	20
50～60	12
60～70	40
70～80	25
80～90	10
90～100	4
以上　未満（100点含む）	

範囲で区切って
いくつあるかを
表にしたもの

ヒストグラム

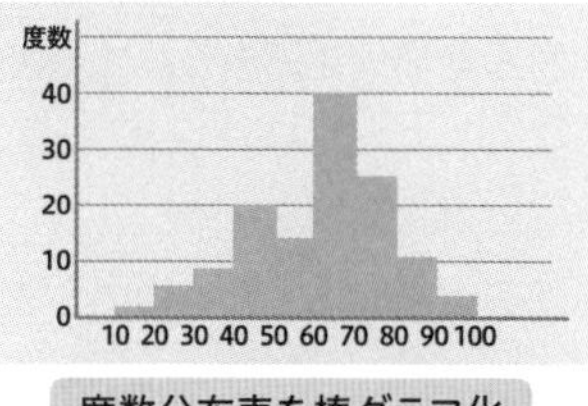

度数分布表を棒グラフ化
➡データの特徴がわかる

分割表（クロス集計表）

	外食	コンビニ・弁当店	弁当持参	全体
20代	20人	52人	28人	100人
30代	50人	55人	45人	150人
全体	70人	107人	73人	250人

モザイク図

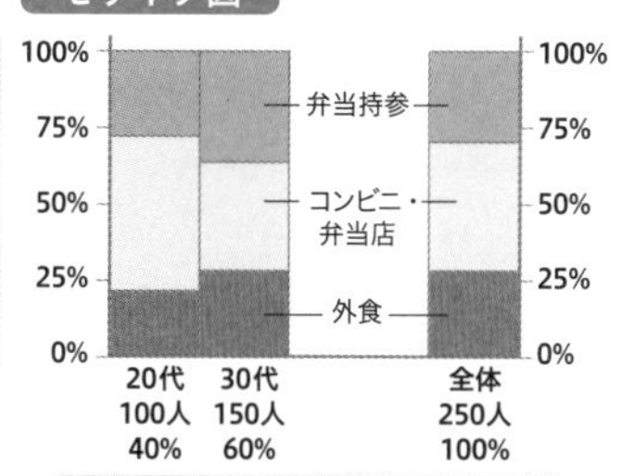

分割表をグラフ化
➡度数の割合がわかりやすい

複数の項目を掛け合わせて集計
➡より細かく把握できる

箱ひげ図

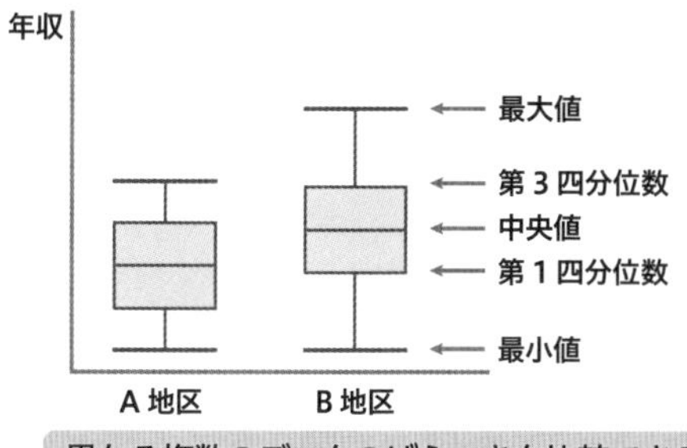

異なる複数のデータのばらつきを比較できる

ヒートマップ（都道府県別人口）

数値データを強弱で色分け

問題にチャレンジ！

Q Webサイトのアクセス解析を行う際に、クリックなど閲覧者の行動を色の濃淡でわかりやすく表現する手法はどれか。　（模擬問題）

ア　ヒストグラム　**イ**　箱ひげ図　**ウ**　分割表　**エ**　ヒートマップ

解説

ア　ばらつきがあるデータをいくつかの範囲で区切り、それぞれの範囲でデータがいくつあったかを棒グラフで表したものです。 **イ**　長方形の箱と、箱から伸びた棒（ひげ）で構成され、データのばらつき具合を示す図です。 **ウ**　複数の項目を縦横に掛け合わせて（クロスして）集計する手法です。

A　エ

5 レーダーチャート

レーダーチャートは、クモの巣のようなグラフで、複数の項目の大きさを比較し、項目間のバランスを表現した図です。全体のバランスがとれていると、より正多角形に近い形となり、**突出した部分を強み、凹んだ部分を弱み**として分析できます。

6 マトリックス図

マトリックス図は、**2つの項目の関連性を図にしたもの**で、表の縦と横の項目が交わる部分に着目することで、**問題がどこにあるかが明確**になります。全体の構成を一目で把握することもでき、品質改善などに利用されています。

7 コンセプトマップ

コンセプトマップは概念マップとも呼ばれ、**概念を並べて線でつないだ図**のことです。概念間の因果関係などを整理することで、**問題点の洗い出しや解決策の検討**に利用されます。

8 シェープファイル

シェープファイルはベースとなる**地図情報に図形情報と属性情報などを合わせたもの**です。地図上に建物などの位置や形状、属性情報（病院、学校など）を表示でき、マップで直感的に理解できます。シェープファイルを活用するとさまざまなテーマの地図を作成でき、国や自治体、企業などが公開する**オープンデータ**として、今後の利活用が期待されています。

9 共起キーワード

共起キーワードは**キーワードと合わせて利用される言葉**のことです。例えば、ITパスポートを説明する上で必須の言葉といえば、「試験」「IT」「問題」などが当てはまります。**共起キーワードの関係を視覚的に表現したもの**を**共起ネットワーク図**といいます。出現回数の多い言葉ほど大きい円で表し、キーワードの関係を線でつなぎます。アンケート結果から共起キーワードを抽出すると、顧客が求めている**情報の傾向を把握する**ことができます。

図解でつかむ

レーダーチャート

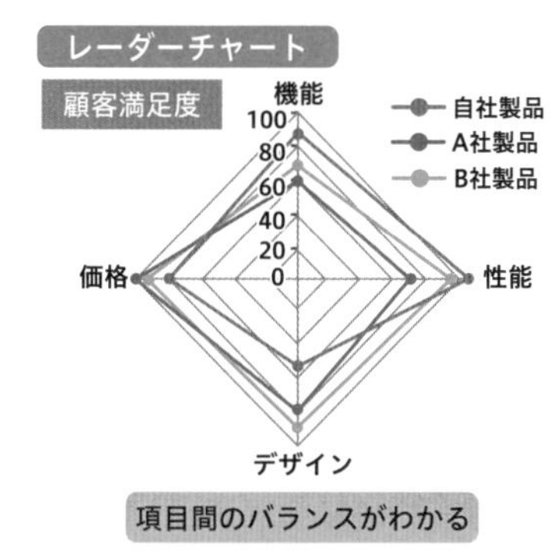

項目間のバランスがわかる

シェープファイル

マップで直感的に理解

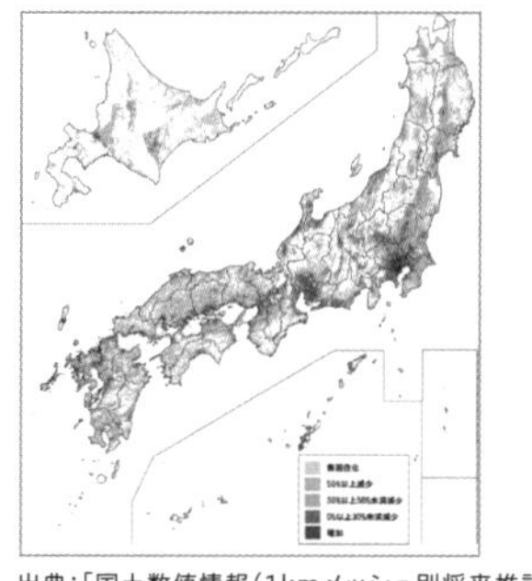

出典:「国土数値情報(1kmメッシュ別将来推計人口〈H30国政局推計〉〈shape形式版〉)」(国土交通省)

マトリックス図

問題がどこにあるかがわかる

	不具合原因	
不具合検出工程	設計書の不備	プログラムの不備
単体テスト	43件	22件
結合テスト	15件	7件

ここが課題

コンセプトマップ

概念を線でつなぐ
➡問題点の洗い出しや解決策の検討に利用

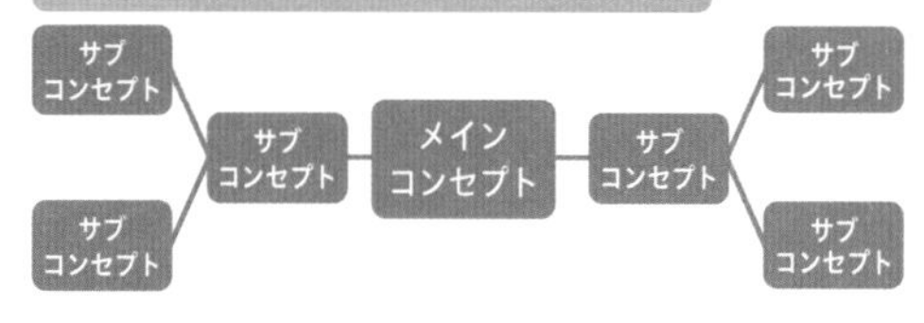

共起ネットワーク図

「ITパスポート」の共起キーワードの例

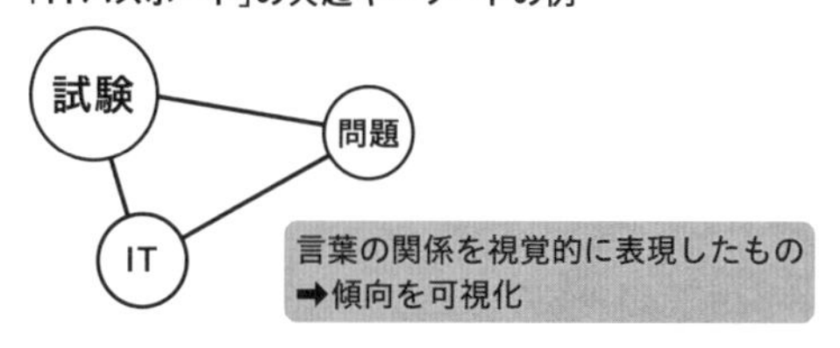

言葉の関係を視覚的に表現したもの
➡傾向を可視化

問題にチャレンジ!

Q レーダーチャートを説明したものはどれか。 (模擬問題)

ア 原因と結果の関連を魚の骨のような形状で体系的にまとめ、結果に対してどのような原因が関連しているかを明確にする。

イ 目的と手段を段階的に掘り下げて表現することで、最適な手段を見いだす。

ウ 複数の項目に対応する放射状の各軸上に、基準値に対する度合いをプロットし、各点を結んで全体のバランスを比較する。

エ 表の縦軸と横軸にいくつかの項目を設定し、交点に相互の関連の有無や度合いを表示する。

解説

ア 特性要因図の説明です。 **イ** 系統図の説明です。 **エ** マトリックス図の説明です。

A ウ

14 情報デザイン

テクノロジ系

情報デザイン

出る度 ★★☆

せっかく作ったシステムや収集した情報が使いづらかったり、わかりづらかったりしては意味がありません。情報を利用する目的や受け手の状況に応じて、わかりやすく伝えたり、操作性を高めたりするための考え方や手法を理解します。

1 情報デザインの考え方や手法

情報デザインとは、**情報を可視化して相手にわかりやすく整理**して表現することで、図やグラフの利用もその１つです。

デザインの原則では、画面に文字や画像を配置する際のルールとして次のようなものを定めています。**同じ種類の要素は近づけ**、違うものは離す（近接）、左右揃え、上下揃え、中央揃えなど、**要素を揃える**（整列）、人間の目は同じ要素が繰り返されると統一感を感じるため、**見出しやフォーマットを揃える**（反復）、見出しは本文よりも太くするなど、**要素ごとの大小や強弱を明確**にする（対比）。この原則に沿ってデザインすることで、わかりやすいレイアウトになります。

画面デザインでは直感的に操作できることも重要です。例えば、画面に表示されている文字が青い字で下線がついていると、「これはリンクなのでクリックできます」というサインです。このように**あるモノに対して何ができるかを示すサイン**のことをシグニファイアといいます。

使いやすさだけでなく、「利用者にどんな体験を提供できるか」を考えることも重要です。利用者にとって魅力的な体験を提供することをUX（ユーザーエクスペリエンス）といいます。無料のコミュニケーションツールのLINEや料理レシピサービスのクックパッドなどは、卓越したUXを提供しています。ユーザー体験をデザインすることをUXデザインといい、ビジネスの成功を左右する重要な要因になってきています。

UXデザインを具体的に決定する手法には、構造化シナリオ法があります。**利用者の体験価値・そのための行動・そのための操作**についてそれぞれ具体的なシナリオを想定してデザインを決定します。このようにユーザビリティ（使用性）の向上を目的とした、人間（利用者）を中心としたモノづくりの考え方のことを人間中心設計といいます。

2 ユニバーサルデザイン

年齢や文化、障害の有無などにかかわらず、**多くの人が快適に利用できることを目指す**ユニバーサルデザインの考え方が重要視されています。インフォグラフィックはインフォメーションとグラフィックを合わせた造語で、**情報をわかりやすく視覚的に表現し**

たものです。天気予報で使用されている日本地図上に表示された晴れや曇り、雨のマークを利用したデザインが有名です。**ピクトグラム**は、**視覚的に意味を伝えるシンプルなマーク**で、公共の施設などによく使われています。

図解でつかむ

シグニファイア

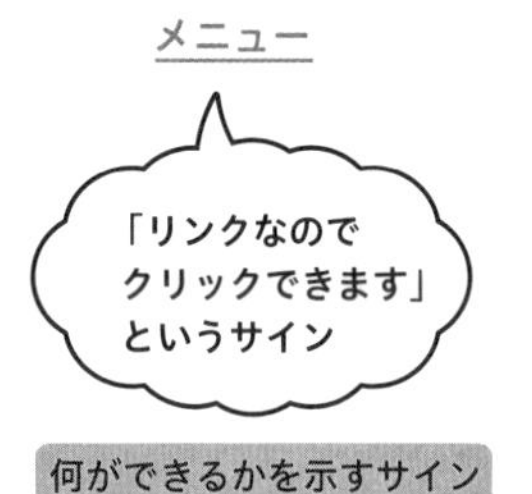

何ができるかを示すサイン

インフォグラフィック

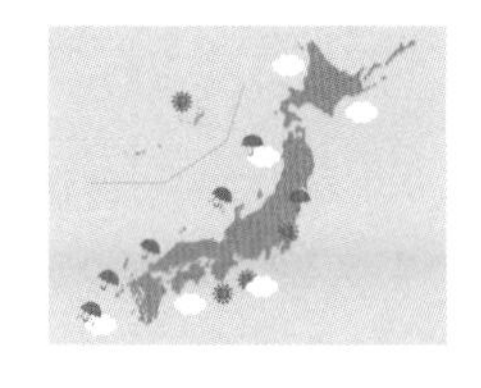

情報をわかりやすく視覚的に表現

ピクトグラム

視覚的に意味を伝えるマーク

問題にチャレンジ！

Q 文化、言語、年齢及び性別の違いや、障害の有無や能力の違いなどにかかわらず、できる限り多くの人が快適に利用できることを目指した設計を何というか。

(平成 27 年秋・問 61)

ア バリアフリーデザイン
イ フェールセーフ
ウ フールプルーフ
エ ユニバーサルデザイン

解説

ア 障害者や小さい子ども、高齢者等が社会生活を送る上で支障となる物理的・心理的障壁を取り除くことに配慮したデザインです。例として段差のない施設や、スロープや点字ブロックの設置などがあります。 **イ** システムの不具合や故障が発生したときでも、障害の影響範囲を最小限にとどめ、常に安全を最優先にして制御を行う考え方です。 **ウ** 入力データのチェックやエラーメッセージの表示などの機能を加えることで、人為的ミスによるシステムの誤動作を防ぐように設計する考え方です。

A エ

15 情報メディア

テクノロジ系
情報メディア
出る度 ★★☆

文字や音声、静止画や動画といった情報をコンピュータで扱うためには、情報をデジタル化する必要があります。情報によってさまざまなファイル形式があり、それぞれの特徴や情報の圧縮・伸張のしくみについて理解します。

1 音声処理

PCM（Pulse Code Modulation：パルス符号変調）とは、音声などの**アナログ信号をデジタル信号に変換する方式**の１つです。音声ファイルには次のようなファイル形式があります。

MIDI は音楽の**演奏情報をデータ化**し、電子楽器などで保存や再生するためのファイル形式です。WAV は **Windows 標準の音声ファイル**で、圧縮しないためデータサイズは大きいです。MP3 は**データ量を 10 分の 1** 程度まで抑えることができます。AAC は **MP3 の後継で、音質が良い**のが特徴です。

2 静止画像処理

コンピュータで扱う画像には、ラスターデータ（ビットマップデータ）とベクターデータがあります。

ラスターデータ（ビットマップデータ）は、画像を**色情報を持った点の集まり**として表現したデータで、次のようなファイル形式があります。

BMP は、**Windows の標準的な画像ファイル**です。圧縮しないためデータサイズが大きいですが、画質は劣化しません。GIF は、可逆圧縮（**元に戻せて編集しても画質が落ちない**）で 256 色以下の画像に適しています。JPEG は、非可逆圧縮（**完全には元に戻せないため編集すると画質が落ちるが、データサイズを小さくできる**）の画像ファイルです。PNG は、可逆圧縮の画像ファイル形式で **Web での使用に最適**です。TIFF は、主に**印刷物で使用される**画像ファイルです。解像度が高く、データサイズが大きいため **Web の使用には向いていません。**

ベクターデータは、**計算式によって線や色などを表現**したデータで、次のようなファイル形式があります。

PDF は、**アプリケーションや OS に依存せず**文章や図を表示できる形式です。EPS は、**印刷用**として広く使われている形式です。DTP（DeskTop Publishing：**パソコン上で印刷物のデータを制作する**）分野で広く利用されています。

3 動画処理

1秒あたりに処理しているフレーム（コマ）数のことをフレームレートといいます。フレームが多いほど自然な動画になりますが、その分データサイズが大きくなり、表示に時間がかかります。そのため、次のような動画の圧縮・伸張の形式があります。

MPEGは**動画圧縮のフォーマット**で、MPEG-1、MPEG-2、MPEG-4、MPEG-7などがあります。H.264は、**MPEG-2の2倍の圧縮率**でYouTubeでも利用されています。H.265はH.264の**2倍の圧縮率**で**8K（超高画質の映像）にも対応**しており、Netflixでも利用されています。ファイル形式には、**Windows標準の動画ファイル形式**であるAVIや、**スマホや多くの家電機器が対応**し、容量の大きい動画を圧縮することができるMP4があります。

図解でつかむ

ラスターデータとベクターデータ

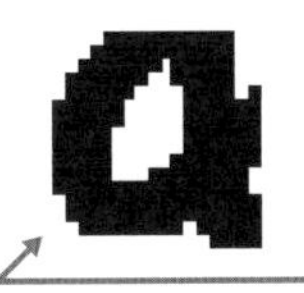

ラスターデータ
（ビットマップデータ）

ベクターデータ

ラスターデータ
写真のような複雑な表現に向いている

ベクターデータ
図形のような単純な表現に向いている

問題にチャレンジ！

Q H.264/MPEG-4 AVCの説明として、適切なものはどれか。

（基本情報・令和元年秋・問24）

ア 5.1チャンネルサラウンドシステムで使用されている音声圧縮技術
イ 携帯電話で使用されている音声圧縮技術
ウ デジタルカメラで使用されている静止画圧縮技術
エ ワンセグ放送で使用されている動画圧縮技術

解説

ア ドルビーデジタル（AC-3）の説明です。 **イ** AMR（Adaptive Multi-Rate）やEVS（Enhanced Voice Services）の説明です。 **ウ** JPEGの説明です。

A エ

16 アルゴリズムの基礎

テクノロジ系

アルゴリズムとプログラミング

出る度 ★★☆

アルゴリズムとは、目的を達成するための処理手順を表したものです。順次(順番に命令を実行)・選択(条件によって命令を選択して実行)・繰返し(条件を満たす間、命令を繰返し実行)の組合せで表現します。

1 流れ図（フローチャート）

流れ図（フローチャート）は**処理手順をわかりやすく図式化したもの**です。以下のような記号を使用して記述します。

記号	意味
(角丸)	開始や終了
(長方形)	値の代入や計算などの処理
(ひし形)	選択処理を行うための条件
(上角を落とした形)	繰返し処理の開始点 繰返し条件を記述
(下角を落とした形)	繰返し処理の終了点 開始点に戻る

例　1から5までの数値のうち奇数の合計値を出力するフローチャート

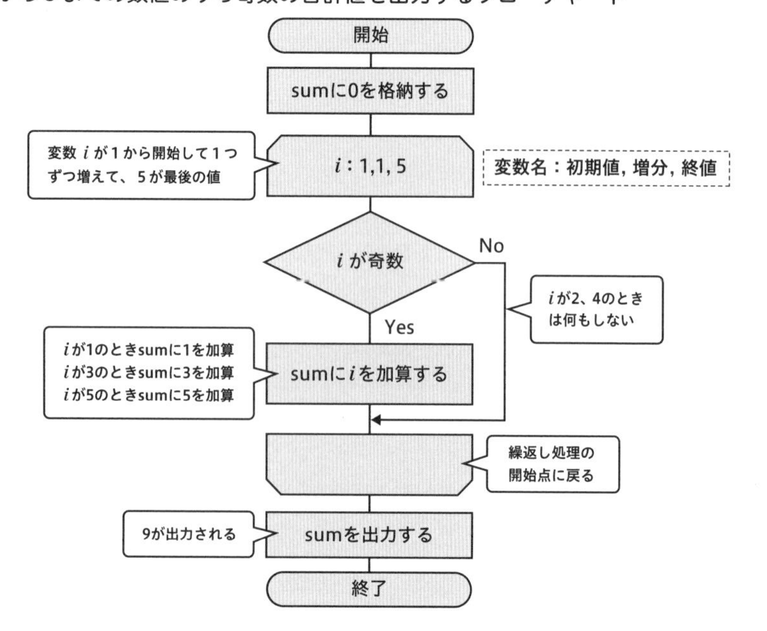

問題にチャレンジ！

Q 流れ図 X で示す処理では、変数 i の値が、1 → 3 → 7 → 13 と変化し、流れ図 Y で示す処理では、変数 i の値が、1 → 5 → 13 → 25 と変化した。図中の a、b に入れる字句の適切な組合せはどれか。　　　　(令和 3 年・問 74)

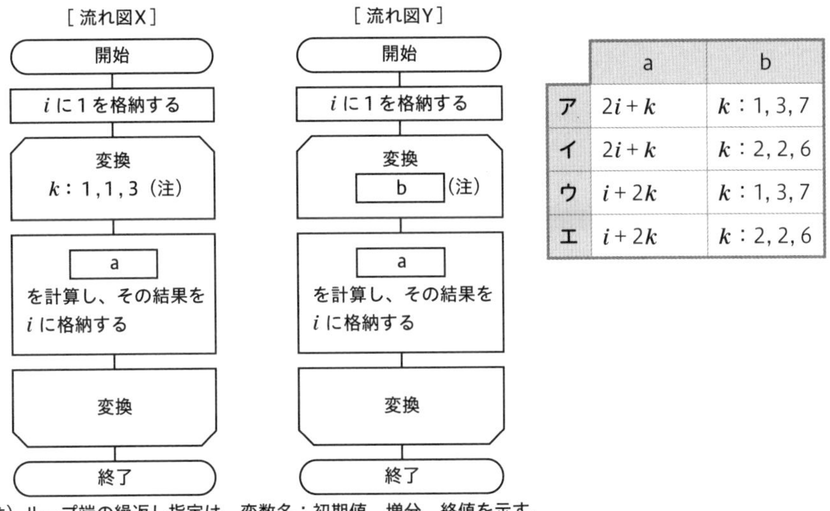

	a	b
ア	$2i+k$	k：1, 3, 7
イ	$2i+k$	k：2, 2, 6
ウ	$i+2k$	k：1, 3, 7
エ	$i+2k$	k：2, 2, 6

（注）ループ端の繰返し指定は、変数名：初期値，増分，終値を示す。

解説

まず流れ図 X の a を求めます。変数 k と変数 i の値の変化、解答群の式を表にすると以下のようになります。

k の値	i の値の変化	解答群ア、イの式（$2i+k$）の場合の i の値	解答群ウ、エの式（$i+2k$）の場合の i の値
1	1 → 3	2 × 1 + 1 = 3	1 + 2 × 1 = 3
2	3 → 7	2 × 3 + 2 = 8	3 + 2 × 2 = 7
3	7 → 13	2 × 8 + 3 = 19	7 + 2 × 3 = 13

変化した i の値と一致

これにより a の計算式は i + 2k であることがわかり、解答群の**ウ**、**エ**に絞られます。次に流れ図 Y の b を求めます。流れ図 Y の変数 i の変化 1 → 5 に着目します。解答群**ウ**は変数 k が 1 から開始し、a の計算式では変数 i は 1+2×1=3 となるため、誤りです。解答群**エ**は、変数 k は 2 から開始し、2 つずつ増えて 6 まで繰り返します。k が 2 のとき変数 i は 1+2×2=5、k が 4 のときは 5+2×4=13、k が 6 のときは 13+2×6=25 となり、変数 i の値の変化は 1 → 5 → 13 → 25 で、**エ**が正解です。

A エ

2 擬似言語

擬似言語は、**アルゴリズムを表現するための擬似的なプログラム言語**です。ITパスポート試験で使用する擬似言語は以下の形式で記述されています。

記述形式	説明
○手続名または関数名	手続または関数を宣言（作成）する。 手続・関数とは与えられた値（引数）を元に、何らかの計算や処理を行い、結果（戻り値）を返すもののこと。 【例1】 ○実数型₁ : calcMean₂ (実数型の配列 : dataArray)₃ ₁ 関数の処理結果（戻り値）として実数型を返す ₂ 関数名 calcMean ₃ 引数として実数型の配列 dataArray が与えられる 【例2】 ○ printStars(整数型 : num) 関数名 printStars 引数として整数型の num が与えられる 戻り値はなし
型名 : 変数名	変数を宣言（作成）する。変数はデータ型（整数型、実数型〈小数を含む〉、論理型〈真偽値〉、文字型など）を指定して作成する。 【例】整数型 : cnt 整数を格納する変数 cnt を作成する
/* 注釈 */ // 注釈	処理の注釈を記述する。コメントとも呼ばれる。 【例】整数型 : cnt ← 0 **/* 出力した数を初期化する */**
変数名 ← 式	変数に式の値を代入する。 【例】 cnt ← cnt + 1 変数 cnt の値に 1 を加算した結果を cnt に代入する
手続名または関数名 (引数 , …)	作成済みの手続または関数を呼び出し、引数を受け渡す。 【例】printStars(5) 関数を呼び出し、引数に整数 5 を受け渡す

if (条件式)
処理 1
else
処理 2
endif
	選択処理を示す。条件式が true(条件式が成立する) の場合は処理 1 を、false(条件式が成立しない) の場合は処理 2 を実行する。
	【例】
	if (i が 0 より大きい)
	“正の値” と出力
	else
	“正の値でない” と出力
	endif

記述形式	説明

if (条件式 1)
　処理 1
elseif (条件式 2)
　処理 2
else
　処理 3
endif
	選択処理を示す。条件式 1 が true の場合は処理 1 を、条件式 1 が false で条件式 2 が true の場合は処理 2 を、どの条件式も false の場合は処理 3 を実行する。
	【例】
	`if (i が 0 より大きい )`
	`　“正の値” と出力`
	`elseif(i が 0 と等しい )`
	`　“0” と出力`
	`else`
	`　“負の値” と出力`
	`endif`

while (条件式)
　処理
endwhile
	前判定繰返し処理を示す。
	条件式が true の間、処理を繰返し実行する。
	【例】
	`while (i が 10 以下 )`
	`　i を出力`
	`　i ← i + 1`
	`endwhile`

do
　処理
while (条件式)
	後判定繰返し処理を示す。
	処理を実行し、条件式が true の間、処理を繰返し実行する。
	while と違って条件式が true でなくても、必ず 1 回は処理が実行される。
	【例】
	`do`
	`　i を出力`
	`　i ← i + 1`
	`while (i が 10 以下 )`

for (制御記述)
　処理
endfor
	繰返し処理を示す。
	制御記述の内容に基づいて、処理を繰返し実行する。
	【例】
	`for (i を 1 から 10 まで 1 ずつ増やす )`
	`　i を出力`
	`endfor`

return 値	関数や処理の中から呼び出し元に値を返却する。 【例】`return i /* 変数 i の値を返却する */`

3 配列の表現

配列とは、複数のデータを順番に格納するしくみです。

擬似言語での配列表現では、“{” は配列の内容の始まりを、“}” は配列の内容の終わりを表し、配列の要素は、“[” と “]” の間にアクセス対象要素の要素番号を指定することでアクセスできます。例えば、要素番号が 1 から始まる配列 array の要素が {41,27,10,53,34} のとき、要素番号 3 の要素の値（10）は array[3] でアクセスできます。配列 array の要素の数（要素数）は 5 になります。

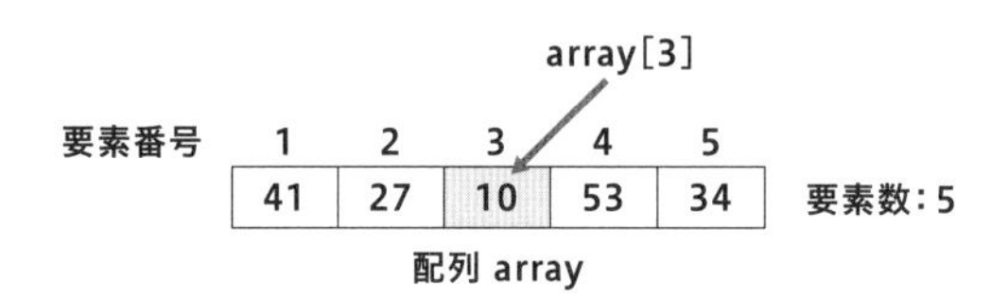

配列 array のすべての要素の値を出力するプログラムを記述する場合、プログラム 1 のように記述するとコード量が増え、要素数が変更になったときにプログラムの修正が必要です。プログラム 2 のように**繰返し処理を使う**とコードも少なく、要素数が変更されてもプログラムの修正は不要で、**効率的に処理が記述できます。**

プログラム 1

```
array[1] を出力する
array[2] を出力する
array[3] を出力する
array[4] を出力する
array[5] を出力する
```

プログラム 2（繰返し処理）

```
整数型：i
for (i を 1 から array の要素数まで 1 ずつ増やす )
    array[ i ] を出力する /*i は1～要素数まで変化 */
endfor
```

結果は同じ

問題にチャレンジ！

Q 関数 calcMean は、要素数が 1 以上の配列 dataArray を引数として受け取り、要素の値の平均を戻り値として返す。プログラム中の a、b に入れる字句の適切な組合せはどれか。ここで、配列の要素番号は 1 から始まる。 （模擬問題）

〔プログラム〕

```
○実数型 : calcMean(実数型の配列 : dataArray) /* 関数の宣言 */
  実数型 : sum, mean
  整数型 : i
  sum ← 0
  for (i を 1 から dataArray の要素数まで 1 ずつ増やす )
    sum ← [ a ]
  endfor
  mean ← sum ÷ [ b ] /* 実数として計算する */
  return mean
```

	a	b
ア	sum + dataArray[i]	dataArray の要素数
イ	sum + dataArray[i]	(dataArray の要素数 +1)
ウ	sum × dataArray[i]	dataArray の要素数
エ	sum × dataArray[i]	(dataArray の要素数 +1)

解説

アルゴリズムの問題では、まずアルゴリズムの目的を理解します。この問題では、「要素の値の平均」を求めます。変数名から変数の役割を理解することも重要です。sum は合計、i は繰返しの回数を数えるための変数として出題頻度が高い変数名で、mean は平均という意味です。配列の場合は、要素番号がいくつから始まっているか（この問題は 1 から）が、問題文で指定されているため、確認しておきましょう。

配列に格納されている要素の値の平均を求めるためには、配列の要素の値を先頭から順番に取り出して合計し、配列の要素数で割ります。a は繰返し処理の中で sum に代入しているため、合計処理が入ります。変数 i を配列 dataArray の要素番号として要素の値を取り出し、変数 sum に加算すればよいので、**ア**か**イ**が正解です。sum ÷b を mean に代入しているので、b には平均を求めるために配列の要素数を指定すればよいため**ア**が正解です。

A ア

17 代表的なアルゴリズム

テクノロジ系

アルゴリズムとプログラミング

出る度 ★☆☆

複数のデータの中から指定したデータを検索したり、データを並べ替えたりする作業は、データ分析に欠かせない処理です。いろいろな方法がありますが、代表的なアルゴリズムを押さえておきましょう。

1 探索のアルゴリズム

探索は複数のデータの中に**目的のデータがあるかどうか**、また、**何番目にあるのか**を見つけ出す処理です。

線形探索法は、線を引くようにデータを先頭から最後まで順番に探索していく方法です。１つずつ比較するため、データ数が多くなればなるほど処理に時間がかかります。

２分探索法は、事前に**整列済みのデータ**に対して、**中央の位置の値と比較しながら、**探索範囲を小さくして目的のデータを探索していく方法です。データが昇順で整列済みの場合、目的のデータより中央の値のほうが大きければ、目的のデータは中央より後ろには存在しないことが確定します。次は中央より前のデータに絞って、その中の中央の値と比較し、これを繰り返します。

2 整列のアルゴリズム

整列は複数のデータを決められた順番で並び替えることで、ソートとも呼ばれます。

バブルソートは、**隣同士の要素の大小を比較しながら並べ替える**シンプルなアルゴリズムです。整列の過程で要素が左右に移動していく動きを泡（バブル）が浮きあがっていく様子に例えたことからバブルソートと呼ばれます。

選択ソートは、**一番小さい値を探し**、１番目の要素と**交換し**、次に２番目以降のデータの中から一番小さい値を探し、２番目の要素と交換します。これを最後まで繰り返す方法です。

クイックソートは、名前の通り**高速な整列アルゴリズム**です。**基準となる値（ピボット）を選択し、ピボットより小さい要素を前に、大きい要素を後ろへ移動させ、それぞれグループに分割**します。分割したグループ内でも同じようにピボットの選択から要素の移動、分割を繰り返し、すべてのグループ内の要素が１つになったら完了です。

図解でつかむ

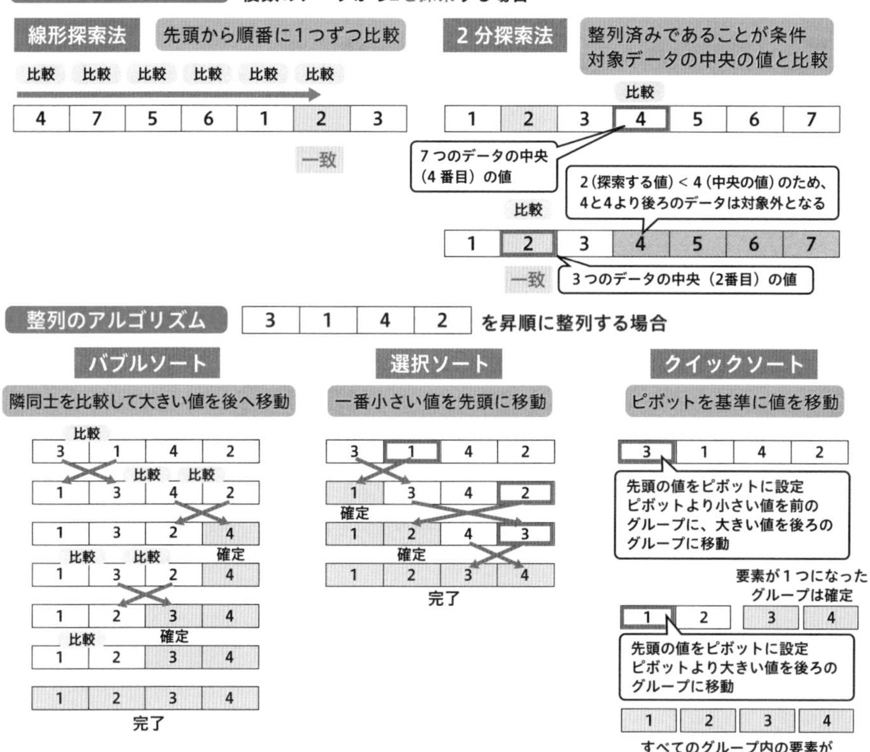

問題にチャレンジ！

Q 配列に格納されているデータを探索するときの、探索アルゴリズムに関する記述のうち、適切なものはどれか。　(令和5年・問69)

ア　2分探索法は、探索対象となる配列の先頭の要素から順に探索する。

イ　線形探索法で探索するのに必要な計算量は、探索対象となる配列の要素数に比例する。

ウ　線形探索法を用いるためには、探索対象となる配列の要素は要素の値で昇順又は降順にソートされている必要がある。

エ　探索対象となる配列が同一であれば、探索に必要な計算量は探索する値によらず、2分探索法が線形探索法よりも少ない。

解説

ア　線形探索法の説明です。 **ウ**　2分探索法の説明です。 **エ**　配列の先頭に目的のデータが存在した場合、線形探索法のほうが少ない計算量になることもあります。

A イ

18 プログラム言語

テクノロジ系

アルゴリズムとプログラミング

出る度 ★☆☆

アルゴリズムを記述するためのプログラム言語にはさまざまな種類があります。代表的な言語の特徴を理解しましょう。また、効率的なプログラミングのためのルールや開発手法についても理解しておきましょう。

1 プログラム言語の種類

プログラム言語	特徴
C 言語	**処理速度が速く、組み込み系や制御系システム**の開発で利用
Fortran	**科学技術分野で利用。**処理速度が速く、気象予報などに利用
Java	Webアプリケーションや Androidアプリなどの開発で利用。**オブジェクト指向型言語。OS に依存しない開発**が可能
C++ (シープラスプラス)	**処理速度が速い。C 言語にオブジェクト指向を追加したもの。IoT** や Web アプリケーションなどの開発で利用
Python	**コードがシンプル。**ライブラリが豊富。**AI・機械学習**やWebアプリケーションなどの開発で利用。オブジェクト指向型言語
R	**統計解析に特化した言語。**グラフを出力する機能がある
JavaScript	**Web ブラウザ上で動作する Web サイトに動きをつけるため**の言語

2 その他の言語

JSON (JavaScript Object Notation) は、**データを記述するための言語**で、異なるプログラム言語で書かれたプログラム間でのデータのやり取りなどに利用されています。

3 コーディング標準

プログラムを読みやすく記述するために、以下のようなコーディング標準（ルール）があります。

- 処理のかたまりで字下げ（インデンテーション）して、**プログラムを読みやすくする**
- ネスト（処理の中に処理を記述すること）の階層を深くすると読みづらくなるため、**ネストは必要最小限の深さにする**
- 変数名や関数名には意味や機能が**わかりやすい名前をつける**（命名規則）
- プログラムは作業分担や再利用が可能なように、モジュール（**ひとまとまりの要素**）に分割する。**メインとなってプログラムを実行するモジュール**をメインルーチン、そこから**呼び出されるモジュール**をサブルーチンという

4 効率的な開発手法

ライブラリは**プログラム言語が提供している特定の機能**で、ファイル操作や日付操作などです。API（Application Programming Interface）は、アプリケーションの一部の機能を公開し、**外部から利用可能にしたもの**です。例えばLINEのメッセージ機能を利用できるLINE APIなどです。**Web上で公開されているAPI**はWeb APIといいます。ライブラリやAPIを利用することで、生産性の向上や開発コストの削減が期待できます。最近では、**少ないソースコードでアプリケーションを開発する**ローコード開発や**ソースコードを全く書かずにアプリケーションを開発する**ノーコード開発という手法も注目されています。

図解でつかむ

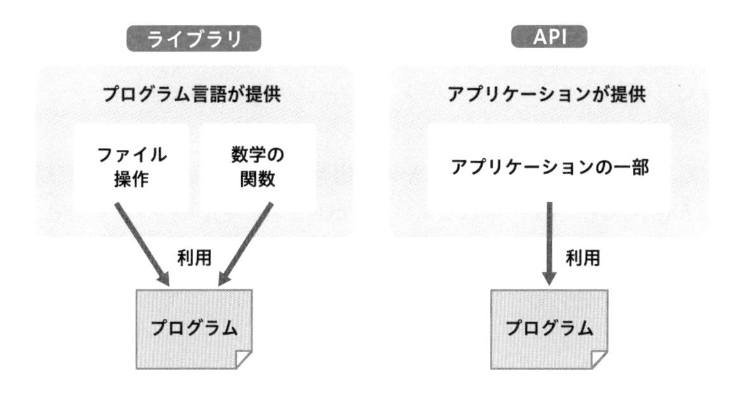

問題にチャレンジ！

Q Python に関する記述として、適切なものはどれか。 （模擬問題）

ア コンピュータの機種やOSに依存しないソフトウェアが開発でき、Androidアプリケーションの開発で利用されている。

イ 科学技術計算向けに開発された言語である。

ウ シンプルなコードでAIや機械学習などの開発で利用されている。

エ 統計解析や機械学習の分野に適していて、グラフ描画機能がある。

解説

ア Javaの説明です。 **イ** Fortranの説明です。 **エ** Rの説明です。

A ウ

19 データ構造

テクノロジ系

基礎理論

出る度 ★☆☆

データ構造とは、プログラムの中でデータを効率的に格納するしくみのことです。変数には1つのデータしか格納できませんが、複数のデータを格納できるものに、リスト、キュー、スタックなどがあります。それぞれの違いとどのような場面で利用されるかをみていきましょう。

1 リスト

リストとは、**複数のデータを順番に格納して保持するしくみ**です。例えば5教科のテストの成績を順番に格納して、合計や平均を求める場合などに利用されます。もしリストを使わなければ、バラバラに格納された5つの変数にアクセスするため処理の効率が悪くなります。リストを使うと複数のデータが順番に格納されるため、合計や平均を求める際にバラバラにアクセスせずに済み、効率的に処理ができます。

2 キュー

キューは、**最初に格納したデータから取り出すしくみです。先入れ先出し法（FIFO : First-In First-Out）とも呼ばれます。**取り出したデータはキューから削除されます。プリンタの印刷データの管理にはキューが利用されています。印刷の要求があったデータを順番にキューに格納し、格納した順に取り出して印刷します。

3 スタック

スタック（Stack）は「積み重ね」という意味で、例えばコップを重ねて収納するようなイメージです。**データを順番に重ねて格納し、一番上のデータから取り出すしくみです。最後に格納したデータが最初に取り出されるため、後入れ先出し法（LIFO : Last-In First-Out）とも呼ばれます。**取り出したデータはスタックから削除されます。

スタックはPCやスマートフォンでの起動中のアプリケーションの切り替えをイメージするとわかりやすいです。音楽の再生中に電話がかかってきた場合を例にすると、スタックには再生中の音楽アプリが格納されています。着信があると音楽アプリは中断され、スタックには通話アプリが格納されて通話アプリに切り替わります。通話が終わるとスタックから通話アプリが取り出され、音楽アプリの中断されたところから再生されます（これは例え話なので、あくまでイメージです）。

4 木構造

木構造はデータ間の親子、階層構造を表現することができ、身近な例ではフォルダやファイルの管理に利用されています。各要素をノード（節）、最上位のノードをルート（根）、子を持たない最下位のノードをリーフ（葉）、ノードをつなぐ線をブランチ（枝）で表します。ノードが子を最大2つしか持たない木構造を二分木と呼びます。

図解でつかむ

リスト

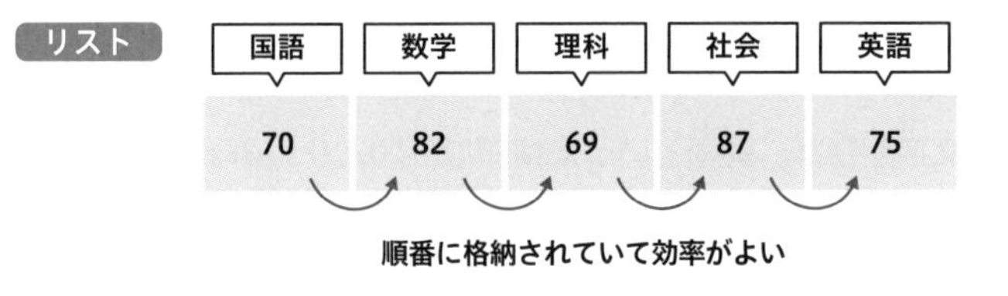

キュー

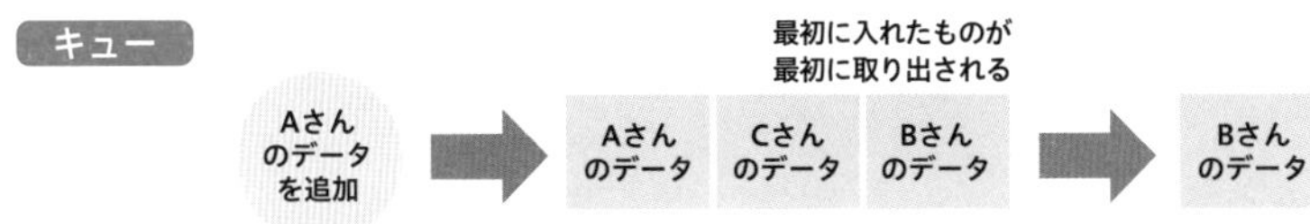

スタック

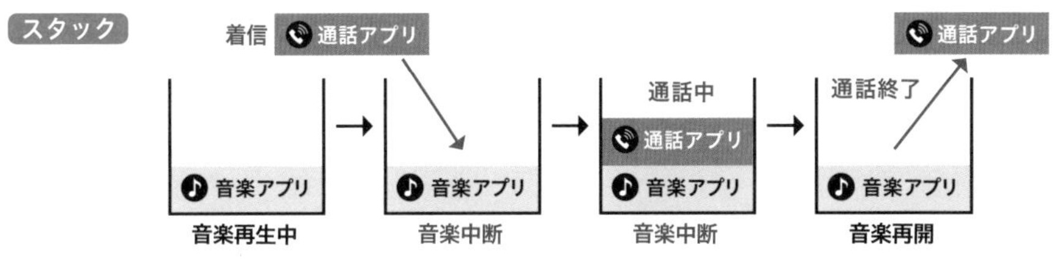

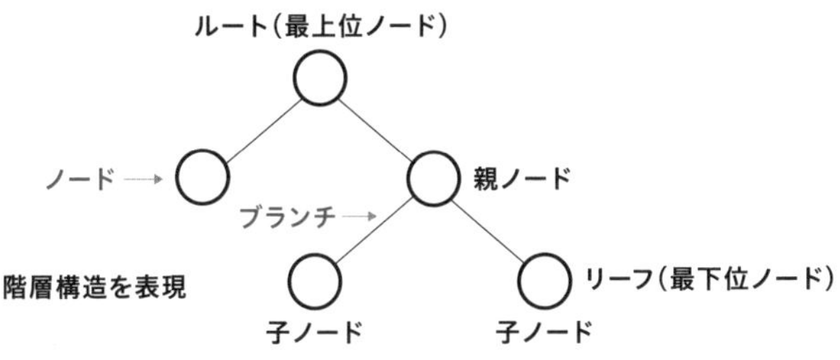

問題にチャレンジ！

Q 複数のデータが格納されているスタックからのデータの取出し方として、適切なものはどれか。（平成30年秋・問76）

ア 格納された順序に関係なく指定された任意の場所のデータを取り出す。

イ 最後に格納されたデータを最初に取り出す。

ウ 最初に格納されたデータを最初に取り出す。

エ データがキーをもっており、キーの優先度のデータを取り出す。

解説

ア 任意の場所のデータは取り出せません。 **ウ** キューについての説明です。 **エ** スタックに格納された値はキーをもちません。

A イ

20 基数

テクノロジ系

基礎理論

出る度 ★☆☆

コンピュータでは文字や音声、動画といった情報は、「0」と「1」のデジタル信号で表します。このデジタル信号の表し方には2進数や16 進数があります。ここでは2進数に関する基礎的な理論を理解しましょう。

1 基数

1桁を構成する数字を基数といいます。例えば、10 進数の基数は0～9までの10 個の数字、2進数の基数は0と1の2個の数字です。

3桁以下の10 進数で表現できる数は、1桁が0～9の10 個の数字で構成され、それが3桁分あるので、$10 \times 10 \times 10 = 10^3$ となり、0～999 までの1000 個の数が表現できます。一方、3桁以下の2進数で表現できる数は、1桁が0, 1の2個の数字で構成され、それが3桁分あるので、**$2 \times 2 \times 2 = 2^3$ となり、0～111 までの8個**の数が表現できます。

2 2進数と桁の関係

1, 10, 100, 1000 と**桁が増えるたびに10 倍になっていく**のが10 進数です。10 進数の0, 1, 2, 3, 4, 5は、2進数では、0, 1, 10, 11, 100, 101 で表します。2桁になった10（イチゼロ）（= 10 進数の2）は、1の2倍です。3桁になった100（イチゼロゼロ）（= 10 進数の4）は2の2倍です。**桁が増えるたびに2倍になっていく**のが2進数です。

3 基数変換（2進数と10 進数の変換）

ある数値を基数が異なる別の数値に変換することを基数変換といいます。例えば2進数の101（右ページの①）は、3桁目の「4を表すビット」と1桁目の「1を表すビット」が1のため、4 + 1 = 5となり、10 進数の5を表します。

今度は10 進数の200 を2進数に変換してみましょう。**右ページの対応表の左から200 以下の値を表すビットを探します**（②）。8桁目の128 は200 以下のため、まず128 を表すビット（8桁目）が1になります（③）。200 のうち128 は表現できたので、**残りの72（200 － 128）を表すビットを右に向かって探します。**7桁目の64 は72 以下なので、7桁目の「64 を表すビット」を1にします（④）。72 － 64 = 8なので、残りの8を表すビットを探します。6桁目の32 と5桁目の16 は8以下ではないので、それぞれを0にします（⑤）。4桁目の8は8と同じ値のため、8を表すビット（4桁目）を1にします（⑥）。8 － 8 = 0になり、これで200 の値をすべて表現できました。10 進数の200 を2進数で表現すると11001000（⑦）となります。

図解でつかむ

基数（1桁を構成する数字）

10進数は1桁を10個の数字で構成

	3桁目		2桁目		1桁目
10個	0～9	×	0～9	×	0～9

10×10×10＝10^3＝1,000個（0～999）

3桁以下の10進数で表現できる数

2進数は1桁を2個の数字で構成

	3桁目		2桁目		1桁目
2個	0,1	×	0,1	×	0,1

2×2×2＝2^3＝8個（0～111）

3桁以下の2進数で表現できる数

基数変換（2進数と10進数の対応）

2進数								10進数
8桁目	7桁目	6桁目	5桁目	4桁目	3桁目	2桁目	1桁目	
128を表すビット	64を表すビット	32を表すビット	16を表すビット	8を表すビット	4を表すビット	2を表すビット	1を表すビット	
							0	0
							1	1
						1	0	2
						1	1	3
					1	0	0	4
					1	0	1	①5
⑦ 1	1	0	0	1	0	0	0	200
1	1	1	1	1	1	1	1	255

桁が上がるごとに2倍になります

4を表すビットと1を表すビットが1なので、4+1＝5

② 左から探す

③ 200≧128が成立

④ 72(200－128)≧64が成立

⑤ 8(72－64)≧32が成立しない

⑤ 8(72－64)≧16が成立しない

⑥ 8(72－64)≧8が成立　8-8=0になり完了

問題にチャレンジ！

Q 次の体系をもつ電話番号において、80億個の番号を創出したい。番号の最低限必要な桁数は幾つか。ここで、桁数には“020”を含むこととする。

（令和元年秋・問82）

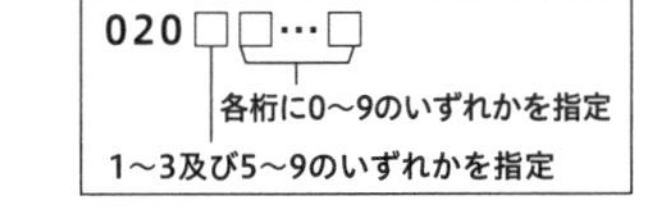

ア 11　**イ** 12　**ウ** 13　**エ** 14

解説

左から4桁目で0と4を除く8種類の数字を表せるので、5桁目以降には10億個の数字列を表現できる桁数が必要です。9桁の数字000000000～999999999を使えば10億種類となります。よって、020の3桁、8つの数字を使用する1桁、0～9の数字を使用する9桁を合わせた13桁です。

A ウ

21 2進数の計算

テクノロジ系

基礎理論

出る度 ★☆☆

コンピュータで行う計算には、加算(+)、減算(−)、乗算(×)、除算(÷)といった算術演算と論理演算があります。論理演算は、0か1の入力値に対して1つの値を出力する演算です。

1 算術演算

四則演算（加減乗除）など算術的な計算を行うものが算術演算です。

・2進数の加算（足し算）

2進数の加算とは、同じ桁の値の**どちらかが1の場合に計算結果が1となる**演算です。どちらも1の場合、次の桁に繰り上がり、元の桁は0になります。101010+001011を考えてみると、結果は110101となります。

```
  101010
+ 001011
--------
  110101
```

・2進数の乗算（かけ算）

2進数の乗算とは、**かけられる数にかける数の各桁をかけて、その結果を加算したものです。** 1をかけるとかけられる数がそのまま残りますが、0をかけると結果は0になります。1010×101を計算すると、110010となります。

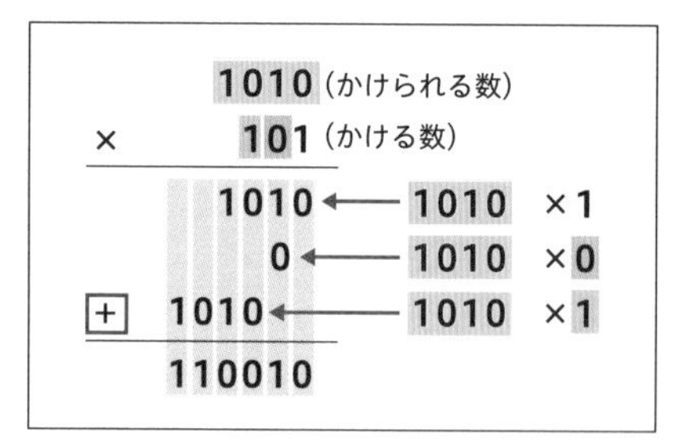

2 論理演算

真（true）を1、偽（false）を0とし、2つの入力値に対して1つの値を出力するのが論理演算です。

・論理和

論理和とは、同じ桁の値の**どちらかもしくはどちらも1の場合に計算結果が1となる**演算です。どちらも1の場合、加算とは異なり、次の桁に繰り上がりません。101010と001011の論理和は101011となります。

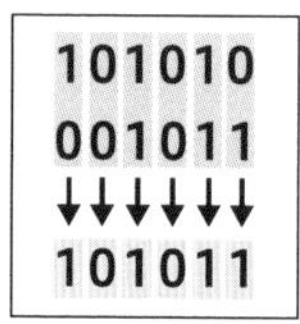

・**論理積**

論理積とは、同じ桁の値のどちらか一方に**0があれば計算結果は0になり、どちらも1の場合のみ計算結果が1となる**演算です。101010と001011の論理積は001010となります。

```
101010
001011
↓↓↓↓↓↓
001010
```

試験では、2進数の加算、2進数の乗算、論理和、論理積の4つを理解しておけば十分です！

問題にチャレンジ！

Q 8ビットの2進データXと00001111について、ビットごとの論理積をとった結果はどれか。ここでデータの左方を上位、右方を下位とする。

(平成30年秋・問79)

ア 下位4ビットが全て0になり、Xの上位4ビットがそのまま残る。
イ 下位4ビットが全て1になり、Xの上位4ビットがそのまま残る。
ウ 上位4ビットが全て0になり、Xの下位4ビットがそのまま残る。
エ 上位4ビットが全て1になり、Xの下位4ビットがそのまま残る。

解説

論理積は、同じ桁の値のどちらか一方に0があれば計算結果は0になり、どちらも1の場合のみ計算結果が1となります。00001111の上位4ビットはすべて0のため、データXの値に関わらず、結果の上位4ビットはすべて0になります。00001111の下位4ビットは1のため、Xの下位4ビットのうち、0のビットは結果も0になり1のビットは結果も1になります。つまり、上位4ビットはすべて0になり、下位4ビットはXの値がそのまま残ります。

A ウ

単位と16進数

●データ量と時間の単位

コンピュータの内部では、データが0と1によって表現され、処理されます。この0と1のみで表現される数字を2進数といいます。例えば、0, 01, 101が該当しますが、2進数の1桁のことを1ビット（bit）と呼び、これがデータの最小単位となります。

また、1ビットが8桁並ぶと1バイト（byte）になります。以下では、コンピュータでよく使われるデータの大きさを表す単位と時間を表す単位をまとめておきましたので、各単位の関係と計算式を押さえておきましょう。データ量については、1バイトに1,000（10の3乗）をかけていくことで、1kバイト→1Mバイト→1Gバイト→1Tバイト→1Pバイトとなります。時間については、1秒を1,000（10の3乗）で割っていくことで、1m秒→1μ秒→1n秒→1p秒になります。

・データ量を表す単位

表記	読み	計算式（1単位当たり）
bit	ビット	
byte	バイト	8ビット
k	キロ	1×10^3バイト
M	メガ	1×10^6バイト
G	ギガ	1×10^9バイト
T	テラ	1×10^{12}バイト
P	ペタ	1×10^{15}バイト

・時間を表す単位

表記	読み	計算式（1単位当たり）
m	ミリ	1×10^{-3}（例）1m秒
μ	マイクロ	1×10^{-6}（例）1μ秒
n	ナノ	1×10^{-9}（例）1n秒
p	ピコ	1×10^{-12}（例）1p秒

●16進数

2進数の詳細は70ページ以降で説明しましたが、ここではスマートフォンやPC、ルータなどの通信機器の識別番号（MACアドレス）やIPアドレスに利用される16進数をとりあげます。16進数というと、16種類の数字によって表現されるイメージですが、正しくは0～9までの10個の数字とA～Fまでの6個のアルファベット、つまり16個の英数字によって表現されます。

10進数における0, 1, 2, …, 9, 10, 11, 12, 13, 14, 15, 16, 17, 18,… は、16進数では0, 1, 2, …, 9, A, B, C, D, E, F, 10, 11, 12, …で表します。16進数の10（10進数では16）は1の16倍になります。100（10進数では256）は16の16倍です。桁が増えるたびに16倍になっていくのが16進数です。

なんだかややこしいですね。ここでは、16進数がコンピュータの識別番号（MACアドレス）やIPアドレスに使われることを押さえておきましょう。

ネットワークとセキュリティ

本章のポイント

ネットワークやセキュリティはITパスポート試験の頻出テーマです。企業活動や日常生活に欠かせないネットワークの構成要素や通信のしくみ、情報セキュリティの種類、通信を安全に行うための暗号化、認証のしくみや関連法規を学習します。技術用語が多く出てきますが、私たちの日常や仕事で使われている技術も多くあります。どんなシーンで利用されているかをイメージしながら学習しましょう。

1 ネットワークアーキテクチャ

テクノロジ系

ネットワーク

出る度 ★★★

コンピュータ同士が通信を行う際の手順は階層構造になっていて、これをネットワークアーキテクチャといいます。ネットワークアーキテクチャの各層がどのような機能を持っているのかを理解しておきましょう。

1 OSI 基本参照モデル

OSI 基本参照モデルは ISO（International Organization for Standardization：国際標準化機構）が策定した、7 層からなるネットワークアーキテクチャです。データの送信側と受信側で以下の機能を果たします。

第 7 層はアプリケーション層といって、アプリケーション間でのやりとりを制御します。第 6 層はプレゼンテーション層といって、データの暗号化や圧縮方式などデータ表現形式の取り決めを行います。第 5 層はセッション層といって、回線の接続、切断などの制御を行います。第 4 層はトランスポート層といって、通信品質の制御、第 3 層はネットワーク層といって、インターネット上の経路選択（ルーティング）とデータの中継を行います。第 2 層は、データリンク層といって、LAN（Local Area Network：企業や家庭などのネットワーク）のように同一ネットワーク内のデータの伝送を行います。第 1 層は物理層といって、電気信号の制御を行います。

2 TCP/IP 階層モデル

OSI 基本参照モデルは階層が細かく分かれすぎて実用向きではなかったため、簡略されたモデルが TCP/IP 階層モデルです。4 層からなり、インターネットなどのコンピュータネットワークで標準的に利用されているネットワークアーキテクチャです。

アプリケーション層は、OSI 基本参照モデルの 5 ～ 7 層に該当します。例えばインターネット通信の場合、PC の Web ブラウザというアプリケーションが Web サーバとの回線の接続や切断、どの暗号化方式を使うかといった取り決めなどを行います。トランスポート層は通信品質の制御を行い、相手に確実にデータを届けるためにデータの再送機能があります。インターネット層は、インターネット上で通信相手を特定して、経路を選択しデータの中継を行います。ネットワークインタフェース層は、OSI 基本参照モデルの 1 ～ 2 層に該当します。同じネットワーク内に接続されている通信相手に、有線や無線といった通信装置を特定してデータの伝送と電気信号の制御を行います。

図解でつかむ

OSI 基本参照モデル

階層化された通信手順

階層（レイヤ）		機能
第７層	アプリケーション層	アプリケーション間でのやりとり
第６層	プレゼンテーション層	データの暗号化や圧縮方式などデータ表現形式の取り決め
第５層	セッション層	回線の接続、切断などの制御
第４層	トランスポート層	通信品質の制御
第３層	ネットワーク層	インターネット上の経路選択（ルーティング）、データの中継
第２層	データリンク層	同一ネットワーク内のデータの伝送
第１層	物理層	電気信号の制御

OSI 基本参照モデルと TCP/IP 階層モデルの関係

インターネットなどで広く利用

OSI 基本参照モデル		TCP/IP 階層モデル
第７層	**アプリケーション層**	**アプリケーション層**
第６層	**プレゼンテーション層**	
第５層	**セッション層**	
第４層	**トランスポート層**	**トランスポート層**
第３層	**ネットワーク層**	インターネット層
第２層	**データリンク層**	ネットワーク インタフェース層
第１層	**物理層**	

問題にチャレンジ！

Q OSI 基本参照モデルの第３層に位置し、通信の経路選択機能や中継機能を果たす層はどれか。

（基本情報・平成 27 年秋・問 31）

ア　セッション層　　**イ**　データリンク層

ウ　トランスポート層　　**エ**　ネットワーク層

解説

左ページの説明により**エ**が正解です。

A エ

2 プロトコル

テクノロジ系

ネットワーク

出る度 ★★★

プロトコルは、コンピュータ同士が通信する際に守らなくてはいけない決まり事です。プロトコルにしたがうことで、異なるメーカーのコンピュータや端末との通信が可能になります。メールの受信や送信、データのダウンロードなど目的によって、使われるプロトコルは異なります。

代表的なプロトコルの種類には、以下のものがあります。

1 インターネットのプロトコル

HTTP（HyperText Transfer Protocol）：**Web ページ**を表示するとき

HTTPS（HyperText Transfer Protocol over SSL/TLS）：**暗号化された Web ページ**を表示するとき

2 電子メールのプロトコル

SMTP（Simple Mail Transfer Protocol）：**メールを送信**するとき

POP（Post Office Protocol）：**メールを受信**するとき

IMAP（Internet Message Access Protocol）：**メールを受信**するとき

MIME（Multipurpose Internet Mail Extensions）：**メールに画像、ファイルなどを添付**するとき

S/MIME（Secure/Multipurpose Internet Mail Extensions）：**メールを暗号化**するとき

3 ファイルのダウンロードやアップロードをするためのプロトコル

FTP（File Transfer Protocol）：**ファイルを転送**するとき

4 時刻を同期するためのプロトコル

NTP（Network Time Protocol）：アクセスログ（通信の記録）の解析を正確に行うために、Web サーバやデータベースサーバなどの**サーバ間で時刻を一致**させるとき

5 データを転送するためのプロトコル

TCP/IP（Transmission Control Protocol/Internet Protocol）：インターネット通信やメールの送受信などを支えるために使う。TCP は**データをもれなく転送**し、IP は**目的の相手にデータを転送**するためのプロトコル。IP は v4（バージョン 4）と v6（バージョン 6）があり、**v6 には通信の暗号化機能が追加**されている。

図解でつかむ

プロトコルのしくみ　プロトコル＝決まりごと

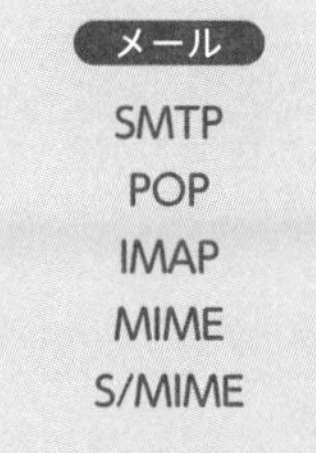

インターネット	メール	ファイル転送	時刻
HTTP HTTPS	SMTP POP IMAP MIME S/MIME	FTP	NTP

データ転送　TCP/IP

POP、IMAP はどちらもメールを受信するためのプロトコルです。**POP は受信したメールを PC にダウンロードして管理**しますが、**IMAP はサーバに置いたままで管理**します。POP3、IMAP4 とバージョン番号をつけて表す場合もあります。

問題にチャレンジ！

Q 電子メールの受信プロトコルであり、電子メールをメールサーバに残したままで、メールサーバ上にフォルダを作成し管理できるものはどれか。

(平成 29 年秋・問 83)

ア　IMAP4　　**イ**　MIME　　**ウ**　POP3　　**エ**　SMTP

解説

イ Multipurpose Internet Mail Extensions の略で、ASCII 文字しか使用できない SMTP を利用したメールで、日本語の 2 バイトコードや画像データを送信するためのしくみです。 **ウ**　メールの受信プロトコルで、メールはクライアント PC にダウンロードして管理します。 **エ**　メールの送信プロトコルです。

A ア

3 端末情報

テクノロジ系

ネットワーク

出る度 ★★☆

ネットワーク上にある PC やサーバなどのコンピュータ、中継装置、周辺機器には、それらを特定・識別するために番号(端末情報)が割り当てられています。端末情報の種類としくみを確認しておきましょう。

1 端末情報

端末情報には、ハードウェアを特定する MAC アドレス、ネットワーク上の端末を特定する IP アドレスなどがあります。

端末情報	役割
MAC アドレス	・端末の**通信規格を特定**する情報 ・**ハードウェア（通信装置（有線／無線））に割り振られている世界中で一意な番号** ・**16 進数、48 ビット**で表す（例　01-23-45-67-89-AB）
IP アドレス	・**ネットワーク上の端末を特定**する情報。**インターネット上で一意なアドレス** ・OS が管理している番号 ・**IPv4：10 進数、32 ビット**で表す（例　192.168.0.147） ・**IPv6：16 進数、128 ビット**で表す （例　2001:1234:0da8:5678:9afe:cde5:325c:2ff1）
ポート番号	・端末で動作している**アプリケーションを特定**する番号 （例　Web サーバの場合は 80）

2 グローバル IP アドレスとプライベート IP アドレス

IPv4 では、約 43 億個の IP アドレスしか使えず、限られた IP アドレスを効率的に割り当てる必要がありました。そのため、インターネットに出ていく通信に一意なアドレスを割り当て、LAN 内の通信には LAN 内でのみ一意なアドレスを割り当てていました。

この**インターネット上で一意なアドレス**をグローバル IP アドレスといい、**LAN 内でのみ有効なアドレス**をプライベート IP アドレスといいます。例えるなら、グローバル IP アドレスは企業の外線電話で、プライベート IP アドレスは内線番号にあたります。外線電話の番号は世界中で重複しませんが、内線番号は他の企業の内線番号と重複していても問題ありません。

この**アドレスの変換機能**のことを NAT(Network Address Translation)といい、ルータがアドレスの変換を行っています。NAT は IPv6 でも利用されています。

図解でつかむ

端末情報

IPアドレス
ネットワーク上で
端末を特定

ポート番号
アプリケーションを
特定する番号

Web用
アプリケーション

メール用
アプリケーション

MACアドレス
ハードウェア
固有の番号

有線

無線

NAT(Network Address Translation)のしくみ

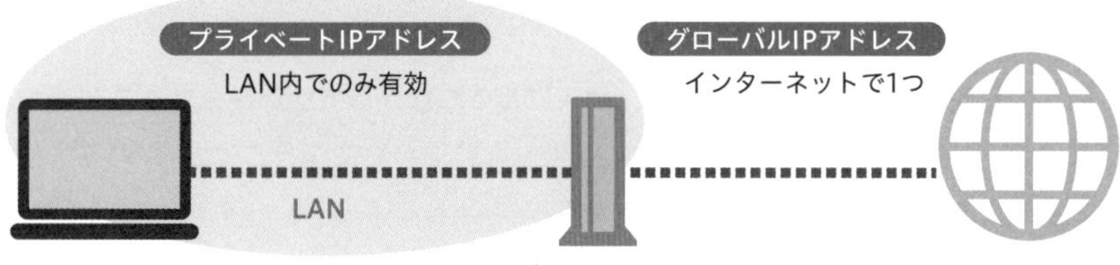

問題にチャレンジ！

Q ネットワークに関する次の記述中のa～cに入れる字句の適切な組合せはどれか。

建物内などに設置される比較的狭いエリアのネットワークを[a]といい、地理的に離れた地点に設置されている[a]間を結ぶネットワークを[b]という。一般に、[a]に接続する機器に設定するIPアドレスには、組織内などに閉じたネットワークであれば自由に使うことができる[c]が使われる。（平成31年春・問61）

	a	b	c
ア	LAN	WAN	グローバルIPアドレス
イ	LAN	WAN	プライベートIPアドレス
ウ	WAN	LAN	グローバルIPアドレス
エ	WAN	LAN	プライベートIPアドレス

解説

LAN（Local Area Network）は、企業や家庭など同じ建物内のコンピュータ間で構成するネットワークです。WAN（Wide Area Network）は、電話回線などを使った離れた拠点間で構成するネットワークです。

A イ

4 中継装置

テクノロジ系

ネットワーク

出る度 ★★☆

中継装置とは、目的の端末までの通信を中継するための装置です。中継装置にはいくつかの種類があり、どのアドレスを元に中継するかによって、使用する装置は異なります。それぞれの装置で宛先として認識されるのがIPアドレスなのか、MACアドレスなのかを覚えておきましょう。

1 ネットワークインタフェースカード

ネットワークインタフェースカードは、PCなどの端末に内蔵されているLANと接続するための通信装置のことです。NICと略されたり、ネットワークアダプタとも呼ばれます。ネットワークインタフェースカードには**MACアドレスが割り当てられます。**

2 ハブ、リピータ

電気信号を中継するための装置で、**ケーブルでつながっている端末すべてにデータが流れる**のが特徴です。すべてに送信すると無駄な通信が発生することから、ハブやリピータが利用される場面は少なくなっています。

3 ブリッジ、L2スイッチ（Layer 2スイッチ）

LAN内の端末にデータを転送するための装置で、**データの中の宛先（**MACアドレス**）を識別して転送**し、**データは該当の端末にのみ**転送されます。Layerとは階層の意味で、L1は電気信号、L2はMACアドレス、L3はIPアドレスでの制御を行います。

L2スイッチの機能を使って、ポート（送受信口）ごとに仮想的なネットワークに分割することもでき、これをVLAN（仮想LAN）といいます。例えば部署ごとにネットワークを分割することで、回線の混雑緩和やセキュリティが確保できます。

4 ルータ、L3スイッチ（Layer 3スイッチ）

LANとインターネットの間などでデータを転送するための装置で、**データの中の宛先（**IPアドレス**）を識別して転送**します。ルータはIPアドレスと転送先の対応表を持っていて、それをもとに通信を中継します。

ルータはソフトウェアを使って中継するために柔軟なルールを設定することができ、L3スイッチはハードウェア制御で中継するため、高速な中継ができます。

ルータは**データがLANからインターネットへ出ていく際の出入り口となる**ことから、デフォルトゲートウェイと呼ばれることもあります。

例えば、スマートフォンのテザリング機能をオンにすると、**スマートフォンがルータの代わりになって、インターネットに接続するための中継を行います。**

図解でつかむ

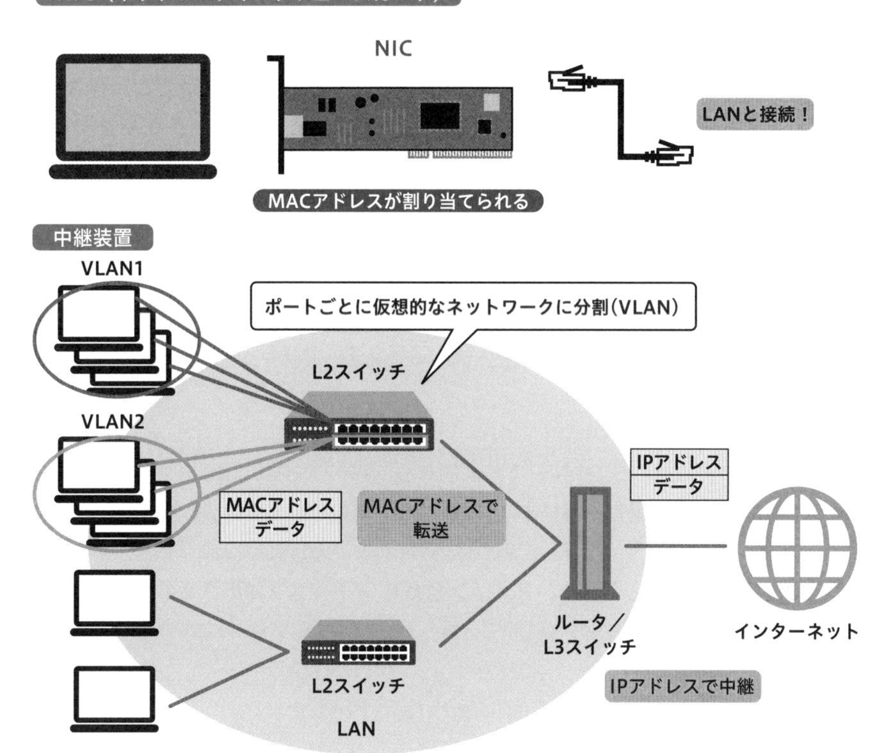

問題にチャレンジ！

Q IP ネットワークを構成する機器①～④のうち、受信したパケットの宛先 IP アドレスを見て送信先を決定するものだけを全て挙げたものはどれか。

(平成 30 年春・問 72)

① L2 スイッチ　② L3 スイッチ　③リピータ　④ルータ

ア ①、③　**イ** ①、④　**ウ** ②、③　**エ** ②、④

解説

① L2 スイッチは、MAC アドレスを識別して宛先へ転送します。② L3 スイッチは、IP アドレスを識別して宛先へ転送します。③リピータは、接続されている端末すべてに転送します。④ルータは、IP アドレスを識別して宛先へ転送します。よって、②と④が該当するので、答えは**エ**となります。

A エ

5 インターネットのしくみとWeb技術

テクノロジ系
ネットワーク
出る度 ★★★

世界中につながるインターネット上には、膨大な数のコンピュータが存在しています。その中で、目的の情報を探したり、通信相手を特定できるのは、さまざまなしくみが機能しているからです。インターネットに欠かせないしくみとWebの技術について学びましょう。

1 URL（ユーアールエル）（Uniform Resource Locator）

Resource（リソース）とは**ファイルや画像などのコンテンツ**で、URLはインターネット上の**リソースの格納場所**を示します。Webブラウザのアドレスバーに URL を入力すると、指定されたサーバ上のリソースが Web ブラウザに返され、ページが表示されます。

2 DNS（ディーエヌエス）（Domain Name System）

IPアドレスは連続した数字なので、人間に扱いやすいような意味のある文字列で表現したドメイン名が使われています。サイト名や企業名を使うことが多く、例えば「www.sample.com」という URL であれば、「sample.com」という部分がドメインです。DNS **は「名前解決」とも呼ばれ、ドメイン名と IP アドレスを対応させて変換するシステム**のことです。そして、この名前解決を行うサーバが DNS サーバです。

3 DHCP（ディーエイチシーピー）（Dynamic Host Configuration Protocol）

DHCP は、Dynamic（動的）に Host（端末）情報を Configuration（構成）するためのプロトコルで、**端末に IP アドレスを自動で設定**します。インターネットの普及により端末の数が膨大になり、このしくみができました。端末は電源を入れると、DHCP 機能を持ったサーバに IP アドレスを要求し、DHCP サーバが IP アドレスを割り当てます。**Wi-Fi ルータは、ルータと DNS と DHCP の機能を兼ね備えています。**

4 プロキシ

プロキシとは**代理**という意味で、**社内のコンピュータがインターネットにアクセスするときに、インターネットとの接続を代理で行います。**プロキシの機能をもったサーバがプロキシサーバです。プロキシサーバを設置することで、インターネットから社内の**コンピュータを隠蔽**でき、**業務外コンテンツのフィルタリング（ブロック機能）**、一度閲覧したページのキャッシュ（ためておくこと）などによって、応答スピードが向上するメリットがあります。

図解でつかむ

URLの構成

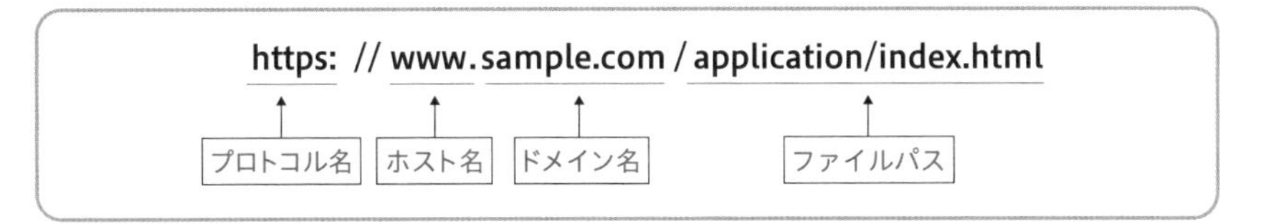

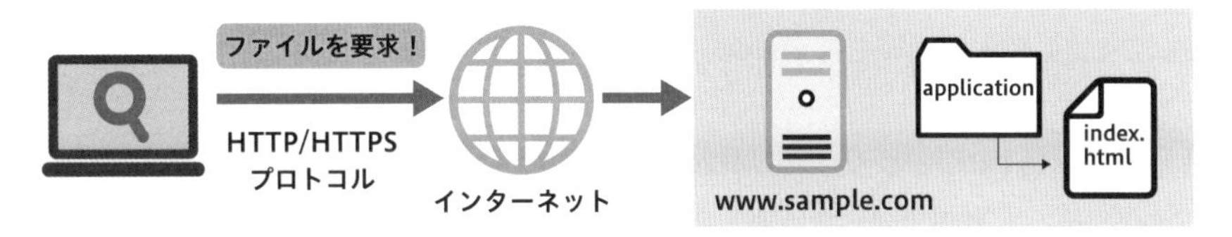

DNSのしくみ

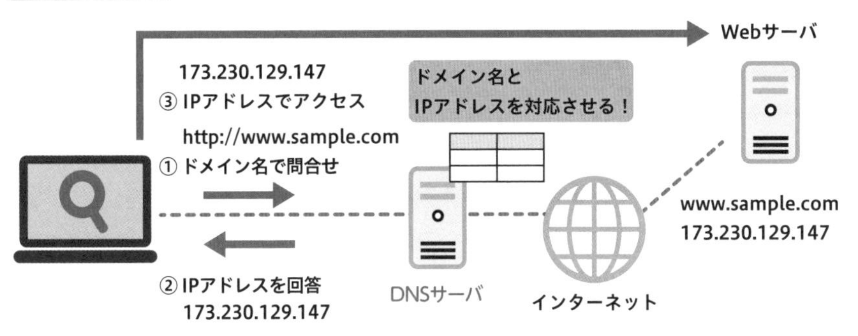

プロキシのしくみ

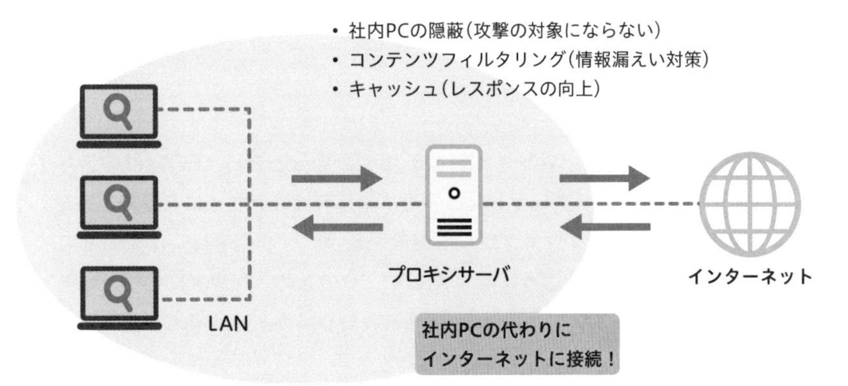

ここではインターネットを支える技術についてまとめています。

5 HTML（エイチティーエムエル）（Hyper Text Markup Language）

Webサイトの閲覧は、Webサーバ内にあるWebページにHTTP/HTTPS通信を使ってアクセスすることによって行われます。この**Webページを記述するための言語**がHTMLです。マークアップ言語（文書構造を記述するための言語）の1つで、HTMLはWebページの文書構造を記述するための言語です。文書構造とは、ページのタイトルや見出し、段落などのことです。HTMLでは**タグ（＜と＞で囲まれた文字）**を使用して見出しや段落などを指定します。

6 SGML（エスジーエムエル）（Standard Generalized Markup Language）

SGMLは、文書構造を記述するための言語です。**構造が複雑**なため、Webページ用に簡略化したものがHTMLです。

7 XML（エックスエムエル）（Extensible Markup Language）

XMLは、文書の構造を記述する言語で、HTMLと同様にSGMLから派生しました。インターネットを経由して**複数のアプリケーション間でデータをやり取り**する際に利用されています。HTMLでは決められたタグ以外は使えませんが、XMLは利用者が目的に応じてタグを定義して使うことができます。

8 CSS（シーエスエス）（Cascading Style Sheets）／スタイルシート

CSSは**Webページの見栄えを指定**するためのものです。文字や画像の配置や色などを指定します。以前はHTMLで見栄えの指定をしていましたが、情報量が多くなり、本来の文書構造がわかりにくくなったため、見栄えに関する記述はCSSで指定するようになりました。またCSSを使うと1カ所の記述で複数のWebページの見た目を統一できるというメリットもあります。

9 モバイルファースト

モバイルファーストとは、Webサイトをデザインするときに、**PC向けのデザインよりも、スマートフォンやタブレットなどのモバイル向けのデザインを優先する**という考え方です。スマートフォンやタブレット端末が普及し、利用者はいつでもどこでもWebサイトにアクセスできるようになりました。そのため、利用者に最も近いモバイル用のWebサイトを優先したサービスや業務を設計しようという考えが生まれました。例えば、画面設計では、小さな画面での表示やタップ、スワイプ操作を考慮してデザインします。

問題にチャレンジ！

Q1 職場の LAN に PC を接続する。ネットワーク設定情報に基づいて PC に IP アドレスを設定する方法のうち、適切なものはどれか。 （平成 23 年特別・問 86）

〔ネットワーク設定情報〕

- ネットワークアドレス　192.168.1.0
- サブネットマスク　255.255.255.0
- デフォルトゲートウェイ　192.168.1.1
- DNS サーバの IP アドレス　192.168.1.5
- PC は、DHCP サーバを使用すること

ア IP アドレスとして、192.168.1.0 を設定する。
イ IP アドレスとして、192.168.1.1 を設定する。
ウ IP アドレスとして、現在使用されていない 192.168.1.150 を設定する。
エ IP アドレスを自動的に取得する設定にする。

Q2 プロキシサーバの役割として、最も適切なものはどれか。 （平成 30 年秋・問 64）

ア ドメイン名と IP アドレスの対応関係を管理する。
イ 内部ネットワーク内の PC に代わってインターネットに接続する。
ウ ネットワークに接続するために必要な情報を PC に割り当てる。
エ プライベート IP アドレスとグローバル IP アドレスを相互変換する。

解説 Q1

IP アドレスは、ネットワーク上の機器を識別するために、機器ごとに指定される番号です。問題文中に「PC は、DHCP サーバを使用すること」という記述があるので、端末の設定は「IP アドレスを自動的に取得する設定」として DHCP サーバから自動的に割り当てられた IP アドレスを使用することが適切です。

A エ

解説 Q2

ア DNS（Domain Name System）サーバの役割です。
ウ DHCP（Dynamic Host Configuration Protocol）サーバの役割です。
エ NAT（Network Address Translation）の役割です。

A イ

6 無線通信

テクノロジ系

ネットワーク

出る度 ★★★

現在、さまざまな規格の無線通信があります。利用者のニーズに応えるため、新たな規格の実用化も予定されています。ここでは、それぞれの規格のおおよその通信速度、通信範囲の目安、使われている目的や場所などを押さえておきましょう。

1 LTE/4G（Long Term Evolution）

エルティーイー

モバイル通信の規格で、通信速度は最大1Gbpsです。※bps（bits per second ビット/秒）は1秒当たりの伝送速度を表します。

2 5G

モバイル通信の規格です。2020年に実用が開始しました。IoTデバイスに対応するため、端末の**同時多接続、超低遅延、省電力、低コスト、高速・大容量化を実現**します。通信速度は下り最大20Gbps以上、上り最大10Gbps以上ですが、専用の端末が必要です。

3 Wi-Fi

無線LANの規格です。**通信範囲は数十から数百メートル**、企業や家庭内で利用されています。通信速度は6.9Gbpsですが、最新のWi-Fi6では9.6Gbpsとなっています。

4 Bluetooth

近距離無線の規格で、**通信範囲は10メートル前後**で通信速度は24Mbpsです。スマートフォンとワイヤレスイヤホン間やPCとワイヤレスマウス間などで利用されています。

5 BLE（Bluetooth Low Energy）

近距離無線の規格です。**省電力、低速で、IoTデバイスとの通信**にも利用されています。**通信範囲は10メートル前後**、通信速度は最大1Mbpsです。**人や物の位置情報の検知**に使われ、従業員の勤怠管理や工場での工程管理に利用されています。

6 LPWA（Low Power Wide Area）

遠距離通信の規格です。**省電力、低速で、IoTデバイスとの通信**にも利用されています。通信範囲は最大10km、通信速度は250Kbps程度です。**遠隔の機器や装置の監視**などに利用されています。

図解でつかむ

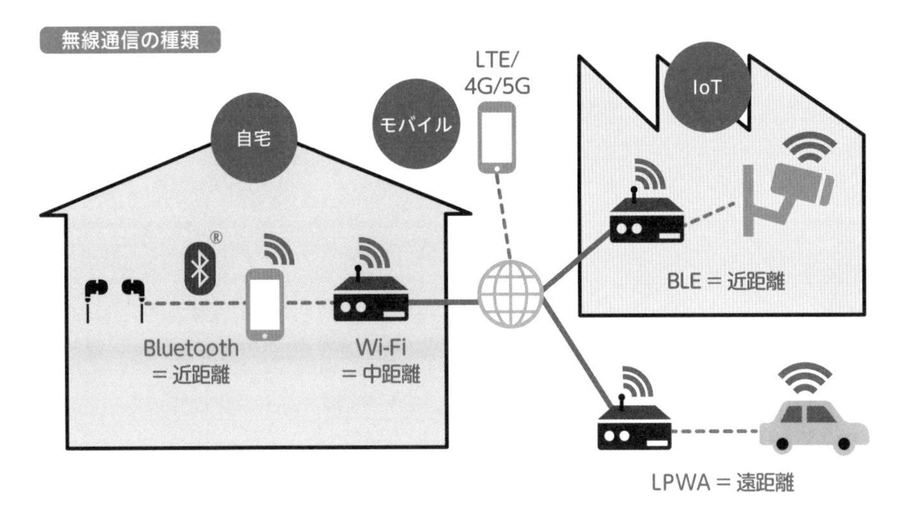

それぞれの規格が「何のための規格なのか」「どこで利用されているのか」を押さえておきましょう！

問題にチャレンジ！

Q 無線通信における LTE の説明として、適切なものはどれか。

(平成 30 年春・問 89)

ア アクセスポイントを介さずに、端末同士で直接通信する無線 LAN の通信方法
イ 数メートルの範囲内で、PC や周辺機器などを接続する小規模なネットワーク
ウ 第 3 世代携帯電話よりも高速なデータ通信が可能な、携帯電話の無線通信規格
エ 電波の届きにくい家庭やオフィスに設置する、携帯電話の小型基地局システム

解説

ア アドホック接続の説明です。 **イ** Bluetooth の説明です。 **エ** フェムトセルの説明です。

A ウ

7 無線 LAN

テクノロジ系

ネットワーク
出る度 ★★☆

無線 LAN は電波で通信を行いますが、規格ごとに、電波の届きやすさや通信速度などに特徴があります。外部からの不正アクセスを受ける可能性もあるため、セキュリティ対策が必須です。

1 無線 LAN の規格

無線 LAN には、2.4GHz 帯と 5GHz 帯で主に以下の規格があります。

規格	周波数帯	最大通信速度
IEEE802.11b	2.4GHz	11Mbps
IEEE802.11a	5GHz	54Mbps
IEEE802.11g	2.4GHz	54Mbps
IEEE802.11n	2.4GHz/5GHz	600Mbps
IEEE802.11ac	5GHz	6.93Gbps
IEEE802.11ax（Wi-Fi6）	2.4GHz/5GHz	9.6Gbps

2.4GHz 帯の特徴：いろいろな製品で使われているため、無線が混みあい**不安定になりやすい**。障害物に強く、遠くまで電波が届きやすい。

5GHz 帯の特徴：ほかの製品では使われないため、**安定して接続できて高速**。しかし、障害物に弱く、遠距離では電波が弱くなる。

2 無線 LAN のセキュリティ

無線 LAN の通信を暗号化する規格は WPA2 で、**共通鍵暗号方式**を使っています。WPA2 をさらに強化した WPA3 も登場しています。

3 無線 LAN の接続

無線 LAN ルータには無線 LAN を中継するアクセスポイントという機能が含まれています。アクセスポイントに端末を接続する際は、ESSID（Extended Service Set Indentifier）という**アクセスポイントが管理するネットワークの名前を指定**しますが、**ボタンひとつで簡単に無線 LAN に接続できる** WPS（Wi-Fi Protected Setup）機能もあります。

端末の MAC アドレスをアクセスポイントに登録して、それ以外の端末の不正な接続を防ぐことを MAC アドレスフィルタリングといいます。アクセスポイントを介さず、**端末同士が直接通信**を行うアドホック・モードは携帯型ゲーム機で対戦ゲームをする際などに使われています。

4 Wi-Fiの応用技術

Wi-Fiダイレクトは、**無線LANルータを使用せずに、PC、スマートフォン、テレビなどをつなげる技術**です。Bluetoothよりも、**通信のスピードが速く、距離も容量も気にすることなく利用できます。**メッシュWi-Fiは、網の目のように無線LANを張り巡らせる技術です。2階など**電波の届きにくかったところまで電波が届き、複数台接続時も安定して通信できます。**

図解でつかむ

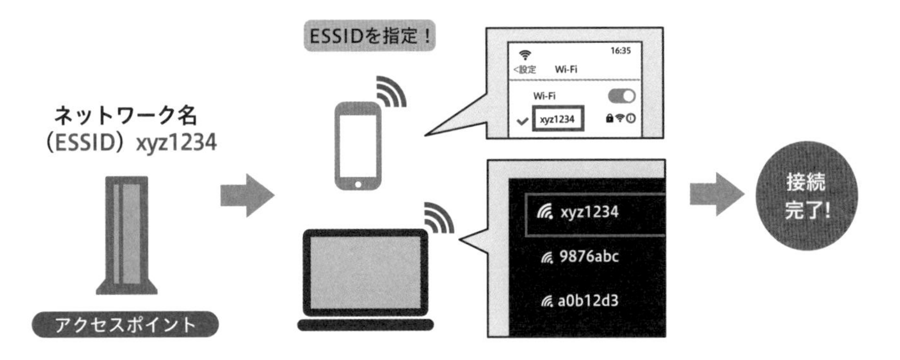

問題にチャレンジ！

Q 無線LANに関する記述のうち、適切なものはどれか。 (令和元年秋・問77)

ア アクセスポイントの不正利用対策が必要である。
イ 暗号化の規格はWPA2に限定されている。
ウ 端末とアクセスポイント間の距離に関係なく通信できる。
エ 無線LANの規格は複数あるが、全て相互に通信できる。

解説

イ WPA2のほかにも、WEP、WPA、WPA3などの暗号化規格を利用できます。ただし、WEP、WPAについては脆弱性があり容易に解読されてしまうので利用してはいけません。 **ウ** 無線LANの通信可能範囲は直線距離で約100m程度です。それ以上離れると、端末とアクセスポイントは通信できません。 **エ** 無線LANの規格であるIEEE802.11シリーズには、a、b、g、n、acなどの規格がありますが、すべて相互に通信できるわけではありません。

A ア

8 IoTを支えるしくみ・通信技術

テクノロジ系

ネットワーク

出る度 ★★★

IoT（アイオーティー）（Internet of Things）は、情報端末以外のあらゆる「モノ」をインターネットにつなぎ、センサーでデータを収集して制御を行うしくみです。IoTを支える各種機器や技術を確認しておきましょう。

1 センサー

センサーは **IoT デバイス（製品）に内蔵され、モノの状態を検知**します。センサーには、**温度・湿度・音・光・煙**など多くの種類があります。例えばドローン（遠隔操作や自動制御によって飛行する無人航空機）には、ジャイロ（角度）、速度、赤外線、位置情報などを検知するセンサーが搭載され、安定的な飛行を実現しています。

2 アクチュエータ

アクチュエータには「動作させるもの」という意味があり、**電気エネルギーなどをモノの動きに反映させる部品**です。電力を利用する**モーター**の他に、油圧や空気圧を利用する**油圧シリンダ**、**空気圧シリンダ**があります。IoT では、ロボットや車、家電製品などを動かす動力源として使われます。センサーが収集したデータを、インターネットを経由してシステムで分析し、アクチュエータに動作を指示して制御します。

3 エッジコンピューティング

IoT ではセンサーが収集した大量のデータをクラウド（インターネット経由で提供されるソフトウェアやハードウェア）へ送信し、AI などを使ってビッグデータの分析処理を行っています。こうした大量のデータはネットワークに多大な負荷をかけ、ネットワークの管理コストも膨らみます。また、IoT ではリアルタイム性が求められるため、従来のクラウドでデータを処理するとタイムラグが発生し、致命的な問題につながる危険があります。こうした課題を解決するのがエッジコンピューティングです。edge は「端」という意味で、**利用者と物理的に近いエッジ側でデータを処理する手法**です。IoT デバイスなどの利用側でデータを収集するだけでなく、分析も行うため、クラウドに送るデータ量が減ります。処理スピードが速くなるため、リアルタイム処理が可能となり、自動運転や気象予測分野での活用が期待されています。

4 IoT エリアネットワーク

IoT エリアネットワークとは、IoT デバイスと IoT ゲートウェイ間のネットワークのことです。IoT ゲートウェイとは IoT デバイスをインターネットに接続する機器のことで、ルータのような役割をする機器です。IoT エリアネットワークには、88 ページで解説した LPWA や BLE といった無線技術が欠かせません。

図解でつかむ

利用者に近いエッジ(端)でデータを処理

クラウド側の負担減で
リアルタイム処理が可能に！

問題にチャレンジ！

Q IoT 端末で用いられている LPWA（Low Power Wide Area）**の特徴に関する次の記述中の a、b に入れる字句の適切な組合せはどれか。**　（平成 31 年春・問 86）

LPWA の技術を使った無線通信は、無線 LAN と比べると、通信速度は[a]、消費電力は[b]。

	a	b
ア	速く	少ない
イ	速く	多い
ウ	遅く	少ない
エ	遅く	多い

解説

LPWA は、Low Power（省電力）で Wide Area（広域エリア）をカバーする技術です。通信速度は遅くなります。

A ウ

9 通信サービス①

テクノロジ系

ネットワーク

出る度 ★★★

5G など、次世代の通信規格の登場は、私たちの生活を大きく変えていくことでしょう。単に高速・大容量化するだけでなく、利用者の複雑なニーズに応えてくれるきめ細かなしくみも登場しています。それらの基本的な通信サービスについて理解しておきましょう。

1 5G（ファイブジー）

第5世代移動通信システムのことで、G は Generation（世代）を意味します。IoT の急速な普及により、インターネットに接続する IoT デバイスやデータ量の増加などに対応しており、2020 年に実用を開始しました。5G には以下の特徴があります。

- **高速・大容量化**（10Gbps 以上の通信速度）
- **同時多接続**（あらゆる機器が同時に接続可能）
- **超低遅延**（リアルタイムな通信が可能）

2 SDN（エスディーエヌ）(Software Defined Networking)

SDN を直訳すると、「**ソフトウェアによって定義されたネットワーク**」という意味です。従来はネットワーク機器1台ずつが個別に経路選択やデータの転送を行っていました。しかし、今はクラウドやビッグデータの普及に伴い、大量のデータを効率的に転送することに加え、**データ量の変化や障害に柔軟に対応したネットワーク制御**を行うことが望まれるようになりました。SDN では**経路選択とデータ転送処理を分離し、経路選択処理をソフトウェアで制御することで、状況に応じた柔軟で効率のよい通信を行える**ようになりました。

3 ビーコン

Beacon は「のろし」や「灯台」といった意味ですが、IT 業界では**無線を使って発信者の情報を知らせるしくみ**という意味で使われています。

例えば、店舗内にビーコン信号を発する端末を設置しておき、スマートフォンがビーコン信号をキャッチすると、商品情報やそのお店で使えるクーポンがスマートフォンに送られるサービスなどがあります。

4 テレマティクス

Telecommunications（遠隔通信）と Informatics（情報科学）による造語です。**カーナビや GPS などの車載器と通信システムを利用して、さまざまな情報やサービスを提供すること**をいいます。位置情報だけでなく、運転の挙動を把握することができるため、コネクテッドカー（インターネットに接続した車）と組み合わせ、配送業では危険運転の把握や安全運転の指導に利用されています。

図解でつかむ

SDNのしくみ

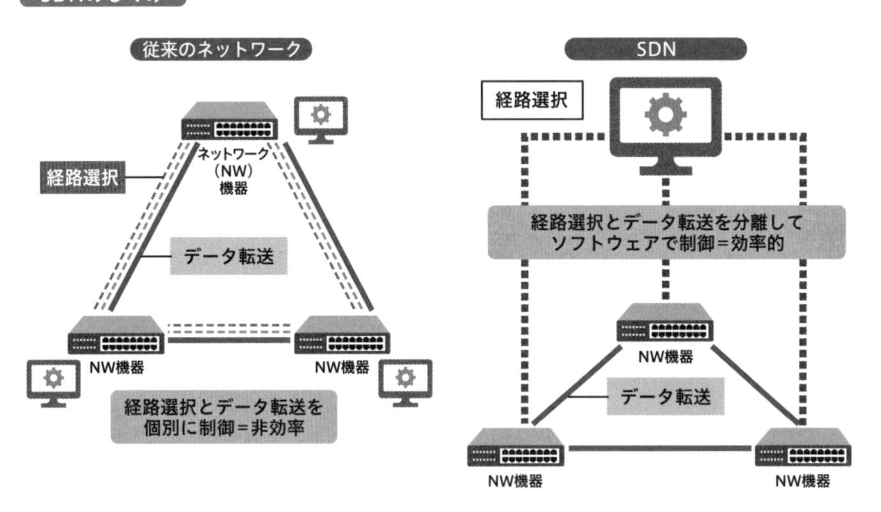

問題にチャレンジ！

Q LTE よりも通信速度が高速なだけではなく、より多くの端末が接続でき、通信の遅延も少ないという特徴をもつ移動通信システムはどれか。

（平成 31 年春・問 73）

ア ブロックチェーン　**イ** MVNO　**ウ** 8K　**エ** 5G

解説

ア ブロックチェーンは、“ブロック”と呼ばれるいくつかの取引データをまとめた単位をハッシュ関数の鎖のようにつなぐことによって、台帳を形成し、P2P ネットワークで管理する技術です。 **イ** MVNO は、自身では無線通信回線設備を保有せず、ドコモや au、ソフトバンクといった電気通信事業者の回線を間借りして、移動通信サービスを提供する事業者のことです。 **ウ** 8K は、フルハイビジョン（2K）や 4K を超える次世代映像規格です。8K の画素数は、7,680×4,320 ドットで 4K（3,840×2,160）の 4 倍です。横のドット数がおよそ 8,000 ドットなので、8K と呼ばれています。　**A** エ

10 通信サービス②

テクノロジ系

ネットワーク

出る度 ★★☆

私たちの生活に欠かせないスマートフォンやタブレットですが、これらを使用するための通信技術は、日々進化しています。どのような技術があり、それらがどのようにサービスを実現しているのかを理解しておきましょう。

1 ハンドオーバー

ハンドオーバーとは、スマートフォンや無線 LAN 端末を移動しながら利用する際に、**通信する携帯電話の基地局やアクセスポイント（無線 LAN の中継機器）を切り替えること**です。基地局やアクセスポイントの電波が届く範囲のギリギリのところへ端末が移動したとき、そこで通信ができなくなる前に、電波が強い別の基地局またはアクセスポイントに切り替えることで、通信や通話が切断されることなく利用することができます。

2 ローミング

ローミングとは**自分が契約している通信事業者以外のネットワークサービスを同じ接続条件で使えるようにすること**です。例えばスマートフォンのローミング機能をオンにすると、海外でも日本にいるときと同じ端末、同じ電話番号で現地の携帯電話事業者のネットワークが使えるようになります。

3 MIMO（マイモ）

MIMO とは Multiple-Input Multiple-Output の略で、直訳すると「多重入力多重出力」です。**送信側と受信側にそれぞれ複数のアンテナを持ったシステム**で、**無線 LAN の高速化技術**の 1 つです。同じ周波数を使って、複数のアンテナから同時に信号を送信し、受信側は複数のアンテナから信号を受け取り、元の信号に復元します。今までの高速化技術とは違い、使用する周波数帯域は増やさずに通信を高速化できます。従来は同時に 1 台の端末しか利用できませんでしたが、今は同時に複数の端末が利用できる MU-MIMO「Multi User MIMO」が可能になりました。ただし、MU-MIMO に対応した端末が必要です。

4 eSIM（embedded SIM）

SIM とは、スマートフォンの電話番号や契約者の情報が記録された IC カードのことで、embedded とは「埋込み」の意味です。eSIM は**スマートフォンに内蔵された SIM** で、スマートフォン本体一体型のため、紛失や破損の心配がありません。

図解でつかむ

MIMOのしくみ

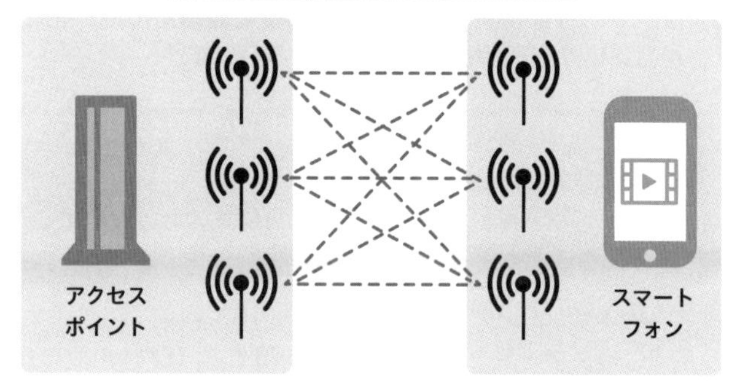

複数のアンテナによる送受信で無線 LAN が高速化

問題にチャレンジ！

Q 携帯電話端末の機能の一つであるローミングの説明として、適切なものはどれか。　（模擬問題）

ア　携帯電話端末に、異なる通信事業者の SIM カードを挿して使用すること

イ　携帯電話端末をモデムまたはアクセスポイントのように用いて、PC、ゲーム機などから、インターネットなどを利用したデータ通信をすること

ウ　契約している通信事業者のサービスエリア外でも、他の事業者のサービスによって携帯電話端末を使用すること

エ　通信事業者に申し込むことによって、青少年に有害なサイトなどを携帯電話端末に表示しないようにすること

解説

ア　SIM フリーの説明です。

イ　テザリングの説明です。

エ　コンテンツフィルタリングサービスの説明です。

A ウ

11 脅威と脆弱性

テクノロジ系
セキュリティ
出る度 ★★☆

企業には、顧客情報、営業情報、知的財産関連情報、人事情報といった情報資産があります。これらの情報資産を守るために、どのような脅威と脆弱性があるのかを理解しておく必要があります。

1 脅威(きょうい)と脆弱(ぜいじゃく)性

脅威とは、情報資産に危険をもたらす可能性のあるもののことで、**人的脅威、物理的脅威、技術的脅威**があります。脆弱性とは、「弱さ、脆（もろ）さ」のことです。例えば、システムの欠陥（バグ）や仕様上の問題点（セキュリティホール）、会社の許可を得ずに私用 PC やスマートフォンを業務に利用する（シャドー IT）ことによる情報漏えいなどがあげられます。シャドー IT に対して、会社の許可を得たうえで私用端末を業務に利用することを BYOD（Bring Your Own Device）といいます。

2 人的脅威

人的脅威とは、人間のミスや悪意によるものです。

種類	事例
情報の漏えい、紛失	ノート PC の紛失による情報の漏えい
誤操作、破損	操作ミスによるデータの削除、ハードディスクの破損
なりすまし	他人のユーザー ID、パスワードを用いてシステムにログイン
クラッキング	**システムへの不正侵入、破壊、改ざん**
ソーシャルエンジニアリング	**上司を装った電話**によるパスワードの入手、利用者の肩越しにパスワードなどを盗み見（ショルダーハッキング）
内部不正	社員が顧客情報を持ち出し、名簿販売業者に売却
ビジネスメール詐欺（Business E-mail Compromise：BEC）	役員に**なりすましてメールを送り、口座へ送金させる詐欺**の手口
ダークウェブ	マルウェア（悪意を持ったプログラム）や違法に入手した個人情報などの売買を行う**違法サイト**（闇市場）

3 物理的脅威

物理的脅威とは、システムに対して物理的なダメージを与えるものです。

種類	事例
災害	地震、火災、水害などの**自然災害**によりシステムや情報が利用できない
破壊	**不正侵入**によるデータの消去、記録媒体の破壊
妨害行為	**通信回線の切断、業務の妨害**

図解でつかむ

不正のトライアングル

・経済的に困っている
・会社に恨みがある

・担当者がひとりしかいない
・異動・退職するから
バレないだろう

不正
行為

・管理体制がゆるい
会社が悪い
・会社への貢献はもっと
評価されるべき

3つがそろったときに発生！

問題にチャレンジ！

Q 企業での内部不正などの不正が発生するときには、“不正のトライアングル”と呼ばれる3要素の全てがそろって存在すると考えられている。“不正のトライアングル”を構成する3要素として、最も適切なものはどれか。

（平成31年春・問65）

ア 機会、情報、正当化　　**イ** 機会、情報、動機
ウ 機会、正当化、動機　　**エ** 情報、正当化、動機

解説

「不正のトライアングル」は、「不正行動は『動機』『機会』『正当化』の3要素がすべてそろった場合に発生する」という理論で、米国の組織犯罪研究者であるドナルド･R･クレッシーにより提唱されました。不正発生の要因は次の3要素です。**〈動機・プレッシャー〉**自己の欲求の達成や問題を解決するためには不正を行うしかないという考えに至った心情のこと。**〈機会〉**不正を行おうと思えばいつでもできるような職場環境のこと。**〈正当化〉**自分に都合の良い理由をこじつけて、不正を行う時に感じる「良心の呵責（かしゃく）」を乗り越えてしまうこと。したがって適切な組合せは**ウ**になります。“情報”は含まれません。

A ウ

12 マルウェア

テクノロジ系

セキュリティ

出る度 ★★★

コンピュータ技術を使用した技術的脅威に「マルウェア」があります。マルウェアは、悪意を持ったプログラムの総称です。電子メールの添付ファイルやアクセスしたサイト、マルウェアに感染したUSBメモリといったメディア経由などで感染し、情報漏えいなどの被害を受けます。

技術的脅威であるマルウェアの代表的なものが、以下のものです。マルウェア対策には、**マルウェア対策ソフトウェアを導入し、マルウェア定義ファイル（マルウェアの特徴が書かれたファイル）やOSなどを最新の状態で使用**することが必要です。

1 コンピュータ・ウイルス

プログラムに寄生して、自分自身の複製や拡散を行うプログラムです。文書作成や表計算ソフトの**マクロ機能（関連する操作を自動で行う機能）を悪用**したコンピュータ・ウイルスをマクロウイルスと呼びます。

2 ワーム

プログラムに寄生せずに、自分自身を複製し、増殖するプログラムです。ネットワークに接続しただけで感染するものもあります。

3 トロイの木馬

害のないプログラムを装い、悪意のある活動を行うプログラムです。侵入したコンピュータにバックドア(**外部から侵入できる裏口**)を設置します。このように、**コンピュータを遠隔操作できるようにするツールを**RAT（Remote Access Tool）と呼びます。

4 スパイウェア

個人情報などを収集して盗み出します。入力された操作を記録するキーロガーというソフトウェアは、端末利用者が入力したパスワードや個人情報を盗み出します。

5 ボット

処理を自動化するソフトウェアのことです。マルウェアに感染したPCはボットとして、**一斉攻撃の手段**やSPAM（迷惑）メール**の発信元**として悪用されます。

6 ランサムウェア

コンピュータに保存していたデータを暗号化して**使えない状態にし、元に戻す代わりに金銭を要求**します。

7 ガンブラー

Webサイトを改ざんして悪意のあるサイトに誘導し、そこで**マルウェアに感染させる**一連の攻撃です。

8 ファイルレスマルウェア

ファイルを持たないマルウェアのことです。OSの機能を悪用してハードディスクではなく、メモリ上にマルウェアをダウンロードして動作します。

図解でつかむ

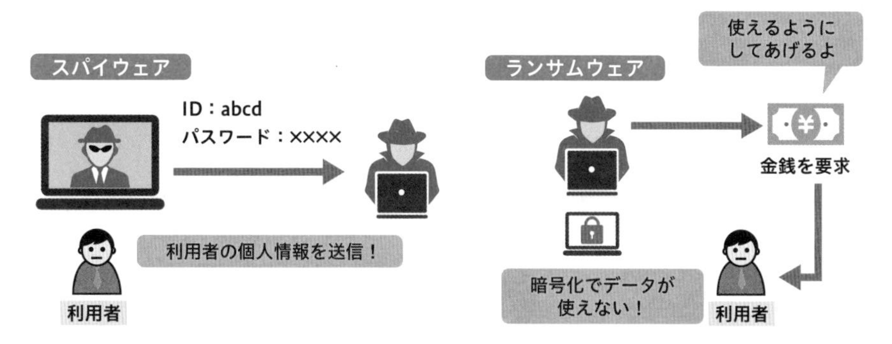

ランサムウェアのWannaCryは2017年に日本を含む世界規模の被害が出たことで有名です。ランサムウェアによる被害は、IPAが発表している情報セキュリティ10大脅威で例年、上位にランクインしています。

問題にチャレンジ！

Q スパイウェアの説明はどれか。 (平成29年春・問58)

ア Webサイトの閲覧や画像のクリックだけで料金を請求する詐欺のこと

イ 攻撃者がPCへの侵入後に利用するために、ログの消去やバックドアなどの攻撃ツールをパッケージ化して隠しておくしくみのこと

ウ 多数のPCに感染して、ネットワークを通じた指示に従ってPCを不正に操作することで一斉攻撃などの動作を行うプログラムのこと

エ 利用者が認識することなくインストールされ、利用者の個人情報やアクセス履歴などの情報を収集するプログラムのこと

解説

ア ワンクリック詐欺の説明です。 **イ** ルートキット（攻撃者が侵入後のPCを遠隔で制御するための複数の不正プログラムをまとめたもの）の説明です。 **ウ** ボットの説明です。

A エ

13 攻撃手法①

テクノロジ系

セキュリティ

出る度 ★★★

パスワードの解読を試みる攻撃手法や対策を知ることで、適切なパスワード管理ができます。OSやアプリケーションの脆弱性については、開発者だけでなく、利用者もどのような被害があるのかを理解しておく必要があります。

1 パスワードの解読を試みる攻撃

辞書攻撃は、**辞書に載っている単語**をパスワードとして次々と入力し、不正アクセスを試みる攻撃です。対策は、パスワードには意味のある単語を使わず、推測しづらくすることです。

総当たり（ブルートフォース）攻撃は、パスワードとして**英数字の組合せをすべて入力**して、不正アクセスを試みる攻撃です。対策として、ログインに連続して失敗するとアカウントをロックするしくみがあります。

パスワードリスト攻撃は、攻撃者が**事前に入手したIDとパスワードのリスト**を使って、さまざまなサイトに不正アクセスを試みる攻撃です。対策は、複数のサイトでパスワードを使い回さないことです。

2 Webアプリケーションの脆弱性をついた攻撃

クロスサイトスクリプティング（XSS）は、**画面表示処理の脆弱性**をついた攻撃です。悪意のあるスクリプト（プログラム）がWebブラウザで実行されると、偽の画面が表示され、入力した個人情報などが盗み出されます。

クロスサイトリクエストフォージェリは、**Webブラウザからの要求（リクエスト）処理の脆弱性**をついた攻撃です。フォージェリは「偽造」の意味で、偽の画面からの要求を正規の利用者からの要求に偽造して実行します。その結果、悪意のある書き込みや高額商品の購入処理が実行されてしまいます。

SQLインジェクションは、**データベース処理の脆弱性**をついた攻撃です。画面でデータベースを操作する言語（SQL）を入力し、データベース内部の情報を不正に操作します。これらの攻撃には、開発時に対策用のコードを使用することで対策します。

クリックジャッキング攻撃は、**利用者を視覚的に騙して特定の操作をさせる攻撃**です。罠用の画面の上に商品購入などの画面を重ね合わせ、利用者には罠画面だけが見える状態にします。利用者が罠画面でクリックすると、商品購入などの処理が実行されてしまいます。対策は、一連の処理をマウスのみで操作できなくする、処理実行前にパスワード入力機能を追加するなどです。

図解でつかむ

クロスサイトスクリプティング（XSS）

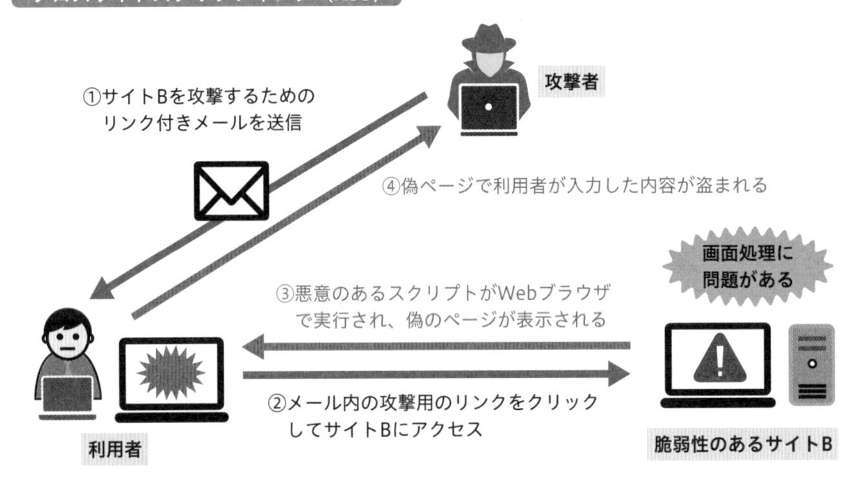

クロスサイトリクエストフォージェリ

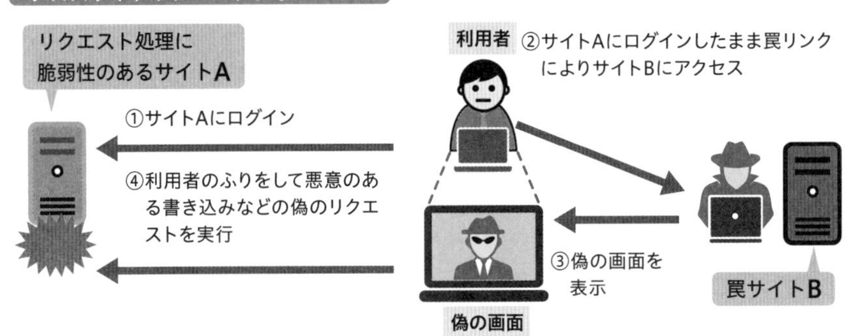

SQLインジェクション

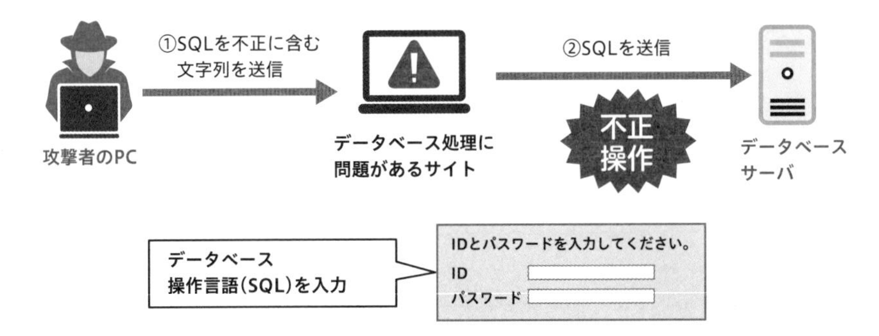

ディレクトリ・トラバーサル攻撃は、利用者がWebサーバ内のファイルにアクセスする際の、**ファイル名の指定方法の脆弱性**をついた攻撃です。Webサーバ内のディレクトリ(フォルダ)を移動し、本来非公開のファイルにアクセスするのです。対策は、ファイル名のチェックやアクセス権限による管理を行うことです。

セッション・ハイジャックは、**セッション管理の脆弱性**をついた攻撃です。セッションとはWebサイトにログインしている利用者を識別するしくみで、セッションIDで管理します。セッション管理に不備があると、利用者情報が不正に取得され、利用者になりすました不正な処理が行われます。対策は、セッションIDを連番などにせず推測しづらいランダムな値にするなどです。

3 通信の盗聴や改ざんを行う攻撃

中間者（Man In The Middle）攻撃は、無線LAN通信などで**利用者とWebサイトの通信の間に攻撃者が入り込み**、データを盗聴したり改ざんしたりする攻撃です。この攻撃によりオンラインバンキングを悪用し不正に送金させる被害も出ています。誰でも利用できる公衆無線LAN（Free Wi-Fi）は通信が暗号化されていないケースもあり、盗聴のリスクがあります。個人情報や機密情報などのやりとりは避けましょう。

MITB（Man In The Browser）攻撃は、**利用者のWebブラウザを乗っ取り**、Webサイトとの通信を盗聴したり改ざんしたりする攻撃です。中間者攻撃との違いは**マルウェアの感染**によって起こることです。そのためマルウェア対策が必須です。

ドライブバイダウンロードは、WebブラウザやOSなどの脆弱性をついた攻撃で、Webサイトを改ざんし、利用者がアクセスすると**不正なソフトウェアを自動でダウンロード**されるようにします。対策は、マルウェア対策ソフトを導入して定義ファイルやOSなどを最新の状態に保つことです。

問題にチャレンジ！

Q オンラインバンキングにおいて、マルウェアなどでWebブラウザを乗っ取り、正式な取引画面の間に不正な画面を介在させ、振込先の情報を不正に書き換えて、攻撃者の指定した口座に送金させるなどの不正操作を行うことを何と呼ぶか。

(平成30年秋・問60)

ア MITB（Man In The Browser）攻撃　**イ** SQLインジェクション
ウ ソーシャルエンジニアリング　**エ** ブルートフォース攻撃

解説

イ、エ　102ページの説明の通りです。**ウ**　人の心理的な弱みに付け込んで、パスワードなどの秘密情報を不正に取得する方法の総称です。

A ア

図解でつかむ

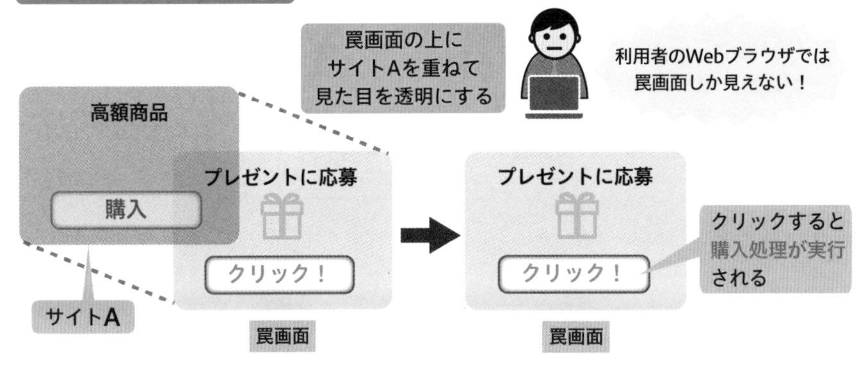

クリックジャッキング攻撃
罠画面の上に
サイトAを重ねて
見た目を透明にする
利用者のWebブラウザでは
罠画面しか見えない！
高額商品
購入
プレゼントに応募
クリック！
サイトA
罠画面
プレゼントに応募
クリック！
クリックすると
購入処理が実行
される
罠画面

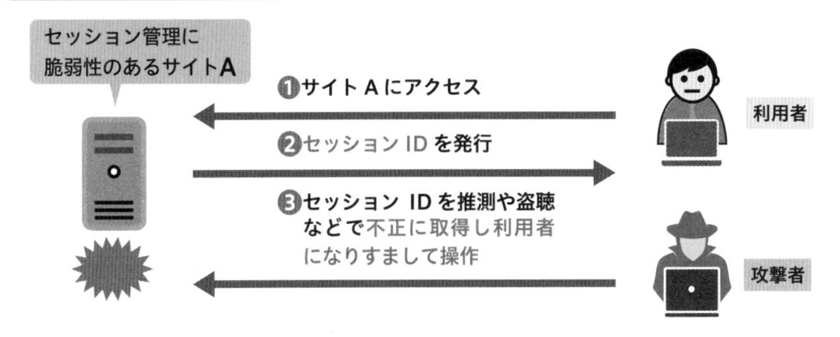

セッション・ハイジャック
セッション管理に
脆弱性のあるサイトA
❶サイト A にアクセス
❷セッション ID を発行
❸セッション ID を推測や盗聴
などで不正に取得し利用者
になりすまして操作
利用者
攻撃者

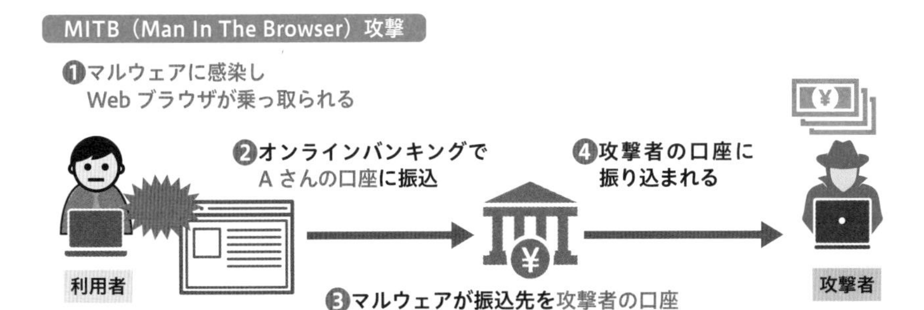

MITB（Man In The Browser）攻撃
❶マルウェアに感染し
Web ブラウザが乗っ取られる
❷オンラインバンキングで
A さんの口座に振込
❹攻撃者の口座に
振り込まれる
利用者
❸マルウェアが振込先を攻撃者の口座
に変更して振込み
攻撃者

14 攻撃手法②

テクノロジ系

セキュリティ

出る度 ★★★

攻撃者は、個人のコンピュータだけではなく、企業内のサーバも狙います。例えば、サーバのダウンによる業務停止を引き起こしたり、スパムメールの踏み台にするなど企業に大きな損害を与えます。そうした攻撃の概要と対策法について理解しておきましょう。

■ サーバを狙った攻撃

DoS（Denial of Service：サービス妨害）攻撃は、Web サーバを狙った攻撃で**大量の通信を発生させてサーバをダウン**させ、サービスを妨害する攻撃です。

DDoS（Distributed Dos：分散型 DoS）攻撃は、ボット化して遠隔操作が可能になった**複数の端末から、一斉に DoS 攻撃**を行う攻撃です。

攻撃元を特定できないようにするために、送信元の **IP アドレスを偽装**し、通信を行う攻撃を IP スプーフィングといいます。DoS 攻撃などを行う際にも利用される手法です。DoS/DDoS 攻撃の対策は、ネットワーク監視装置で通信量などを監視し、不正な通信を遮断することです。

第三者中継は、**メールサーバを狙った攻撃**です。メールサーバの設定が、インターネット上の誰からでも送信できるようになっていると、大量の広告メールを送りつける**スパムメール送信の踏み台**として利用されてしまいます。企業のメールサーバの場合、社内 LAN から接続する社員のメールのみを送信するように制限します。

DNS キャッシュポイズニングは、**DNS サーバを狙った攻撃**です。DNS サーバには IP アドレスとドメイン名の対応表のコピーを持つキャッシュサーバがあります。攻撃者がキャッシュサーバの中身を偽情報に書き換える（＝汚染される）と、偽情報によって悪意のあるサーバに誘導され、機密情報を盗まれてしまいます。対策は、キャッシュサーバの情報を書き換える際に、認証機能を使って相手を確認することです。

サーバへの攻撃の準備としてポートスキャン攻撃があります。ポートとはサーバで動作している**アプリケーションと通信する際の送受信口**です。ポートスキャンは、サーバのポートを調査するためのデータを送信し、その応答を分析することで、サーバで動作しているアプリケーションのバージョンや OS などを特定します。この情報をもとにサーバに脆弱性がないかを調べます。ポートスキャン攻撃の対策は、ファイアウォールというしくみでポートへの不正な通信を遮断することです。

図解でつかむ

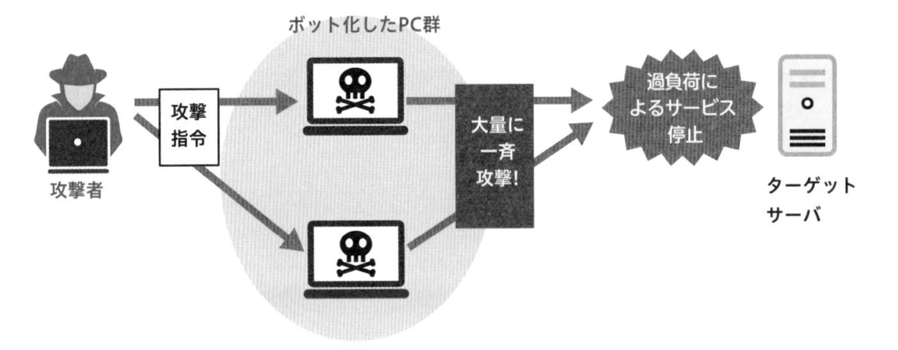

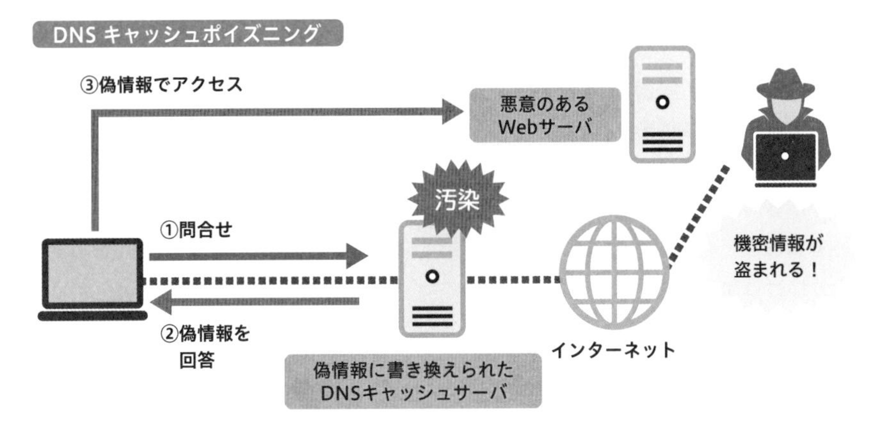

問題にチャレンジ!

Q 不正アクセスを行う手段の一つであるIPスプーフィングの説明として、適切なものはどれか。 (平成27年秋・問81)

ア 金融機関や有名企業などを装い、電子メールなどを使って利用者を偽のサイトへ誘導し、個人情報などを取得すること

イ 侵入を受けたサーバに設けられた、不正侵入を行うための通信経路のこと

ウ 偽の送信元IPアドレスを持ったパケットを送ること

エ 本人に気づかれないように、利用者の操作や個人情報などを収集すること

解説

ア フィッシングの説明です。 **イ** バックドアの説明です。 **エ** スパイウェアの説明です。

A ウ

15 攻撃手法③

テクノロジ系
セキュリティ
出る度 ★★★

企業や個人を狙った攻撃の手口がますます高度化しています。実際の取引先企業や実在する企業をかたるメールを送信したり、利用者がよく利用しているサイトを改ざんするなど、本物との見分けが難しくなっています。そうした攻撃の概要と対策法も押さえておきましょう。

1 企業や個人を狙った攻撃

水飲み場型攻撃は標的型攻撃（**特定の組織の情報**を狙って行われる攻撃）の１つで、ターゲットが訪れそうなサイトを改ざんし、**不正なプログラムをダウンロードさせてマルウェアに感染**させます。対策は、マルウェア対策ソフトを導入し、マルウェア定義ファイルや OS を最新に保つことです。

やり取り型攻撃は、標的となった組織に対して、**取引先や社内関係者になりすまして何度かやりとりし、機密情報を盗む攻撃**です。対策は、取引先や社内関係者との情報の共有、添付ファイルの形式や拡張子を確認することです。

フィッシング詐欺は、インターネット上で行われる詐欺の一種です。実在する有名企業をかたる偽のサイト（フィッシングサイト）に誘導し、そこで口座情報やクレジットカード情報などを入力させ、盗み取ります。サイトにアクセスする際は、URL の確認を十分に行わなくてはいけません。

2 そのほかの攻撃

ゼロデイ攻撃は OS やソフトウェアの脆弱性が判明した後、開発者による**修正プログラムが提供される日より前にその脆弱性を突く攻撃**のことです。修正プログラムが公開された日を１日目としたとき、それ以前に開始された攻撃という意味で、ゼロデイ攻撃と呼ばれています。

クリプトジャッキングは、**暗号資産に関する攻撃**で、クリプトとは「暗号」の意味です。取引の情報などを計算することで安全性を確保し、その報酬に暗号資産を取得する**マイニングという作業を第三者のコンピュータを使って行わせます。**コンピュータの資源が使用されるため、**処理速度の大幅な低下や過負荷による停止**などが発生します。対策は、マルウェア対策ソフトを導入してマルウェア定義ファイルや OS などを最新の状態に保つことです。

AI に対する攻撃も問題になっています。プロンプトインジェクション攻撃は、**生成 AI に対して悪意のある指示を行い**、開発者の意図しない回答や動作を起こさせます。敵対的サンプル（Adversarial Examples）は、機械学習モデルに**ノイズ（不要な情報）を入力することで意図的に間違った予測をさせます。**

図解でつかむ

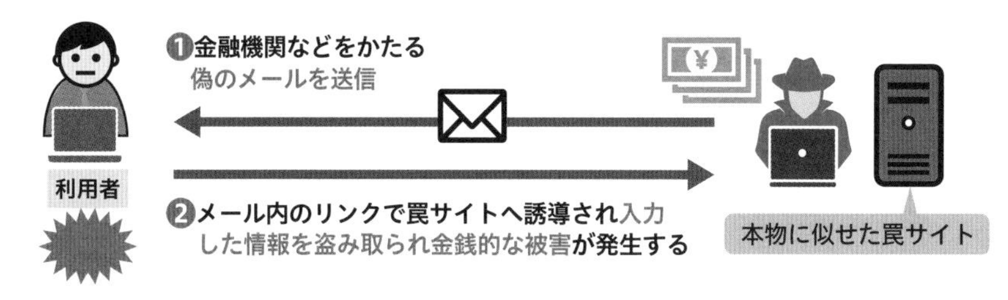

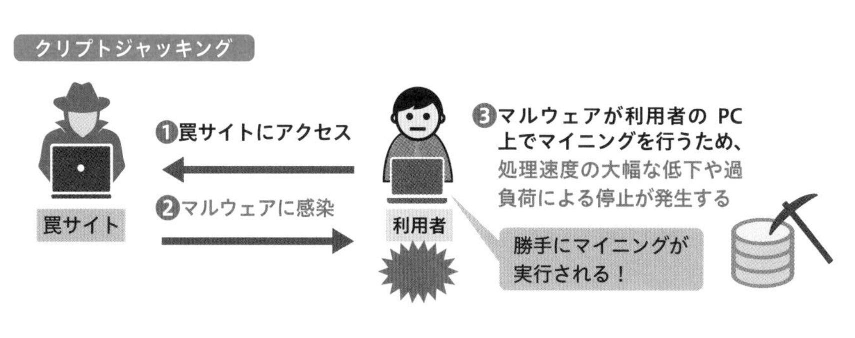

問題にチャレンジ！

Q 暗号資産（仮想通貨）**を入手するためのマイニングと呼ばれる作業を他人のコンピュータで気づかれないように行うことを何と呼ぶか。** （令和2年10月・問60）

ア クリプトジャッキング　**イ** ソーシャルエンジニアリング

ウ バッファオーバフロー　**エ** フィッシング

解説

イ 人間の心理的な隙や行動のミスにつけ込んで個人が持つ秘密情報を不正に取得する行為です。 **ウ** 攻撃者が対象プログラムに対して、そのプログラムが確保したメモリ領域（バッファ）よりも大きなデータを与えることで、メモリ領域からあふれた部分に不正データを書き込む攻撃です。 **エ** 有名企業を装ったメールを送り付け、本物と思いこんだ利用者から個人情報を不正に盗み取る行為です。

A ア

16 リスクマネジメント

テクノロジ系

セキュリティ

出る度 ★★★

リスクとは、脅威や脆弱性によって情報資産に損失を発生させる可能性のことです。リスクマネジメントとは、リスクを分析し、その対策を行うことです。

リスクマネジメントは、「リスクアセスメント」と「リスク対応」に分けられます。

1 リスクアセスメント

アセスメントとは「評価」という意味です。リスクアセスメントは**「リスクの特定」→「リスクの分析」→「リスクの評価」の手順**で行います。

2 リスク対応

リスク対応にはいくつかの種類があります。リスク評価の結果によって、どのような対応を実施するかを決定します。

種類	説明	事例
リスク回避	**システムの運用方法や構成の変更**などによって、脅威が発生する可能性を取り去ること	端末をシンクライアント（利用者の端末にはソフトウェアやデータを持たせず、サーバで一括管理する形態）に変更することで、端末からの情報漏えいのリスクを回避する
リスク低減	**セキュリティ対策を行う**ことで脅威が発生する可能性または発生時の損害額を下げること	PC の USB ポートをふさぐ部品を取り付け、USB メモリによるデータの持ち出しを防ぐ
リスク移転（転嫁）	リスクを**他社などに移す**こと	サイバー攻撃などで発生する損害に備えて、サイバーリスク保険に加入する
リスク保有（受容）	リスクの影響力が小さいため、特にリスクを低減するためのセキュリティ対策を行わず、**許容範囲内として受容する**こと	近隣の川の氾濫により、会社が浸水するおそれがあるが、過去に氾濫したことがないため、その可能性はほとんどないと判断し、対策を講じない

図解でつかむ

リスクアセスメントの手順

①特定 → ②分析 → ③評価

①特定
- どんなリスク?
- どの情報資産?

②分析
- 発生頻度
- 損失額

③評価
- 資産価値と発生頻度や損失額から対応の優先順位を決定

リスク対応

＝可能性を取り去る

＝可能性や損害額を下げる

＝リスクを移す

＝リスクを受容する

問題にチャレンジ!

Q 資産A～Dの資産価値、脅威および脆弱性の評価値が表のとおりであるとき、最優先でリスク対応するべきと評価される資産はどれか。ここで、リスク値は、表の各項目を重み付けせずに掛け合わせることによって算出した値とする。

(平成31年春・問68)

資産名	資産価値	脅威	脆弱性
資産A	5	2	3
資産B	6	1	2
資産C	2	2	5
資産D	1	5	3

ア 資産A　**イ** 資産B　**ウ** 資産C　**エ** 資産D

解説

設問に「リスク値は、表の各項目を重み付けせずに掛け合わせることによって算出した値とする」とあるので、単純に資産ごとに「資産価値×脅威×脆弱性」の計算をして、算出したリスク値を比較します。

[資産A] 5×2×3 = 30　[資産B] 6×1×2 = 12

[資産C] 2×2×5 = 20　[資産D] 1×5×3 = 15

算出されたリスク値が高いほどリスク対応の優先順位も高くなるため、最優先で対応するべき資産は「資産A」になります。

A ア

17 情報セキュリティ管理

テクノロジ系
セキュリティ
出る度 ★★★

顧客情報などの情報流出やシステムダウンなどのトラブルは、企業や組織の信用が失われ、経営にも大きな打撃を与えてしまいます。情報セキュリティ管理に関する考え方や情報セキュリティ管理策の基本を理解しましょう。

1 情報セキュリティマネジメントシステム（ISMS）

ISMSは、リスクの分析、評価を行って必要な情報セキュリティ対策を行い、組織全体で情報セキュリティを向上させるために、**情報の正しい取扱いと管理方法を決めたもの**です。

2 情報セキュリティの要素

情報セキュリティは以下の要素で構成されています。

要素	説明
機密性	第三者に情報が**漏えいしないようにする**こと
完全性	データが改ざんされたり、欠けたりすることなく**正しい状態である**こと
可用性	障害などがなく**必要な時にシステムやデータを利用できる**こと
真正性	**なりすましや、偽の情報がない**ことが証明できること
責任追跡性	**誰がどんな操作をしたかを追跡できる**ように記録すること
否認防止	**本人が行った操作を否認させない**ようにすること
信頼性	**処理が欠陥や不具合なく確実に行われる**こと

3 情報セキュリティポリシー（情報セキュリティ方針）

情報セキュリティポリシー（情報セキュリティ方針）は、**企業の経営者が最終的な責任者**となり、**情報資産を保護するための考え方や取り組み方、遵守すべきルールを明文化したもの**です。

4 ISMSの運用方法

情報セキュリティ対策は一度実施したら終わりではなく、**環境の変化に合わせて、絶えず見直しと改善が求められます。**セキュリティ対策を継続的に維持改善するためにPDCAサイクルを繰り返します。

図解でつかむ

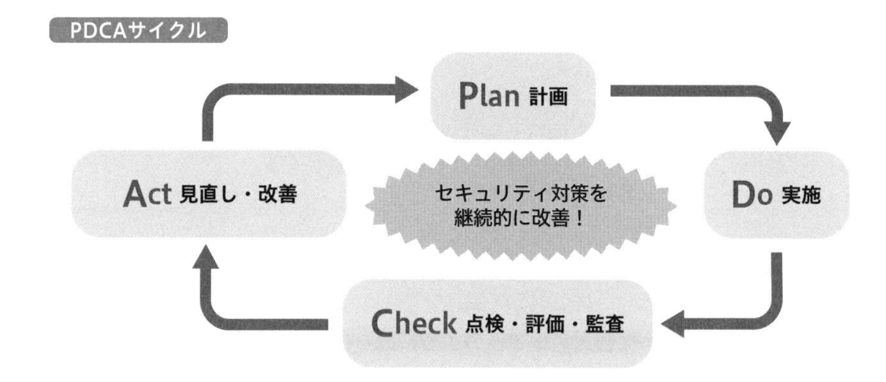

問題にチャレンジ！

Q ISMSにおける情報セキュリティに関する次の記述中のa、bに入れる字句の適切な組合せはどれか。 (令和3年・問67)

情報セキュリティとは、情報の機密性、完全性及び［ a ］を維持することである。さらに、真正性、責任追跡性、否認防止、［ b ］などの特性を維持することを含める場合もある。

	a	b
ア	可用性	信頼性
イ	可用性	保守性
ウ	保全性	信頼性
エ	保全性	保守性

解説

可用性とは、障害が発生しても安定したサービスを提供でき、ユーザーが必要なときに必要なだけシステムを利用可能である度合いのことです。信頼性とは、情報システムによる処理に欠陥や不具合がなく、期待した処理が確実に行われている度合いのことです。保全性と保守性は主にシステムの信頼化設計で考慮される要素です。

A ア

18 個人情報保護・セキュリティ機関

テクノロジ系

セキュリティ

出る度 ★★☆

サイバー攻撃の手法にはさまざまなものがありますが、どんなに対策をしても日々、新たな手法が生まれています。これに対処するためには、専門機関や組織をつくって継続的に対策していくことが重要です。

サイバー攻撃に関する方針や組織をみていきましょう。

1 プライバシーポリシー（個人情報保護方針）

Webサイトで収集した個人情報をどのように取り扱うのかを定めたものです。問い合わせフォームなどの個人情報を収集するサイトの場合は、プライバシーポリシーの制定とWebサイトへの記載が必要です。

2 サイバー保険

サイバー攻撃（システムに不正に侵入し、データの取得や改ざん、破壊などを行う）による**個人情報の流出などの損害に備える保険**です。事故対応費用やサービス中断による費用を補償します。

3 情報セキュリティに関する活動を行う組織・機関

組織・機関	説明
情報セキュリティ委員会	**情報セキュリティ対策を全社的かつ効果的に管理することを目的とした社内組織**
CSIRT（シーサート） (Computer Security Incident Response Team)	Security Incident（セキュリティインシデント）とはセキュリティ上の脅威となる事象のこと。CSIRTは、**情報セキュリティ上の問題に対応するために企業や行政機関などに設置される組織**
SOC（エスオーシー） (Security Operation Center)	ネットワークやデバイスを24時間365日監視し、**サイバー攻撃の検出と分析、対応策の助言を行う組織**
J-CSIP（ジェイシップ） (サイバー情報共有イニシアティブ)	公的機関である**IPA（独立行政法人 情報処理推進機構）を情報ハブ**（集約点）とする**サイバー攻撃に対抗するための官民による組織**
サイバーレスキュー隊（J-CRAT（ジェイクラート））	**IPAが設置した標的型攻撃対策の組織。相談を受けた組織の被害の低減と攻撃の連鎖の遮断を支援する**
SECURITY ACTION	IPAが創設した、中小企業自らが**情報セキュリティ対策に取り組むことを自己宣言する制度**

図解でつかむ

プライバシーポリシーの例

IPAウェブサイトにおける個人情報保護方針（プライバシーポリシー）

1.個人情報保護に関する基本方針

独立行政法人情報処理推進機構（以下IPAという)は、IPAが運営するウェブサイト（サブドメインを含むipa.go.jpドメインのウェブサイト。以下「当ウェブサイト」という）において提供するサービス（情報提供、メール配信、お問い合わせ、書籍・冊子の郵送、試験・イベント等の申込受付等）の円滑な運営に必要な範囲で、当ウェブサイトの利用者の情報を収集しています。
収集した情報は、利用目的の範囲内で適切に取り扱い、個人情報の保護に関する法律及び、個人情報の保護に関する法律施行令(以下「法令」という)に従って、以下のプライバシーポリシーを定め、個人情報保護に努めてまいります。

・個人情報の保護に関する法律

・個人情報の保護に関する法律施行令

2. 個人情報とは

生存する個人に関する情報であって、当該情報に含まれる氏名、生年月日その他の記述等により特定の個人を識別できるものをいいます。

3. 個人情報の取得について

当ウェブサイトを通じてIPAが個人情報を収集する際は、利用者ご本人の意思による情報の提供(登録)を原則とし、「法令」に基づく場合を除き、取得する個人情報の利用目的を明示いたします。
また、個人情報の収集は、明示した目的を達成するために必要な範囲内で利用いたします。

4. 個人情報の管理について

収集しました個人情報は、IPAが厳重に管理し、保有する個人情報の漏えい、滅失又はき損の防止のために、必要かつ適切な安全管理措置を講じるとともに、その改善に努めてまいります。
また、「法令」に基づく場合を除き、保有する個人情報を第三者に提供いたしません。
なお、当ウェブサイトの運用を外部に委託する場合は、委託先においても同様に適切な対策を講じます。

個人情報保護について

個人情報保護方針

IPAウェブサイトにおける個人情報保護方針（プライバシーポリシー）

個人情報ファイル簿について

個人情報に関する開示請求

（出典）IPAウェブサイトより

問題にチャレンジ！

Q コンピュータやネットワークに関するセキュリティ事故の対応を行うことを目的とした組織を何と呼ぶか。 （平成30年秋・問98）

ア CSIRT　イ ISMS　ウ ISP　エ MVNO

解説

イ Information Security Management System の略。情報セキュリティマネジメントシステムのことです。**ウ** Internet Service Provider の略。顧客である企業や家庭のコンピュータをインターネットに接続するインターネット接続業者のことです。**エ** Mobile Virtual Network Operator の略。自身では無線通信回線設備を保有せず、ドコモやau、ソフトバンクといった電気通信事業者の回線を間借りして、移動通信サービスを提供する事業者のことです。例えば、UQ mobile、OCN モバイル、mineo などの事業者がこれに該当します。

A ア

19 情報セキュリティ対策①

テクノロジ系

セキュリティ

出る度 ★☆☆

情報セキュリティ対策には、物理的・人的・技術的な対策があります。ひとつの対策をすれば万全というものではなく、リスクに合わせて複合的に行います。また、対策は導入すれば終わりではありません。対策の効果が出ていることを継続的に計測する必要があります。

1 物理的セキュリティ対策

・監視カメラ、施錠管理、入退室管理

　不正侵入対策として、監視カメラの設置や入退室管理システムを導入します。

・クリアデスク

　情報の持ち出し防止として、離席時には業務に関する資料をデスク上に放置せず、キャビネットなどの鍵のかかる場所で保管します。

・クリアスクリーン

　第三者による不正操作を防止するため、離席時には PC をログアウトします。

・セキュリティケーブル

　盗難や持ち出し防止のため、ノート PC とデスクをセキュリティケーブルで接続して固定します。

・遠隔バックアップ

　盗難や事故、地震などの自然災害によるシステムやデータの損失に備えて、遠隔地にデータやサーバを複製しておきます。

2 人的セキュリティ対策

・情報セキュリティ啓発

　情報の漏えい、紛失、なりすましなどの防止のために、定期的にセキュリティ教育を実施し、セキュリティに対する社員の意識の向上を図ります。

・情報セキュリティ訓練

　社員に偽の標的型攻撃メールを送信し、攻撃を回避できるかを訓練すること（標的型メール訓練）で攻撃への耐性の向上を図ります。

・監視

　不正侵入や不正アクセスを把握するために、監視カメラの設置やサーバの操作情報（ログ）を記録し、保存します。

・アクセス権の設定

　情報の漏えい、改ざんの防止のために、社員にアクセス権を設定し、情報を利用できる社員を制限します。

・内部不正の防止

内部不正による情報漏えいの対策として、「組織における内部不正防止ガイドライン」（IPA）を元に、自社に合った対策を検討します。

図解でつかむ

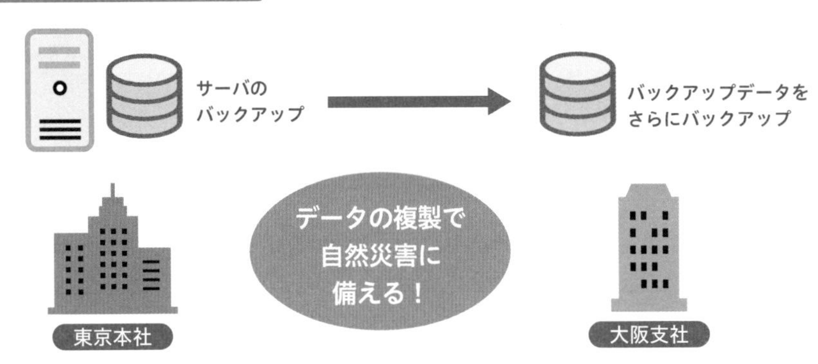

内部不正行為は、信用の失墜や損害賠償による損失など企業に多大な損害を与える脅威の１つです。そのため、経営課題として真摯に取り組む企業が増えています。

問題にチャレンジ！

Q 情報セキュリティ対策を、技術的対策、人的対策および物理的対策の三つに分類したとき、物理的対策の例として適切なものはどれか。 （平成31年春・問87）

ア PCの不正使用を防止するために、PCのログイン認証にバイオメトリクス認証を導入する。

イ サーバに対する外部ネットワークからの不正侵入を防止するために、ファイアウォールを設置する。

ウ セキュリティ管理者の不正や作業誤りを防止したり発見したりするために、セキュリティ管理者を複数名にして、互いの作業内容を相互チェックする。

エ セキュリティ区画を設けて施錠し、鍵の貸出し管理を行って不正な立入りがないかどうかをチェックする。

解説

ア 認証技術を使っているため、技術的対策の例です。 **イ** 技術的対策の例です。
ウ 人的対策の例です。

A エ

20 情報セキュリティ対策②

テクノロジ系

セキュリティ

出る度 ★★★

技術的なセキュリティ対策は、種類とその概要を合わせて覚えてください。特に、ファイアウォールの役割、DMZ（非武装エリア）の使い方といった安全に通信を行うしくみは、図解でしっかり理解しておきましょう。

1 ネットワークに関するセキュリティ対策

ネットワークにおける主なセキュリティ対策には、以下のものがあります。

用語	概要
コンテンツフィルタリング	**社内PCから不適切なサイトの閲覧をブロック**するためのしくみ。プロキシサーバの機能を利用する
ファイアウォール	防火壁という意味で**外部からの不正な通信を遮断**するためのしくみ
DMZ（DeMilitarized Zone）	非武装エリアとも呼ばれ、**外部ネットワークとも、社内ネットワークとも隔離された中間的なエリア**のこと
WAF（Web Application Firewall）	Webアプリケーションの脆弱性をついた**攻撃から、Webサーバを守るための対策**
IDS（Intrusion Detection System：侵入検知システム）	ふるまいやデータ量が**不正な通信を検知するシステム**
IPS（Intrusion Prevention System：侵入防止システム）	ふるまいやデータ量が**不正な通信を遮断するシステム**
DLP（Data Loss Prevention）	**専用のソフトウェアやシステムを使った情報漏えい対策**のこと。メールでのデータの不正送信やUSBメモリでのデータの不正な持ち出しを検知すると、画面に警告が現れ、操作をキャンセルする
SIEM（Security Information and Event Management）	**セキュリティ情報イベント管理**。ネットワーク機器やセキュリティ機器の**ログ（記録）を一元管理し、脅威となる事象を検知、分析するシステム**
検疫ネットワーク	**社内LANにPCを接続する際にPCのセキュリティ状態を検査する専用のネットワーク**のこと
SSL/TLS（Secure Sockets Layer/Transport Layer Security）	**通信の暗号化、相手の認証を行う**プロトコルのこと。インターネット閲覧時の暗号化通信（HTTPS）はHTTPにSSL/TLSの機能を追加したもの

VPN (Virtual Private Network)	**仮想的な専用ネットワーク。事業所間のLANなど遠隔地との接続などに利用**される。IP-VPNは通信事業者の回線を借りた仮想的な専用線で、セキュリティや帯域（速度）が確保されている。インターネットVPNはコストは低いが、盗聴や改ざんのリスクが高くなる

図解でつかむ

不正アクセス対策

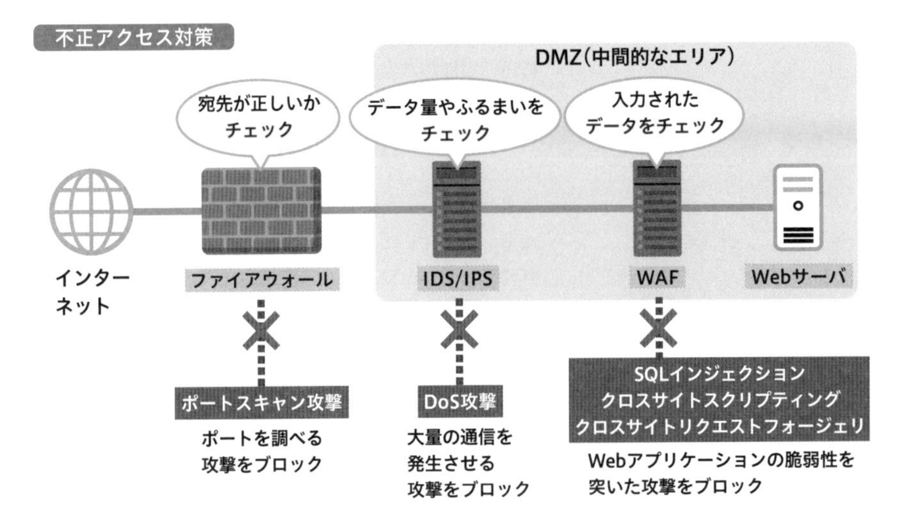

VPNのしくみ

VPN（仮想的な専用線）

IP-VPN：通信事業者の回線を利用→セキュリティ・帯域を保証
インターネットVPN：インターネット回線を利用→コストは安いが、
盗聴や改ざんのリスクが高い

2 その他のセキュリティ対策

他にもさまざまな観点のセキュリティ対策があります。

用語	概要
MDM (Mobile Device Management)	モバイルデバイス管理のこと。**社員が利用するスマートフォンやタブレット端末の設定を管理部門で一元管理する手法**。PC紛失時にはGPS機能や端末ロック機能などが利用できる
電子透かし	画像や音声、動画などの著作権保護を目的に**人には認識できない形でコンテンツに著作者の名前などの情報を埋め込む技術**のこと。著作権を侵害したコンテンツの不正利用など違法行為の抑止力として利用されている
デジタル フォレンジックス	フォレンジックスは「鑑識」の意味。情報漏えいの調査のために、PCやスマートフォンに保存されている電子情報を解析し、**法的な証拠を見つけるための技術**のこと
ペネトレーションテスト	侵入テストとも呼ばれる。システムに対して**実際に侵入や攻撃を行い、システムの脆弱性を調査するテスト**。セキュリティの専門家が攻撃者の視点でシステムの脆弱性を洗い出すサービスなどもある
ブロックチェーン	**暗号資産「ビットコイン」の基幹技術**として発明された概念で、**インターネット上で金融取引などの重要なデータのやりとりを可能にする技術**のこと。偽装や改ざんを防ぐしくみがあり、なりすましやデータの改ざんが難しいため、重要なデータを安全にやりとりできる
耐タンパ性	タンパ(tamper)は、「許可なく変更する」という意味。**機器や装置、ソフトウェアなどの内部の動作や処理手順を外部から分析しにくくすること**。キャッシュカードなどに採用されているICチップは複数の技術を使って、格納した個人情報が守られている
セキュアブート	**信頼されているソフトウェアのみを使用して**デバイスを**起動する**こと。デジタル署名によってソフトウェアを検証する
TPM(Trusted Platform Module:セキュリティチップ)	コンピュータに搭載される**セキュリティ機能を実装した**半導体チップ。**暗号鍵を安全に格納**できる
PCI DSS(Payment Card Industry Data Security Standard)	クレジットカードの会員情報を安全に取り扱うために策定された、**クレジットカード業界のセキュリティ基準**

図解でつかむ

MDMのしくみ

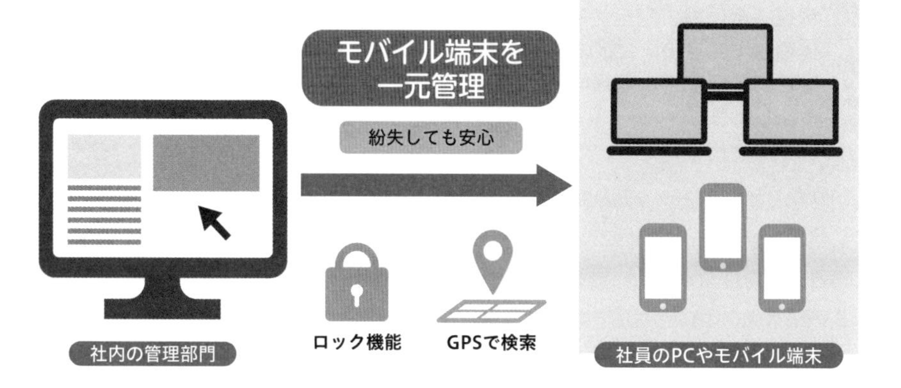

問題にチャレンジ！

Q 従業員に貸与するスマートフォンなどのモバイル端末を遠隔から統合的に管理する仕組みであり、セキュリティの設定や、紛失時にロックしたり初期化したりする機能をもつものはどれか。 (令和2年10月・問76)

ア DMZ　**イ** MDM　**ウ** SDN　**エ** VPN

解説

ア DeMilitarized Zoneの略。内部LANとインターネットの間に位置する中間的なエリアで、Webサーバ・メールサーバ・プロキシサーバなどのように外部からアクセスされる情報資源を配置します。

ウ Software Defined Networkingの略。ソフトウェア制御による動的で柔軟なネットワークを作り上げる技術の総称です。

エ Virtual Private Networkの略。多数の加入者が共用する公衆回線上に、認証および暗号化プロトコルによって仮想的な専用回線を構築し、通信の秘匿を実現する技術です。

A イ

21 暗号化と認証のしくみ

テクノロジ系

セキュリティ

出る度 ★★★

情報の機密性、完全性を保つ上で欠かせないのが暗号化と認証の技術です。情報セキュリティ対策の要となるものであり、IT パスポート試験にもよく出題されています。種類は多くないので、特徴としくみをきちんと理解しておきましょう。

暗号化とは、**データを規則に従って変換し、第三者が解読できないようにすること**です。暗号化前のデータは平文（ひらぶん）、暗号化されたデータをもとに戻すことを復号（ふくごう）といいます。

暗号化技術は情報漏えい対策として、**通信の暗号化、ハードディスクの暗号化、ファイルの暗号化**など広く利用されています。

暗号化の方式には以下のような種類があります。

1 共通鍵暗号方式

共通鍵暗号方式は、**暗号化と復号で、同じ鍵（共通鍵）を使用する方式**です。共通鍵は第三者に知られないように秘密にするため、「秘密鍵暗号方式」とも呼ばれます。暗号化と復号の処理が高速ですが、鍵が第三者の手に渡ると、暗号が解読されてしまいます。

2 公開鍵暗号方式

公開鍵暗号方式は、**暗号化と復号で異なる鍵を使用し、暗号化する鍵（公開鍵）を公開し、復号する鍵（秘密鍵）を秘密にします。**暗号化と復号の処理が複雑なため処理に時間がかかりますが、鍵の入手や管理がしやすいです。

3 ハイブリッド暗号方式

ハイブリッド暗号方式は、**共通鍵暗号方式と公開鍵暗号方式のメリットを組み合わせた方式**です。

平文はサイズが大きいため、高速な共通鍵で暗号化します。しかし、共通鍵をそのまま渡すと、鍵が漏えいして解読される危険があります。それを避けるため、送信者は**受信者の公開鍵で共通鍵を暗号化してから受信者へ渡します。**受信者は自分の秘密鍵で共通鍵を復号できるので、その共通鍵を使って暗号文を平文に復号できます。

認証技術とは、データの改ざんやなりすましを防ぐために、**データやユーザーの正当性を証明する技術**です。次からは代表的な認証技術を説明します。

図解でつかむ

共通鍵（秘密鍵）暗号方式

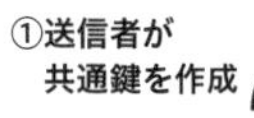

①送信者が共通鍵を作成 送信者 共通鍵

②受信者に共通鍵を渡す

共通鍵 受信者

③共通鍵で暗号化

平文 共通鍵 暗号化 暗号文

④受信者に暗号文を送信

⑤共通鍵で復号

暗号文 共通鍵 復号 平文

公開鍵暗号方式

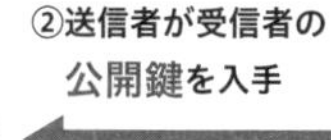

送信者 受信者の公開鍵

②送信者が受信者の公開鍵を入手

ペア

受信者の公開鍵 受信者の秘密鍵 受信者

①受信者が自分の公開鍵と秘密鍵のペアを作成し、公開鍵を公開

③受信者の公開鍵で暗号化

平文 受信者の公開鍵 暗号化 暗号文

④受信者に暗号文を送信

⑤受信者の秘密鍵で復号

暗号文 受信者の秘密鍵 復号 平文

ハイブリッド暗号方式

送信者 共通鍵

①送信者が共通鍵を作成する

受信者の公開鍵 受信者の秘密鍵 受信者

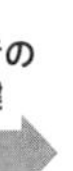

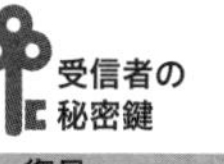

共通鍵 受信者の公開鍵 暗号化 暗号化した共通鍵

③暗号化した共通鍵を送信

暗号化した共通鍵 受信者の秘密鍵 復号 共通鍵

②送信者が受信者の公開鍵で、共通鍵を暗号化

④受信者の秘密鍵で共通鍵を復号

平文 共通鍵 暗号化 暗号文

⑥受信者に暗号文を送信

暗号文 共通鍵 復号 平文

⑤送信者が共通鍵で平文を暗号化

⑦共通鍵で暗号文を復号

4 デジタル署名

デジタル署名は、**送られたデータが改ざんされていないことと、送信者がなりすましではないことを証明する技術**です。公開鍵暗号方式と「ハッシュ関数」を組み合わせています。「ハッシュ関数」は、データを数値化するための計算式で、数値化されたデータは「メッセージダイジェスト」や「ハッシュ値」と呼ばれます。

5 タイムスタンプ（時刻認証）

タイムスタンプは、**ファイルの新規作成や更新時にファイル情報として記録されるファイルの作成日時を証明する技術**です。デジタル署名の一種として、重要な文書で利用されています。

6 利用者認証

利用者認証には、IDやパスワード、ICカードのほかに以下のような種類があります。

種類	目的・例
ワンタイムパスワード	**一度限りの使い捨てのパスワード**のことで、セキュリティを強化するしくみ。漏えいする危険性が低く、**インターネットバンキング**などで利用されている
多要素認証	パスワードと指紋認証など、**複数の認証要素**を使用した、より安全な認証を実現する手法。インターネットバンキングでは、ログインはパスワード認証を、振込処理はワンタイムパスワード認証を行っている
SMS 認証	**携帯電話の番号宛てに短いテキストメッセージを手軽に送受信できる**SMS（ショートメッセージサービス）による**本人確認の手法**。Webサイトを利用するときの**個人認証を強化**する目的などに利用される
シングルサインオン	**1つのIDとパスワード**で、メール、SNS、Webサービスなど**複数のサービスにログイン**できるしくみ

7 生体認証（バイオメトリクス認証）

生体認証（バイオメトリクス認証）には、「身体的特徴」で認証する方法と「行動的特徴」で認証する方法があります。

身体的特徴には、指紋、顔、網膜、声紋、虹彩などがあります。**行動的特徴には、筆跡やキーストローク（キー入力のクセ）**などがあります。生体認証は、なりすましが難しい反面、体調により状態が安定しないこともあるので、本人でも拒否される場合があります。

本人であることが認識されず他人として拒否される割合を本人拒否率、**他人を本人として誤認識して受け入れてしまう割合**を他人受入率といいます。本人拒否率を下げようとすると、他人受入率が上がってしまい、両者は同時に高めることのできないトレードオフの関係になっています。

図解でつかむ

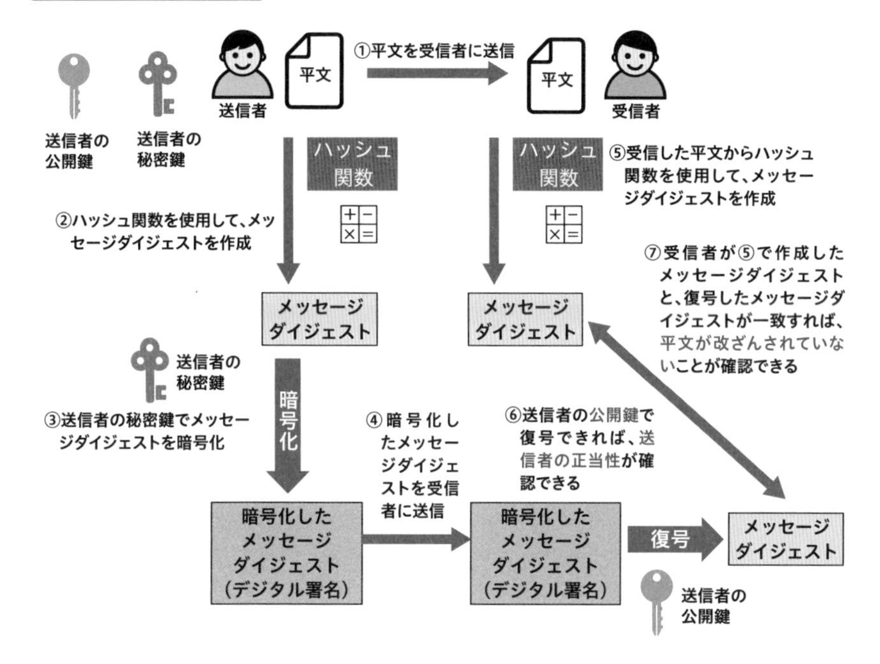

問題にチャレンジ！

Q　A さんは B さんだけに伝えたい内容を書いた電子メールを、公開鍵暗号方式を用いて B さんの鍵で暗号化して B さんに送った。この電子メールを復号するために必要な鍵はどれか。　（平成 31 年春・問 75）

ア　A さんの公開鍵　　**イ**　A さんの秘密鍵
ウ　B さんの公開鍵　　**エ**　B さんの秘密鍵

解説

公開鍵暗号方式は「暗号化は誰でもできるが、復号できるのは正規の秘密鍵を持つ受信者だけ」という性質を持ちます。データが途中で傍受されても、秘密鍵を持たない者には復号を行うことができないため、安全性が確保されます。送信者が A さんで、受信者が B さんですから、電子メールの復号に使う鍵は「B さんの秘密鍵」になります。

A　エ

22 公開鍵基盤

テクノロジ系

セキュリティ

出る度 ★★☆

公開鍵基盤(PKI：Public Key Infrastructure)とは、公開鍵暗号方式やデジタル署名、デジタル証明書を使ったセキュリティのインフラ(基盤)です。インターネット上で安全に情報をやりとりするために利用されている技術です。

1 デジタル証明書

デジタル証明書には、**公開鍵とその所有者を証明する情報**が記載されています。公開鍵暗号方式やデジタル署名を利用する場合、**相手が提示するデジタル証明書から公開鍵を入手**します。

2 CA（Certification Authority：認証局）

デジタル証明書は認証局という専門機関が発行します。デジタル証明書には、改ざんを防ぐために、**認証局のデジタル署名が付与**されています。この認証局の署名自体の正当性を証明する認証局の証明書をルート証明書といいます。**ルート証明書はWebブラウザやOSにあらかじめ組み込まれ**ており、Webサイトにアクセスする際のサーバ証明書の検証に利用されています。

3 サーバ証明書を使ったHTTPS通信のしくみ

Webサイトに HTTPS（暗号化）通信を行う際は、Webサイトのサーバがデジタル証明書（サーバ証明書）をWebブラウザに提示します。Webブラウザはあらかじめ組み込まれたルート証明書を使って、サーバ証明書に付与されている**認証局のデジタル署名の正当性**を検証します。次に**証明書の期限が切れていないかを確認した後、サーバ証明書からサーバの公開鍵を入手し、暗号化通信を行います。**サーバが秘密鍵を漏えいした場合は認証局に申請し、証明書を失効させます。Webブラウザは認証局が配布するCRL（Certificate Revocation List：証明書失効リスト）で、有効期限よりも前に失効した証明書の一覧を確認し、サーバ証明書が失効していないこともあわせて確認します。

4 クライアント証明書

クライアント証明書は、サーバにアクセスする際にクライアントの身分を証明します。クライアント証明書を利用すると、**クライアント証明書がインストールされているPCからしかサーバにアクセスできない**ように制限できます。

図解でつかむ

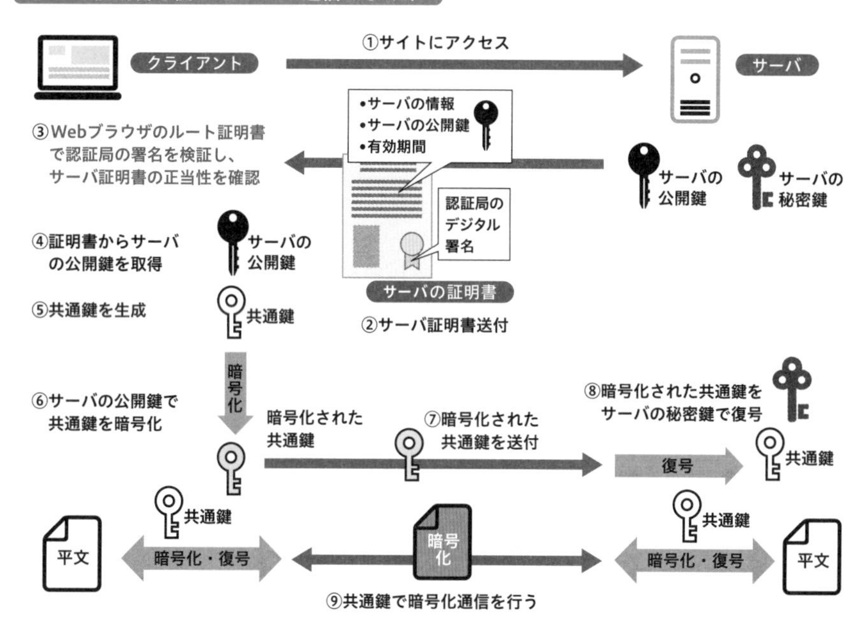

HTTPS 通信の際に Web ブラウザが確認するサーバ証明書の内容は、「付与されている認証局のデジタル署名の正当性」「有効期限が切れていないか」「CRL（証明書失効リスト）に記載されていないか」です。

問題にチャレンジ！

Q 電子証明書を発行するときに生成した秘密鍵と公開鍵の鍵ペアのうち、秘密鍵が漏えいした場合の対処として、適切なものはどれか。 （平成 30 年秋・問 62）

ア　使用していた鍵ペアによる電子証明書を再発行する。

イ　認証局に電子証明書の失効を申請する。

ウ　有効期限切れによる再発行時に、新しく生成した鍵ペアを使用する。

エ　漏えいしたのは秘密鍵だけなので、電子証明書をそのまま使用する。

解説

漏えいした鍵ペアが使用されないよう、ただちに認証局に失効を申請します。

A イ

23 IoT システムのセキュリティ

テクノロジ系

セキュリティ

出る度 ★★☆

家電や自動車など身の回りのさまざまなモノがインターネットに接続されるIoT 機器では、搭載しているソフトウェアの脆弱性を悪用するサイバー攻撃などの被害が増えています。安全に利用するためにも IoT システムのセキュリティ対策を理解しておきましょう。

1 セキュリティバイデザイン

情報セキュリティをシステムの企画・設計段階から確保するための方策のことをセキュリティバイデザインといいます。内閣サイバーセキュリティセンター（NISC）が中心となり、提唱されています。従来のシステムでは、運用中にセキュリティ対策ソフトをインストールしたりアップデートするなど、事後的な対策が可能でした。しかし、IoT の場合、最低限のメモリしか搭載されていないため、運用中にソフトをインストールすることが容易ではありません。また、常時モノがインターネットに接続されていると、攻撃を受けるリスクも高まります。従来の情報セキュリティに加え、新たな安全確保が必要となったのです。よって、IoT システムには、プログラミングや運用段階ではなく、**企画・設計段階からどんな問題が発生し、どう対応するのかを考え、セキュリティの基本的な枠組みを確保しよう**というセキュリティバイデザインの思想が求められています。

2 プライバシーバイデザイン

プライバシーバイデザインは、個人情報を扱うあらゆる場面で、情報が適切に取り扱われるように**プライバシー保護の施策をシステムの企画・設計段階から組み込む**という考え方です。システム稼働後に発生する可能性がある個人情報の漏えいや目的外利用などのリスクに対する予防的な機能の検討や組み込みも含まれます。IoT に限らず一般的なシステムでも求められている個人情報保護に関する設計思想です。

3 IoT セキュリティガイドライン

IoT システムにおけるセキュリティ対策として、IoT システムや IoT 機器の設計・開発について各種の指針・ガイドラインが作成されています。IoT セキュリティガイドラインは、経済産業省および総務省が作成したガイドラインで、**利用者が安心して IoT 機器やシステム、サービスを利用できる環境を作ることを目的**としています。IoT 機器やシステム、サービスの提供者が取り組むべき IoT のセキュリティ対策の指針や一般利用者のための利用のルールをまとめています。

4 コンシューマ向け IoT セキュリティガイドライン

コンシューマ（消費者、購入者）向け IoT セキュリティガイドラインは、NPO 日本ネットワークセキュリティ協会が作成したガイドラインで、**利用者を守るために、IoT 機器やシステム、サービスを提供する事業者が考慮すべき内容**をまとめたものです。具体的には、「トラブルが発生した場合の対応窓口を設ける」「IoT デバイスの紛失などの可能性を考慮し、リモートでデータの削除機能をつける」などです。

図解でつかむ

セキュリティバイデザイン / プライバシーバイデザイン

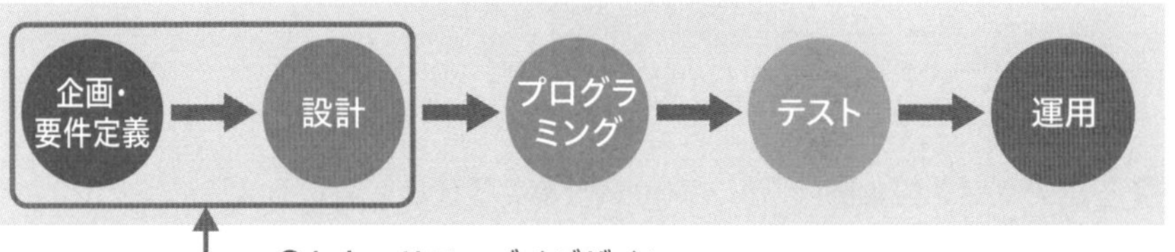

●セキュリティバイデザイン
企画・設計段階からセキュリティを確保する

●プライバシーバイデザイン
企画・設計段階から個人情報保護の施策を組み込む

問題にチャレンジ！

Q セキュリティバイデザインの説明はどれか。 （基本情報・平成 30 年春・問 42）

ア 開発済みのシステムに対して、第三者の情報セキュリティ専門家が、脆弱性診断を行い、システムの品質及びセキュリティを高めることである。

イ 開発済みのシステムに対して、リスクアセスメントを行い、リスクアセスメント結果に基づいてシステムを改修することである。

ウ システムの運用において、第三者による監査結果を基にシステムを改修することである。

エ システムの企画・設計段階からセキュリティを確保する方策のことである。

解説

セキュリティバイデザインは、システムの企画・設計段階からセキュリティを確保する考え方です。

A エ

24 セキュリティ関連法規①

ストラテジ系

法務

出る度 ★★★

情報セキュリティに関するしくみはどのようなものがあるでしょうか。大切な個人情報を守るために、法律では個人情報保護法があり、行政機関では、個人情報保護委員会が設置されています。個人情報や個人の権利を保護するしくみを知っておきましょう。

1 サイバーセキュリティ基本法

サイバーセキュリティ基本法は、**国民が安全で安心して暮らせる社会の実現と、国際社会の平和および安全の確保ならびに国の安全保障に寄与すること**を目的としています。

「サイバーセキュリティ戦略や基本的施策」や「内閣にサイバーセキュリティ戦略本部を設置すること」などを規定しています。

2 不正アクセス禁止法（不正アクセス行為の禁止等に関する法律）

不正アクセス禁止法は、他人の ID やパスワードを入力したり、不正に取得や保管する行為、正当な理由なく他人の ID やパスワードを提供する行為、管理者になりすまして ID やパスワードの入力を要求する行為を禁止しています。

3 個人情報保護法（個人情報の保護に関する法律）

個人情報とは、**生存する個人に関する情報で、氏名や生年月日、住所、電話番号などの記述により特定の個人を識別できるもの**です。個人識別符号（**指紋や顔の画像といった身体の一部の情報、マイナンバーや免許証番号、年金番号といった公的な番号が含まれるもの**）も個人情報に含みます。個人情報保護法は個人情報を取り扱う**事業者（個人情報取扱事業者）が遵守すべき義務**等を定めた法律です。個人情報を利用目的以外に使った場合や不正に取得した場合、**個人データの利用の停止や消去を請求することができます**。

内閣総理大臣の所轄に属する個人情報保護委員会は、**個人情報取扱事業者等に対し、個人情報等の取扱いに関し必要な指導および助言をする**ことができます。

特定の個人を識別できないように個人情報を加工した情報を匿名加工情報といいます。**元の個人情報に復元することができない**よう工夫されていて、例えば IC カードの利用履歴情報などビッグデータとしての活用が可能です。

生成 AI において、虚偽の個人情報を生成して利用・提供する行為は、個人情報保護法に違反する可能性があります。

図解でつかむ

個人情報取扱事業者の義務

- あらかじめ本人の同意を得ずに、個人データを第三者に提供することはできない。
- 利用目的をできる限り明確にし、利用目的以外に個人情報を利用することはできない。
- あらかじめ本人の同意を得ず、要配慮個人情報（人種、信条、社会的身分、病歴、犯罪の経歴など不当な差別、偏見その他の不利益が生じないようにその取扱いに特に配慮を要する個人情報）を取得してはいけない。

不正アクセス禁止法の対象となる行為を問う出題が多いです。どのような行為が不正アクセス禁止法の対象になるか、過去問題で具体例を押さえておきましょう。

問題にチャレンジ！

Q 公開することが不適切なWebサイトa～cのうち、不正アクセス禁止法の規制対象に該当するものだけを全て挙げたものはどれか。 （平成31年春・問29）

a. スマートフォンからメールアドレスを不正に詐取するウイルスに感染させるWebサイト

b. 他の公開されているWebサイトと誤認させ、本物のWebサイトで利用するIDとパスワードの入力を求めるWebサイト

c. 本人の同意を得ることなく、病歴や身体障害の有無などの個人の健康に関する情報を一般に公開するWebサイト

ア a、b、c　　**イ** b　　**ウ** b、c　　**エ** c

解説

a. ウイルスを他人のコンピュータ上で動作させる目的で提供した場合（未遂を含む）、刑法の「不正指令電磁的記録に関する罪（通称、ウイルス作成罪）」に抵触します。b. 不正アクセス禁止法の規制対象に該当します。c. 本人の同意を得ずに個人情報を公開する行為は、個人情報保護法の規制対象に該当します。

A イ

25 セキュリティ関連法規②

ストラテジ系
法務
出る度 ★★☆

すべての人が安全で快適にネット環境を利用できるよう法律が整備されています。法律を理解していないと、メール配信が特定電子メール法に抵触してしまう可能性があります。どのような法律があり、どのような行為が違法に当たるのかを理解しておきましょう。

1 特定電子メール法

特定電子メールとは、**営利目的で送信するメール**のことで、特定電子メール法は**営利目的で多数の相手に配信する迷惑メールを規制する法律**です。広告や宣伝メールを送る場合には、**あらかじめ相手から同意**を得なければなりません。過去に同意を得た相手であっても、その後、受信を望まなくなることもあることから、そのような場合はメールを送信してはならないと定めています。具体的な方法としては、本文の中に受信拒否の手続きをするための宛先（メールアドレスやURL）を記載するなどが挙げられます。

2 プロバイダ責任制限法

プロバイダ責任制限法は、SNSなどの**書込みによる権利の侵害**があった場合に、**被害者とインターネット接続事業者（プロバイダ）を守るための法律**です。

1 プロバイダ、サーバの管理・運営者の損害賠償責任の制限

2 被害者がプロバイダに発信者情報の開示を請求する権利

3 送信防止措置依頼

1については、プロバイダが違法な投稿を知っていたのに何もしない、技術的に対応が可能にもかかわらず何もしなかった場合、被害者はプロバイダに損害賠償請求ができます。それ以外はプロバイダに対する損害賠償請求を阻止できます。3については、被害者は権利を侵害された情報の削除を依頼することができます。ただし、必ずしも削除を約束するものではありません。

3 不正指令電磁的記録に関する罪（いわゆるコンピュータ・ウイルスに関する罪）

刑法の不正指令電磁的記録に関する罪によって、ウイルスの作成、提供、供用（ウイルスが実行される状態にした行為）、取得、保管行為をした場合は罰せられます。

ウイルスの作成や提供	3年以下の懲役または50万円以下の罰金
ウイルスの取得や保管	2年以下の懲役または30万円以下の罰金
ウイルスの供用	3年以下の懲役または50万円以下の罰金

図解でつかむ

特定電子メール法の受信拒否を依頼するしくみ

メールの受信を拒否していない相手にのみ送信でき、受信を拒否した相手には以降のメール送信を禁止する方式を「オプトアウト」といいます。オプトアウトは「離脱する」という意味です。

問題にチャレンジ！

Q 刑法には、コンピュータや電磁的記録を対象としたIT関連の行為を規制する条項がある。次の不適切な行為のうち、不正指令電磁的記録に関する罪に抵触する可能性があるものはどれか。 (平成31年春・問24)

ア 会社がライセンス購入したソフトウェアパッケージを、無断で個人所有のPCにインストールした。

イ キャンペーンに応募した人の個人情報を、応募者に無断で他の目的に利用した。

ウ 正当な理由なく、他人のコンピュータの誤動作を引き起こすウイルスを収集し、自宅のPCに保管した。

エ 他人のコンピュータにネットワーク経由でアクセスするためのIDとパスワードを、本人に無断で第三者に教えた。

解説

ア 著作権法に違反する行為です。 **イ** 個人情報保護法に違反する行為です。 **エ** 不正アクセス禁止法に違反する行為です。

A ウ

26 SNSを利用する際のガイドライン

ストラテジ系
法務
出る度 ★☆☆

Instagram などの SNS は個人だけでなく、企業での利用も増えています。一度発信された情報が拡散すると、削除することは困難なので、炎上につながるケースもあります。情報を発信する際に守るべき社会的規範、モラルや倫理を理解しておきましょう。

1 ソーシャルメディアポリシー（ソーシャルメディアガイドライン）

企業が社内外に向けて**ソーシャルメディアを利用する際の目的やルールを定めたガイドライン**です。近年、従業員が不適切な言動を SNS などに投稿し、店舗の閉店や株価低下などの甚大な被害が発生しています。そのため、ソーシャルメディアポリシーでは、**従業員が個人で SNS を利用する際の行動**についても盛り込んでいます。

2 SNS 利用のリスク

検索履歴を基に**自分の好みにあった情報が優先的に表示され、それ以外の情報から泡に包まれたように隔離されること**をフィルターバブルといいます。また、**価値観の似た者同士の中で、考え方の偏りが強まっていくこと**をエコーチェンバーといいます。

一度発信した不適切な情報は、デジタルタトゥーとなっていつまでも消えずに残ります。情報を発信する際には、情報の根拠を確認する、社会的な道徳観念に反する投稿をしないなどの注意が必要です。

3 フェイクニュース

フェイクニュースは、**真実に見せかけた偽りの情報**です。SNS 上を中心に拡散され、社会に混乱をもたらす事例が世界中で増えています。それを受けて情報のファクトチェック（事実確認）をする動きも広がっています。国内ではNPO法人のファクトチェック・イニシアティブなどが、ネット上に出回る情報を調査して事実確認をしています。

4 ヘイトスピーチ

特定の人種や民族を排除しようとする言動がヘイトスピーチです。SNS ではヘイトスピーチと見なされる投稿を削除や非表示にする自主規制ルールを採用しています。

5 有害サイトアクセス制限

子どもを有害サイトから守るため、アクセスを制限するフィルタリングや利用年齢制限をかけてブロックするペアレンタルコントロールがスマートフォンに備わっています。

図解でつかむ

ファクトチェックとは

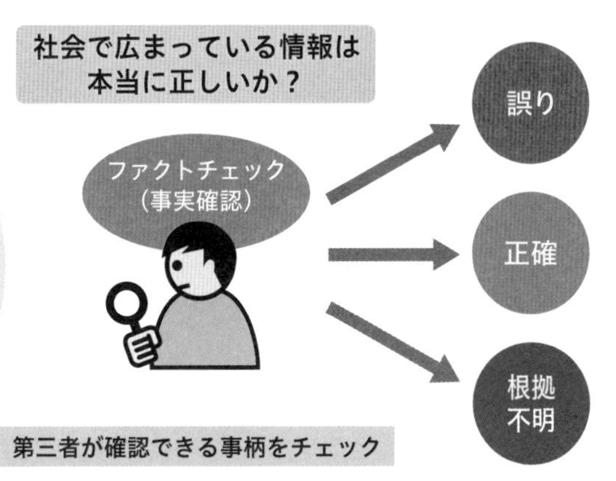

SNS は誰でも気軽に情報が発信できるため、急速に利用されるようになりました。その一方で、トラブルも急増していることから、誰もが安心して利用できるよう SNS を利用する上でのガイドラインや規制が必要になっています。

問題にチャレンジ！

Q ソーシャルメディアポリシーを制定する目的として、適切なものだけを全て挙げたものはどれか。 （令和５年・問９）

a. 企業がソーシャルメディアを使用する際の心得やルールなどを取り決めて、社外の人々が理解できるようにするため

b. 企業に属する役員や従業員が、公私限らずにソーシャルメディアを使用する際のルールを示すため

c. ソーシャルメディアが企業に対して取材や問合せを行う際の条件や窓口での取扱いのルールを示すため

ア a　**イ** a、b　**ウ** a、c　**エ** b、c

解説

a. ソーシャルメディアポリシーは、社内だけでなく社外にも向けて伝達されます。b. 従業員が、公私を問わず心得ておくべき基本原則や遵守すべきルールをまとめています。c. ソーシャルメディアを利用する企業が制定するもので、問合せ先や問合せのルールを示すものではありません。

A イ

27 データビジネスに関する動向

ストラテジ系
法務
出る度 ★★☆

データビジネスとは、データを幅広く収集し、そこから新たな価値や利益を生み出すことです。利用者の購買履歴や位置情報など個人情報やプライバシーに関わるため、データの取扱いには十分な注意が必要です。

1 パーソナルデータの利活用

パーソナルデータとは、閲覧履歴、購入履歴、位置情報、ライフログ（**日々の活動を記録したデータ**）などのデータです。個人を特定できないように匿名化した情報（匿名加工情報）にしたり、仮名化して利用します。仮名化とは**データの一部を置き換えて、個人を特定できないようにすること**です。例えば、氏名、性別、年齢からなるデータがあった場合、氏名を記号に置き換え、性別、年齢だけでは個人を特定できないようにします。元データの氏名がなければ個人を特定できないしくみになっています。

・PDS（Personal Data Store）

さまざまなサイトやサービスに**分散されているパーソナルデータを蓄積・管理し、活用したい企業に提供できるシステム**が PDS です。個人がパーソナルデータを、どの企業に提供するか選択できます。例えば、各サイトで個人が使っている ID とパスワードを安全に保管するサービスなどがあります。

・情報銀行

情報銀行では、PDS 等のシステムを活用してパーソナルデータを管理します。データは**本人同意の下**で活用したい企業へ提供します。情報銀行は**個人から情報を預かって企業提供などの運用**を行い、個人には**預けた情報に対して報酬**が支払われます。

2 倫理的・法的・社会的な課題（ELSI：Ethical, Legal and Social Issues）

パーソナルデータを利用するビジネスで課題となるのが、個人情報やプライバシーの保護です。パーソナルデータを取り扱う際は、倫理的・法的・社会的な課題（ELSI）への対応が不可欠です。具体的には、パーソナルデータの利用時に「法律に反していないか」「倫理観やモラルに反していないか」「炎上や風評被害につながらないか」を十分に検討することです。例えば、L（法律）については、EU（欧州連合）の GDPR（一般データ保護規則）への対応があります。GDPR とは、**EU 域内の各国に適用される個人情報の保護やその取り扱いについて詳細に定められた法令**です。**EU 外に拠点がある事業者であっても、EU 内に商品やサービスを提供している場合は適用されます。**

図解でつかむ

情報銀行のイメージ

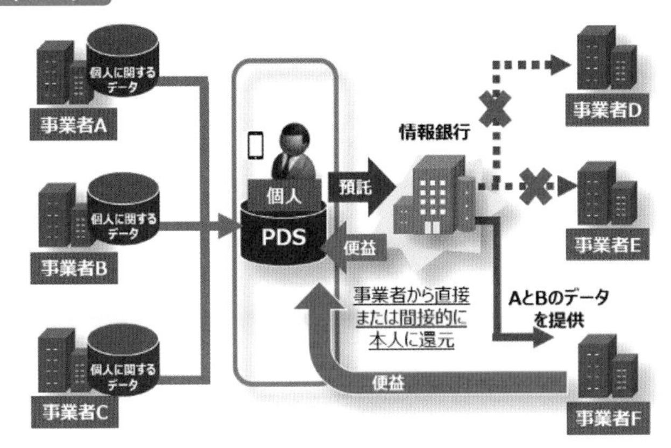

出典：「AI、IoT 時代におけるデータ活用ワーキンググループ中間とりまとめの概要」（内閣官房 IT 総合戦略室）

問題にチャレンジ！

Q EU の一般データ保護規則 (GDPR) に関する記述として、適切なものだけを全て挙げたものはどれか。 （令和 5 年・問 18）

a. EU 域内に拠点がある事業者が、EU 域内に対してデータやサービスを提供している場合は、適用の対象となる。

b. EU 域内に拠点がある事業者が、アジアや米国など EU 域外に対してデータやサービスを提供している場合は、適用の対象とならない。

c. EU 域内に拠点がない事業者が、アジアや米国など EU 域外に対してだけデータやサービスを提供している場合は、適用の対象とならない。

d. EU 域内に拠点がない事業者が、アジアや米国などから EU 域内に対してデータやサービスを提供している場合は、適用の対象とならない。

ア a　**イ** a、b、c　**ウ** a、c　**エ** a、c、d

解説

a. EU 内に拠点があるので適用対象となります。b. EU 内に拠点があるので適用対象となります。c. EU 外にのみ拠点がある事業者が、EU 内に商品やサービスを提供していない場合には適用されません。d. EU 外に拠点がある事業者であっても、EU 内に商品やサービスを提供している場合は適用されます。 **A ウ**

28 セキュリティ関連ガイドライン

ストラテジ系
法務
出る度 ★★☆

サイバーセキュリティ対策は、中小企業を含めたすべての企業、組織で取り組まなくてはならない課題です。そのため、国(経済産業省)やIPA(独立行政法人情報処理推進機構)がサイバーセキュリティに関する基準やガイドラインを策定し、セキュリティ対策の普及を推し進めています。

1 サイバーセキュリティ経営ガイドライン

サイバーセキュリティ経営ガイドラインは、**IPAと経済産業省が共同で策定したガイドライン**です。サイバー攻撃から企業を守る観点で、経営者が認識する必要のある「3原則」と経営者が責任者に指示すべき「重要10項目」をまとめています。

2 中小企業の情報セキュリティ対策ガイドライン

中小企業の情報セキュリティ対策ガイドラインは、中小企業が情報セキュリティ対策に取り組む際、**経営者が認識して実施すべき指針**と**社内において対策を実践する際の手順や手法**をまとめたものです。対策に取り組めていない中小企業等が組織的な対策の実施体制を段階的に進めていけるよう、経営者編と実践編から構成されています。

経営者編	経営者が知っておくべき事項、自らの責任で考えなければならない事項
実践編	情報セキュリティ対策を実践する人向けの対策の進め方

3 情報セキュリティ管理基準

組織が効果的に情報セキュリティマネジメント体制を構築し、適切にコントロール(管理策)を整備・運用するための実践的な規範として、経済産業省が**情報セキュリティ管理基準(JIS Q 27001)を策定**しました。情報セキュリティ管理基準はマネジメント基準と管理策基準から構成されています。

マネジメント基準	情報セキュリティマネジメントの確立、運用、監視およびレビュー、維持および改善についての基準
管理策基準	人的・技術的・物理的セキュリティについての基準

4 サイバー・フィジカル・セキュリティ対策フレームワーク

経済産業省が策定した、**サイバー空間とフィジカル空間全体のサイバーセキュリティ確保のためのガイドライン**です。Society5.0における**サービス事業者の連携やデータの流通を安全に行うためのセキュリティ対策のポイント**が押さえられています。

図解でつかむ

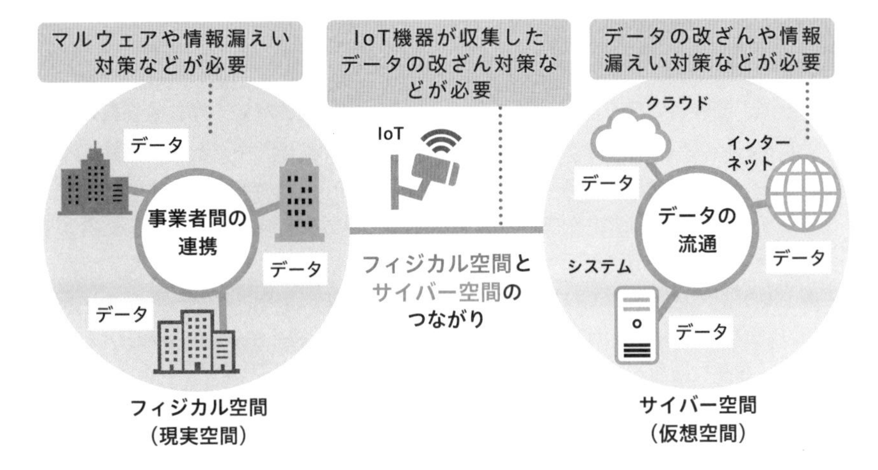

問題にチャレンジ！

Q 経済産業省が“サイバー・フィジカル・セキュリティ対策フレームワーク(Version1.0)”を策定した主な目的の一つはどれか。

(情報処理安全確保支援士・令和２年10月午前Ⅱ・問７)

ア ICTを活用し、場所や時間を有効に活用できる柔軟な働き方（テレワーク）の形態を示し、テレワークの形態に応じた情報セキュリティ対策の考え方を示すこと

イ 新たな産業社会において付加価値を創造する活動が直面するリスクを適切に捉えるためのモデルを構築し、求められるセキュリティ対策の全体像を整理すること

ウ クラウドサービスの利用者と提供者が、セキュリティ管理策の実施について容易に連携できるように、実施の手引を利用者向けと提供者向けの対で記述すること

エ データセンターの利用者と事業者に対して“データセンターの適切なセキュリティ”とは何かを考え、共有すべき知見を提供すること

解説

ア「テレワークセキュリティガイドライン」（総務省）の策定目的です。**ウ**「クラウドサービス利用のための情報セキュリティマネジメントガイドライン」（経済産業省）と「クラウドサービス提供における情報セキュリティ対策ガイドライン」（総務省）の策定目的です。**エ**「データセンターセキュリティガイドブック」の策定目的です。

A イ

定番の過去問学習サイト「IT パスポート試験ドットコム」の使い方

IT パスポート試験ドットコムは 2009 年に開設された IT パスポート試験の過去問学習サイトで、受験者の多くが利用しています。単に過去問の解答・解説を掲載しているだけでなく、試験の概要や出題範囲、申込み方法やおすすめテキストなど試験に関する情報を網羅しており、知識がある人にとってはこのサイトだけで合格できるほどです。

このサイトで過去問を CBT 試験のように選択肢をクリックして解くと、その場で採点してくれるため、正解／不正解がすぐにわかります。そのため、ゲーム感覚で過去問題にチャレンジでき、飽きずに学習することが可能です。また、スマートフォン版もあるため､通勤やお昼休みなどの隙間時間を使った学習にも適しています。PC 版では主に、

①問題→解答→解説形式の「過去問題解説」

②過去問からランダムに学習できる「過去問道場®」

③説明文を読んで用語を答える「用語クイズ」

の 3 つに分かれています。使い方としては、一通り本書で知識をインプットした後に、関連する過去問題を解いてアウトプットを行ってください。本書の各テーマタイトル右の分類（例えば「ストラテジ系―企業活動」）を使うと、関連する過去問題を効率よく検索できます。

解説は正解だけでなく、不正解の選択肢の解説もすべて読みましょう。1 問で 4 つの用語を学ぶことができ、知識の幅を広げることができます。

仕上げには、新技術に関する用語の改訂が織り込まれた令和元年秋以降の問題にチャレンジして、自分の正答率を確認しましょう。理想は過去 3 回分の正答率が 8 割になることです。

● IT パスポート試験ドットコムのウェブサイト（PC 版）

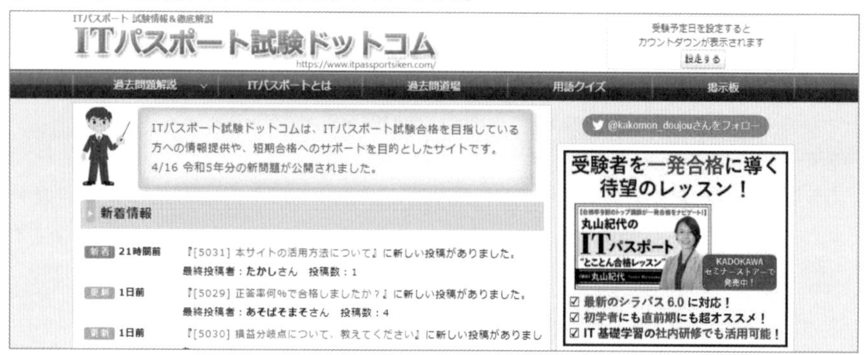

システム開発

本章のポイント

システムの目的は IT を活用して業務の課題を解決することです。本章では、業務改善や問題解決の考え方、システム開発のプロセスや手法、プロジェクトマネジメント、サービスマネジメントについて学習します。システム開発はシステム化の対象となる業務内容や開発の進め方について、開発者と利用者とが合意を図りながら行います。システムの開発や導入を検討する際に、利用者や発注者として必要となる基礎知識を押さえておきましょう。

1 システム戦略

ストラテジ系
システム戦略
出る度 ★★★

システム戦略とは、情報システムを使って経営課題を解決するための方針です。システム戦略を実現するためには、経営資源(ヒト、モノ、カネ、情報)の整理や分析が欠かせません。経営資源を有効に活用しシステム戦略を実現するためのしくみを理解しておきましょう。

経営資源を整理する手法として、以下のものがあります。

1 エンタープライズサーチ

エンタープライズサーチは、エンタープライズ検索、企業内検索とも呼ばれる**企業向け検索システム**のことです。例えば、Google や Yahoo！といった検索サイトの企業版のようなイメージです。

具体的には、**企業内に点在するさまざまな様式のデータ（PDF やデータベース、グループウェアなど）から横断的に情報を検索**します。

2 EA（Enterprise Architecture）

EA（エンタープライズ・アーキテクチャ）とは、業務とシステムの**あるべき姿を設定し、最適な状態に近づけ**、効率的な組織を運営する手法のことです。業務ごとにシステムを構築してきた結果、企業内に同じ内容のデータが散在し、独自の仕様によりシステムの連携ができないといった課題がありました。EA では、まず企業内に点在する人的資源、業務やシステム、データを整理します。次に企業全体で業務プロセスやデータの標準化を行うことで、**資源の重複や偏在をなくし、適材適所に資源を配分することを目指します。**

最適化を行う際に、**現状と理想の差異を把握する**ためのギャップ分析という手法を使って課題を洗い出します。EA は、「ビジネス・アーキテクチャ」「データ・アーキテクチャ」「アプリケーション・アーキテクチャ」「テクノロジー・アーキテクチャ」という４つのアーキテクチャで構成され、アーキテクチャごとに現状を把握し、あるべき姿を定義します。

3 SoR（Systems of Record）

SoR は**データの記録を目的としたシステム**のことで、販売管理、人事管理システムなどがあります。基幹系システムともいいます。

4 SoE（Systems of Engagement）

SoE は顧客にシステムを活用してもらい、**さまざまな体験をしてもらうこと**（UX：ユーザーエクスペリエンス）を目的としています。レコメンド機能や位置情報を使った広告などがあります。

図解でつかむ

EA（エンタープライズ・アーキテクチャ）の構成

ビジネス・アーキテクチャ	ビジネス体系のまとめ **どのようにビジネスを行うのか?**
データ・アーキテクチャ	データ体系のまとめ **どんなデータをどのように扱うのか?**
アプリケーション・アーキテクチャ	アプリケーション体系のまとめ **どんな機能をもったシステムを どのように使うのか？**
テクノロジー・アーキテクチャ	テクノロジー体系のまとめ **どこでどんな技術を使うのか?**

エンタープライズ・アーキテクチャはよく出題されています。ポイントは「あるべき姿」「最適化」などのキーワードです。

問題にチャレンジ！

Q EA (Enterprise Architecture) **で用いられる、現状とあるべき姿を比較して課題を明確にする分析手法はどれか。**

（平成31年春・問31）

ア　ギャップ分析　　**イ**　コアコンピタンス分析
ウ　バリューチェーン分析　　**エ**　パレート分析

解説

イ コアコンピタンス分析は、市場競争力の源泉となっている自社独自の強みを分析する手法です。 **ウ** バリューチェーン分析は、業務を主活動と支援活動に分類して、製品の付加価値がどの部分で生み出されているかを分析する手法です。 **エ** パレート分析は、パレート図を用いて分析対象の中から重点的に管理すべき要素を明らかにする手法です。

A ア

2 業務プロセス

ストラテジ系
システム戦略
出る度 ★★☆

効率的なシステムを設計するためには、業務プロセスの分析が欠かせません。業務プロセスを視覚的に表現するために、モデリングという手法があります。代表的なモデリングの考え方と分析手法を理解しておきましょう。

1 モデリングの手法

・E-R図（イーアール）（Entity Relationship Diagram）

E-R図とは、システムで扱う**データ（エンティティ）とその関連（リレーション）を表した図**のことです。主にデータベースにデータを格納するときの設計図として使われています。

・DFD（ディーエフディー）（Data Flow Diagram）

DFDは、システムで扱う**データの流れを表した図**で、システムの設計時などに作成されます。DFDは、**源泉（入力・出力）、プロセス（処理）、データストア（ファイルやデータベース）、データフロー（データの流れ）という4つの記号**で表します。

・BPMN（ビーピーエムエヌ）（Business Process Modeling Notation）

Notationは「表記法」の意味で、BPMNは業務プロセスをモデル化した図で**プロセスのつながりや関係性を把握する**ためのものです。

2 業務プロセスを分析するための手法

・BPR（ビーピーアール）（Business Process Reengineering）

BPRは、**業務プロセスを根本から見直し、業務プロセスを再構築（Reengineering）すること**で、企業の体質や構造を抜本的に変革することです。

・BPM（ビーピーエム）（Business Process Management）

BPMは、**業務プロセスの問題発見と改善を継続的に実施**していく活動のことです。

・ワークフロー

ワークフローは、経費の精算や申請などの**事務処理などをルール化・自動化すること**で円滑に業務が流れるようにするしくみや、そのためのシステムのことです。

BPRとBPMの違いは、BPRは業務プロセスの再構築を一気に抜本的に行いますが、BPMは継続的に改善していく点にあります。

図解でつかむ

DFD

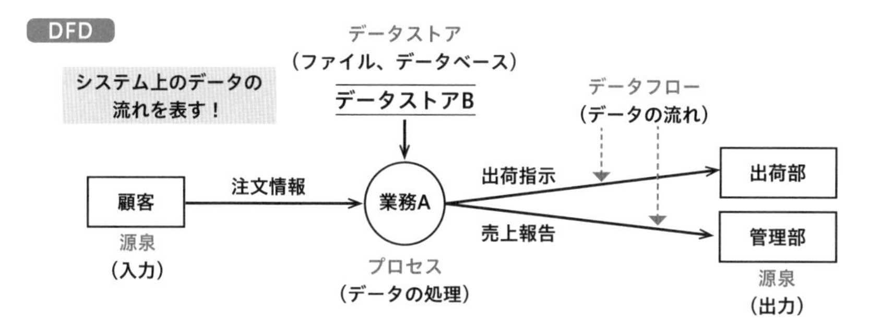

BPMNの例

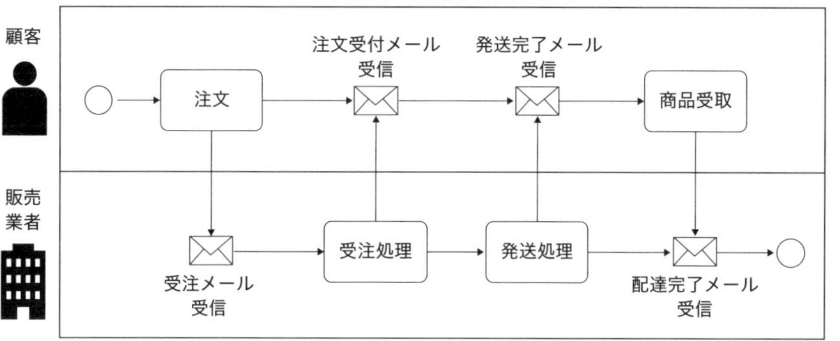

問題にチャレンジ！

Q プロセス間で受け渡されるデータの流れの視点から、業務やシステムを分析するために用いるモデリング手法はどれか。

（平成24年春・問6）

ア BPR　イ DFD　ウ MRP　エ WBS

解説

ア 業務プロセスを抜本的に見直し、業務プロセスを再設計するという考え方です。

ウ Material Requirements Planningの略。部品表と生産計画をもとに必要な資材の所要量を求め、これを基準に在庫、発注、納入の管理を支援するシステムです。

エ Work Breakdown Structureの略。プロジェクトマネジメントの手法の一つで、成果物（設計書、システム自体）をもとに、作業を洗い出し、細分化、階層化する手法です。

A イ

3 ソリューション

ストラテジ系
システム戦略
出る度 ★★★

ソリューションとは「解決」という意味で、企業が抱える問題点に対して解決案を提案し、支援を行うことです。システム化におけるソリューションには自社開発、ソフトウェアパッケージ導入、他社のサービス活用などの形態があります。

1 ソリューションビジネス

業務上の課題を解決するサービスを提供するのがソリューションビジネスです。システム構築などを請け負うサービスをシステムインテグレーション（SI）といい、企業がシステム運用などの業務を外部の事業者に委託することをアウトソーシングといいます。

2 クラウドコンピューティング

クラウドコンピューティングでは**インターネットを通じて事業者が提供するサービスを必要な分だけ柔軟に利用できます。**SaaS（サース）（Software as a Service）は「ハードウェア、OS、アプリケーション」、PaaS（パース）（Platform as a Service）は「ハードウェア、OS、ミドルウェア（データベースなど）」、IaaS（アイアース）（Infrastructure as a Service）は「ハードウェアとOS」、DaaS（ダース）（Desktop as a Service）は「コンピュータのデスクトップ環境」を提供するサービスです。

3 ホスティングサービス

事業者が所有するサーバを借りて利用するサービスです。運用・保守も事業者が行うため、人件費や設備費用のランニングコストが抑えられます。

4 ハウジングサービス

事業者が所有する設備に利用者が所有するサーバを預けるサービスです。運用・保守は原則として利用者が行います。ハードウェアの選定や組合せは自由にできます。

5 ASP（エーエスピー）（Application Service Provider）

インターネット上で**アプリケーションを提供する事業者**です。

6 オンプレミス

自社でサーバなどの機器を導入・運用する方式で、自社運用とも呼ばれます。

図解でつかむ

クラウドのサービスモデル

必要な分だけサービスが使える！

DaaSのイメージ

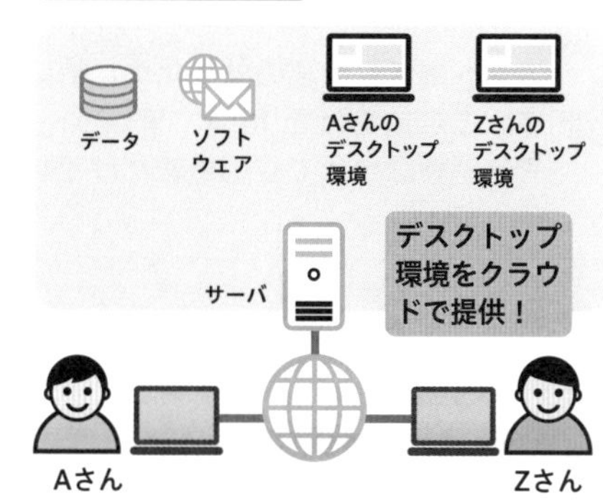

ホスティングサービス

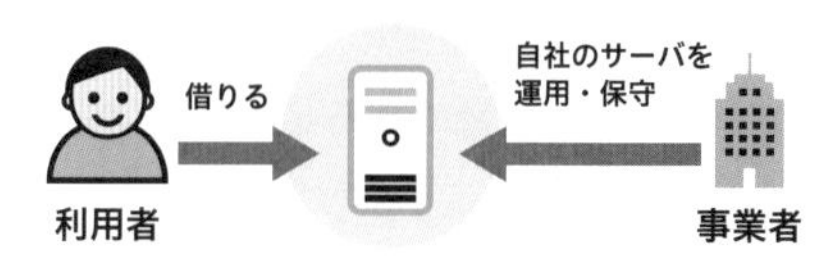

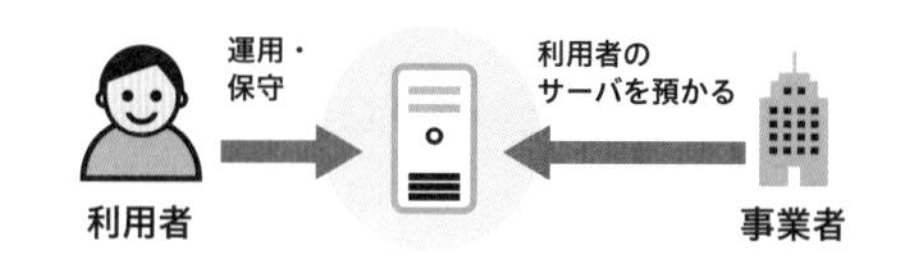

問題にチャレンジ！

Q 自社の情報システムを、自社が管理する設備内に導入して運用する形態を表す用語はどれか。

(平成 31 年春・問 30)

ア アウトソーシング　　**イ** オンプレミス

ウ クラウドコンピューティング　　**エ** グリッドコンピューティング

解説

ア 自社内の業務を外部企業へ委託することをいいます。いわゆる外注のことです。**ウ** 目的のコンピュータ処理を行うために、自社のシステム資源を使う代わりにインターネット上のコンピュータ資源やサービスを利用するシステムの形態です。**エ** インターネットなどのネットワーク上にある計算資源（CPU などの計算能力や、ハードディスクなどの情報格納領域）を結びつけ、一つの複合したコンピュータシステムとして大規模な処理を行う方式です。

A イ

4 業務改善および問題解決

ストラテジ系

システム戦略

出る度 ★★★

コスト削減や業務の効率化のために、さまざまなシステムや取組みがあります。ここにあげたRPA、テレワーク、シェアリングエコノミーは、その中でも重要な用語です。意味だけでなく、それぞれの活用事例も覚えておきましょう。

1 RPA（アールピーエー）（Robotic Process Automation）

データの入力やWebサイトのチェックなど、**PCでの定型的な作業をソフトウェアで自動化する技術**です。自動化したい作業をパソコン上で実演してRPAに記憶させます。

作業の効率化やコスト削減のために導入する企業も増えています。例えば、RPAとOCR（光学式文字読取装置）を組み合わせることで、紙の伝票をPCに入力する作業が自動化でき、年間2万時間以上の作業を自動化できた例などがあります。

ただし、**RPAはAIのように自分で学習することはできないため、最初は人がRPAに操作を教えるというプロセスが必要**です。また、RPAが代替できるのは定型業務のみです。条件によって処理が変わるなど、人間の判断が必要になる非定型の業務はできません。

2 テレワーク

Tele（遠く）とWork（働く）を合わせた造語で、**情報通信技術（ICT：Information and Communication Technology）を活用した、場所や時間にとらわれない柔軟な働き方**をいいます。**在宅勤務**（自宅）、**サテライトオフィス勤務**（本社以外の遠隔拠点）、モバイルワーク（**カフェや電車内などでノートPCなどのモバイル端末を活用した働き方**）があります。通勤などの移動時間の削減による業務効率化のメリットがある半面、**長時間労働になりやすい、労働時間の管理が難しい**といった課題もあります。

3 シェアリングエコノミー

個人が所有しているモノで使っていないモノ、余っているモノの共有を仲介するサービスです。自宅や自家用車といった**モノの共有**から、宅配サービスのドライバーや家事代行といった**スキルの共有**まで、幅広い分野でのサービスが広がっています。

見知らぬ人とモノを共有することへのリスクがありますが、その対策として、レビュー評価制度やSNSとの連携などの方法によって、利用者と提供者の信頼度が可視化されています。

図解でつかむ

問題にチャレンジ！

Q RPA（Robotic Process Automation）**の事例として、最も適切なものはどれか。**

（令和元年秋・問33）

ア　高度で非定型な判断だけを人間の代わりに自動で行うソフトウェアが、求人サイトにエントリーされたデータから採用候補者を選定する。

イ　人間の形をしたロボットが、銀行の窓口での接客など非定型な業務を自動で行う。

ウ　ルール化された定型的な操作を人間の代わりに自動で行うソフトウェアが、インターネットで受け付けた注文データを配送システムに転記する。

エ　ロボットが、工場の製造現場で組立てなどの定型的な作業を、人間の代わりに自動で行う。

解説

ア RPAが代替するのは定型的業務です。本肢は「高度で非定型な判断」を行う事例なので誤りです。 **イ** ハードウェアである「人間の形をしたロボット」を使う点、および「非定型な業務」を扱う点で誤りです。 **エ** RPAはソフトウェアの機能によって事務作業の自動化を行うしくみです。工場で働くハードウェアロボットはRPAに含まれません。

A ウ

RPAは定型作業を自動化できますが、AIとは異なり自分で判断することはできません。RPAには限界があります。

5 コミュニケーションツール・普及啓発

ストラテジ系
システム戦略
出る度 ★☆☆

さまざまなITツールが登場し、それを活用して業務のスピード化や効率化が進んでいます。一方、そうしたインターネットの恩恵を受けていない人たちも一定数存在しており、情報弱者となって格差も生まれています。

1 コミュニケーションツール

Zoomなどを使ったWeb会議は、**支店と本社の会議やテレワーク勤務の社員とのリモート会議に利用されています。**社内スケジュールや業務連絡などの情報の管理に電子掲示板を利用したり、**社員同士のコミュニケーションの活性化や情報共有、経営方針の浸透**などに社内ブログを活用しているケースもあります。ChatworkやSlackといったビジネスチャットや社内SNSは、**情報の共有と意見交換だけでなく、タスク管理やスケジュール管理機能によって業務を効率的に進めることができます。**メールや掲示板よりもリアルタイムなコミュニケーションが可能なため、ビジネスでの利用が増えています。

2 ゲーミフィケーション

ゲーミフィケーションとは、**ゲーム的な要素をゲーム以外の分野に取り入れ、利用者のモチベーションを高めたり、その行動に働きかける取組み**です。

単調な作業にエンターテイメント性を加え、さらに報酬やチャンスを与えることで、学習や製品に興味をもってもらい、取り組んでもらうことを目的としています。

例えば、シューティングゲームのようなタイピングの習得ソフトが一例です。

3 デジタルディバイド

ディバイドは「分ける」という意味で、デジタルディバイドは**インターネットなどの情報技術を使いこなせる人と使いこなせない人の格差**のことです。「情報格差」とも呼ばれます。通信インフラの整備の遅れといった環境の格差と、個人の年齢や所得別によるスマートフォンやタブレットなどの端末の普及率の格差があります。

4 アクセシビリティ

「近づきやすさ」「利用のしやすさ」の意味で、年齢や障害の有無にかかわらず**誰でも同じようにシステムや機器を利用できること**をいいます。文字の拡大、文字の読上げなどの機能を誰でも選択できることなどです。**Webサイトにある情報や機能の利用しやすさ**はWebアクセシビリティといい、動画や画像に字幕や説明をつけるなどです。アクセシビリティは**品質の1つとして重要視**されています。

図解でつかむ

ゲーミフィケーション

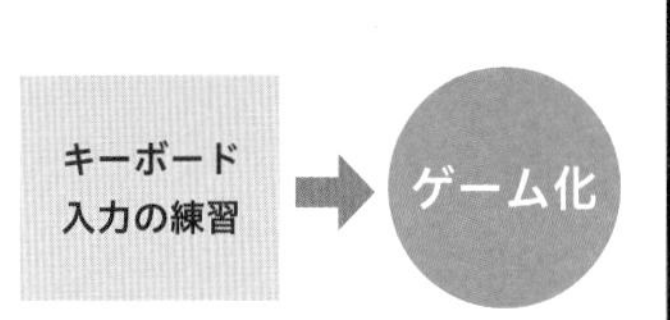

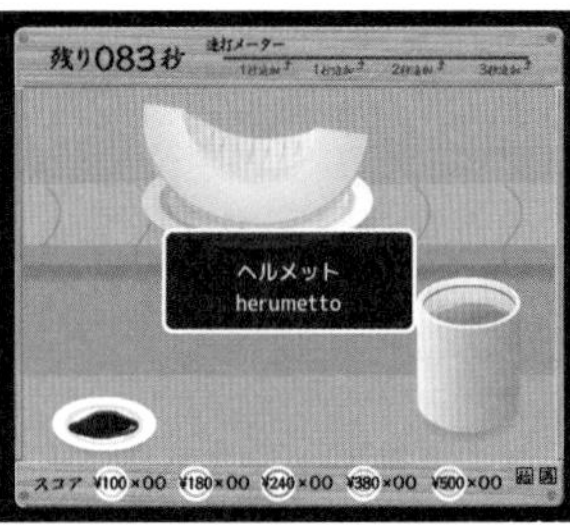

㊎『寿司打』
回転寿司の皿が流れていってしまう前に、画面に出ている文字をタイプして、どれだけクリアできるか（寿司を何皿食べられるか）を競う人気のゲーム

インターネット利用状況

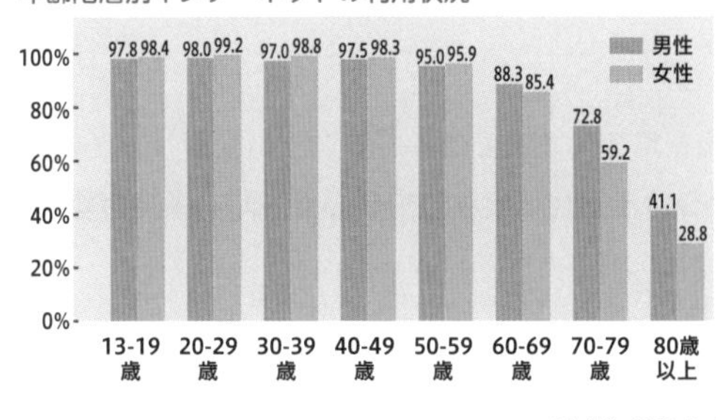

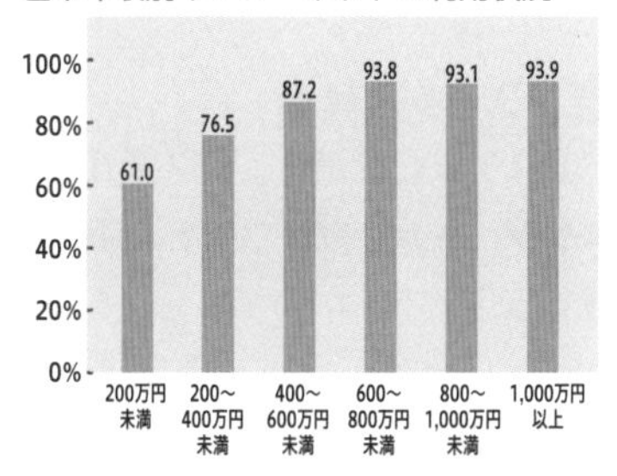

（出典）総務省「通信利用動向調査（令和 4 年調査）」より作成

問題にチャレンジ！

Q ポイント、バッジといったゲームの要素を駆使するゲーミフィケーションを導入する目的として、最も適切なものはどれか。

（平成 31 年春・問 33）

ア ゲーム内で相手の戦略に応じて自分の戦略を決定する。

イ 顧客や従業員の目標を達成できるように動機付ける。

ウ 新作ネットワークゲームに関する利用者の評価情報を収集する。

エ 大量データを分析して有用な事実や関係性を発見する。

解説

ア ゲーム理論の説明です。 **ウ** クチコミ分析／レビュー分析の説明です。 **エ** データマイニングの説明です。

A イ

6 システム企画

ストラテジ系
システム企画
出る度 ★★☆

システムのライフサイクルは、企画→要件定義→開発→運用→保守→廃棄の順で定義されています。そのうち企画の目的は、これから開発するシステムの基本方針をまとめ、実施計画を作成することです。企画には「システム化構想」と「システム化計画」が含まれます。

1 システム化構想

システム化構想は、情報システム戦略に基づいて経営上の課題やニーズを把握し、**どのような情報システムが必要で、どのように開発・導入するか**といったシステム化の構想を作成する作業です。

2 システム化計画

システム化計画は、システム化構想を具体化するために、システムで解決する**課題、スケジュール、概算コスト、効果などシステム化の全体像を明らかにし、実施計画を作成する**作業です。

3 システム化基本方針

システム化構想によって洗い出した事項をシステム化基本方針として策定します。具体的には、以下のような内容です。

- **システム化の目的**
- **システムの全体像**
- **システム化の範囲**
- **スケジュール**
- **概算コスト　など**

4 システム企画における課題

技術の進化やサービスの複雑化に伴い、**古い技術で構築されたシステム**（レガシーシステム）の管理が課題になっています。時代の変化に伴って安全性や効率性が低下した**レガシーシステムを使い続けることは、情報漏えいのリスクや、業務効率の低下**を招きます。そのような場合は、**レガシーシステムを廃棄**し、新しい技術を使ったシステムへの刷新（入替え）を検討する必要があります。

図解でつかむ

システムのライフサイクル

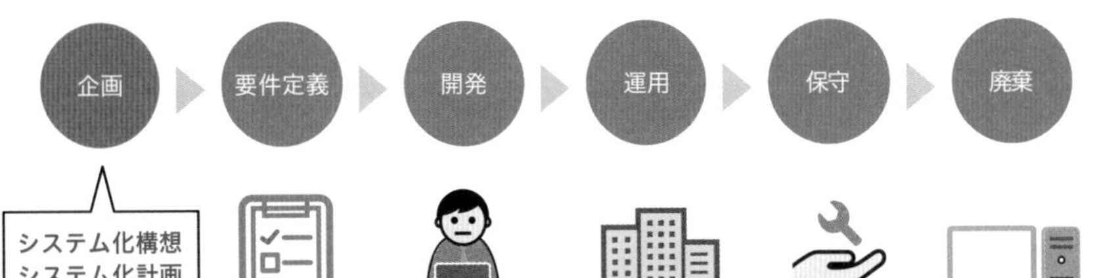

システム化計画の手順

手順	概要
①スケジュールの検討	情報システム戦略に基づき、システム全体の開発スケジュールを検討する
②開発体制の検討	システムの開発・運用部門だけでなく、システムを利用する業務部門を含めて必要な体制を検討する
③適用範囲の検討	システム化の対象となる業務範囲を検討する
④費用対効果の検討	システムの開発・運用にかかる費用とシステム導入による効果を見積もり、費用対効果が見込めるかどうかを検討する
⑤リスク分析	システム化を行ううえで、どこにどのようなリスクが存在するかを洗い出し、そのリスクの影響を分析する

問題にチャレンジ！

Q 情報システム開発の工程を、システム化構想プロセス、システム化計画プロセス、要件定義プロセス、システム開発プロセスに分けたとき、システム化計画プロセスで実施する作業として、最も適切なものはどれか。

（平成 31 年春・問6）

ア 業務で利用する画面の詳細を定義する。
イ 業務を実現するためのシステム機能の範囲と内容を定義する。
ウ システム化対象業務の問題点を分析し、システムで解決する課題を定義する。
エ 情報システム戦略に連動した経営上の課題やニーズを把握する。

解説

ア 要件定義プロセスの作業です。 **イ** 要件定義プロセスの作業です。 **エ** システム化構想プロセスの作業です。

A ウ

7 要件定義

テクノロジ系

システム企画

出る度 ★★☆

要件定義とは、システムで実現する機能や性能を決める作業です。実際にシステムを利用する人たちのニーズを調査しますが、利用者の要求をすべて盛り込むのではなく、収集した要求は整理し、要件の分析、要件の定義という流れで進めていきます。

1 要求の調査

経営者や直接システムを利用する担当者との打合せやインタビューにより、**利用者の要求を収集**します。

2 要件の分析

要求の中には利用者の希望や不満だけでなく、理想なども含まれるため、調査、収集した利用者の要求は整理する必要があります。**利用者と開発者の間で合意がとれ、システム化の対象となった要求は「要件」として定義されます。**

3 要件定義

要件定義には次の3種類があります。

▶業務要件定義

システム化の対象となる業務に必要な要件を定義します。現行の業務マニュアルなどを利用し、業務フローを可視化し、業務で発生する書類の流れなども整理します。例えば、「月末の業務フローとして顧客に請求書を一斉に送付する」などです。

▶機能要件定義

業務要件を実現するうえで必要な機能を定義します。例えば「請求書を送付するためには請求書の印刷機能を定義する」などです。

▶非機能要件定義

業務要件を実現するうえで必要な機能面以外の要件を定義します。非機能要件とは、**性能や可用性**などの要件です。機能要件と違い、利用者には把握しにくく、要件を満たしているかどうか判断しづらいため、目標値として定義されます。

例えば、「月末のアクセスが集中する時間帯であっても1秒以内に画面遷移する」というのが、性能の目標値の具体例です。

要件定義は、開発する業務システムの仕様、システム化の範囲や機能を明確にし、システム利用者と開発者が合意することで完了します。

図解でつかむ

要件定義のプロセス

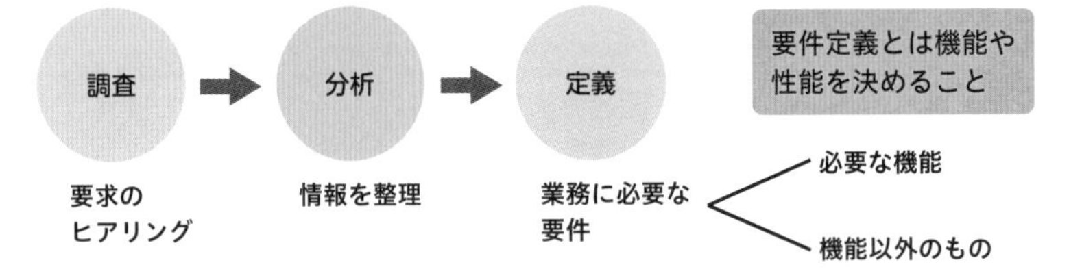

非機能要件の例

非機能要件の種類	要件の具体例
可用性	システムの稼働時間や停止など運用スケジュール
性能・拡張性	応答時間、処理件数や業務量増大率の許容範囲
運用・保守性	バックアップや運用監視の方法
移行性	システムの移行時期や移行方法
セキュリティ	アクセス制限、データの暗号化、マルウェア対策
環境対策	耐震・免震、CO_2 排出量、低騒音

「可用性」は聞き慣れない言葉かもしれませんが、「使いたいときにいつでも利用可能な状態であること」という意味です。

問題にチャレンジ！

Q 要件定義プロセスの不備に起因する問題はどれか。

(平成 31 年春・問 17)

ア システム開発案件の費用対効果の誤った評価
イ システム開発案件の優先順位の誤った判断
ウ システム開発作業の委託先の不適切な選定手続
エ システムに盛り込む業務ルールの誤った解釈

解説

ア 企画プロセスでシステム化計画を立案する際に検討される事項です。 **イ** 企画プロセスでシステム化構想を立案する際に検討される事項です。 **ウ** 取得プロセスで実施される事項です。

A エ

8 調達計画・実施

ストラテジ系
システム企画
出る度 ★★★

調達とは、業務に必要なハードウェアやソフトウェア、ネットワーク機器、人、設備などを取り揃えることです。調達方法には購入やリース、最近ではサブスクリプション（定期購入）という形態もあります。

1 調達の流れ

調達の基本的な流れは、①**情報提供依頼**（RFI：Request For Information）⇒②**提案依頼書**（RFP：Request For Proposal）**の作成と配付⇒③選定基準の作成⇒④発注先からの提案書および見積書の入手⇒⑤提案内容の比較評価⇒⑥調達先の選定⇒⑦契約締結⇒受入れ・検収**となっています。

- **ＲＦＩ**（アールエフアイ）**（Request For Information：情報提供依頼）**

  RFIとは、**発注先に対してシステム化の目的や業務概要を明示し、システム化に関する技術動向などを集めるために情報提供を依頼する**ことです。

- **ＲＦＰ**（アールエフピー）**（Request For Proposal：提案依頼書）**

  RFPとは、発注元が発注先の候補となる企業に対し、導入システムの要件や提案依頼事項、調達条件などを明示し、具体的な**提案書の提出を依頼するための文書**です。

- **提案書**

  提案書とは、発注先が、提案依頼書をもとに検討したシステム構成や開発手法などの内容を、**発注元に対して提案するために作成する文書**です。

- **見積書**

  見積書とは、**システムの開発、運用、保守などにかかる費用の見積もりを示した発注先が作成**する文書です。発注先の選定や発注内容を確認するために重要な文書です。

2 グリーン調達

グリーン調達とは、必要な資源を調達する際に、**環境に配慮した**部品やサービスを提供する**サプライヤー（仕入先）から優先的に調達**することです。

3 AI・データの利用に関する契約ガイドライン

経済産業省が策定した**契約に関するガイドライン**です。データの利用に関する契約やAIシステムの開発に関する契約を締結する際の法的な基礎知識がまとめられています。

図解でつかむ

調達の流れ

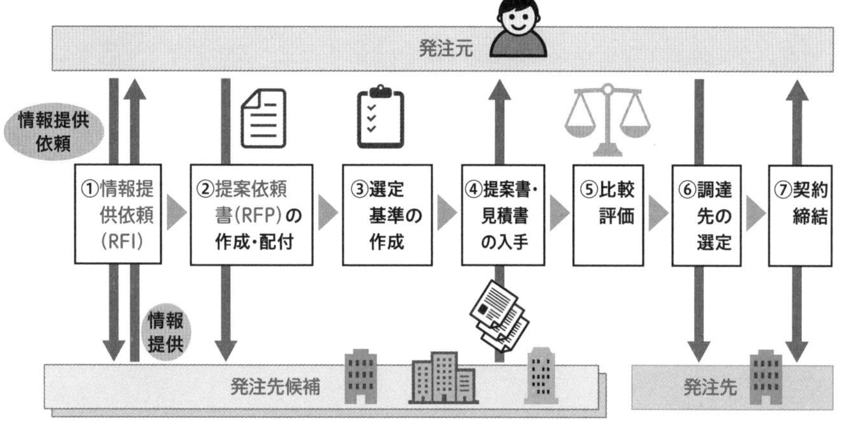

問題にチャレンジ！

Q RFPに基づいて提出された提案書を評価するための表を作成した。最も評価点が高い会社はどれか。ここで、◎は4点、○は3点、△は2点、×は1点の評価点を表す。また、評価点は、金額、内容、実績の各値に重み付けしたものを合算して算出するものとする。（平成30年秋・問15）

評価項目	重み	A社	B社	C社	D社
金額	3	△	◎	△	○
内容	4	◎	○	○	△
実績	1	×	×	◎	○

ア A社　**イ** B社　**ウ** C社　**エ** D社

解説

ア 金額2点、内容4点、実績1点ですので、2×3 + 4×4 + 1×1 = 23点　**イ** 金額4点、内容3点、実績1点ですので、4×3 + 3×4 + 1×1 = 25点　**ウ** 金額2点、内容3点、実績4点ですので、2×3 + 3×4 + 4×1 = 22点　**エ** 金額3点、内容2点、実績3点ですので、3×3 + 2×4 + 3×1 = 20点　よって、B社が最も点数が高いので、正解は**イ**です。

A イ

9 システム開発プロセス・見積り手法

マネジメント系

システム開発技術

出る度 ★★★

システム開発では、作業の順番が決まっているので、この順番を覚えましょう。開発中に行われるテストには、いくつか種類があります。どのタイミングで実施されるのか、誰が行うのか（開発者・ユーザー）、何を目的に実施されるのかの違いに着目して覚えましょう。

● システム開発プロセス

システム開発は、以下の手順により進められていきます。

1 要件定義

利用者の要求を明確にし、システムにどのような機能が必要かを要件として定義します。要件の観点には品質特性が用いられます。「漏れている機能がないか？」などと利用者参加のユーザーレビューによって検討し、事前に合意を得ておく必要があります。

品質特性とはシステムの品質を検証する際のポイントです。機能性、信頼性、使用性、効率性、保守性、移植性があります。

2 設計

設計は、システム設計（**ハードウェアやソフトウェアの構成、データベースの方式の決定**など）、ソフトウェア設計（**具体的なプログラムの設計**）の順序で行います。

3 プログラミング

ソフトウェア詳細設計書にもとづき、プログラム言語の規則に従ってプログラムを作成（コーディング）します。作成したプログラムに誤り（バグ）がないかを動作検証するために、個々のプログラムをテストします（単体テスト）。単体テストでは**プログラムの内部構造に着目した**ホワイトボックステストを行います。

テストの結果、誤りが発見された場合は、**プログラムを解析**（デバッグ）**して、バグの箇所を見つけて修正します。**

4 テスト

テストは、単体テスト（プログラム単体の検証）、統合テスト（単体テスト済みのプログラムを統合し、ソフトウェア・システムの検証）、性能テスト（応答時間や処理件数などの性能の検証）、受入テスト（要件を満たしているかを**利用者が検証**）の順で行

図解でつかむ

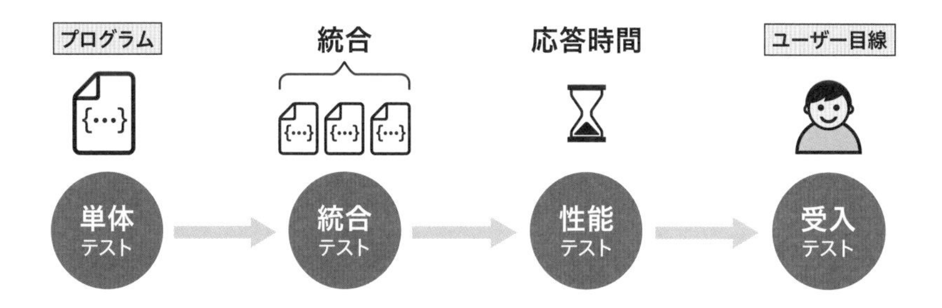

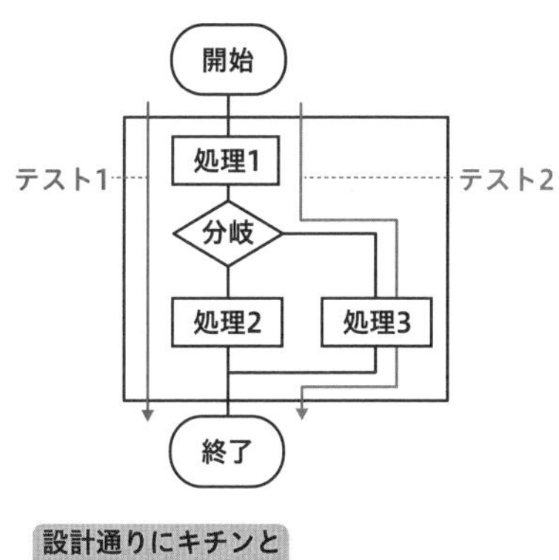

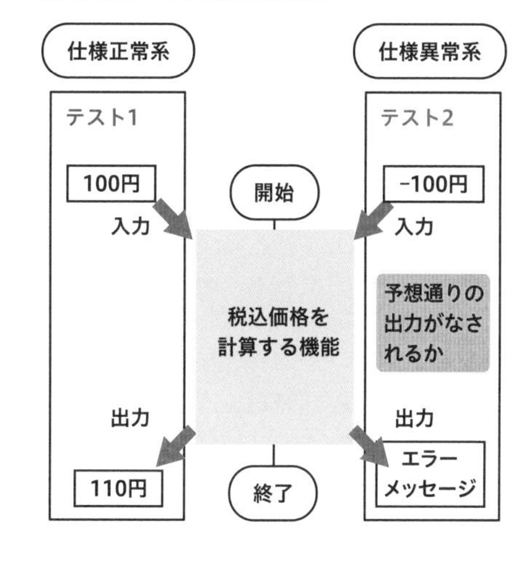

ホワイトボックステストとは、内部構造に着目してすべての命令が正常に動作することを検証するもので、ブラックボックステストとは、機能の仕様に着目して、入力に対して正しい結果が出力されることを検証するものです。

います。システムに**負荷をかけてダウンしないことを検証する**負荷テストやプログラムの修正により**ほかの箇所に不具合が発生しないことを検証す**る回帰テスト（リグレッションテスト）も行います。

単体テスト以降のテストでは、機能の仕様（何を入力すると何が出力されるか）に着目したブラックボックステストが実施されます。

5 保守

保守は、完成したシステムの**運用開始後**に、システムやソフトウェアに対する変更依頼や機能改善の対応を行うことで、プログラムの欠陥への対応やビジネス環境の変化に応じて、プログラムの修正や変更が行われることもあります。

完成前のテストで検出されたバグの修正は､稼働前の修正となり､保守にはなりません。

● 見積り手法

ソフトウェアの開発規模、開発環境などにもとづいて、開発工数や開発期間などの見積りを行うときの基本的な考え方には以下のような手法があります。

1 ファンクションポイント法（FP（エフピー）法：Function Point method）

ファンクションポイント法は、**利用する画面の数やファイルの数、機能の複雑さなどを数値化**してシステムの開発規模や工数を見積もる手法です。

画面やファイルが多いシステムの見積りに有効です。

2 類推見積法

過去の似たようなシステムの実績を参考に、システムの開発工数や開発費用を算出する手法です。

3 相対見積

基準となる作業を決めて、その作業を「1」として、その作業との相対的な大きさを見積もる方法です。

Function Point は、直訳すると「機能」と「数」です。「機能があればあるほど開発規模が大きくなる」のがファンクションポイント法です。ファンクションポイントは、用語の意味だけでなく、右ページの見積もり方も確認しておきましょう。

図解でつかむ

ファンクションポイントの見積もり方

あるソフトウェアにおいて、機能の個数と機能の複雑度に対する重み付け係数は、以下の表のとおりとなっています。

※ここで、ソフトウェアの全体的な複雑さの補正係数は0.75とします。

ユーザーファンクションタイプ	個数	重み付け係数
外部入力	1	4
外部出力	2	5
内部論理ファイル	1	10

ファンクションポイントの求め方は、ファンクションタイプの**個数に重み付け係数を掛け合わせたものの総和を求め、補正係数を掛けます。**

(1×4) + (2×5) + (1×10) = 24

24 × 0.75 = 18

上記ソフトウェアのファンクションポイントは18となります。

問題にチャレンジ！

Q プログラムのテスト手法に関して、次の記述中のa、bに入れる字句の適切な組合せはどれか。 (平成30年秋・問44)

プログラムの内部構造に着目してテストケースを作成する技法を[a]と呼び、[b]において活用される。

	a	b
ア	ブラックボックステスト	システムテスト
イ	ブラックボックステスト	単体テスト
ウ	ホワイトボックステスト	システムテスト
エ	ホワイトボックステスト	単体テスト

解説

プログラムの内部構造を確認するのはホワイトボックステストで、入力したデータが意図通りに処理されているかどうかをチェックします。プログラム単体に誤りがないかを検証する単体テストで活用されています。

A エ

10 ソフトウェア開発手法

マネジメント系
ソフトウェア開発管理技術
出る度 ★☆☆

ソフトウェアを開発する際に「何に着目するのか」によって、開発手法は異なってきます。オブジェクト指向は「クラス」「カプセル化」「継承」のキーワードで覚えておきましょう。開発に使用する設計図の表記法(UML)や図の種類(ユースケース図、アクティビティ図)なども押さえておきましょう。

1 構造化手法

構造化手法は、システムの**機能に着目**して、**大きな単位から小さな単位へとプログラムを分割して開発する手法**です。

2 オブジェクト指向

オブジェクト指向は、**システム化の対象そのものに着目**した開発手法で、効率的に安全なプログラムを書くための工夫がされています。オブジェクト指向の特徴は以下の4つです。

・クラス

システム化の対象をクラスで表します。例えば社員情報管理システムの場合、「社員」や社員が所属する「部署」がクラスになります。クラスは**データとデータに関する処理**を持っています。社員クラスの場合、データは「社員番号」や「社員名」、「所属部署名」などで、処理は営業部の社員ならば「営業する」などです。オブジェクト指向では、**クラスが連携してシステムを構成**します。

・カプセル化

プログラム内でデータが不正に書き換えられないように、クラス内の**データを他のクラスから直接操作させない**しくみです。

・継承

似たようなクラスが既にある場合、そのクラスをコピーして使うのではなく、その**クラスのデータや処理を受け継ぎ、差分だけ記述する**というしくみです。

・UML（Unified Modeling Language）

オブジェクト指向で開発する際の設計図の記法で、システムの構造や振る舞いを表すための図がいくつかあります。ユースケース図は**ユーザーと機能の関係を表した図**で、要件定義などで利用されています。アクティビティ図は、業務の流れを表した図で、**誰が何をするのか業務の手順**を表し、業務フロー図などで利用されています。

3 DevOps

DevOps（デブオプス）は、開発（Development）と運用（Operation）を組み合わせた造語です。**効率的な開発と安定した運用の両方に着目して、システムの開発チームと運用チームがお互いに協力し合うこと**をいいます。

図解でつかむ

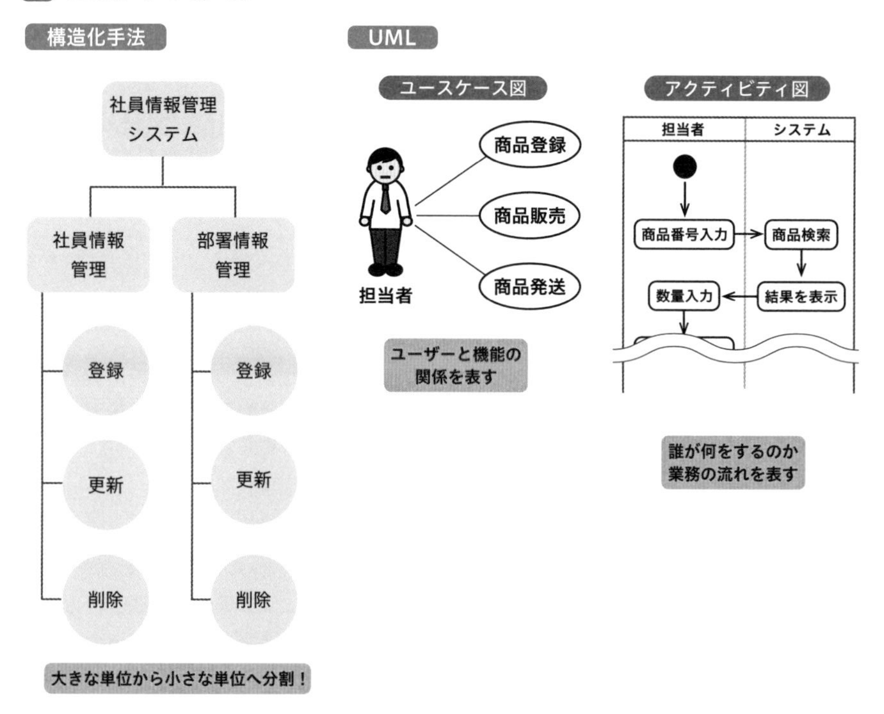

問題にチャレンジ！

Q ソフトウェア開発におけるDevOpsに関する記述として、最も適切なものはどれか。 (令和元年秋・問55)

ア 開発側が重要な機能のプロトタイプを作成し、顧客とともにその性能を実測して妥当性を評価する。

イ 開発側と運用側が密接に連携し、自動化ツールなどを活用して機能などの導入や更新を迅速に進める。

ウ 開発側のプロジェクトマネージャが、開発の各工程でその工程の完了を判断した上で次工程に進む方式で、ソフトウェアの開発を行う。

エ 利用者のニーズの変化に柔軟に対応するために、開発側がソフトウェアを小さな単位に分割し、固定した期間で繰り返しながら開発する。

解説

ア プロトタイプ開発の説明です。 **ウ** ウォーターフォール開発の説明です。 **エ** スクラム開発の説明です。

A イ

11 開発モデル

マネジメント系
ソフトウェア開発管理技術
出る度 ★★★

ここでは開発モデル(システム開発の進め方のパターン)の代表的なものをまとめました。システム開発プロセスを順番に行う方法や、試作品を作りながら進めていく方法など、それぞれの特徴はハッキリしています。

押さえておくべき代表的な開発モデルは以下のとおりです。

1 ウォーターフォールモデル

システム開発プロセスについて、**要件定義からテストまでを順番に行う開発手法**です。前の工程での作業に不備があると前工程から作業をやりなおす必要があります。

最初から作るべき機能が明確になっているシステムで採用されています。

2 スパイラルモデル

要求ごとに要件定義からテストまでを繰り返して最終的にシステムを完成させる手法です。少しずつ開発してはテストを行うため、利用者のフィードバックを受けて臨機応変に対応できるのがメリットです。

3 プロトタイピングモデル

開発の初期段階でプロトタイプ**と呼ばれる試作品を作成し、利用者に検証してもらうことで、後戻りを減らすための開発手法**です。

試作品の確認を行いながら開発を行うため、利用者と開発担当との認識のずれが起こりにくいというメリットがあります。

4 RAD(ラッド)(Rapid Application Development)

Rapidは「迅速な」という意味で、RADはソフトウェアの開発を容易にする手法の1つです。RADツールという、**プログラムコードの自動生成などの機能を使い、ソフトウェアの開発を高速化する**ことができます。

5 リバースエンジニアリング

完成したプログラムから設計書などの仕様やコードを作成する手法のことです。すでに運用しているシステムの設計書が不十分な場合や、オープンソース(ソースコードが広く一般に公開されている)のソフトウェアを解析する場合に行います。

図解でつかむ

ウォーターフォールの開発の流れ

前の工程がすべて完了してから次の工程に進む

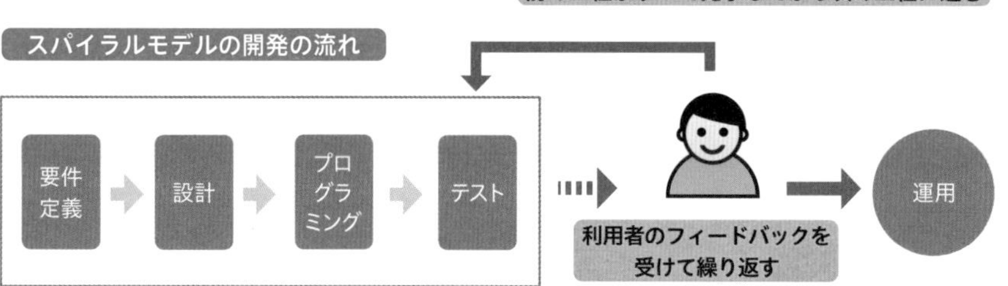

ウォーターフォールモデルは作業の流れを水が流れ落ちる様子に例えています。そのため、要件定義、設計を上流工程、プログラミング、テストを下流工程といいます。

問題にチャレンジ！

Q ソフトウェア開発モデルには、ウォーターフォールモデル、スパイラルモデル、プロトタイピングモデル、RAD などがある。ウォーターフォールモデルの特徴の説明として、最も適切なものはどれか。 (平成 28 年秋・問 46)

ア 開発工程ごとの実施すべき作業が全て完了してから次の工程に進む。

イ 開発する機能を分割し、開発ツールや部品などを利用して、分割した機能ごとに効率よく迅速に開発を進める。

ウ システム開発の早い段階で、目に見える形で要求を利用者が確認できるように試作品を作成する。

エ システムの機能を分割し、利用者からのフィードバックに対応するように、分割した機能ごとに設計や開発を繰り返しながらシステムを徐々に完成させていく。

解説

イ RAD の説明です。 **ウ** プロトタイピングモデルの説明です。 **エ** スパイラルモデルの説明です。

A ア

12 アジャイル

マネジメント系

ソフトウェア開発管理技術

出る度 ★★★

時代の変化に合わせてスピードと柔軟性を重視した新しいシステム開発の手法が生まれています。従来の開発方法との違いに着目しながら、その特徴を理解してください。

■ アジャイル

agileには「**素早い**」という意味があります。アジャイルはシステムの開発手法の1つであり、**小さな単位で作ってすぐにテストするというスピーディな開発手法**です。スパイラルモデルに似ていますが、アジャイルでは**完成した機能を運用しながら、次の機能の要件定義からテストまで行います。**

ドキュメント類の作成よりもソフトウェアの作成を優先し、おおよその仕様と要求だけを決めて開発を始めます。そのため、仕様変更にも柔軟に対応できます。

運用しながら機能の追加や改善をしていくような、ビジネススピードの速いシステムの開発手法です。

アジャイルの手法	概要
XP（エクストリームプログラミング）	開発者が行うべき具体的なプラクティス（実践）が定義されている。テスト駆動、ペアプログラミング、リファクタリングが含まれる
テスト駆動開発	小さな単位で**「コードの作成」と「テスト」を積み重ねながら、少しずつ確実に完成**させる
ペアプログラミング	**コードを書く担当とチェックする担当の2人1組でプログラミングを行う手法。**ミスの軽減、作業の効率化が期待できる
リファクタリング	動くことを重視して書いたプログラムを見直し、**より簡潔でバグが入り込みにくいコードに書き直す**こと
スクラム	**コミュニケーションを重視したプロセス管理手法**のこと ・**短い期間**の単位で開発を区切る ・優先順位の高い機能から順に開発する ・プロジェクトの進め方や機能の妥当性を定期的に確認する

図解でつかむ

以前から使われているウォーターフォールモデルとの比較

開発手法	特徴
アジャイル	・**小さな単位で作ってすぐにテストする**スピーディな開発 ・**仕様変更は当たり前**と考える ・ドキュメントよりソフトウェアの作成を優先 ・小さな単位で作るため、不具合が発生した際の**手戻り作業のリスクが抑えられる**
ウォーターフォールモデル	・**要件定義→設計→製造→テストの順番**で作業する ・要件定義で必要な機能が明確に決まっており、重要な**仕様変更はあまりない** ・顧客はすべてのテストが完了して初めてシステムを確認する ・不具合が発生すると**手戻り作業が多くなる**

問題にチャレンジ！

Q アジャイル開発の特徴として、適切なものはどれか。 （令和元年秋・問 49）

ア 各工程間の情報はドキュメントによって引き継がれるので、開発全体の進捗が把握しやすい。

イ 各工程がプロトタイピングを実施するので、潜在している問題や要求を見つけ出すことができる。

ウ 段階的に開発を進めるので、最後の工程で不具合が発生すると、遡って修正が発生し、手戻り作業が多くなる。

エ ドキュメントの作成よりもソフトウェアの作成を優先し、変化する顧客の要望を素早く取り入れることができる。

解説

アジャイル開発では、ドキュメントを作成するよりもソフトウェアの開発を優先します。憶測や誤解が生じやすいドキュメントによるコミュニケーションではなく、顧客に実際に動くソフトウェアの形を提示することで、要望や修正を素早く確実に取り入れます。 **ア** ウォーターフォール型開発の特徴です。 **イ** 開発の初期段階でプロトタイプを作成することがありますが、工程ごとに実施することはありません。**ウ** ウォーターフォール型開発の特徴です。アジャイル開発は柔軟な計画変更を前提としているので、ウォーターフォール型の開発モデルと比較して手戻り作業のリスクが抑えられています。

A エ

13 開発プロセスに関するフレームワーク

マネジメント系

ソフトウェア開発管理技術

出る度 ★★☆

システム開発においてトラブルの原因となりうるのが、発注者と受注者の「認識の違い」です。例えば、会社が独自に使っている用語によって、意味を取り違えてしまい、お互いの認識相違で開発が間違った方向に進んでしまうこともあります。そうならないための取組みを知っておきましょう。

発注側と受注側で利用されるフレームワークには、以下のものがあります。

1 共通フレーム（Software Life Cycle Process）

共通フレームとは、**ソフトウェアの企画、開発、導入、運用、廃棄に至るまでのソフトウェアプロセス**において、関係するすべての人が「同じ言葉を話せる」ように作成されたフレームワーク（共通の枠組み）、つまり、ガイドラインのようなものです。

発注者と受注者（ベンダー）の間でお互いの役割や責任範囲、具体的な業務内容について**認識に差異が生じないことを目的**に作られています。

2 CMMI（シーエムエムアイ）（Capability Maturity Model Integration：能力成熟度モデル統合）

CMMI とは、**開発と保守のプロセスを評価、改善するための指標のこと**で、システム開発を行う組織のプロセス成熟度を客観的に評価することを目的にしています。

成熟度は 5 段階に分かれており、以下のようなレベル分けがされています。

レベル	状態	説明
1	初期状態	ソフトウェアプロセスは場当たり的で、個人の力量に依存する
2	管理された状態	コスト、スケジュール、要件などの基本的なプロジェクト管理はできている
3	定義された状態	プロセスは手順書などに文書化され、使用するツールも標準化されている
4	定量的に 管理された状態	プロセスの実績を定量的に理解できている
5	最適化されている状態	レベル 4 の実績の定量的な理解により、継続的なプロセスの改善が可能になっている

図解でつかむ

共通フレーム

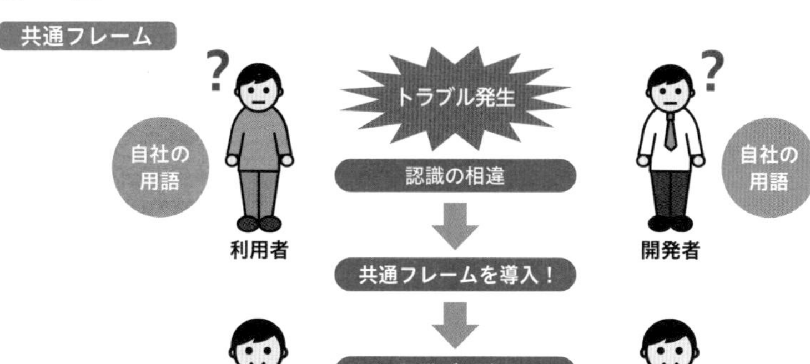

共通フレームは、そのまま利用するのではなく、開発モデルに合わせて作業項目などを選択することを推奨しています。この作業を修整（テーラリング）と呼んでいます。

問題にチャレンジ！

Q 共通フレーム（Software Life Cycle Process）の利用に関する説明のうち、適切なものはどれか。 （平成29年秋・問41）

ア 取得者と供給者が請負契約を締結する取引に限定し、利用することを目的にしている。

イ ソフトウェア開発に対するシステム監査を実施するときに、システム監査人の行為規範を確認するために利用する。

ウ ソフトウェアを中心としたシステムの開発および取引のプロセスを明確化しており、必要に応じて修整して利用する。

エ 明確化した作業範囲や作業項目をそのまま利用することを推奨している。

解説

ア ソフトウェア開発および取引にかかるすべての組織を対象にしています。具体的には、自社開発を行う組織、契約や運用・保守などの関連作業・支援作業に係る組織、政府・監督官庁および標準化推進団体なども想定利用者としています。**イ** システム監査基準の説明です。**エ** そのまま利用するのではなく、タスクを取捨選択したり、繰り返し実行したり、複数を一つに括るなど、利用する開発モデルに応じて修整することを推奨しています。

A ウ

14 プロジェクトマネジメント

マネジメント系
プロジェクトマネジメント
出る度 ★★★

プロジェクトとは、「独自のサービスやシステムを創り出す」という目的のために、複数のメンバーが関わる期限が定められた一連の活動のことです。プロジェクトマネジメントは、プロジェクトの立上げから終結まで、5つのプロセスで進行していきます。

1 PMBOK（Project Management Body of Knowledge）

プロジェクトマネジメントは、「目的達成のためには、**途中のプロセスで何をすべきかを明確にしていく**必要がある」という PMBOK（ピンボック）の考えが元になっています。

PMBOK とは、**プロジェクトマネジメントの知識を体系化した国際的なガイド**のことで、プロジェクトを成功させるためのノウハウや手法がまとめられています。

2 プロジェクトマネジメントのプロセス

プロジェクトマネジメントは、以下のプロセスに分けられています。

1 立上げ　プロジェクトを立ち上げ、目的や内容、成果物と作業範囲を明確にし、明確にした内容は、プロジェクト憲章という文書に明文化します。

2 計画　各作業の進め方の計画を立てます。

3 実行　プロジェクトを実行に移します。

4 監視・コントロール　プロジェクトの進捗やコスト、品質などを監視・コントロールします。

5 終結・評価　システムが完成したら、プロジェクトを終結し、作業実績や成果物を評価します。

プロジェクトマネジメントのプロセス

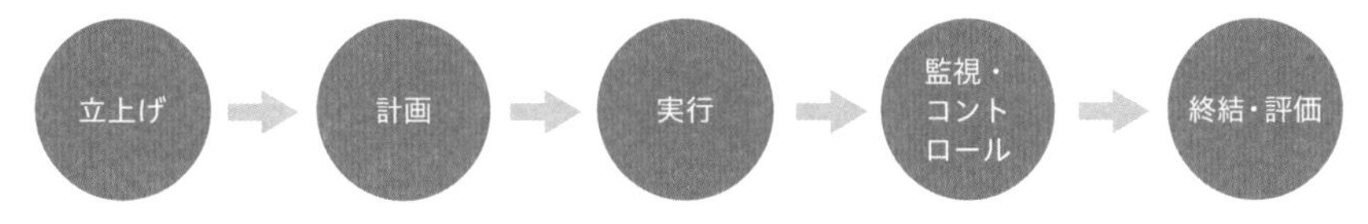

3 プロジェクトマネジメントにおける管理対象

プロジェクトにおいて管理する対象は右ページの表のようになっています。

図解でつかむ

プロジェクトマネジメントの管理対象

知識エリア	概要
統合マネジメント	以下の9つの知識エリアを管理するための知識
スコープマネジメント	**作業範囲（スコープ）を管理**するための知識
スケジュールマネジメント	作業の**進捗状況などスケジュール**を管理する知識
コストマネジメント	**開発費用などコストを管理**する知識
品質マネジメント	テストで検出した**不良数など品質を管理**する知識
資源マネジメント	**メンバーのスキルやパフォーマンスを管理**するための知識
コミュニケーションマネジメント	利害関係者への**情報伝達を効果的に行う**ための知識
リスクマネジメント	**リスクを管理**するための知識
調達マネジメント	**サーバなどの物品購入**などに関する知識
ステークホルダーマネジメント	ステークホルダー（**利害関係者**）へプロジェクト状況などを報告するための知識

問題にチャレンジ！

Q プロジェクトマネジメントのプロセスには、プロジェクトコストマネジメント、プロジェクトコミュニケーションマネジメント、プロジェクト資源マネジメント、プロジェクトスケジュールマネジメントなどがある。システム開発プロジェクトにおいて、テストを実施するメンバーを追加するときのプロジェクトコストマネジメントの活動として、最も適切なものはどれか。 （令和3年・問39）

ア 新規に参加するメンバーに対して情報が効率的に伝達されるように、メーリングリストなどを更新する。

イ 新規に参加するメンバーに対する、テストツールのトレーニングをベンダーに依頼する。

ウ 新規に参加するメンバーに担当させる作業を追加して、スケジュールを変更する。

エ 新規に参加するメンバーの人件費を見積もり、その計画を変更する。

解説

ア プロジェクトコミュニケーションマネジメントの活動です。 **イ** プロジェクト資源マネジメントの活動です。**ウ** プロジェクトスケジュールマネジメントの活動です。

A エ

4 スコープマネジメント

作業範囲を明確にし、作業のモレをなくすことがスコープマネジメントの目的です。そのためには設計書やシステム自体といった成果物と、成果物を得るために必要な作業範囲を明確にする必要があります。

・**ＷＢＳ**（ダブリュービーエス）**（Work Breakdown Structure）**

WBSは、**プロジェクトの作業範囲から作業項目を洗い出し、細分化、階層化した図**です。プロジェクトを大枠から詳細なレベルまで細分化し、作業を洗い出すことで、作業のモレを防ぎ、管理がしやすくなります。

5 スケジュールマネジメント

納期、作業時間、作業手順を管理することがスケジュールマネジメントの目的です。

・**アローダイアグラム（PERT図）**

アローダイアグラムは、各作業の関連性や順序関係を、矢印を使って視覚的に表現した図です。

プロジェクトの開始から終了まで、経路上の工程の所要日数を足し合わせていくと、プロジェクト全体の所要日数を求めることができます。**１日でも遅れるとプロジェクト全体に影響を与える経路**をクリティカルパスといいます。

右ページの図では、AからFまでのすべての作業の終了はC→Fの作業が完了する８日後です。C→Fの工程で１日でも作業が遅れると全体の終了日が遅れるため、クリティカルパスはC→Fになり、特に、この工程では遅延しないような取組みが必要だということがわかります。

・**ガントチャート**

ガントチャートは、プロジェクト管理や生産管理などで工程管理に用いられ、縦軸に作業項目・横軸に時間をとり、横棒の長さで作業に必要な期間を表します。

作業時間の予定と実績を並べて表記することができるので、**進捗状況を管理する方法**としても広く用いられます。

専門的な用語がわからなくても、選択肢の文面から消去法で解答を導き出せる場合もあります。特にマネジメント系の問題に見られ、例えば「すべて○○しなければならない」といったかなり限定的な表現や「その都度○○すればよい」といった場当たり的な表現は不正解である場合が多いです。

図解でつかむ

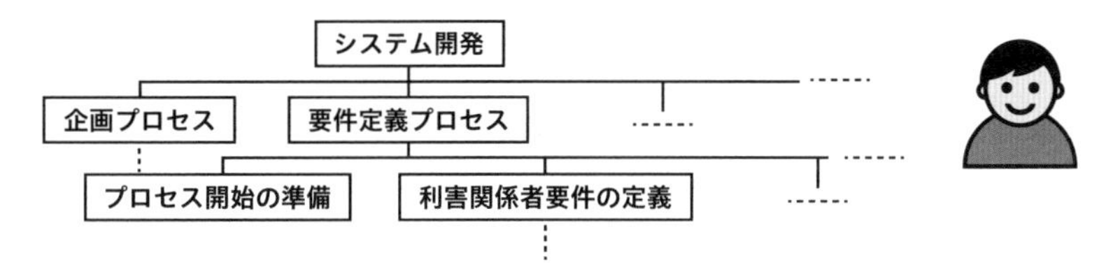

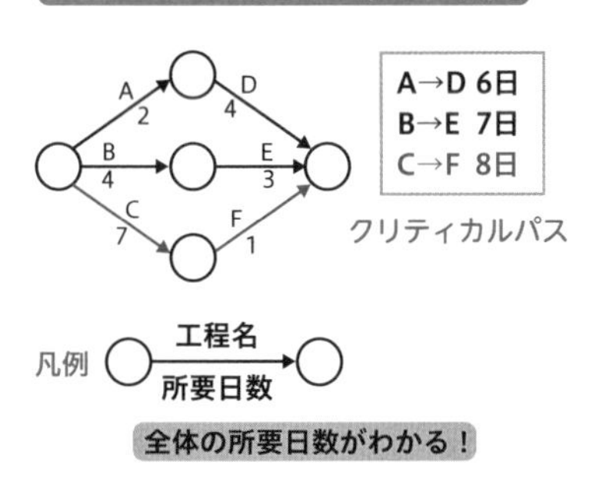

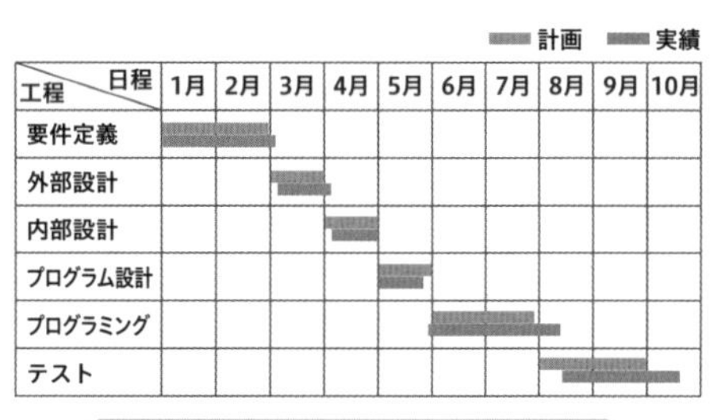

問題にチャレンジ！

Q プロジェクトで作成するWBSに関する記述のうち、適切なものはどれか。

（令和4年・問36）

ア WBSではプロジェクトで実施すべき作業内容と成果物を定義するので、作業工数を見積もるときの根拠として使用できる。

イ WBSには、プロジェクトのスコープ外の作業も検討して含める。

ウ 全てのプロジェクトにおいて、WBSは成果物と作業内容を同じ階層まで詳細化する。

エ プロジェクトの担当者がスコープ内の類似作業を実施する場合、WBSにはそれらの作業を記載しなくてよい。

解説

イ スコープとはプロジェクトの実施範囲です。プロジェクトで実施しない作業はWBSに記述しません。 **ウ** プロジェクト、工程、成果物によって、どの階層まで詳細化すべきかは異なります。 **エ** WBSにはスコープ内の作業を過不足なく含めますから、ほかの類似作業も記載しなければなりません。

A ア

15 サービスマネジメント

マネジメント系
サービスマネジメント
出る度 ★★★

ITサービスマネジメントでは、IT部門の業務を「ITサービス」としてとらえ、情報システムを安定して効率よく運用するだけでなく、利用者に対するサービスの品質を維持・向上させるための運用管理を行います。

1 ITIL（アイティル）(Information Technology Infrastructure Library)

ITILは、**ITサービスの効果的な運用方法をまとめたガイドライン**で、ベストプラクティス（成功事例）などが体系的にまとめられています。ITILには以下のようなカテゴリがあり、システムの安定運用や利用者の満足度の向上を目指します。

- **サービス・デザイン（サービスの設計）**

  サービスの**設計**や**変更**の際に安全に効率よく運用し、サービスの品質を維持するしくみです。サービスレベル合意書や可用性管理、サービスレベル管理などがあります。

- **サービス・オペレーション（サービスの運用）**

  サービス・デザインで合意されたサービスレベルの範囲内で、利用者に対して**ITサービスを提供する**方法です。インシデント管理（障害管理）などがあります。

2 サービスレベル合意書：SLA（エスエルエー）(Service Level Agreement)

ITサービスの利用者と提供者の間で取り交わされる**ITサービスの品質に関する合意書**です。SLAは、**ITサービスが保証する品質の範囲を決め、利用者と提供者の責任範囲を明確にします。**保証する品質を提供できなかった場合、ITサービス提供者はSLAに規定された罰則規定に従う必要があります。

3 可用性管理

ITサービスが必要な時に必要なだけ利用できるように管理することです。

年間のサービス稼働時間などの指標を設定し、稼働状況を監視し、目標を達成するために運用管理します。

4 サービスレベル管理

サービスの利用者と提供者の間で合意したサービスレベルを管理するためのしくみです。PDCAサイクルで継続的・定期的にサービスの品質について点検・検証します。

図解でつかむ

サービスレベル合意書（SLA）の例

・サービスの範囲
・サービスの提供時間帯
・障害復旧時間
・罰則規定　など

SLAの締結

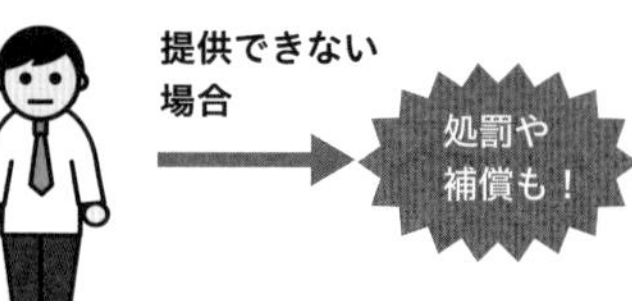

サービスレベル合意書（SLA）はよく出題されています。用語の意味だけでなく、SLA で合意すべき事項についても確認しましょう。

問題にチャレンジ！

Q オンラインモールを運営する IT サービス提供者が、ショップのオーナと SLA で合意する内容として、適切なものはどれか。 （平成 30 年春・問 38）

ア　アプリケーション監視のためのソフトウェア開発の外部委託及びその納期

イ　オンラインサービスの計画停止を休日夜間に行うこと

ウ　オンラインモールの利用者への新しい決済サービスの公表

エ　障害復旧時間を短縮するために PDCA サイクルを通してプロセスを改善すること

解説

SLA に記載する主な事項には以下のようなものがあります。

①サービス品目
②サービス要件
③ SLA 評価項目
④ SLA 設定値、報告要件、ペナルティ等の SLA 評価項目、関連項目

計画停止のタイミングや方法は、サービスの可用性にかかわる事項なので SLA に記載すべき内容です。原則として、メンテナンスのための計画停止時間はサービス停止時間からは除かれますが、その停止計画が利用者の事業計画上、障害となることがないことを確認し合意しておくことや、停止予定の事前通知の取り決めなどを SLA に記載しておくことが望まれます。よって**イ**が適切です。

A イ

16 サービスマネジメントシステム

マネジメント系
サービスマネジメント
出る度 ★★★

サービスマネジメントシステムは、システム利用者に対して安定したシステム環境を継続して提供するためのしくみです。システム障害への迅速な対応、再発防止のための原因分析・対策の実施、システムの変更作業など、さまざまな作業内容をプロセスとして管理します。

1 サービスマネジメントシステム

サービスマネジメントシステムでは、以下のような管理を行っています。

機能	概要
インシデント管理（障害管理）	システム障害などのインシデント（問題）を解決し、サービスレベルを維持する。**IT サービスの停止を最小限に抑えることを目的にインシデントに対し応急処置**を行う
問題管理	インシデントを解析して根本的な原因を突き止め、インシデントの再発防止といった**恒久的な対策案を策定**する
構成管理	ハードウェアやソフトウェア、仕様書や運用マニュアルなどのドキュメントと、その**組合せを最新の状態に保つ**
変更管理	サーバの交換や OS のアップデートなど、IT サービス全体に対する変更作業を効率的に行い、**変更作業によるインシデントを未然に防ぐ**
リリース管理	リリースとは本番環境への移行のこと。変更管理のうち**本番環境への移行が必要となるものを安全、無事にリリースする**

2 サービスデスク（ヘルプデスク）

システム利用者からの問合せを**一元管理する窓口機能**（SPOC：Single Point Of Contact）として、**問合せやインシデントの応対の記録と管理**を行います。効率的に応対するために、**問合せ内容により適切な部署や担当者への引継ぎ**（エスカレーション）を行ったり、FAQ（エフエイキュー）（Frequently Asked Questions）として、**よくある問合せの内容と回答**をまとめておきます。

最近では、電話やメールでの応対だけでなく、自動応答技術を使って会話形式で応対するチャットボットも活用されています。

図解でつかむ

サービスマネジメントシステムの管理

インシデント管理	問題管理	構成管理	変更管理	リリース管理
応急処置	原因究明	最新状態を保つ	変更作業の管理	安全に移行

インシデント管理と問題管理の違いを押さえましょう。インシデント管理はサービスの停止時間を最小限にとどめるための応急措置をすることで、問題管理は調査をしてインシデントの根本的原因を追究し、恒久的な対策案を策定することです。

問題にチャレンジ！

Q1 インシデント管理の目的について説明したものはどれか。 （平成 30 年秋・問 49）

ア IT サービスで利用する新しいソフトウェアを稼働環境へ移行するための作業を確実に行う。

イ IT サービスに関する変更要求に基づいて発生する一連の作業を管理する。

ウ IT サービスを阻害する要因が発生したときに、IT サービスを一刻も早く復旧させて、ビジネスへの影響をできるだけ小さくする。

エ IT サービスを提供するために必要な要素とその組合せの情報を管理する。

Q2 IT サービスマネジメントにおける問題管理の事例はどれか。

（平成 29 年秋・問 47）

ア 障害再発防止に向けて、アプリケーションの不具合箇所を突き止めた。

イ ネットワーク障害によって電子メールが送信できなかったので、電話で内容を伝えた。

ウ プリンタのトナーが切れたので、トナーの交換を行った。

エ 利用者からの依頼を受けて、パスワードの初期化を行った。

解説 Q1

ア リリース管理の説明です。 **イ** 変更管理の説明です。 **エ** 構成管理の説明です。

A ウ

解説 Q2

ア 障害の原因究明を行っているため問題管理の活動に該当します。 **イ** サービスデスクの事例です。 **ウ** インシデントおよびサービス要求管理の事例です。 **エ** インシデントおよびサービス要求管理の事例です。

A ア

17 ファシリティマネジメント

マネジメント系

サービスマネジメント

出る度 ★☆☆

ファシリティとは「施設」という意味があり、ファシリティマネジメントは、企業が建物や設備などのシステム環境を最善の状態に保つための考え方です。IT サービスを効率的に利用するためには、コンピュータ、ネットワークなどのシステム環境や施設・設備を維持・保全する必要があります。

1 無停電電源装置（UPS（ユーピーエス）：Uninterruptible Power Supply）

停電が起きてもしばらくの間電気を供給できる装置で、**落雷などによる電源の瞬断や一時的な電圧低下などの影響を回避する**ことができます。

UPS の目的は、停電時でもサーバなどを**正常にシャットダウンするための時間を稼ぐこと**です。

2 自家発電装置

発電機などを使用して、長期間電源を供給発電できる装置です。

通常は待機や停止状態で、停電時に発電を開始する運用が一般的です。そのため一瞬でも電源供給が絶たれるとシステムに影響が出るような場合は、UPS などとの併用が必要です。

3 サージ防護

落雷などにより瞬間的に 3,000 ～ 4,500V もの高電圧が流れることをサージといいます。これが電源線などを通って屋内に侵入すると、「パソコンに電源が入らない」などの故障につながります。

サージ防護機能のある機器はサージ吸収素子がサージを吸収するため、接続するパソコンやサーバなどの故障を防ぐことができます。

4 グリーン IT

グリーン IT とは、**IT を有効活用することで**業務の効率化を図り、**エネルギー消費の削減や環境保全、地球温暖化対策につなげる取組み**です。ファシリティマネジメントにおいても節電対策、IT 機器自体の省エネや発熱量の低減などの取組みが望まれています。

試験には「ファシリティマネジメントの具体的な施策」がよく出題されます。施設と設備に関する選択肢が正解ですが、ファシリティマネジメントではソフトウェアは対象外なので、こうした選択肢は除外できます。

図解でつかむ

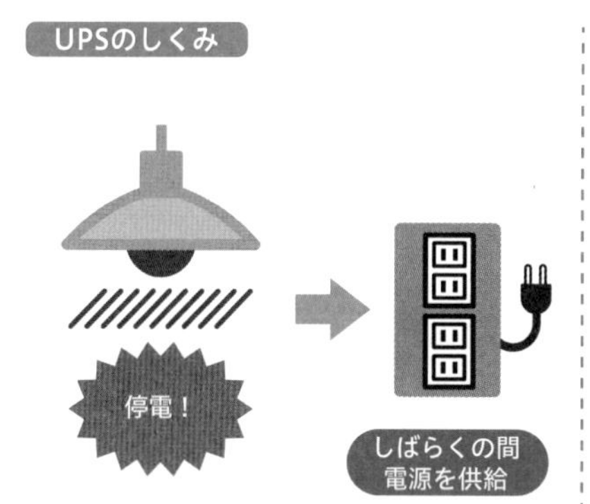

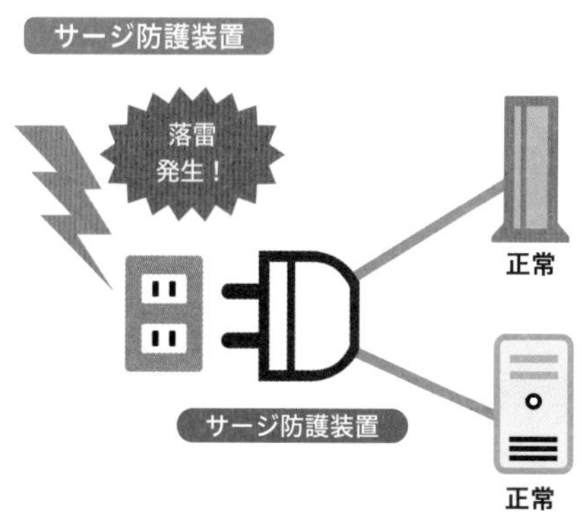

ファシリティ（facility）とは「施設」や「設備」のことです。「ファシリティマネジメント＝施設や設備の管理」で覚えられますね。

問題にチャレンジ！

Q 情報システムに関するファシリティマネジメントの目的として、適切なものはどれか。 （平成29年春・問36）

ア ITサービスのコストの適正化
イ 災害時などにおける企業の事業継続
ウ 情報資産に対する適切なセキュリティの確保
エ 情報処理関連の設備や環境の総合的な維持

解説

ファシリティマネジメントは、土地、建物、構築物、設備などの「業務用不動産」を対象とするので**エ**が適切です。

ア ITサービスマネジメントシステムの目的です。
イ BCM（Business Continuity Management：事業継続管理）の目的です。
ウ 情報セキュリティマネジメントの目的です。

A エ

18 監査

マネジメント系

システム監査

出る度 ★★☆

監査とは、企業の運営が正しく行われているかを第三者が公正な立場で判断することです。法令や社内規則を遵守しているか、不正行為がないかを判断し、結果を監査の依頼者に報告します。監査結果に対する助言や勧告を行うことで、企業の運営の効率化と目標達成を支援します。

■ 監査の種類

監査には、以下の種類があります。それぞれ何を監査するのかを押さえておきましょう。

種類	概要
会計監査	貸借対照表（ある時点での企業の財産状況を示したもの）や損益計算書（1年間の企業活動でどのくらいの利益があったのかを示したもの）などの**企業の財務諸表が会計基準と照らし合わせて妥当であるか**を判断し、問題点の指摘や改善策の勧告を行う
業務監査	企業の**会計業務以外の業務活動が、経営目的と合致しているかどうか**を判断し、問題点の指摘や改善策の勧告を行う。**取締役が法律に従って職務を行っているかどうか**を監査する
情報セキュリティ監査	情報セキュリティを維持・管理するしくみが企業において適切に整備・運用されているかどうかを点検・評価し、問題点の指摘や改善策の勧告を行う。 **保有するすべての情報資産について、リスクアセスメント（リスクを特定するプロセス）が行われ、適切なリスクコントロール（リスクを予防・削減する対策）が実施されているかどうか**を判断する
システム監査	情報システム戦略の立案、企画、開発、運用、保守までの情報システムに係るあらゆる業務が監査対象となる。**情報システムについてリスクに適切に対応しているかに関して信頼性や安全性、効率性**などを点検・評価し、問題点の指摘や改善策の勧告を行う

「財務」や「会計」とくれば「会計監査」。「会計業務以外」や「取締役の職務」とくれば「業務監査」。「情報資産」とくれば「情報セキュリティ監査」。「システム全体」とくれば「システム監査」と覚えておきましょう。

図解でつかむ

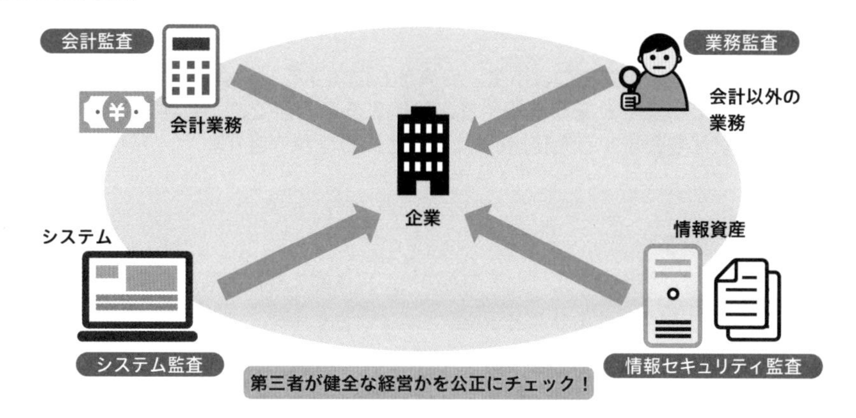

問題にチャレンジ！

Q 監査役が行う監査を、会計監査、業務監査、システム監査、情報セキュリティ監査に分けたとき、業務監査に関する説明として、最も適切なものはどれか。

(平成 30 年秋・問 45)

ア 財務状態や経営成績が財務諸表に適正に記載されていることを監査する。

イ 情報資産の安全対策のための管理・運用が有効に行われていることを監査する。

ウ 情報システムを総合的に点検及び評価し、IT が有効かつ効率的に活用されていることを監査する。

エ 取締役が法律および定款に従って職務を行っていることを監査する。

解説

ア 財務の適正に関する監査なので会計監査になります。 **イ** 情報資産の安全管理に対する監査なので情報セキュリティ監査になります。 **ウ** 情報システムを対象とする監査なのでシステム監査になります。

A エ

19 システム監査

マネジメント系

システム監査

出る度 ★★★

システム監査の実施によって、システムに関するリスクが適切にコントロールされていることを利害関係者へ報告することができ、企業の説明責任(活動や状況を報告する義務)を果たすことにつながります。

1 システム監査基準

システム監査を効率的に行うためのもので、**具体的な監査手順と監査方法、監査した結果をどのように評価するかなどが規定**されています。

2 システム監査の流れ

1 監査計画

システム監査人が、対象部門、監査項目などをシステム監査計画書に記載します。

2 監査手続

・予備調査

システム監査人が、関係者へヒアリングを行い、**システムの概要を把握**します。

・本調査

システム監査人が、調査・分析を行い、監査証拠を入手します。

3 監査報告

システム監査人が、システム監査報告書に監査結果や改善提案などを記載し、保管します。システム監査報告書をもとに、システム監査人が監査依頼者（経営者など）に監査結果を報告します。

4 フォローアップ

システム監査人は、システム監査報告書の改善提案について、**定期的に監査対象に対して改善状況の確認**を行います。

3 システム監査人の要件

システム監査人は、監査対象の部門から**独立**した者が行い、**客観的**な立場で公正な判断を行う必要があります。

4 代表的なシステム監査技法

システム監査技法には、**チェックリストを使った**チェックリスト法、**書類の内容を点検する**ドキュメントレビュー法、関係者に**口頭で問い合わせる**インタビュー法、データの生成から活用までの**プロセスを追跡する**ウォークスルー法、関連する**証拠資料を突き合わせる**突合・照合法、**システム監査人が自ら観察・調査する**現地調査法、システム監査を支援する専用の**ソフトウェアを利用する**コンピュータ支援監査技法があります。

図解でつかむ

システム監査の流れ

システム監査はよく出題されます。監査の目的や対象だけでなく、監査人の要件も押さえておきましょう。

問題にチャレンジ！

Q　情報システム部がシステム開発を行い、品質保証部が成果物の品質を評価する企業がある。システム開発の進捗は管理部が把握し、コストの実績は情報システム部から経理部へ報告する。現在、親会社向けの業務システムの開発を行っているが、親会社からの指示でシステム開発業務に対するシステム監査を実施することになり、社内からシステム監査人を選任することになった。システム監査人として、最も適切な者は誰か。　（平成30年秋・問53）

ア　監査経験がある開発プロジェクトチームの担当者
イ　監査経験がある経理部の担当者
ウ　業務システムの品質を評価する品質保証部の担当者
エ　システム開発業務を熟知している情報システム部の責任者

解説

ア　システム開発業務の当事者ですので論外です。　**ウ**　評価する立場としてシステム開発業務に関わっているので不適切です。　**エ**　情報システム部の長としてシステム開発業務を統制・管理する立場にいるので不適切です。

A　イ

20 内部統制

マネジメント系

システム監査

出る度 ★★★

内部統制とは、組織自体に不正や違法行為が行われることなく、健全かつ効率的な組織運営のための体制を構築して運用するしくみです。企業の場合、経営者が責任者として体制の整備と運用にあたります。

1 内部統制

内部統制は、以下の4つの目的を達成するために行われます。

- **業務を有効な方法で、かつ効率的に行う**
- **業務に関わる法令等を遵守する**
- **財務報告等の信頼性を確保する**
- **資産を保全する**

上記の内部統制の4つの目的を達成するための基本的要素は、以下の6つになります。これらを整備・運用することで内部統制の目的を達成します。

要素	概要
統制環境	経営者と社員の内部統制に対する価値基準や意識のこと。内部統制に関するすべてのベースになる
リスクの評価と対応	内部統制の4つの目的の達成を阻害する要因をリスクとして分析し、評価、対応を行う
統制活動	経営者の命令や指示を適切に実行するための方針や手続きを行う。業務を分担せずに1人に任せると、不正行為やミスが発生する恐れがある。これを防止するために、**お互いの仕事をチェックし合うように、複数の人や部門で業務を分担するしくみを設けること**を職務の分掌という
情報と伝達	必要な情報が組織内外と関係者に正しく伝えられること
モニタリング（監視活動）	内部統制が有効に機能していることを継続的に評価する
ITへの対応	業務の実施において組織の内外のITを適切に運用する

2 IT ガバナンス

ガバナンスとは「統治」の意味で、ITガバナンスとは企業が競争力を高めるために、**ITを効果的に活用して、情報システム戦略の実施を管理・統制する取組み**です。情報システム戦略を実施する際には実施状況を監視し、問題点があれば改善を行っていきます。

3 レピュテーションリスク

レピュテーションとは「評判、評価」を意味します。レピュテーションリスクは**企業などの評判が悪化することにより信用が低下し、損失をこうむるリスク**のことです。

近年、従業員が不適切な言動をSNSなどに投稿したことで悪評が広がり、企業の信用の低下だけでなく、店舗の閉店や株価の低下など甚大な被害が発生しています。「バイトテロ」とも呼ばれるこうした言動は後を絶たず、企業は対策として従業員研修の徹底や作業現場への監視カメラの導入、当該従業員に対する法的措置などに乗り出しています。

図解でつかむ

内部統制の構造

内部統制の4つの目的

- **業務の有効性および効率性**
- **財務報告等の信頼性**
- **業務に関わる法令等の遵守**
- **資産の保全**

6つの基本的要素

- 統制環境
- リスクの評価と対応
- 統制活動
- 情報と伝達
- モニタリング（監視活動）
- ITへの対応

ITガバナンスについては、「IT戦略の策定と実行」「統制」などのキーワードだけでなく、「ITガバナンスを推進する責任者は経営者であること」が重要です。

問題にチャレンジ！

Q 内部統制におけるモニタリングの説明として、適切なものはどれか。

（令和元年秋・問37）

ア 内部統制が有効に働いていることを継続的に評価するプロセス

イ 内部統制に関わる法令その他の規範の遵守を促進するプロセス

ウ 内部統制の体制を構築するプロセス

エ 内部統制を阻害するリスクを分析するプロセス

解説

イ 情報と伝達の説明です。 **ウ** 統制活動の説明です。 **エ** リスクの評価と対応の説明です。

A ア

CBT 試験って？

IT パスポート試験は、CBT 形式で行われます。CBT とは Computer Based Testing の略で、一般的にコンピュータ上で実施され、自分で受験日や受験会場を指定して行う試験のことです。従来型のペーパー試験の形式と比較して、利便性の高さや学習計画の立てやすさから採用が増えています。

CBT では、受験者はコンピュータに表示された試験問題に対して、マウスやキーボードを使って解答します。試験後には採点が行われ、画面に結果が表示されます。

当日、試験室の机に置けるものは、ハンカチ、ポケットティッシュ、目薬、確認票、受験者注意説明書（会場で配布）、会場で用意する備品（メモ用紙、シャープペンシル）となります。

なお、時計（腕時計を含む）は、試験室内へ持ち込めません。試験の開始・終了や残り時間は、受験者の端末の時刻が基準とされます。試験の終了時刻になると、自動的に試験が終了・採点が開始され、解答の入力等の操作ができなくなります。

試験終了の時刻前でも退出することが可能ですので、終了前に退出する場合は、「解答終了」ボタンを押してください。採点が終了すると、試験結果が表示されます。

試験結果は印刷して持ち帰ることができませんが、IT パスポート試験のウェブサイトから、試験結果レポートをダウンロードできます。

IT パスポート試験の下記サイトから「CBT 疑似体験ソフトウェア」をダウンロードして、CBT 試験を疑似的に体験できます。初めて受験する方は一度体験しておくのがオススメです。

https://www3.jitec.ipa.go.jp/JitesCbt/html/guidance/trial_examapp.html

● CBT 疑似体験ソフトウェア

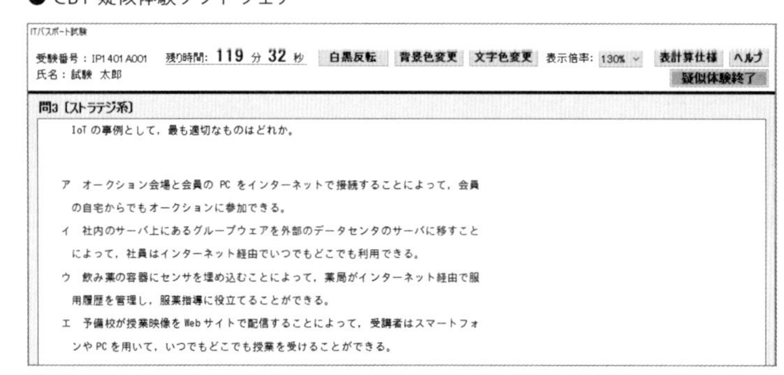

経営

本章のポイント

企業活動や経営管理の考え方、業務分析手法、会計・財務の基礎、知的財産権などの法務、経営戦略やマーケティング手法など、企業の経営全般について学習します。経営にかかわる業務はイメージがしづらく、苦手な受験者が多い分野です。本章を読むだけでなく、過去問で知識を定着させることを意識して学習しましょう。

1 企業活動

ストラテジ系
企業活動
出る度 ★★☆

企業は、ただ商品やサービスを売って利益を追求するだけの存在ではありません。社会の一員として、地域や環境に配慮した活動をすることが求められています。企業活動にまつわる知識を押さえておきましょう。

1 経営理念（企業理念）

企業が活動していくためには、まず、**基本的な価値観や目的意識**を明確にすることが求められています。自社の存在意義や掲げる目標、社会的責任などをまとめたものが経営理念（企業理念）です。企業は利益の追求を目的とするだけではなく、地域に対する貢献、環境への配慮をしたうえで運営していく必要があります。この考え方を社会的責任（CSR：Corporate Social Responsibility）といいます。

2 企業活動

株式会社の場合、**株式を発行して出資者である株主から資金調達**を行い、株主総会で委任を受けた経営者が事業を行います。事業で得た利益は株主に配当します。株主総会は株主で構成され、決算内容（企業の経営成績や財務の状況）の承認、取締役の選任など、企業に関する基本事項の決定権限がある最高意思決定機関です。

3 ディスクロージャ

ディスクロージャとは「開示」の意味で、**企業が投資家や取引先などに対し、自社の情報を公開すること**です。企業情報とは会計情報だけでなく、最近ではコンプライアンス（法令順守）**や環境対応、企業の社会的責任（CSR）への取組み**なども含まれます。情報を開示することで、企業は投資家からの信頼を得ることができ、投資対象としての魅力をアピールすることができます。

4 SDGs

「持続可能な開発目標」（Sustainable Development Goals）のことです。2015年に国連サミットで採択された**2030年までに達成されるべき社会・経済・環境に統合的に取り組む国際目標**です。SDGsには、企業が行う事業や環境対策、社員の福利厚生などの活動も含まれます。SDGsの普及に伴い、投資の条件としてSDGsへの取組みを見られる時代になっています。このように**社会問題への対応に優れた企業を選んで投資すること**を社会的責任投資（SRI：Socially Responsible Investment）またはESG

投資（E：環境・S：社会・G：ガバナンス）といいます。

5 コーポレートブランド

企業の存在意義と価値観、ビジョンを象徴したもので、顧客や社員の意識の中に作られる企業の信用やイメージのことです。企業ブランドともいわれ、企業価値を向上させるための経営戦略の１つです。

図解でつかむ

SDGsの17の目標

1 貧困をなくそう	2 飢餓をゼロに	3 すべての人に健康と福祉を	4 質の高い教育をみんなに
5 ジェンダー平等を実現しよう	6 安全な水とトイレを世界中に	7 エネルギーをみんなにそしてクリーンに	8 働きがいも経済成長も
9 産業と技術革新の基盤をつくろう	10 人や国の不平等をなくそう	11 住み続けられるまちづくりを	12 つくる責任つかう責任
13 気候変動に具体的な対策を	14 海の豊かさを守ろう	15 陸の豊かさも守ろう	16 平和と公正をすべての人に
17 パートナーシップで目標を達成しよう			

SDGs：2030年までに持続可能でよりよい世界を目指す国際目標のこと

問題にチャレンジ！

Q 持続可能な世界を実現するために国連が採択した、2030年までに達成されるべき開発目標を示す言葉として、最も適切なものはどれか。 （令和元年秋・問35）

ア　SDGs　　イ　SDK　　ウ　SGA　　エ　SGML

解説

イ Software Development Kitの略でソフトウェア開発キットのこと。開発者が特定のシステムに対応したソフトウェアを作成できるように、プログラム群や技術文書などの開発ツールをワンセットにしたものです。 **ウ** Selling and Generally Administrative expensesの略。損益計算において使用される販売費及び一般管理費の略称です。 **エ** Standard Generalized Markup Languageの略。文書を電子的に変換するための汎用マークアップ言語で、文書の中にタグを埋め込んで、書体や文字の大きさ、段落などを記述することができます。

A ア

2 ヒューマンリソースマネジメント

ストラテジ系
企業活動
出る度 ★☆☆

企業にとって、「ヒト、モノ、カネ、情報」は、貴重な経営資源です。その中でもヒト(=人材)の管理の重要性が高まっています。採用から育成、人事評価などさまざまなヒューマンリソース(人的資源)の管理手法を見ていきましょう。

1 人材育成・管理

人材育成・管理の手法として以下のような種類があります。

手法	概要
OJT（オージェーティー） (On the Job Training)	**現場で仕事をしながら、上司や先輩の指導のもと、実務を学ぶ。**知識を体系的に学べないデメリットもある
OFF-JT（オフジェーティー） (Off the Job Training)	**集合研修などで体系的に知識を学ぶ人材育成手法。**学んだ知識を実務へ応用する力や時間が必要。**PCなどを使って学習を行う**e-ラーニング**や学習者一人ひとりに合わせた学習**（アダプティブラーニング）も取り入れられている
コーチング	指導という意味。ティーチング(知識や技能を教える)との違いは、**個性を尊重して能力を引き出し、自立性を高める指導方法**であること
メンタリング	**自発的・自立的な人材を育てる方法。**コーチングと違い、テーマが仕事や人生など範囲が広く長期的である。メンターと呼ばれる先輩社員が、新入社員などと定期的に交流し、対話や助言によって自発的な成長を支援する
CDP（シーディーピー）(Career Development Program)	**社員のキャリア開発のプログラム。**数年先の中長期的なキャリアに対して目標を設定し、必要な能力を開発していく
MBO（エムビーオー） (Management by Objectives：目標による管理)	**人事、評価制度**の手法で、**組織の目標と個人の目標をリンクさせ、その達成度で評価**を行う。組織の目標に対して、個人がどのように目標設定をするかを考えることで、意欲的な取組みが期待できる
HRM（エイチアールエム） (Human Resource Management)	**採用、育成、管理など人材に関する機能を管理する手法。**経営目標の達成に向けて、人材のマネジメントを戦略的に行っていこうとする考え方。**ITで人材管理を効率化させるサービス**をHRテックという
タレントマネジメント	HRMの業務中心の人材マネジメントから、個人の技能や才能中心の考え方で管理する手法。**優秀な人材の維持や能力の開発を統合的、戦略的に進める取組み。**適材適所への配属により、業務の効率化や個人の意欲向上、キャリアアップにもつながる

2 リテンション

リテンションとは「維持」という意味で、人材管理においては「**人材の流出を防ぐための施策**」という意味になります。具体的には適切な人事管理のほかにワークライフバランスの推進や社員のメンタルヘルス（**心の健康**）のケアなどです。メンタルヘルスの尺度にワークエンゲージメント（**社員の仕事に対する心理状態**）があります。**仕事に対して「活力」「熱意」「没頭」の3つが満たされている心理状態**をいい、ワークエンゲージメントを高めることで生産性の向上や離職率の低下が期待できます。

図解でつかむ

多様な働き方への取組み

働き方改革	長時間労働の是正、非正規雇用の処遇改善、賃金引上げと労働生産性向上など**柔軟な働き方がしやすい環境整備などへの取組み**のこと
テレワーク	情報通信技術（ICT）を活用した**時間と場所にとらわれない柔軟な働き方**。在宅ワーク（自宅）、サテライトオフィス勤務（本社以外の遠隔拠点）、モバイルワーク（カフェや移動中の電車内）などのこと
ダイバーシティ	多様性の意味で、年齢や性別はもちろん学歴・職歴、国籍などで制限せずに、その個性に応じた多様な能力を発揮できるよう、**積極的に多様な人材を採用していく取組み**のこと
ワークライフバランス	直訳すると「仕事と生活の調和」。**やりがいや充実感のある仕事を持ちながら、健康で豊かな生活ができる**ことを目指すこと

問題にチャレンジ！

Q 性別、年齢、国籍、経験などが個人ごとに異なるような多様性を示す言葉として、適切なものはどれか。 （平成30年春・問7）

ア グラスシーリング　　**イ** ダイバーシティ
ウ ホワイトカラーエグゼンプション　　**エ** ワークライフバランス

解説

ア グラスシーリング（ガラスの天井）は、本来は昇進に値する能力を有しながらも、性別や人種などを理由として組織内での昇進が阻まれている状態を示す言葉です。**ウ** ホワイトカラー労働者（スーツ・ネクタイ姿で仕事を行う頭脳労働者を総称する言葉）に対して労働時間ではなく成果に対する報酬支払とすることです。**エ** ワークライフバランスは、やりがいや充実感のある仕事を持ちながら、健康で豊かな生活ができることを目指すことです。 **A** イ

3 経営管理

ストラテジ系
企業活動
出る度 ★☆☆

企業は、「経営理念を実現するために、具体的に何をすべきか」を「経営目標」として設定します。次に、その「経営目標」を達成するために「各部門において何を実行すべきか」という事業計画の策定を行います。

1 BCP（ビーシーピー）（Business Continuity Plan：事業継続計画）

事業継続計画とは、地震や台風などの自然災害や大規模なシステム障害、情報漏えいなどの**非常事態が発生しても、被害を最小限に抑えて事業を継続するための計画**のことです。BCP を周到に準備し、事業を継続・早期復旧を図ることで**ステークホルダー（顧客や株主、社員、地域社会など）**からの信用を維持し、企業価値の向上にもつながります。

2 BCM（ビーシーエム）（Business Continuity Management：事業継続管理）

BCP の策定から運用（教育や訓練）、評価、改善までのプロセスを PDCA により継続的に実施します。BCP の策定時には、リスクアセスメントにより、**企業におけるリスクの洗い出し、分析、対策の決定**も行います。

3 OODA（ウーダ）ループ

常に**変化していく状況の中で成果を出すための意思決定方法**です。「観察（Observe）」「状況判断（Orient）」「意思決定（Decide）」「実行（Act）」の 4 つのステップで実施します。似たようなものに PDCA サイクルがありますが、PDCA は業務などの改善を目的に計画を立ててから行動します。

OODA ループでは、新規事業を開発する場合、市場の**状況を見てとりあえず行動してみる**ことから始めます。OODA ループを何度も素早く回すことが重要で、ビジネス環境の変化が激しい今の時代に合った手法といえます。

PDCA サイクルと OODA ループの違いを押さえておきましょう。

図解でつかむ

OODAループ（意思決定方法）

ループを何度も素早く回すことでビジネスの変化に強い意思決定ができる

PDCAサイクル
➡計画を立ててから行動

OODAループ
➡状況を見て行動

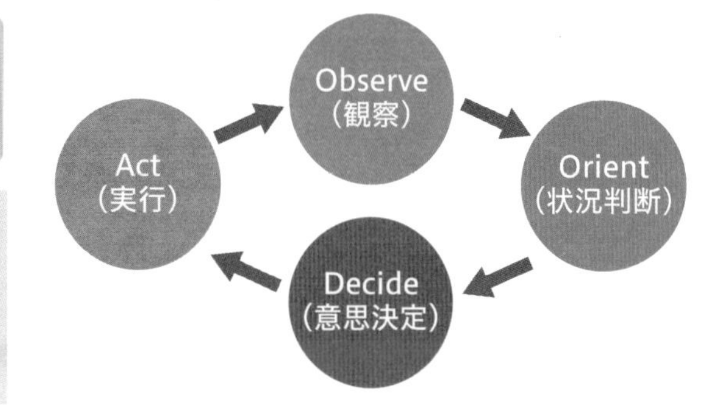

問題にチャレンジ！

Q 地震、洪水といった自然災害、テロ行為といった人為災害などによって企業の業務が停止した場合、顧客や取引先の業務にも重大な影響を与えることがある。こうした事象の発生を想定して、製造業のX社は次の対策を採ることにした。対策aとbに該当する用語の組合せはどれか。 （平成27年秋・問7）

〔対策〕

a 異なる地域の工場が相互の生産ラインをバックアップするプロセスを準備する。

b 準備したプロセスへの切換えがスムーズに行えるように、定期的にプロセスの試験運用と見直しを行う。

	a	b
ア	BCP	BCM
イ	BCP	SCM
ウ	BPR	BCM
エ	BPR	SCM

解説

BPRは、業務プロセスを抜本的に見直し、職務、業務フロー、管理機構、情報システムを再設計する手法です。SCMは、仕入れから販売まで物流の最適化を図る取組みです。BCPはPlan（計画）、BCMはManagement（管理）と覚えましょう。 **A** ア

4 経営組織

ストラテジ系

企業活動

出る度 

経営資源の効率的な活用や人材育成のために、それぞれの企業が目的に合った組織を選択しています。組織形態の名称とその特徴を確認しておきましょう。また、近年、日本企業においてもCEOやCFOといった最高責任者の役員名が使われています。これらの意味も覚えておきましょう。

1 組織形態

代表的な組織の形態として、以下のような種類があります。

形態の名称	概要
階層型組織	社長→部長→課長→一般社員のように、**命令や指示が上から下へとおりてくる構造**。小規模な企業向き
事業部制組織	**事業部単位での意思決定**を行い、自立した組織として、売上や業績に責任を持って取り組む
職能別組織（機能別組織）	**開発、営業、人事などのように機能別に構成された組織**
マトリックス組織	職能別組織とプロジェクト組織のような**2つの異なる組織を組み合わせた**構造。組織を兼任するため、上司が2人など指揮系統が複雑になる
プロジェクト組織（タスクフォース）	**特定の目的のためにさまざまな部門から社員が選出され、一時的に構成**される。市場動向の変化に適応できる反面、作業分担の調整など密なコミュニケーションが必要となる
ネットワーク組織	リーダーや上司を作らず、**社員が平等な関係でチームとして仕事を行う。**上司がいないため指示系統が明確ではない
カンパニー制組織	**事業部制より独立性が高く、ヒトやカネの管理も行う。**会社自体を分ける社外カンパニー制度の場合、持株会社として作られることがある。○○ホールディングスなどは持株会社にあたる。**持株会社は他社の株式を保有し事業の方向性などを決めるが、実際の経営は各カンパニーが行う**

2 企業の最高責任者

最高責任者の名称	意味
CEO（シーイーオー）（Chief Executive Officer）	最高経営責任者（経営、業務執行を統括）
CIO（シーアイオー）（Chief Information Officer）	最高情報責任者（情報戦略を統括）
CFO（シーエフオー）（Chief Financial Officer）	最高財務責任者（資金調達、運用を統括）
CTO（シーティーオー）（Chief Technology Officer）	最高技術責任者（技術関連業務を統括）
CISO（シーアイエスオー）（Chief Information Security Officer）	最高情報セキュリティ責任者（情報セキュリティ戦略を統括）

図解でつかむ

組織形態

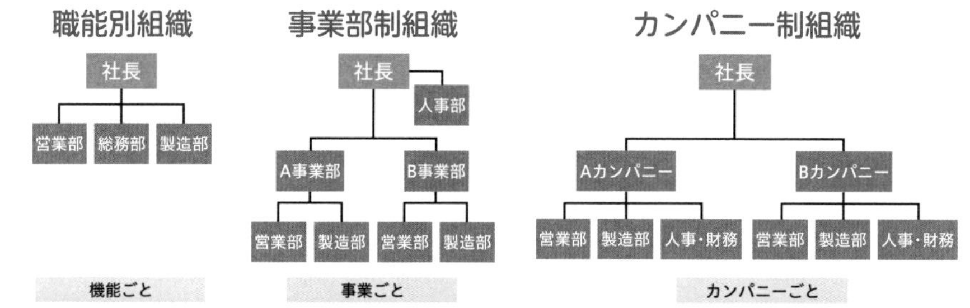

最高責任者の名称は、正式名称の英単語と意味を結び付けて理解しましょう！

CEO の E は Executive（経営の実行）→経営上の責任者
CIO の I は Information（情報）→情報システムの責任者
CFO の F は Financial（財務）→財務上の責任者
CTO の T は Technology（技術）→技術分野の責任者
CISO の IS は Information Security（情報セキュリティ）→情報セキュリティの責任者

問題にチャレンジ！

Q 次の特徴をもつ組織形態として、適切なものはどれか。 （平成 28 年春・問 34）

・組織の構成員が、お互い対等な関係にあり、自律性を有している。
・企業、部門の壁を乗り越えて編成されることもある。

ア アウトソーシング　**イ** タスクフォース
ウ ネットワーク組織　**エ** マトリックス組織

解説

ア アウトソーシングは、自社の業務の一部または業務のすべてを外部へ委託することです。 **イ** タスクフォースは、ある任務や課題を達成するために横断的に編成された集団のことです。 **エ** マトリックス組織は、従来の職能別組織にそれら各機能を横断するプロジェクトまたは製品別事業などを交差させた組織形態です。

A ウ

5 生産戦略

ストラテジ系
企業活動
出る度 ★☆☆

生産管理や在庫管理においても、企業の意思決定が求められます。商品を必要以上に生産すれば、余剰在庫が経営を圧迫します。逆に数が足りなければ販売機会の損失になります。在庫管理の指標や補充方法について確認しておきましょう。

1 シミュレーション

「模擬実験」の意味です。変化が速く、不確定要素が多い時代においては、売上などの**過去データをもとにしたシミュレーション**が欠かせません。その**結果をもとに、意思決定を行います。**

2 在庫管理

在庫管理の目的は、お金の流れである**キャッシュフローを明確に把握すること**と**在庫不足を回避すること**です。そのために在庫を適正に把握する必要があり、在庫管理はひとつの意思決定といえます。在庫管理の指標と在庫の補充方式には以下の種類があります。

▶在庫管理の指標

在庫回転期間	**在庫をすべて消費（販売）するためにかかる期間。**在庫回転期間が短いということは、「入荷後すぐに売れる＝在庫管理の効率がよい」といえる 計算式：在庫回転期間＝平均在庫高÷売上高
在庫回転率	**一定期間に在庫が何回入れ替わったか**を表し、在庫回転期間の逆数で表す。この値が高いほど、「商品が良く売れ、在庫管理の効率がよい」といえる 計算式：在庫回転率＝売上高÷平均在庫高
リードタイム	所要時間の意味で、**商品の発注や製造開始から納品にかかる時間。**この値が短いほど顧客満足度が向上するだけでなく、効率的な生産や在庫管理につながる

▶在庫の補充方式

定期発注方式	**決められた発注間隔**で必要な発注数量を計算して発注する
定量発注方式	**決められた数量より少なくなる**と必要数量を発注する

図解でつかむ

在庫管理

在庫管理の指標

在庫回転期間	在庫回転率	リードタイム
$\frac{\text{平均在庫高}}{\text{売上高}}$	$\frac{\text{売上高}}{\text{平均在庫高}}$	発注 → 納品
短い＝効率がよい	高い＝効率がよい	この時間

在庫の補充方式

定期発注方式

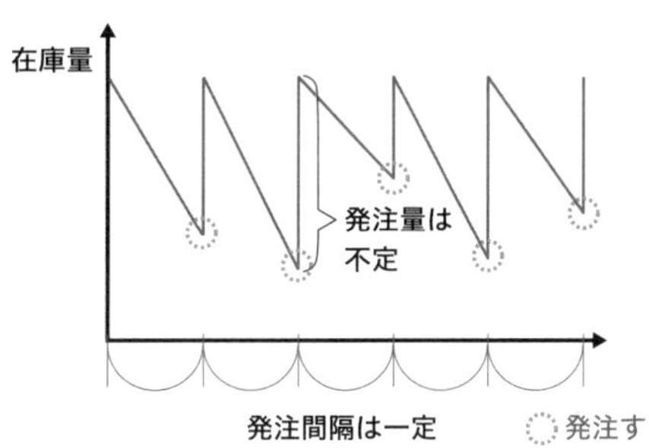

定量発注方式

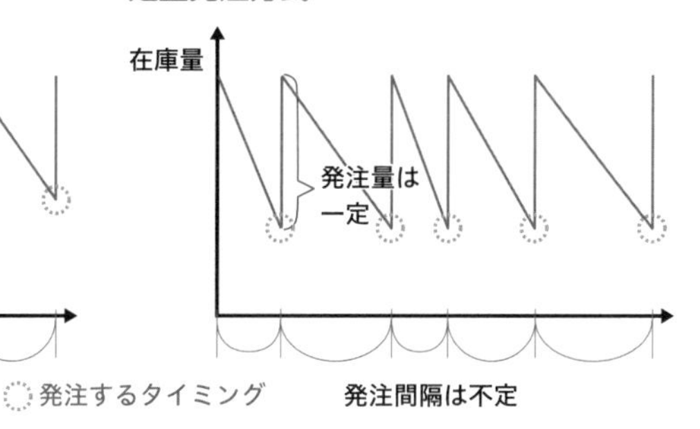

問題にチャレンジ！

Q 在庫回転率は資本の効率を分析する指標の一つであり、その数値が高いほど、商品の仕入れから実際の販売までの期間が短く、在庫管理が効率よく行われていることを示している。在庫回転率の算出式として、適切なものはどれか。

（平成 28 年秋・問 17）

ア　（期首在庫高 ＋ 期末在庫高）÷ 2　　**イ**　売上高 ÷ 総資産

ウ　売上高 ÷ 平均在庫高　　**エ**　平均在庫高 ÷ 売上高

解説

ア　平均在庫高の算出式です。 **イ**　総資産回転率の算出式です。 **エ**　在庫回転期間の算出式です。

A ウ

6 問題解決手法

ストラテジ系

企業活動

出る度 ★☆☆

業務を改善するためには、現状の問題点の洗い出しや課題を特定し、その改善策を考えるための新しいアイディアが必要になります。ここでは、問題解決を効率的に行うための手法をみていきます。

1 ブレーンストーミング

ブレーンストーミングは**参加者が自由にアイディアを出し合って互いに刺激し合い、より豊かな発想を促していく手法**です。Brain「脳」を Storm「嵐」のように掻き回していくことから名付けられました。多くの意見を引き出すことが目的で、以下のようなルールがあります。

- **意見の質より量を重視する**
- **突拍子のない、奇抜、常識外れな意見も歓迎する**
- **ほかの参加者の意見を批判したり、否定してはいけない**
- **ほかの参加者の意見に便乗したり、自分の意見を組み合わせてもよい**

ブレーンストーミングを応用したブレーンライティングは、アイディアを紙に書き出していく手法です。発言する必要がなく気軽に意見を出すことができます。

2 デシジョンテーブル

デシジョンテーブルは、**ある問題について、すべての条件とその際の行動を書き出したもので、「決定表」とも呼ばれます。**最初にすべての条件を洗い出し、それぞれの条件の組合せの行動を検討します。複数の条件の組合せがあるような複雑な問題でもモレのない対策を検討できます。**課題解決やテストケースの作成にも利用**されています。

デシジョンテーブルでは、条件を満たす場合は「Y」、満たさない場合は「N」、行動について、行動する場合には「X」、行動しない場合には「-」で表します。

3 親和図法

親和図法は、ブレーンストーミングなどで出た意見をまとめる手法です。**収集した意見をカードに書き出し、似たもの（問題の親和性があるもの）をグループにまとめていき、そのグループに名前をつけていくことで問題を整理していきます。**未来や未知の問題のような、**はっきりしていない問題の解決策**を導き出す際に利用されます。

図解でつかむ

デシジョンテーブル　すべての条件と行動を書き出してモレなく対策する！

条件	会員種別	一般	Y	N	N	N
		シルバー	N	Y	N	N
		ゴールド	N	N	Y	N
		プラチナ	N	N	N	Y
行動	割引率	0%	X	−	−	−
		3%	−	X	−	−
		5%	−	−	X	−
		10%	−	−	−	X

条件：Y/Nの組合せをすべて網羅

行動：条件を満たした際の行動

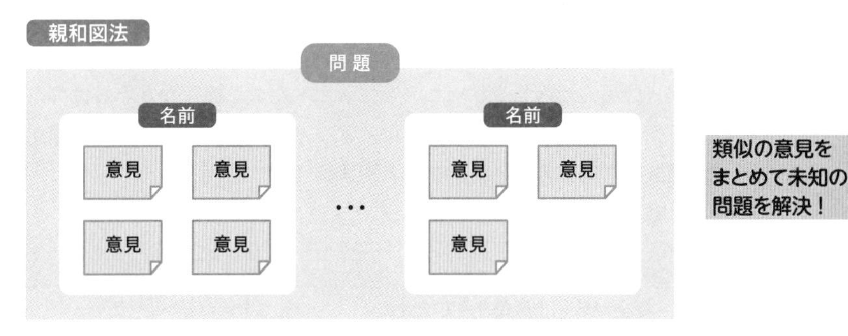

問題にチャレンジ！

Q ブレーンストーミングの進め方のうち、適切なものはどれか。

(平成30年春・問20)

ア　自由奔放なアイディアは控え、実現可能なアイディアの提出を求める。

イ　ほかのメンバーの案に便乗した改善案が出ても、とがめずに進める。

ウ　メンバーから出される意見の中で、テーマに適したものを選択しながら進める。

エ　量よりも質の高いアイディアを追求するために、アイディアの批判を奨励する。

解説

ア　質より量のルールに則っていないため、不適切です。 **ウ**　ただの雑談の場とならないように努める必要はありますが、議題の軸から派生した意見も歓迎するなど自由奔放な討議にする必要があります。 **エ**　ブレーンストーミングではアイディアに対する批判は禁止されるので不適切です。

A イ

7 会計・財務①

ストラテジ系

企業活動

出る度 ★★★

企業活動や経営管理において、会計と財務に関する基本的な知識は不可欠です。ここでは、まず企業の１年間の収益の構造をみていきます。売上と利益の関係や損益計算書(P/L)を学びます。

1 売上と利益の関係

売上とは、**商品やサービスを販売して得た収入**のことです。利益とは、**売上から費用を引いた儲け**のことです。

費用とは、**売上を得るためにかかったお金**のことで、売上原価と販売管理費（販売費および一般管理費）に分けられます。

売上原価とは原材料・商品の仕入れやサービスを生み出すために直接かかるお金のことで、販売管理費（販売費および一般管理費）とは、**オフィスの家賃や人件費、水道光熱費など商品やサービスの販売にかかるお金**のことです。

以下の利益の名称と概要を覚えておきましょう。

科目	概要
①売上総利益（粗利）	**売上から売上原価を引いたもの**
②営業利益	**売上総利益（粗利）から販売管理費を引いたもの**
③経常利益	**営業利益に本業以外で得た収益を加算し**（預けたお金に対する利息の受取りなど）、**本業以外での費用を減算**（借りたお金に対する利息の支払い）したもの
④税引前当期純利益	**経常利益に臨時的に発生した利益を加算し**（土地を売ったときの利益など）、**損失を減算した**（土地を売ったときや災害による損失など）もの
⑤当期純利益	法人税などの**納税後の利益**。純利益ともいう

2 損益計算書

損益計算書は**１年間の企業活動でどれくらいの利益があったのか**を示すもので、**企業の経営の成績表**のようなものです。P/L（Profit and Loss Statement）とも呼ばれます。

図解でつかむ

損益計算書

単位：百万円

項目	金額
売上高	2,000
売上原価	1,500
販売費及び一般管理費	300
営業外収益	30
営業外費用	20
特別利益	15
特別損失	25
法人税、住民税及び事業税	80

①売上総利益(粗利)
売上高 − 売上原価
2,000 − 1,500 = 500

②営業利益
売上総利益 − 販売費及び一般管理費
500 − 300 = 200

③経常利益
営業利益 + 営業外収益 − 営業外費用
200 + 30 − 20 = 210

④税引前当期純利益
経常利益 + 特別利益 − 特別損失
210 + 15 − 25 = 200

⑤当期純利益
税引前当期純利益 − 法人税など
200 − 80 = 120

問題にチャレンジ！

Q 営業利益を求める計算式はどれか。 （令和2年10月・問34）

ア （売上総利益）－（販売費及び一般管理費）
イ （売上高）－（売上原価）
ウ （経常利益）＋（特別利益）－（特別損失）
エ （税引前当期純利益）－（法人税、住民税及び事業税）

解説

営業利益は、売上総利益から販売費及び一般管理費を減じて計算される企業の本業における利益です。次の式で計算します。

営業利益＝売上総利益－販売費及び一般管理費

イ 売上総利益（粗利）の計算式です。
ウ 税引前当期純利益の計算式です。
エ （税引後）当期純利益の計算式です。

A ア

8 会計・財務②

ストラテジ系
企業活動
出る度 ★★☆

どんなに売上高が大きくても、そのためにかかった費用が大きければ、利益は少なくなってしまいます。ここでは、売上高と費用が一致する指標である「損益分岐点」をみていきます。損益分岐点となる売上高の計算もできるようにしておきましょう。

■ 損益分岐点

企業活動において利益を出すためには、いくら売上が必要なのかを把握しておく必要があります。損益分岐点とは、**売上とかかった費用が一致する点で、儲けも損もない売上のことです。損益分岐点より売上が多ければ黒字、少なければ赤字**になります。損益分岐点の算出では、費用を変動費と固定費に分けて考えます。

固定費とは、売上の増減に関わらず**固定的に必要な費用**のことで、オフィスの家賃や社員の給与などが該当します。

変動費とは、**売上の増減によって変化する費用**のことで、原材料費や配送費などが該当します。

損益分岐点の売上高は、以下の公式を使って求めることができます。

変動費率＝変動費÷売上高
損益分岐点の売上高＝固定費÷（1－変動費率）

変動費率とは**売上高に占める変動費の割合**です。損益分岐点の売上高は、固定費を限界利益率（1－変動費率）で割ったものです。

損益を改善するためには、「費用を減らす」「売上を増やす」という2つの方法があります。具体策としては、次のようなものがあげられます。

- **家賃や事務費の見直し、アウトソーシング化などによる固定費の削減**
- **工程や原材料の見直し、仕入れ先・外注先との価格交渉による変動費の削減**
- **単価引き上げ、新規顧客の獲得、リピーターの増加などによる売上の増加**

図解でつかむ

損益分岐点

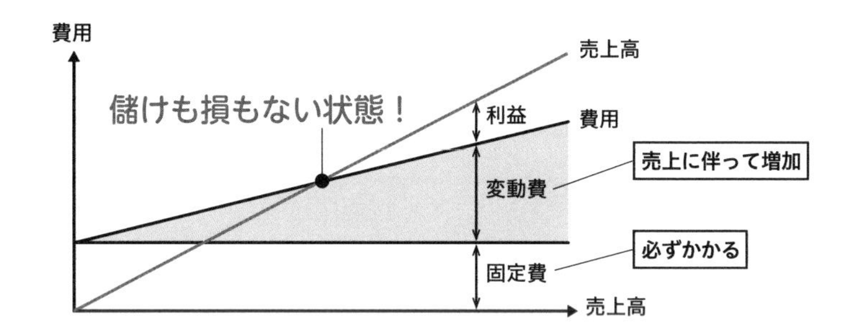

損益分岐点売上高の求め方

単位：百万円

売上高	4,000
変動製造費	1,400
変動販売費	600
固定費	800

この表の損益分岐点の売上高は、
変動費率＝{1,400（変動製造費）+600（変動販売費）}/4,000（売上高）＝0.5
800（固定費）÷{1－0.5（変動費率）}＝1,600（百万円）
となります。

問題にチャレンジ！

Q ある商品を表の条件で販売したとき、損益分岐点売上高は何円か。

（平成30年秋・問27）

販売価格	300円／個
変動費	100円／個
固定費	100,000円

ア 150,000　イ 200,000　ウ 250,000　エ 300,000

解説

販売価格が300円／個、変動費が100円／個なので、変動費率は、100÷300＝1/3
固定費は100,000円なので、損益分岐点売上高は、
100,000÷(1－1/3)＝100,000÷(2/3)＝150,000（円）

A ア

9 財務諸表①

ストラテジ系

企業活動

財務諸表は、企業が利害関係者に対して、一定期間の経営成績や企業の財務状態を明らかにするために作成する書類です。ここでは、ある時点における企業の資産と負債を明らかにした貸借対照表(B/S)を見ていきます。

■ 貸借対照表

ある時点での企業の財産状況を示したもので、**左側に「資産」**、**右側に「負債と純資産」**を記載します。左側（資産）と右側（負債と純資産の合計）の金額は必ず一致する（バランスがとれる）ことから、バランスシート（Balance Sheet：B/S）ともいわれます。

資産とは、所有しているもののことで、**現金や銀行の預金、土地・建物、設備**などです。

負債とは、返済しなければならないもののことで、**銀行からの借入金**などです。

純資産とは、**資産から負債を引いたもの**です。例えば、1,000 万円の資産に対して負債が 600 万円あった場合、純資産は 400 万円になります。

資産には、以下のような種類があります。

資産		概要
①純資産		**自己資本**のこと
②流動資産		**1 年以内の短期間で現金化できる資産**のこと。現金や銀行の預金、売掛金、有価証券（株式・債券・受取手形・小切手）など
③固定資産		**長期間保有する資産**のこと
	有形資産	**目に見える固定資産。**土地、建物、機械、装置など
	無形資産	**目に見えない固定資産。**営業権、特許権、ソフトウェアなど
④繰延資産		**現金化できないもので、さらに流動資産でも固定資産でもないもの。**新株発行費、開業費など

負債には以下のような種類があります。

負債	概要
⑤流動負債	**1 年以内の短期間で返済しなければならない負債。**買掛金、短期の借入金など
⑥固定負債	**長期間返済しなければならない負債。**長期の借入金・社債など

図解でつかむ

貸借対照表の例

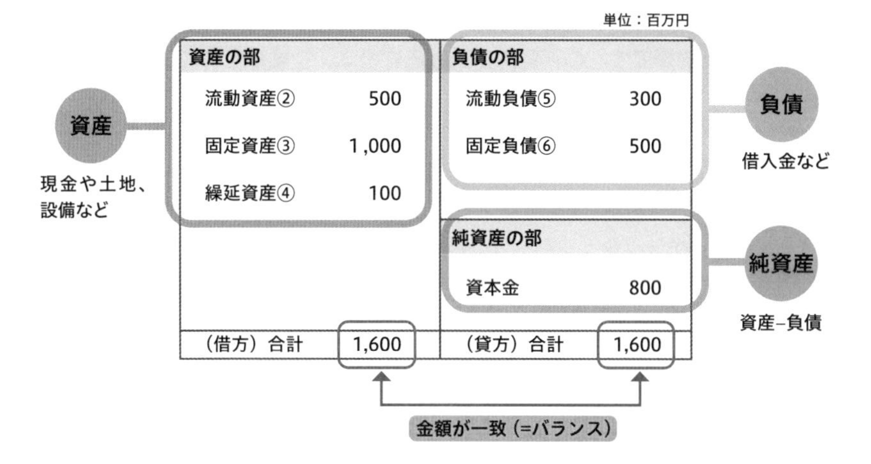

企業の財産状況がイメージしにくい場合は、自分の財産状況で置き換えてみましょう。10万円のPCをローンで購入し、3万円の返済が済んでいる場合、資産（PC）は10万円ですが、そのうち負債（ローン）が7万円（金利ゼロの場合）のため、純資産は3万円になります。

問題にチャレンジ！

Q 貸借対照表を説明したものはどれか。 （平成31年春・問18）

ア 一定期間におけるキャッシュフローの状況を活動区分別に表示したもの
イ 一定期間に発生した収益と費用によって会社の経営成績を表示したもの
ウ 会社の純資産の各項目の前期末残高、当期変動額、当期末残高を表示したもの
エ 決算日における会社の財務状態を資産・負債・純資産の区分で表示したもの

解説

ア キャッシュフロー計算書の説明です。 **イ** 損益計算書の説明です。 **ウ** 株主資本等変動計算書の説明です。

A エ

10 財務諸表②

ストラテジ系

企業活動

出る度 ★☆☆

キャッシュフロー(C/F)計算書は、文字通りキャッシュ(現金)のフロー(流れ)を記載した書類です。C/F 計算書をみることで、企業にどれくらい支払能力があるのかがわかります。キャッシュフロー計算書の重要性とキャッシュフローの3つの区分について理解しておきましょう。

■ キャッシュフロー計算書

ある一定期間のキャッシュフロー(Cash Flow:現金の流れ)を活動区分別に示したものです。企業の収入と支出の流れを把握し、**企業の支払い能力を確認**することができます。

損益計算書上は売上があっても、それが売掛金(代金未回収の売上)ばかりで、その代金を回収できるのがずっと先だとしたら、手元には現金があまりないかもしれません。もし、手元に使えるお金がなくなってしまうと、目の前の借入金の返済や仕入れ代金の支払いができずに倒産に追い込まれる「**黒字倒産**」になるケースも出てきます。キャッシュフロー計算書からは「黒字倒産」の危険性を予測することができるのです。

キャッシュフロー計算書には、現金の出入りを以下の3つの項目に分類して記載しています。

〈3つのキャッシュフロー〉

種類	説明
営業活動による キャッシュフロー	・**本業の活動**によって生じた現金の流れ ・商品販売による収入や、仕入れによる支払いなど
投資活動による キャッシュフロー	・**投資や資金運用**によって生じた現金の流れ ・有価証券の売却で得た資金や設備投資への支払いなど
財務活動による キャッシュフロー	・**資金調達**などによって生じた現金の流れ ・銀行からの借入や新株の発行、株主への配当金の支払いなど

会社経営の安定性が高い企業は、本業の活動により増加した資金を投資や借入金の返済に充てることができます。

そのため、一般的に営業活動によるキャッシュフローはプラス、投資活動によるキャッシュフローと財務活動によるキャッシュフローはマイナスになる傾向があります。

図解でつかむ

キャッシュフロー計算書（直接法）の例

キャッシュフロー計算書　　単位：百万円

キャッシュフロー計算書	単位：百万円
営業活動によるキャッシュフロー	
商品販売による収入	100
製品の仕入れによる支払い	-30
小計	70
投資活動によるキャッシュフロー	
固定資産の売却による収入	0
設備投資による支払い	-30
小計	-30
財務活動によるキャッシュフロー	
銀行からの借入による収入	0
銀行への返済による支払い	-10
小計	-10

キャッシュフローの増加・減少要因

増加要因

- 短期・長期の借入金
  借入金が増えると企業内の現金が増える
- 在庫の減少
  減少分の在庫が現金化されたと考える
- 減価償却費※の増加
  実際の現金流出がないので増加要因となる

減少要因

- 売掛金の増加
  売上対価が現金で入ってこないため
- 器具・備品の増加
  投資金額が増加すると現金が流出する
- 棚卸資産の増加
  現金化できていない在庫が増えるため

※減価償却とは、PCや機械などの固定資産の価値の減少を費用として計上（償却）すること

問題にチャレンジ！

Q キャッシュフロー計算書において、キャッシュフローの減少要因となるものはどれか。　（平成28年秋・問11）

ア　売掛金の増加　　**イ**　減価償却費の増加

ウ　在庫の減少　　**エ**　短期借入金の増加

解説

ア　正しい。売上債権の増加は、期首と比較してその増加分が現金として外部に流出してしまったと考えます。したがってキャッシュフローの減少要因となります。**イ**　減価償却費は固定資産の取得にかかった費用を使用期間にわたり費用化する手続きで、資金の流出を伴わない費用です。キャッシュフロー計算のベースとなる税引前当期純利益はこの減価償却費が引かれている（マイナスの）状態なので、現金流出がないという実態に合わせるために、キャッシュフロー計算書では減価償却の金額を加算（プラス）し、キャッシュフローゼロとして扱います。したがってキャッシュフローの増加要因となります。 **ウ**　在庫の減少は、その減少分の在庫が現金化されたと考えます。したがってキャッシュフローの増加要因となります。 **エ**　短期借入金の増加は、企業内の現金が以前より多くなったと考えます。したがってキャッシュフローの増加要因となります。

A ア

11 財務指標を活用した分析

ストラテジ系

企業活動

出る度 ★★☆

企業の経営状況を判断するために、収益性と安全性の２つの観点からみた指標が活用できます。財務諸表から読み取れる数字を、それぞれの指標を求める数式にあてはめると算出できます。「ROE」などの略称と内容をきちんと対応させて理解しましょう。

1 収益性の指標〜企業がどれだけの利益を得ているのか

指標	説明
総資産利益率 (ROA（アールオーエー）:Return on Assets)	Asset は「資産」の意味。**総資産を使ってどれだけ利益を得ているか** **当期純利益 ÷ 総資産（負債＋純資産）× 100**
自己資本利益率 (ROE（アールオーイー）:Return on Equity)	Equity は「株式」の意味。**自己資本（株主による資金）を使ってどれだけ利益を得ているか** **当期純利益 ÷ 自己資本 × 100**
投下資本利益率（投資利益率） (ROI（アールオーアイ）:Return on Investment)	Investment は「投資」の意味。**投資に対してどれだけ利益を得ているか** **利益 ÷ 投下資本 ×100**
売上高総利益率 (粗利益率)	**売上高に対してどれだけ利益を得ているか** **売上総利益 ÷ 売上高 ×100**
売上原価率	**売上高に対して原価がどのくらいを占めているか。**この値が高いと利益が少ないため、低いほうが良好 **売上原価 ÷ 売上高 ×100**

2 安全性の指標〜企業にどれだけの支払能力があるのか

指標	説明
自己資本比率	**総資本に対して自己資本（純資産）がどのくらいを占めているか。**経営の安定度合いを示し、この値が高いほど良好 **純資産 ÷ 総資本 ×100**
負債比率	**自己資本（純資産）に対して負債がどのくらいあるか。**この値が低いほど良好 **負債合計 ÷ 純資産 ×100**
固定比率	**自己資本（純資産）に対して固定資産がどのくらいあるか。**この値が低いほど良好 **固定資産 ÷ 純資産 ×100**

流動比率	**短期間で返済すべき流動負債に対して、短期間で現金化できる流動資産がどの程度あるのか。**この値が高いほど流動負債が占める割合が低くなるため、企業の短期支払い能力は高い **流動資産÷流動負債×100**

収益性の指標は、似たような用語が多いので、違いを押さえましょう。

ROA　総資産利益率　→　A は Assets（資産）

　総資産に対する利益の割合なので、利益÷総資産

ROE　自己資本利益率 →　E は Equity（株式）

　自己資本に対する利益の割合なので、利益÷自己資本

ROI　投下資本利益率　→　I は Investment（投資）

　投資に対する利益の割合なので、利益÷投下資本

安全性の指標は、「何に対する比率なのか」をしっかり押さえましょう。

負債比率、固定比率…自己資本（純資産）に対する負債や固定資産の割合

流動比率…流動負債に対する流動資産の割合

問題にチャレンジ！

Q 企業の収益性分析を行う指標の一つに、"利益÷資本"で求められる資本利益率がある。資本利益率は、売上高利益率（利益÷売上高）と資本回転率（売上高÷資本）に分解して求め、それぞれの要素で分析することもできる。ここで、資本利益率が4％である企業の資本回転率が2.0回のとき、売上高利益率は何％か。

（平成31年春・問25）

ア　0.08　　イ　0.5　　ウ　2.0　　エ　8.0

解説

「資本利益率は、売上高利益率（利益÷売上高）と資本回転率（売上高÷資本）に分解して求め、それぞれの要素で分析することもできる」から、次の式が成り立ちます。

資本利益率（利益÷資本）＝売上高利益率（利益÷売上高）×資本回転率（売上高÷資本）

4% ＝ 売上高利益率 × 2.0

売上高利益率 ＝ 2%

A ウ

12 知的財産権①

ストラテジ系
法務
出る度 ★★★

知的財産権とは、発明やアイディアなど、人や企業が創造して生み出した無形のものについて財産権を保護する権利です。知的財産権は、大きく分けて著作権と産業財産権があります。

1 著作権

音楽や映画、プログラムなどの知的創作物には著作権が発生します。著作権法には著作者等の権利が定められ、**無断コピーや無断で他人の作品を公開する行為、違法にアップロードされたコンテンツと知りながらダウンロードする行為は違法行為**です。**著作権は創作者が持つ権利**であり、特段の合意がなければ発注者（委託元）ではなく、**受注者（製作者、委託先）に権利があります。**

大学や学校の遠隔授業で使用する著作物については、著作者の許諾を得ることなく著作物の送信などが行える特例的な利用が可能です。生成 AI において、他者の著作物を学習に利用することは、著作権者の利益を不当に害する場合を除き著作権侵害にあたりませんが、**AI が生成したデータが他者の著作物と同一または類似している場合、著作権侵害になる可能性がある**ので注意が必要です。

2 産業財産権

産業財産権は、特許庁に出願し登録されることによって、一定期間、独占的に使用でき、それぞれ**特許法、実用新案法、意匠（いしょう）法、商標法によって保護**されています。

生成 AI において、他者の登録商標・意匠を学習に利用することは権利の侵害にあたりませんが、**AI が生成したデータが他者の登録商標・意匠と同一または類似している場合、権利の侵害になる可能性がある**ので注意が必要です。

種類	説明
特許権	**モノに使われている方法や技術の発明を保護。期間は出願日から 20 年間。**ビジネスモデル特許は、IT による**ビジネスモデルのしくみや装置についての特許。**例えば、地図情報提供サービスの企業が生み出した、位置情報を利用した広告表示のしくみなど。**ビジネスモデルそのものは特許にならない**
実用新案権	**モノの構造や形状、組合せに関するアイディア**を保護。期間は出願日から 10 年間
意匠権	**モノのデザインを保護。**期間は出願日から 25 年。外観に現れない構造的機能は保護の対象とはならない

商標権	**会社名や商品名のロゴデザイン等を保護。**期間は登録日から 10 年間（更新あり）。文字や図形だけでなく、「動き」や「音」なども保護対象として認められている。 トレードマークは、**商品**につけられた商標で、サービスマークは、**形のないサービス**（レストランやホテル、運送業など）につけられた商標

図解でつかむ

著作権法の対象

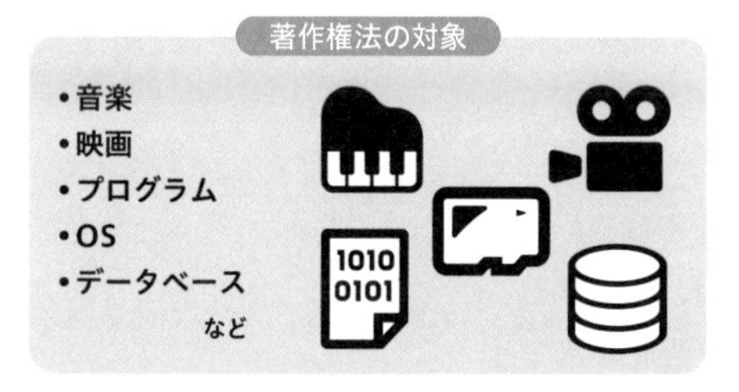

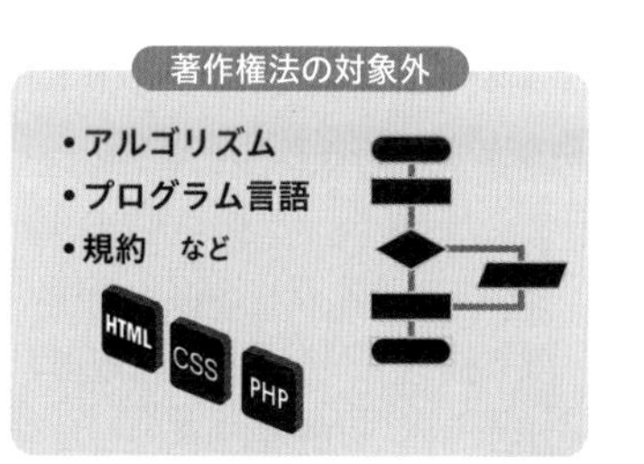

特許権などの産業財産権とは異なり、著作権は著作物を創作した時点で自動的に発生し、その取得のために申請・登録等の手続きを必要としません。

問題にチャレンジ！

Q 著作権法によって保護の対象と成り得るものだけを、全て挙げたものはどれか。

（令和 3 年・問 7）

a. インターネットに公開されたフリーソフトウェア
b. データベースの操作マニュアル
c. プログラム言語
d. プログラムのアルゴリズム

ア a、b　**イ** a、d　**ウ** b、c　**エ** c、d

解説

左ページの説明により、c と d は保護対象外です。フリーソフトウェアはプログラム著作物として、データベースの操作マニュアルは言語の著作物として、それぞれ著作権法で保護されます。著作権法によって保護の対象と成り得るものの組合せは「a、b」です。

A ア

13 知的財産権②

ストラテジ系
法務
出る度 ★★☆

著作権法や産業財産権関連法規以外の法律で守られている知的財産権もあります。どういう内容が法律で規制されているのか、どういう行為が違法行為にあたるのかを確認しておきましょう。

1 不正競争防止法

企業間で公正な競争が行われることを目的とした法律で、不正競争行為として以下の行為などが規制されています。

- 営業秘密を**不正に取得、使用、開示する**こと
- 限定提供データを**不正に取得、使用、開示**すること
- 他社の商品の**形態を模倣した商品を販売**すること
- 原産地などを**偽装表示して商品を販売**すること

営業秘密とは、顧客情報や新製品の技術情報など企業にとって有用な情報で、公然と知られていない秘密として管理されているものです。

限定提供データとは、サービスの向上などを目的に相手を限定して提供されるデータのことで、携帯電話の位置情報による人流データやコンビニエンスストアのPOS情報による消費動向データなどです。

2 ソフトウェアライセンス

ソフトウェアライセンスとは、**ソフトウェアの利用者が順守すべき事項（利用できるPCの台数や期間など）をまとめた文書**です。ソフトウェアには著作権があり、利用時にはライセンス契約（使用許諾契約）を結びます。ソフトウェアを購入する際に、**1つの契約で複数台分の使用許諾を認める契約**をボリュームライセンス契約（サイトライセンス契約）といいます。**利用期間に応じて料金を支払う**サブスクリプション契約では、サポート費用やライセンス使用料などが料金に含まれています。

ライセンス契約で購入した**ソフトウェアを利用する際**には、最初にアクティベーション（ライセンス認証）が必要です。WindowsServerでは、**サーバにアクセスするユーザーの数に応じて**CAL（Client Access License）の購入が必要です。

ソフトウェアの種類	概要
オープンソースソフトウェア(OSS:Open Source Software)	ソフトウェアのソースコードを**自由に入手し、利用、改変し、販売ができる**
フリーソフトウェア	ソフトウェアのソースコードを**自由に入手し、利用、コピー、改変し、販売ができる。利用、開発、配布についても制約を課してはならない**
パブリックドメインソフトウェア	ドメインの意味は「範囲、領域」。**著作権が消滅または放棄された無料のソフトウェア**なので、制限なく使える

図解でつかむ

ライセンス契約(使用許諾契約)

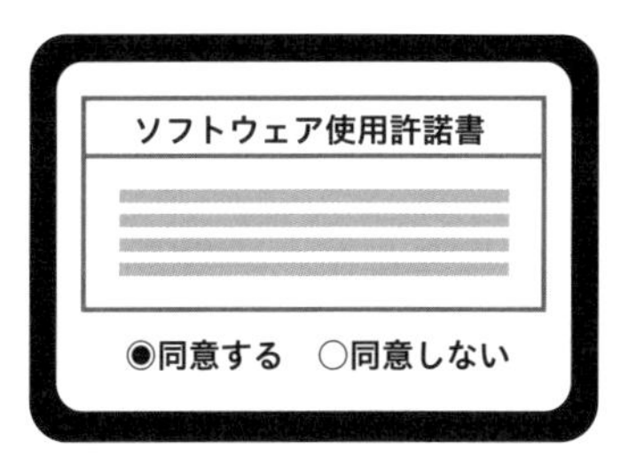

ソフトウェアをインストールする際に、ライセンス条件(使用許諾条件)が表示され、「同意する」ボタンをクリックすることで、ライセンス契約を結ぶという方法が一般的です。

問題にチャレンジ！

Q 不適切な行為に関する記述 a ～ c のうち、不正競争防止法で規制されている行為だけを全て挙げたものはどれか。 (平成 30 年秋・問 32)

a. 営業秘密となっている他社の技術情報を、第三者から不正に入手した。
b. 会社がライセンス購入したソフトウェアパッケージを、不正に個人の PC にインストールした。
c. キャンペーン応募者の個人情報を、本人に無断で他の目的に利用した。

ア a　**イ** a、b　**ウ** a、b、c　**エ** b、c

解説

不正競争防止法は、事業者間の公正な競争と国際約束の的確な実施を確保するため、不正競争の防止を目的として設けられた法律です。営業秘密侵害や原産地偽装、コピー商品の販売などを規制しています。
a. 正しい。不正競争防止法で規制されている行為です。b. 誤り。著作権法で規制されている行為です。c. 誤り。個人情報保護法で規制されている行為です。　**A** ア

14 労働関連法規

ストラテジ系
法務
出る度 ★★★

働き方改革によって、労働者がさまざまな労働条件を選択できるようになってきています。労働条件を整備するための労働関連法規について理解しておきましょう。雇用契約には派遣や請負などの種類があります。

1 労働基準法

労働基準法は、**最低賃金や残業賃金、労働時間など労働条件の最低基準**などを定めた労働者を保護するための法律です。出勤、退勤する時刻を従業員本人が決めるフレックスタイム制や労働時間が労働者の裁量にゆだねられる裁量労働制の採用についても定められています。

2 労働契約法

労働契約法は、労働者の保護と個別の労働関係の安定を目的とした法律で、**使用者と労働者との労働契約についての基本的なルール**が定められています。

3 労働者派遣法

労働者派遣法は、派遣労働者の保護と雇用の安定を目的とした法律で、人材派遣会社や派遣先企業が守るべき**就業条件や賃金、福利厚生などの規定を定めた法律**です。

4 雇用契約の種類

他社の業務を遂行する契約には、以下のような種類があります。

種類	説明
労働者派遣契約	**派遣元会社が雇用した労働者**を派遣し、**派遣先の会社で指揮命令を受けて労働する**
請負(うけおい)契約	**請負業者が業務を請け負い、請負業者が雇用している労働者に指揮命令を行う。請負契約では、発注業者から労働者に対して、直接、指揮命令を行うことはできない。**「業務の完成」に責任を持つ。委託した業務を再委託（別の委託先に業務を頼むこと）できる
準委任契約	**法律以外の業務を委託する。**受託者は「業務の処理」に責任を持ち、委託者に対して業務報告の義務がある。受託者は原則として再委託ができない

図解でつかむ

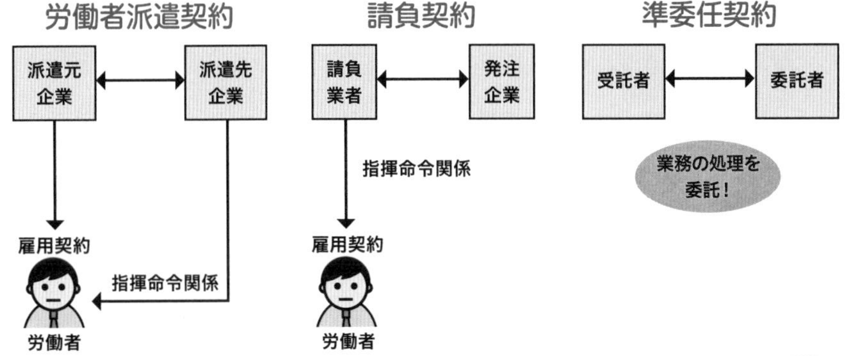

労働者派遣契約は頻出のテーマです。労働者派遣法で定められている以下の内容を押さえておきましょう！

- **個人を特定して派遣を要請してはいけない**
- **労働者が派遣元を退職後に、派遣先に雇用されることを禁止してはいけない**
- **派遣契約受入れ期間は最長３年以内**
- **派遣先は、派遣先責任者を選任しなければならない**

問題にチャレンジ！

Q　派遣先の行為に関する記述ａ～ｄのうち，適切なものだけを全て挙げたものはどれか。　（平成29年春・問13）

a．派遣契約の種類を問わず、特定の個人を指名して派遣を要請した。

b．派遣労働者が派遣元を退職した後に自社で雇用した。

c．派遣労働者を仕事に従事させる際に、自社の従業員の中から派遣先責任者を決めた。

d．派遣労働者を自社とは別の会社に派遣した。

ア　a、c　　**イ**　a、d　　**ウ**　b、c　　**エ**　b、d

解説

a．誤り、b．正しい、c．正しい、d．誤り。派遣元会社から受け入れた派遣労働者をさらに別の会社に派遣して指揮命令を受けている、二重派遣に該当し、職業安定法違反となります。

A　ウ

15 取引関連法規①

ストラテジ系

法務

出る度 ★★☆

企業が利益の追求に走った結果、取引先や消費者の権利がないがしろにされることがあります。それを防ぐために、消費者や下請(したうけ)事業者を保護するための法律があります。それぞれの法律が保護する内容を確認しておきましょう。

企業との取引において、消費者や下請事業者を守るための法律があります。

1 独占禁止法（私的独占の禁止及び公正取引の確保に関する法律）

市場の独占や不当な取引制限を禁止する法律です。事業者が公正かつ自由に競争することによって、消費者の利益が確保されます。

2 下請法（下請代金支払遅延等防止法）

下請けとは、**親事業者が顧客や消費者から引き受けた業務の一部を、別の事業者が引き受けること**です。親事業者から業務を委託された事業者を下請事業者といいます。下請法は**下請取引の公正化と下請事業者の利益保護を目的**としています。親事業者に対して、下請事業者に対する不当な業務のやり直しや、あらかじめ定めた下請代金の減額を禁止することなどが定められています。

3 PL(ピーエル)法（製造物責任法）

PL（Product Liability）は「製品責任」という意味で、PL法は**消費者の保護を目的**としたルールです。**消費者が製品の欠陥によって生命や身体または財産に被害を被った場合、製造会社などに対して損害賠償を求めることができます。**

PL法の対象となる製造物とは、不動産以外の形のあるもの（有形）で、**製造または加工されたもの**です。**サービスやソフトウェアは無形のため、PL法の対象外**です。ただし、**ソフトウェアを組み込んだ製造物による事故が発生した場合で、ソフトウェアの不具合が事故の原因だった場合は、製造物の製造業者に損害賠償責任が生じます。**

4 特商法（特定商取引に関する法律）

事業者による違法や悪質な勧誘行為などを防止し、消費者の利益を守ることを目的とした法律です。具体的には、訪問販売や通信販売などを対象に、事業者が守るべきルールとクーリング・オフ制度（**一定期間内に事業者に申し出れば、無条件で契約を解除できる**）などの消費者を守るルールを定めています。

図解でつかむ

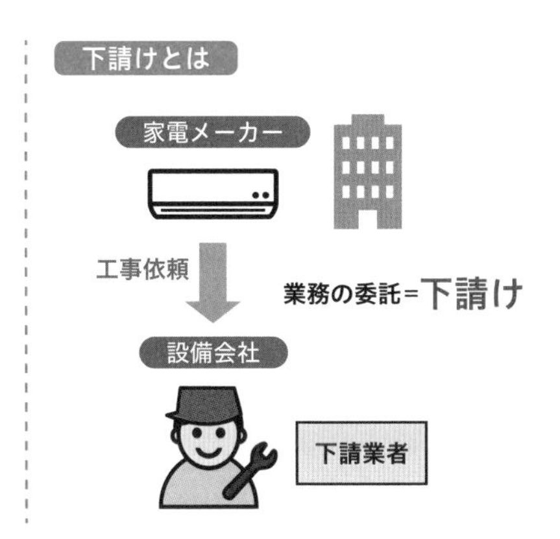

問題にチャレンジ！

Q PL法（製造物責任法）**によって、製造者に顧客の損害に対する賠償責任が生じる要件はどれか。**（平成30年春・問35）

［事象A］損害の原因が、製造物の欠陥によるものと証明された。
［事象B］損害の原因である製造物の欠陥が、製造者の悪意によるものと証明された。
［事象C］損害の原因である製造物の欠陥が、製造者の管理不備によるものと証明された。
［事象D］損害の原因である製造物の欠陥が、製造プロセスの欠陥によるものと証明された。

ア 事象Aが必要であり、他の事象は必要ではない。
イ 事象Aと事象Bが必要であり、他の事象は必要ではない。
ウ 事象Aと事象Cが必要であり、他の事象は必要ではない。
エ 事象Aと事象Dが必要であり、他の事象は必要ではない。

解説

PL法では、製造物責任の要件として以下を定めています。
①製造業者等が製造し、引き渡した製造物によって損害が生じたこと、②製造物に欠陥が存在したこと、③欠陥と損害発生との間に因果関係が存在すること
そのため、事象Aのように損害と欠陥の因果関係が立証されたときに製造業者等に賠償責任が生じます。

A ア

16 取引関連法規②

ストラテジ系

法務

出る度 ★★★

暗号資産や電子マネーによる決済など、さまざまな分野で IT が導入されています。新しい技術に対応するために、法律の制定や改正が行われていますので、安全に利用するためにも理解しておきましょう。

1 暗号資産

暗号資産とは、**紙幣や硬貨のような現物を持たず、インターネット上でやりとりができる通貨**です。暗号資産が普及するにつれ、トラブルが社会問題化し、法規制が必要とされています。

2 資金決済法

資金決済法は、**銀行以外の組織によるお金の受渡しを安全で効率よく、便利に行うための法律**です。具体的には、Suica などの電子マネーやコンビニの ATM、ビットコインなどの暗号資産を使ったお金の受渡しが対象です。暗号資産の売買などの暗号資産交換業を行う場合は、あらかじめ内閣総理大臣の登録を受ける必要があります。

3 金融商品取引法

株式や債券の売買などの金融商品取引に関するルールを定めている法律が金融商品取引法です。**投資家を保護することが目的**で、**暗号資産の取引も対象**です。近年の暗号資産流出事件を受け、顧客が保有する暗号資産の管理方法の強化が義務付けられており、取引に関するセキュリティがより強化されています。

4 リサイクル法

限りある資源を循環させる取組みとして、パソコン製造業者に対して**使用済み PC の回収と再資源化**を定めているのがリサイクル法（正式名称：資源の有効な利用の促進に関する法律）です。具体的には「製品の回収・リサイクルの実施などリサイクル対策の強化」「製品の再資源化・長寿命化等による廃棄物の発生の抑制」を行っています。

5 特定デジタルプラットフォームの透明性及び公正性の向上に関する法律

デジタルプラットフォーム（オンラインモールやアプリストア運営事業者）に対して、契約変更の際は利用者に事前に通知することや、利用者との契約解除時には**判断基準を明かすことなどを義務づける**法律です。

図解でつかむ

IT技術に関する用語と法律

用語・法律	目的	概要
暗号資産	安く安全に送金が実現できる	**インターネット上**でやりとりできるお金のこと
資金決済法	商品券や金券（電磁化された電子マネーを含む）や、銀行以外でのお金の受け渡しを安全に効率よく行うための法律	Suicaなどの**電子マネーやコンビニのATM、暗号資産**などでの**お金のやりとり**のルール
金融商品取引法	株式や暗号資産などの投資取引を安全に効率よく行うための法律	**株式や債券、暗号資産**などの金融商品の**投資家を保護する**ルール
リサイクル法	環境を保全し、限りある資源を循環させるための法律	**パソコン廃棄時**に**製造業者が守る**ルール
デジタルプラットフォーム取引透明化法	オンラインモールやアプリストアを対象として、取引の透明性や公正性を確保するための法律	提供者に対し、**取引条件等の情報開示、運営上の公正性確保、運営状況の報告**を義務付け、評価結果の公表等を講じる

問題にチャレンジ！

Q 暗号資産に関する記述として、最も適切なものはどれか。 （令和３年・問25）

ア 暗号資産交換業の登録業者であっても、利用者の情報管理が不適切なケースがあるので、登録がなくても信頼できる業者を選ぶ。

イ 暗号資産の価格変動には制限が設けられているので、価値が急落したり、突然無価値になるリスクは考えなくてよい。

ウ 暗号資産の利用者は、暗号資産交換業者から契約の内容などの説明を受け、取引内容やリスク、手数料などについて把握しておくとよい。

エ 金融庁や財務局などの官公署は、安全性が優れた暗号資産の情報提供を行っているので、官公署の職員から勧められた暗号資産を主に取引する。

解説

暗号資産交換業者は顧客に対し、取引の概要、手数料などの重要な事項を告げることになっています。利用者はこれらの説明を受け、暗号資産に関するリスクなどの把握に努めます。 **ア** 暗号資産交換業は、内閣総理大臣の登録を受けた暗号資産交換業者でなければ行ってはなりません。 **イ** 暗号資産取引には価格が急落したり突然無価値になったりするリスクがあります。 **エ** 官公署が暗号資産に関するトラブルについて注意喚起を行うことはあっても、暗号資産取引を勧めることはありません。

A ウ

17 その他の法律・ガイドライン

ストラテジ系
法務
出る度 ★★☆

企業にとって、法令遵守は当然のことであり、近年はさらに公正・公平に業務を遂行することが社会から求められていることを理解しておきましょう。ここでは、法律や制度の対象が誰なのかも重要となります。

企業が守るべきルールとして、最近では以下のトピックスがあります。

1 コンプライアンス

法令遵守という意味ですが、単に法令を遵守すればよいということではなく、**企業が公正・公平に業務を遂行すること**を求められていることを意味します。

コンプライアンス違反として、無許可の残業やソフトウェアの不正使用などがあげられます。コンプライアンス違反は、損害賠償や信用の失墜にもつながるため、コンプライアンスを推進することが企業の重要な課題になっています。

2 コーポレートガバナンス

企業統治とも訳され、**規律や重要事項に対する透明性の確保や企業活動の健全性を維持する枠組み**です。投資家や株主、従業員などのステークホルダー全体にとって正当な企業活動が行われるよう、**違法行為や経営者による身勝手な経営を監視するしくみ**ともいえます。

3 公益通報者保護法

食品の産地偽装や不正会計のように、**企業の不祥事をその企業の社員自らが外部の機関に知らせること**を内部告発（公益通報）といいます。公益通報者保護法は、通報した人の保護と企業不祥事による国民の被害拡大を防ぐことを目的としています。具体的には、通報した人に対する解雇の無効や不利益な取扱いの禁止などの規定があります。

4 内部統制報告制度

上場している企業が年度ごとに提出している**「有価証券報告書」に虚偽や誤りがないことを外部へ報告するための制度**です。内部統制が実際に行われているかを確認するために内部統制の報告書を作り、有価証券報告書とあわせて内閣総理大臣に提出しなければなりません。

5 情報公開法

行政機関が作成した文書について、誰でも開示請求を行える権利とその手続などについて定めた法律です。

図解でつかむ

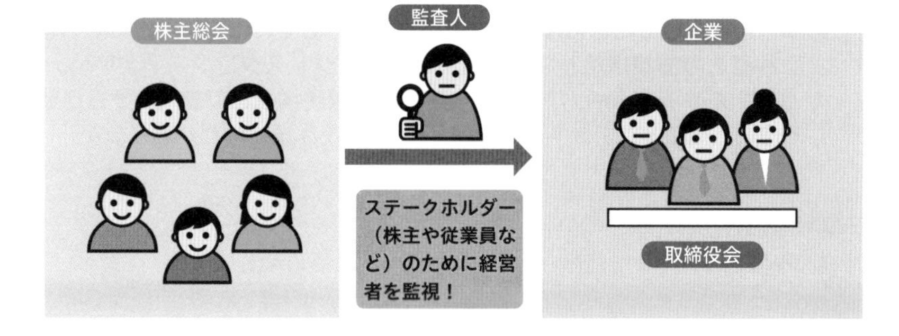

コーポレートガバナンスを強化するために行われるのが、この2つです。
- **社外役員や専門の委員会の設置による企業経営の監視**
- **内部統制（財務報告の信頼性の確保、資産の保全、法令遵守、業務の効率性の確認など）の強化による不正の監視**

問題にチャレンジ！

Q コーポレートガバナンスに基づく統制を評価する対象として、最も適切なものはどれか。　　（平成30年秋・問10）

ア　執行役員の業務成績
イ　全社員の勤務時間
ウ　当該企業の法人株主である企業における財務の健全性
エ　取締役会の実効性

解説

コーポレートガバナンスには、経営者や取締役会による企業の経営について利害関係者が監視・規律することで「企業の収益力の強化」と「企業の不祥事を防ぐ」という2つのことを達成する目的があります。コーポレートガバナンスの規律・監視の対象は、経営を役割・責務とする経営者および取締役会です。したがって**エ**が適切です。日本取引所グループが公開し、日本におけるコーポレートガバナンスを先導する指針となっている「コーポレートガバナンス・コード」では、取締役会等の責務として「独立した客観的な立場から、経営陣・取締役に対する実効性の高い監督を行うこと」としています。

A エ

18 標準化

ストラテジ系

法務

出る度 ★★☆

標準化とは、ものごとのルールを統一することです。広く利用されているうちに事実上の標準規格となったものをデファクトスタンダードといい、PCのOSであるWindowsがその一例です。複数企業などでフォーラムを結成して作成した標準をフォーラム標準といい、DVD規格などがあります。

1 標準化団体

規格の標準化を行う主な団体として、以下のようなものがあります。

団体名	概要
ISO(アイエスオー) (International Organization for Standardization) 国際標準化機構	電気・通信および電子技術分野を除く**全産業分野に関する規格**を制定する機関。ISOが制定した規格をISO規格という
IEC(アイイーシー) (International Electrotechnical Commission) 国際電気標準会議	**電気および電子技術分野の国際規格を制定する機関。**一部の規格は国際標準化機構(ISO)と共同で開発している
IEEE(アイトリプルイー) (Institute of Electrical and Electronics Engineers)	**アメリカの電気電子学会。**コンピュータや通信などの電気・電子技術分野における規格を制定する機関。IEEE802.3(LANの規格であるイーサネット)やIEEE802.11(無線LANの標準規格)がある
W3C(ダブリュースリーシー) (World Wide Web Consortium)	**Web技術の国際的な標準規格化**の推進をめざす団体。HTMLやXML、CSSなどWeb関連の技術仕様がある
JIS(ジス) (Japanese Industrial Standards) 日本産業規格	**日本の産業標準化**の促進を目的とした任意の国家規格。2019年7月1日の法改正によって日本工業規格から日本産業規格へと名称が変更になった

2 コードの規格

JANコード 	商品を識別するためのバーコード。POSシステムと連携し、売上や在庫を管理するために利用されている
QRコード 	縦横の二次元で情報を保持するため、バーコードより多くの情報を保持できる。QRコードとスマートフォンのカメラによりスマホ決済、連絡先の交換や施設の入場管理などにも利用されている

3 ISO 規格

ISO が制定した規格には、以下のようなものがあります。

規格	概要
ISO 9000 （品質マネジメントシステム）	製品やサービスの**品質**を管理し、顧客満足度を向上させるためのマネジメントシステム規格。対応する JIS として、**JIS Q 9000、JIS Q 9001、JIS Q 9004～JIS Q 9006** がある
ISO 14000 （環境マネジメントシステム）	**環境**を保護し、環境に配慮した企業活動を促進するためのマネジメントシステム規格。対応する JIS として、**JIS Q 14001、JIS Q 14004** がある
ISO/IEC 27000 （情報セキュリティマネジメントシステム）	**情報資産**を守り、有効に活用するためのマネジメントシステム規格。対応する JIS として、**JIS Q 27000、JIS Q 27001、JIS Q 27002** がある
ISO 26000 （社会的責任に関する手引）	持続可能な社会づくりのために組織が社会的責任（環境保全や地域への貢献といった取組み）を実践するための手引
ISO/IEC 38500 （IT ガバナンス）	IT ガバナンス（IT を効果的に活用して、情報システム戦略を実施する取組み）の責任者である経営者のためのガイド。対応する JIS として、JIS Q 38500 がある

問題にチャレンジ！

Q1 情報処理の関連規格のうち、情報セキュリティマネジメントに関して定めたものはどれか。 （平成 30 年秋・問 33）

ア IEEE802.3　**イ** JIS Q 27001　**ウ** JPEG 2000　**エ** MPEG1

Q2 情報を縦横 2 次元の図形パターンに保存するコードはどれか。 （令和元年秋・問 4）

ア ASCII コード　**イ** G コード　**ウ** JAN コード　**エ** QR コード

解説 Q1

ア イーサネットなどについて定めている規格です。 **イ** 情報セキュリティマネジメントシステムの要求事項を規定した JIS 規格です。 **ウ** 静止画の圧縮フォーマットの名称です。 **エ** 動画フォーマットの名称です。

A イ

解説 Q2

ア アルファベット、数字、特殊文字および制御文字を含む文字コードです。
イ アナログテレビ放送において、チャンネルと放送時間を一意に指定するための最大 8 桁の文字列です。 **ウ** 日本で最も普及している商品識別コードおよびバーコード規格です。

A エ

19 経営情報分析手法

ストラテジ系
経営戦略マネジメント
出る度 ★★★

経営戦略を立てるには、まず、現時点における自社の状況分析が必須です。客観的に状況をつかむには、ビジネスツールが役立ちます。自社の強みや弱み、問題点や将来性を把握できれば、格段に精度の高い経営戦略が策定できます。それぞれの手法の概要を理解しておきましょう。

1 SWOT（スウォット）分析

Strength（強み）、Weakness（弱み）、Opportunity（機会・チャンス）、Threat（脅威）の頭文字をとったものです。**市場や自社を取り巻く環境と自社の状況を分析し、ビジネス機会をできるだけ多く獲得するための戦略や計画に落としこむための手法**です。

「強み」「弱み」は自社の人材や技術力など自社でコントロールできる要因のことで、これらを内部環境といいます。「機会」「脅威」は社会情勢や技術革新など自社の努力で変えられない要因のことで、外部環境といいます。

2 PPM（ピーピーエム）（Product Portfolio Management）

自社の経営資源（ヒト、モノ、カネ、情報）の配分や事業の組合せ（ポートフォリオ）を決める手法です。市場成長率、市場占有率を踏まえて、自社の製品やサービスを**「花形」「金のなる木」「問題児」「負け犬」の４つに分類**します。

「花形」は市場成長率・占有率は共に高いですが、競合他社も多く、市場占有率を維持するためにはさらなる投資が必要です。

「金のなる木」は、市場成長率は低いですが、占有率は高く、投資が少なくても安定した利益が得られ、投資用の資金源となります。

「問題児」は、市場成長率は高いですが、占有率が低く、占有率を高めて花形にするために投資を行うか、負け犬になる前に撤退を検討する必要があります。

「負け犬」は、市場成長率、占有率も低く、将来性が低いため市場からの撤退を検討する必要があります。

3 3C 分析

市場における３つのC、Customer（顧客）、Competitor（競合）、Company（自社）の要素を使って自社が事業を行うビジネス環境を分析する手法で、事業計画や経営戦略を立てる際に使われます。

市場と競合の分析から、自社のビジネスが市場で成功するための要因を探り、自社の強みを活かす、もしくは競合他社を参考に弱みを強化するなど戦略を策定します。

図解でつかむ

SWOT分析

内部環境	【強み】Strength 競合他社に負けない人材、技術力、サービス、価格 など	【弱み】Weakness 自社の課題や弱点 など
外部環境	【機会】Opportunity 技術革新、規制緩和、業界環境の変化 など	【脅威】Threat 経済状況の悪化、競合他社の動向による外的脅威

SWOTを使った戦略

		内部環境	
		強み	弱み
外部環境	機会	強みを活かす戦略	弱みを克服して機会を活かす戦略
	脅威	縮小戦略	撤退を検討

PPM

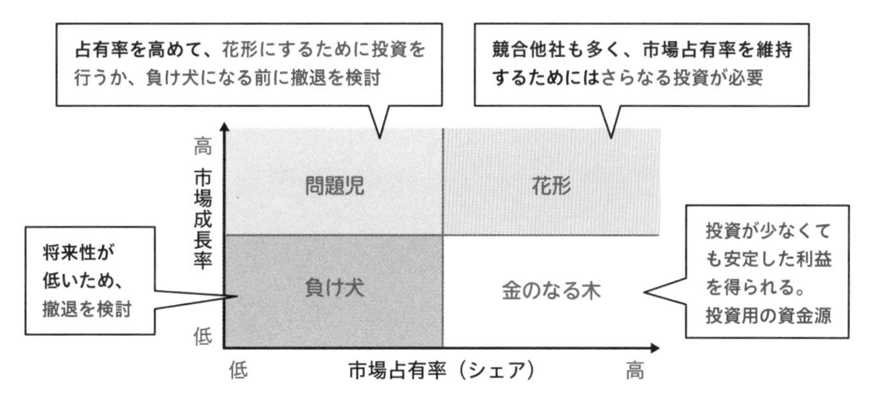

4 VRIO（ブリオ）分析

自社の経営資源が、「強み」なのか「弱み」なのかを評価するためのフレームワークです。経営資源に対して、Value（経済的価値はあるか？）、Rarity（希少か？）、Inimitability（模倣困難性：他社がまねできないか？）、Organization（組織：経営資源を積極的に活用できる組織か？）の順に４つの項目に回答した結果で評価します。４つすべてがイエスであれば、他社にまねできない経営資源と、それを活用できる組織力があるという評価になります。この状態を「持続的な競争優位かつ経営資源の最大活用」と表現します。

図解でつかむ

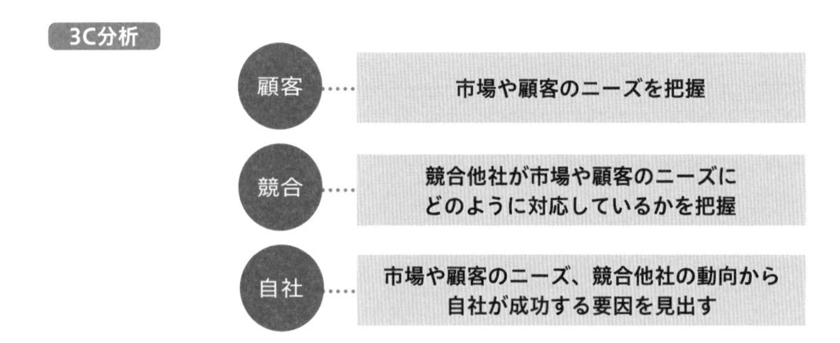

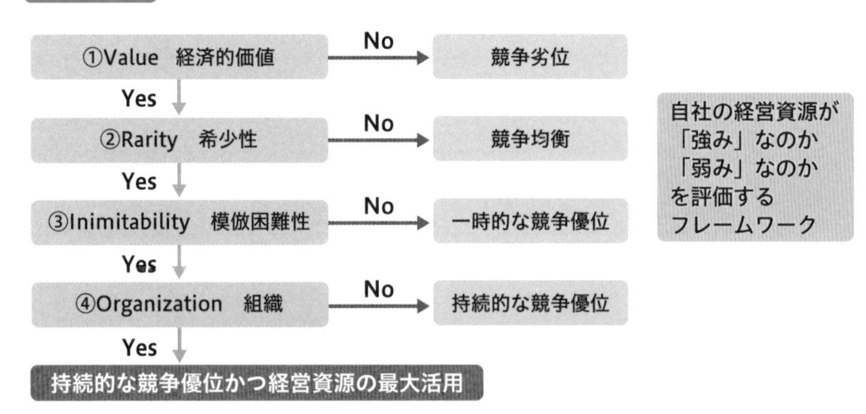

問題にチャレンジ！

Q1 プロダクトポートフォリオマネジメントは、企業の経営資源を最適配分するために使用する手法であり、製品やサービスの市場成長率と市場におけるシェアから、その戦略的な位置付けを４つの領域に分類する。市場シェアは低いが急成長市場にあり、将来の成長のために多くの資金投入が必要となる領域はどれか。

（令和３年・問23）

ア　金のなる木　　**イ**　花形　　**ウ**　負け犬　　**エ**　問題児

Q2 ある業界への新規参入を検討している企業がSWOT分析を行った。分析結果のうち、機会に該当するものはどれか。　（平成30年春・問17）

ア　既存事業での成功体験
イ　業界の規制緩和
ウ　自社の商品開発力
エ　全国をカバーする自社の小売店舗網

解説 Q1

プロダクトポートフォリオマネジメント（PPM）は、縦軸と横軸に「市場成長率」と「市場占有率」を設定したマトリックス図を４つの領域に区分し、製品の市場における位置付けを分析して資源配分を検討する手法です。４つの領域は、市場内の位置付けから以下のような名称で呼ばれています。「花形」は、占有率・成長率ともに高く、資金の流入も大きいが、成長に伴い占有率の維持には多額の資金の投入を必要とする分野です。「金のなる木」は、市場の成長がないため追加の投資が必要ではなく、市場占有率の高さから安定した資金・利益の流入が見込める分野です。「問題児」は、成長率は高いが占有率は低いので、花形製品とするためには多額の投資が必要になります。投資が失敗し、そのまま成長率が下がれば負け犬になってしまうため、慎重な対応を必要とする分野です。「負け犬」は、成長率・占有率がともに低く、新たな投資による利益の増加も見込めないため市場からの撤退を検討するべき分野です。市場シェア（占有率）が低く、市場成長率が高い領域は「問題児」です。

A エ

解説 Q2

ア　内部環境のプラス要因なので強み（Strength）に分類されます。
ウ　内部環境のプラス要因なので強み（Strength）に分類されます。
エ　内部環境のプラス要因なので強み（Strength）に分類されます。

A イ

20 経営戦略に関する用語①

ストラテジ系

経営戦略マネジメント

出る度 ★★☆

ここからは、経営戦略に関する重要な用語についてみていきます。「アライアンス」「M&A」「MBO」「TOB」などの用語は、初めて目にする人もいるでしょう。キーワードとなる言葉に注目しましょう。

1 経営戦略に関する用語

代表的な経営戦略には、以下のようなものがあります。

用語	概要
コアコンピタンス	コアは「核」、コンピタンスは「能力」という意味。コアコンピタンスは**自社の強みや得意分野**のこと
ニッチ戦略	ニッチは「隙間」という意味。ニッチ戦略は、**他社が参入していない市場で、自社の強みを生かして地位を確立する戦略**のこと
同質化戦略	業界内で最大の市場シェアを持つ企業が**競合企業のサービスを真似て、自らの地位を守る経営戦略**
ブルーオーシャン戦略	**競争相手のいない新たな市場を開拓する戦略**。価値の高いサービスを低コストで実現することで、長期的な売上と利益を得るための戦略

2 企業間提携に関する用語

企業間の連携にはさまざまな形態があります。

種類	概要
アライアンス	**業務提携（企業提携）**のこと。お互いの資金や技術、人材などを活用し、協力して事業を行い、新しい技術や製品を作り出すこと
M&A（エムアンドエー）（Mergers and Acquisitions）	Merger は「合併」、Acquisition は「**買収**」という意味。**企業買収**のこと。新規事業への進出や事業規模の拡大が目的
OEM（オーイーエム）（Original Equipment Manufacturer）	**生産提携**のことで、**他社ブランドの製品を生産**すること。「相手先ブランド名製造」とも訳される
ファブレス	Fab（工場）と Less（ない）の造語。製造業が**自社で工場を持たず、生産を外部の企業に委託**する経営方式
フランチャイズチェーン	本部が加盟店にノウハウやシステムを提供し、独占的な販売権を与える。本部は加盟店から加盟料などを徴収する
MBO（エムビーオー）（Management Buyout）	Buyout は「買収」という意味。経営陣による自社買収。**企業経営者が株主から自社株式を買い取って経営権を取得**すること。子会社を会社から切り離し独立させる際などに行われる

TOB（ティーオービー） (Take Over Bid)	直訳すると「入札の引継ぎ」で、株式公開買付けのこと。**株式市場を通さず買付希望株数、期間、価格などを公開して、不特定多数の株主から一挙に株式を取得する方法**のこと。M&Aで対象企業の株式を買い付ける方法

図解でつかむ

アライアンス（業務提携/企業提携）

協力して新しい技術や製品を作る

M&A（企業買収）

新規事業や規模拡大が目的

問題にチャレンジ！

Q 企業が、他の企業の経営資源を活用する手法として、企業買収や企業提携がある。企業買収と比較したときの企業提携の一般的なデメリットだけを全て挙げたものはどれか。 （平成30年秋・問11）

a. 相手企業の組織や業務プロセスの改革が必要となる。

b. 経営資源の活用に関する相手企業の意思決定への関与が限定的である。

c. 必要な投資が大きく、財務状況への影響が発生する。

ア a　**イ** a、b、c　**ウ** a、c　**エ** b

解説

a. 企業買収のデメリットです。企業提携では相手組織の改革は不要です。

b. 企業提携のデメリットです。企業提携は、各社が独立性を保っており、結び付きが限定的なので、相手側の経営資源の活用について口出しすることは困難です。

c. 企業買収のデメリットです。企業提携では、複数の企業が事業資金を提供するので企業買収に比べると財務リスクは小さくなります。

A エ

21 経営戦略に関する用語②

ストラテジ系

経営戦略マネジメント

出る度 ★☆☆

経営戦略によって、買収・合併する相手の選び方が変わってきます。例えば、「開発から製造・販売までのすべての工程を１社で行う」という戦略もあれば、「開発だけに特化して、製造や販売は外部に任せる」という戦略もあります。それぞれの戦略のねらいと概要をみておきましょう。

1 事業の経済性に関する用語

経営戦略を効率的に実施するための観点には以下のものがあります。

用語	概要
範囲の経済性	**同一企業が異なる複数の事業を経営することによって収益が拡大すること。** 例えば、製造業の企業が、上流に当たる部品工場や下流に当たる小売店を買収し、事業範囲を拡大するなど。**上流から下流の工程すべてを一社に統合することを**垂直統合という
規模の経済性	**製品の生産量を増やす（規模を大きくする）ことで、低コストを実現すること。** 例えば、同一製品やサービスを提供する同業他社を一体化して、規模を拡大する。**特定の工程を担う複数の企業を一社に統合すること**を水平統合という
密度の経済性	**あるエリアに集中して事業を展開することで、物流や広告宣伝のコストの効率化を図ること。** 例えば、あるエリアに集中して出店するなど
経験曲線	製造コストと累積生産量には、一定の相関関係があり、**生産量が何倍になると、コストが何割下がる（経験則）などという関係を表すグラフを経験曲線**という

2 経営戦略上の留意すべき事象

商品が普及するにつれて市場参入時の価値が薄れ、一般的な商品になって、**低価格競争に陥る事象**をコモディティ化といいます。コモディティは「日用品」の意味です。

また、**自社のサービスや製品同士で消費者を奪い合う事象**をカニバリゼーション（Cannibalization）といいます。カニバリゼーションは「共食い」という意味で、例えば、コンビニエンスストアにコーヒーマシンを導入したことにより、店舗内の飲料製品の売り上げが下がったケースなどです。このようなことにならないよう、経営戦略には**優れた成果を出している企業を指標とし、自社のビジネスモデルと比較、分析し、改善すべき点を見出す手法**（ベンチマーキング）が利用されています。

範囲の経済性は「複数事業の実施」、規模の経済性は「生産量の増大」、密度の経済性は「あるエリアに集中した事業展開」と覚えておきましょう。

図解でつかむ

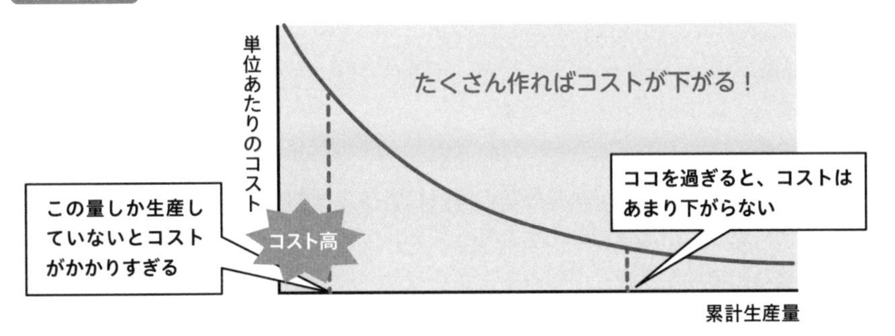

問題にチャレンジ！

Q 企業の商品戦略上留意すべき事象である“コモディティ化”の事例はどれか。

(平成 27 年春・問 17)

ア 新商品を投入したところ、他社商品が追随して機能の差別化が失われ、最終的に低価格化競争に陥ってしまった。

イ 新商品を投入したところ、類似した機能をもつ既存の自社商品の売上が新商品に奪われてしまった。

ウ 新商品を投入したものの、広告宣伝の効果が薄く、知名度が上がらずに売上が伸びなかった。

エ 新商品を投入したものの、当初から頻繁に安売りしたことによって、めざしていた高級ブランドのイメージが損なわれてしまった。

解説

コモディティ化は、汎用品化とも呼ばれ、ある製品やカテゴリーについてメーカーや販売会社ごとの機能的・品質的な差異がごくわずかとなり、均一化していることをいいます。したがって**ア**が適切な記述です。**イ**の現象は、カニバリゼーションの説明です。

A ア

22 マーケティングの基礎①

ストラテジ系
経営戦略マネジメント
出る度 ★★☆

マーケティング活動は、市場調査→販売・製品・仕入計画→販売促進→顧客満足度調査の流れで行います。ここでは、マーケティングの中核となる「市場調査」と「販売促進」の基本を学びます。戦略を組み合わせて行われるマーケティングミックスでは、「4P」と「4C」の違いも押さえましょう。

1 市場調査

市場調査は、以下の流れで行います。

①3C分析による環境の分析で自社の強みを生かせる市場を探す
②ニーズによって市場を細分化する（セグメンテーション）
③細分化した市場から自社の強みを生かせるニーズに絞り込む（ターゲティング）
④どの立場で他社と競争するか、自社製品の位置づけを行う（ポジショニング）
⑤さまざまな要因を組み合わせて戦略を立てる（マーケティングミックス）

マーケティングでは、以下の分析手法が利用されています。

手法	概要
4P分析	**Product（製品）、Price（価格）、Place（販売ルート）、Promotion（販売促進）**の頭文字をとったもの。4Pは**売り手の視点**に立ち、何を、いくらで、どこで、どのようにして、売るのかを決定する手法
4C分析	Customer Value（顧客にとっての**価値**）、Cost（**価格**）、Convenience（**利便性**）、Communication（**伝達**）の頭文字をとったもの。4Cは**買い手の視点**に立ち、どんな価値を、いくらで、どこで、どうやって知って、買ってもらうかを検討する手法
RFM（アールエフエム）分析	Recency（**最終購買日**）、Frequency（**購買頻度**）、Monetary（**累計購買金額**）の頭文字をとったもの。いつ、どのくらいの頻度で、いくら買ってくれているのか、**顧客の購買行動の分析を行う手法**

2 販売促進

売り手が消費者の購買意欲を刺激し、製品を購入してもらうために、以下のような手法があります。

手法	概要
ダイレクトマーケティング	自社の製品やサービスに関心の高い顧客に対して、**個別に行われる手法。**通信販売やインターネット販売のこと

クロスメディアマーケティング	テレビ広告の続きをWebで公開するなど、**複数のメディアを連動させ、広告の相乗効果を高める手法**
インバウンドマーケティング	**ブログや動画などで魅力的なコンテンツを発信**して、見込み客に**見つけてもらう**手法
オムニチャネル	オムニは「すべて」、チャネルは「接点」という意味。店舗やインターネットだけでなく、SNSなど、**あらゆる接点を使って顧客とつながることで売上をアップする手法**
プッシュ戦略	販売業者が**消費者に直接アプローチする戦略**
プル戦略	**消費者自らが販売業者にアプローチしてくるよう仕向ける戦略**。サイト検索結果に関連する製品の広告を配信するしくみなど

図解でつかむ

マーケティングミックスの例

売り手(4P)	検討する内容	買い手(4C)
Product(製品)	製品やサービスの機能、デザイン、品質など	Customer Value(顧客にとっての価値)
Price(価格)	定価や割引率、お得感や高級感など	Cost(価格)
Place(流通)	店舗立地条件や販売経路、輸送	Convenience(利便性)
Promotion(販売促進)	宣伝や広告、イベント、キャンペーン	Communication(伝達)

問題にチャレンジ！

Q マーケティングミックスの検討に用いる考え方の一つであり、売り手側の視点を分類したものはどれか。 (平成29年春・問2)

ア 4C　**イ** 4P　**ウ** PPM　**エ** SWOT

解説

ア 4Cは、買い手側の視点から分類したフレームワークです。**ウ** Product Portfolio Managementの略。縦軸に市場成長率、横軸に市場占有率をとったマトリックス図を4つの象限に区分し、市場における製品（または事業やサービス）の位置付けを2つの観点から分析して、今後の資源配分を検討する手法です。**エ** SWOT分析は、企業の置かれている経営環境を、強み・弱み・機会・脅威に分類して分析する手法です。

A イ

23 マーケティングの基礎②

ストラテジ系

経営戦略マネジメント

出る度 ★★☆

マーケティング活動というと、「市場調査や販売促進」のイメージが強いかもしれませんが、それだけでなく販売計画、製品計画、仕入計画、顧客満足度調査など一連の流れも含まれています。ここでもマーケティングに関する重要な用語を押さえておきましょう。

1 販売・製品・仕入計画

販売計画では「**誰に、何をどのように販売していくか**」を決めます。製品計画では「**製品をどのくらい製造するか**」を決めます。仕入計画では「**販売計画を達成するために、何を、どこから、どのような条件で仕入れるか**」を決めます。

2 製品の価格戦略

製品の価格を決める際にも戦略があります。

種類	概要
スキミングプライシング	早期に投資コストを回収することを目的に、**初期段階で価格を高く設定する価格戦略**
ペネトレーションプライシング	市場シェアを獲得することを目的に、**コストと同じかそれ以下に価格を設定する価格戦略**
ダイナミックプライシング	**需要と供給の状況に合わせて価格を変動させる価格戦略。**需要が集中する季節、時間帯は価格を割高にして企業の収益の最大化や混雑の緩和が可能。観光業などで利用されている

3 顧客満足度調査（CS 調査）

アンケートやインタビューなどを行い、自社の製品やサービスについて**どのくらい顧客が満足しているかを定量的に調べます。**

4 アンゾフの成長マトリクス

企業が成長途上でとるべき戦略を整理したものです。このマトリクスは「製品」と「市場」の2つの軸を設定し、それぞれの軸をさらに「既存」と「新規」に分け、企業がとるべき戦略として、**「市場浸透」「製品開発」「市場開発」「多角化」**を表しています。

5 オピニオンリーダー

オピニオンリーダーとは、**流行などにおいて、集団の意思決定に影響力を与える人物**

のことです。マーケティングでは、流行に敏感で影響力があるオピニオンリーダーが市場の動向を左右しているといわれています。SNS 上で消費者に影響を与えるオピニオンリーダーのことを**インフルエンサー**といいます。

図解でつかむ

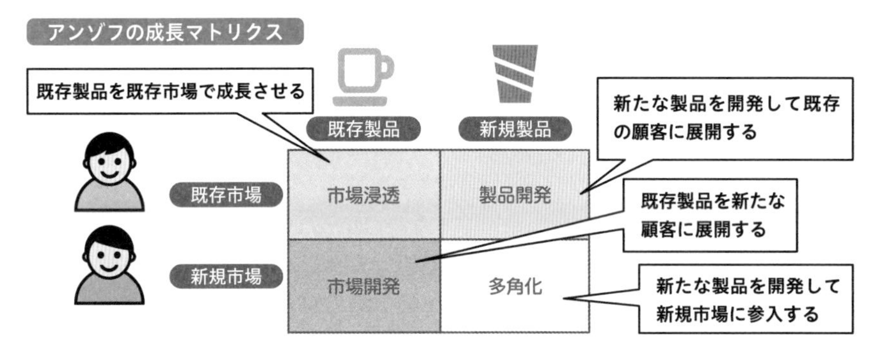

マーケティング用語は種類が多いので、太字部分を押さえておきましょう。
アンゾフの成長マトリクスは、図を描いて覚えるのも一つの手ですね。

問題にチャレンジ！

Q 既存市場と新市場、既存製品と新製品でできるマトリックスの 4 つのセルに企業の成長戦略を表す市場開発戦略、市場浸透戦略、製品開発戦略、多角化戦略を位置付けるとき、市場浸透戦略が位置付けられるのはどのセルか。

（平成 31 年春・問 5）

	既存製品	新製品
既存市場	A	B
新市場	C	D

ア A　**イ** B　**ウ** C　**エ** D

解説

このページの上図参照。

A ア

24 目標に対する評価と改善

ストラテジ系
経営戦略マネジメント
出る度 ★★★

ビジネス戦略を立案したあとは、戦略を達成するための行動が必要です。行動に落とし込む目標を設定し、その目標を達成できたかどうかを評価して改善につなげます。こうした評価の手法を押さえておきましょう。

1 BSC（Balanced Scorecard：バランススコアカード）

バランススコアカードは、経営戦略を達成するために「財務」だけでなく、「顧客」「業務プロセス」「学習と成長」など、**さまざまな視点からバランスよく目標を設定し、目標達成度合いによって業績評価を行う手法**です。

財務の視点では、**売上や業績が向上するためには**どのような行動をすべきかの目標を設定します。顧客の視点では、**顧客のために**どのような行動をすべきかの目標を設定します。業務プロセスの視点では、**業務プロセスを改善するために**どのような行動をすべきかの目標を設定します。学習と成長の視点では、**企業や社員の能力向上のために**どのような行動をすべきかの目標を設定します。

目標達成のために最も重要となる活動や課題をCSF（Critical Success Factors：重要成功要因）といいます。目標達成に向けて、限られた経営資源を最も効率よく活用するためにCSFを設定し、CSFには優先的、集中的に資源が投下されます。

BSCでは、各視点の目標に対する具体的なKGI（Key Goal Indicator：重要目標達成指標）、KPI（Key Performance Indicator：重要業績評価指標）を定めます。

KGIは目標を達成するための**最終的なゴールを定量的に示すもの**で、売上数などがあてはまります。KPIは最終目標であるKGIを達成するための**中間的な指標**です。例えば、売上１億円を達成するためにECサイトの訪問数を10% UPさせるなどです。

BSCを活用することによって、業績評価のための目標が明確になり、戦略達成までの道のりを短くすることができます。

2 バリューエンジニアリング

直訳をすると「価値工学」です。製品やサービスの機能を、製造や提供にかかるコストで割ったものを、その製品などの価値（value）とみなし、**最少の資源コストで価値を実現するための手法**です。

価値向上のためには同じ機能でコストを下げるか、同じコストで機能を上げるかなどの改善が必要となります。

図解でつかむ

BSC(バランススコアカード)の例

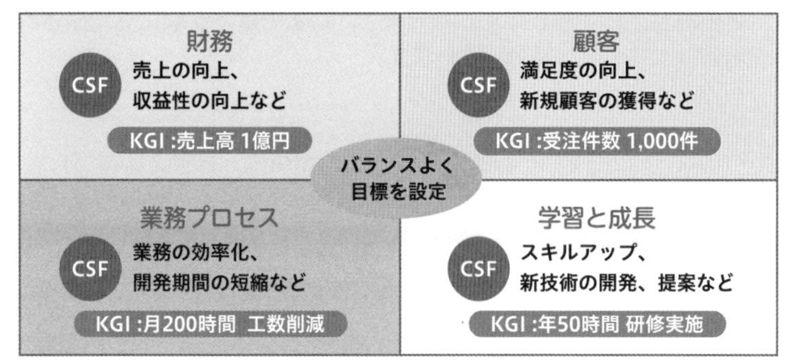

CSF 目的達成のための最も重要な活動課題

KGI 最終的なゴールを数値で示す

問題にチャレンジ！

Q 部品製造会社Aでは製造工程における不良品発生を減らすために、業績評価指標の一つとして歩留り率を設定した。バランススコアカードの四つの視点のうち、歩留り率を設定する視点として、最も適切なものはどれか。

(平成26年春・問23)

ア 学習と成長　**イ** 業務プロセス　**ウ** 顧客　**エ** 財務

解説

歩留り率（ぶどまりりつ）とは、製造工程において生じる不良品や目減りなどを除いて最終的に製品になる割合です。

原材料が100kgあり、90kgの製品が仕上がったとすると歩留り率は90%になります。歩留り率の向上は、製造工程の改善によって達成するためバランススコアカードの視点の中では「業務プロセス」が適切となります。

A イ

25 経営管理システム①

ストラテジ系

経営戦略マネジメント

出る度 ★★★

さまざまな経営管理システムがあり、これらのシステムを活用することによって、効果的な企業経営が可能になります。ここでは、試験にも出題されている代表的なシステムを紹介しています。

1 CRM（シーアールエム）（Customer Relationship Management：顧客関係管理）

CRMでは、**顧客情報を全社的に一元管理**することによって、きめ細かい対応を行い、**顧客と長期的に良好な関係を築いて満足度を上げることを目的としています。**顧客情報を効果的に活用することによって、他社に比べて優先的に検討してもらえるというメリットもあります。

2 バリューチェーンマネジメント

直訳すると「価値連鎖管理」という意味です。企業の活動を、調達、製造、販売などの業務に分割し、**それぞれの業務が生み出す価値を分析して、それを最大化するための戦略を検討する枠組み**です。バリューチェーンを分析した結果、価値を最も多く生み出す業務に注力し、**価値を生み出していない業務は外部に委託する経営戦略**をコアコンピタンス（競争優位分野）戦略といいます。

3 ロジスティクス

商品の調達・製造・販売・輸送に至る、すべてのプロセスを一元管理することです。似た言葉に「物流」がありますが、物流は生産された商品を消費者に届けるまでの活動です。**ロジスティクスは製造と物流を一体化させ、スピーディで無駄のない物流プロセスを実現**し、品切れの防止や在庫の削減など**物流全体の最適化**を実現します。

4 SCM（エスシーエム）（Supply Chain Management：供給連鎖管理）

企業内で行われていたロジスティクスの範囲を広げ、**自社と関係のある取引先企業を一つの組織として捉え、グループ全体で情報を一元管理して業務の効率化を図る**ことが目的です。関係先企業である卸売企業・小売企業・輸送会社などと協働することで効率的な生産・販売計画が立てられ、業務コストを抑えられるというメリットがあります。ただし、関係企業でそれぞれの役割やルールを事前に取り決めておくことが大切です。

図解でつかむ

CRM

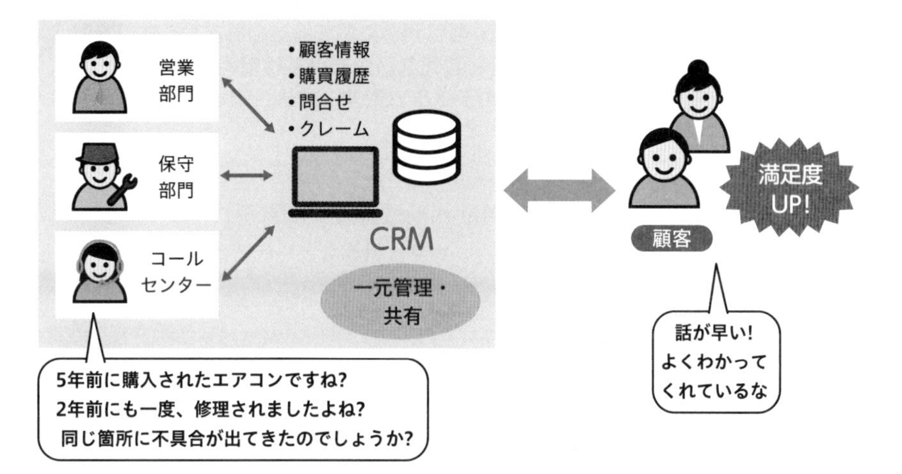

問題にチャレンジ！

Q SCMシステムの説明として、適切なものはどれか。 （平成27年秋・問6）

ア 企業内の個人がもつ営業に関する知識やノウハウを収集し、共有することによって効率的、効果的な営業活動を支援するシステム

イ 経理や人事、生産、販売などの基幹業務と関連する情報を一元管理し経営資源を最適配分することによって、効率的な経営の実現を支援するシステム

ウ 原材料の調達から生産、販売に関する情報を、企業内や企業間で共有・管理することで、ビジネスプロセスの全体最適をめざすための支援システム

エ 個々の顧客に関する情報や対応履歴などを管理することによって、きめ細かい顧客対応を実施し、顧客満足度の向上を支援するシステム

解説

ア SFA（Sales Force Automation）システムの説明です。 **イ** ERP（Enterprise Resource Planning）システムの説明です。 **エ** CRM（Customer Relationship Management）システムの説明です。

A ウ

26 経営管理システム②

ストラテジ系
経営戦略マネジメント
出る度 ★★★

経営管理システムには、品質管理や経営資源に関するものもあります。ERP(企業資源計画)は人事、経理、生産、販売など企業の基幹情報を一元管理して、経営資源を有効に活用するためのシステムです。さまざまな業界で採用されており、本試験でもよく出題されています。

1 ERP（イーアールピー）（Enterprise Resource Planning：企業資源計画）パッケージ

ERPは、**企業の経営資源（ヒト、モノ、カネ、情報など）を統合的に管理、配分し、業務の効率化や経営の全体最適化をめざす手法**です。そのためのソフトウェアはERPパッケージと呼ばれ、全社的に導入することで、部門間のスムーズな情報共有や連携が可能になります。

2 TOC（ティーオーシー）（Theory Of Constraints：制約理論）

生産管理や経営の全体最適化のための改善手法で、SCMに用いられています。制約とは、**全体のパフォーマンスを低下させてしまう部分**のことで、ボトルネックともいわれます。TOCはボトルネックの解消に取り組むことで、少ない労力で最大のパフォーマンスを発揮できるという理論のもと、**ボトルネックを集中的に管理**します。

3 TQC（ティーキューシー）（Total Quality Control：全社的品質管理）TQM（ティーキューエム）（Total Quality Management：総合的品質管理）

かつては、成果物（製品）をチェックすることだけが品質管理でしたが、**統計的な手法やプロセス（作業工程）の改善**を全社的に取り入れたことで、製品の品質が格段に向上しました。この考え方がTQC（Total Quality Control：全社的品質管理）です。

TQCの考え方にさらに経営の観点を含め、**経営戦略としての取組み**に発展させたものがTQM（Total Quality Management：総合的品質管理）です。

4 シックスシグマ

シグマ（σ）は標準偏差のことで**統計学上のばらつき**を表します。シックスシグマは、**業務プロセスを改善し、製品やサービスの品質のばらつきをおさえ、品質を一定に保つことで顧客満足度を高めるための経営管理の手法**です。

図解でつかむ

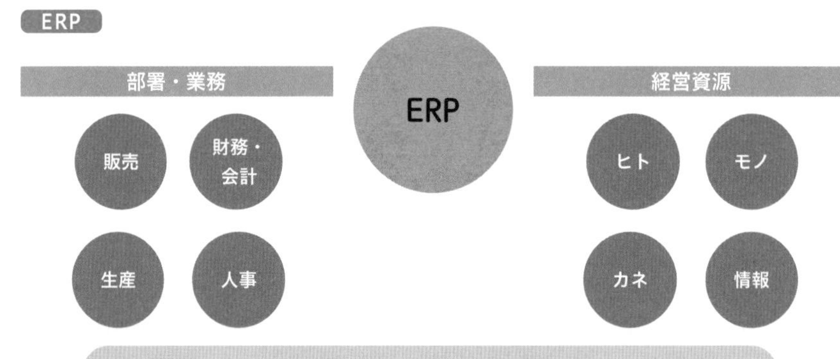

問題にチャレンジ！

Q1 一連のプロセスにおけるボトルネックの解消などによって、プロセス全体の最適化を図ることを目的とする考え方はどれか。 （平成29年春・問6）

ア CRM　**イ** HRM　**ウ** SFA　**エ** TOC

Q2 購買、生産、販売、経理、人事などの企業の基幹業務の全体を把握し、関連する情報を一元的に管理することによって、企業全体の経営資源の最適化と経営効率の向上を図るためのシステムはどれか。 （平成31年春・問3）

ア ERP　**イ** MRP　**ウ** SCM　**エ** SFA

解説 Q1

ア Customer Relationship Management の略。顧客に関するあらゆる情報を統合管理し、顧客との良好な関係を企業活動に有効活用する経営管理手法です。

イ Human Resource Management の略で、人事資源管理と訳されます。

ウ Sales Force Automation の略。営業活動に IT を活用して、営業の質と効率を高め売上や利益の増加につなげようとする考え方です。 **A** エ

解説 Q2

イ Material Requirements Planning の略。「資材所要量計画」と呼ばれます。
ウ Supply Chain Management の略。社外も含めて情報を一元管理し効率化を図ること。 **エ** Sales Force Automation の略。営業支援システムです。 **A** ア

27 技術開発戦略①

ストラテジ系
技術戦略マネジメント
出る度 ★★☆

技術開発戦略では、市場の動向を踏まえて、強化すべき開発分野を決定します。開発に必要な技術や人材の調達、投資額、期間などを決定するためには、ポートフォリオやロードマップを作成し、それに基づいた開発を進めていく必要があります。

1 MOT（Management of Technology：技術経営）

MOT は、**技術を理解する者が財務やマーケティングなど企業経営を学び、イノベーション（技術革新）とビジネスを結びつけようというもの**です。技術開発だけで終わらせず事業化につなげ、競争優位性や収益を維持し続けることを目指します。

2 技術ポートフォリオ

技術ポートフォリオは、**自社が保有する技術力とその技術の成熟度の組合せで資源の配分を決定すること**です。例えば、成長期にある技術で自社の優位性が高い技術には重点的に投資することなどです。

3 技術ロードマップ

科学技術や工業技術の研究や開発に携わる専門家が、**その技術の現在から将来のある時点までの展望をまとめたもの**です。業界団体や政府機関によって作成され、その業界における標準的な予測となっています。企業が自社の技術について作成することもありますが、技術を収益につなげるためには市場動向を知る必要もあり、技術者以外の経営戦略の視点が必要になります。

4 特許戦略

ライセンス契約を結び、**自社が所有している特許に対して他者の使用を許諾すること**で、実施許諾料（ロイヤリティ）を受け取ります。**自社の発明と他者の技術を組み合わせて商品を開発する場合は、クロスライセンス契約**を締結します。

5 プロセスイノベーション

既存の業務の進め方や工程（プロセス）を革新的なやり方に改良することで、コスト削減や品質、生産性を向上することです。

6 プロダクトイノベーション

画期的な製品（プロダクト）やサービスを作り出すことです。新規イノベーションから生まれる場合と、既存の製品やサービスの組合せで生まれる場合があります。

図解でつかむ

技術ロードマップの例

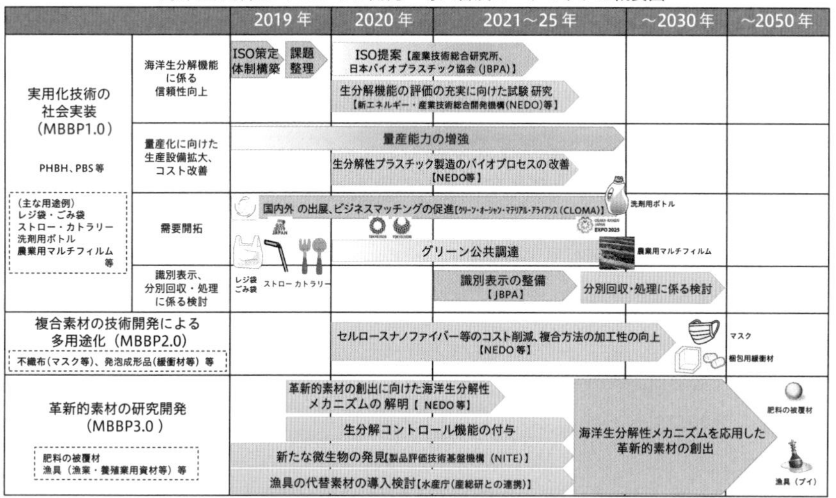

「海洋生分解性プラスチック開発・導入普及ロードマップの概要図（令和元年）」経済産業省

問題にチャレンジ！

Q MOT (Management of Technology) **の目的として、適切なものはどれか。**

（平成27年秋・問12）

ア 企業経営や生産管理において数学や自然科学などを用いることで、生産性の向上を図る。

イ 技術革新を効果的に自社のビジネスに結び付けて企業の成長を図る。

ウ 従業員が製品の質の向上について組織的に努力することで、企業としての品質向上を図る。

エ 職場において上司などから実際の業務を通して必要な技術や知識を習得することで、業務処理能力の向上を図る。

解説

ア インダストリアルエンジニアリング（IE：Industrial Engineering）の目的です。

ウ TQC（Total Quality Control）の目的です。 **エ** OJT（On the Job Training）の目的です。

A イ

28 技術開発戦略②

ストラテジ系

技術戦略マネジメント

出る度 ★★★

企業は、常に新しい価値を生み出すための努力を続けています。その価値が市場で受け入れられなければ、企業は存続できません。この新たな価値を生み出す取組みをイノベーションといいます。イノベーションを生み出す手法やしくみについて押さえておきましょう。

1 オープンイノベーション

自社と社外（他社や大学、地方自治体など）の技術やアイディア、サービスなどを組み合わせて、新たな価値を生み出す手法がオープンイノベーションです。外部の専門家に委託をするアウトソーシングと違って、協力者とともに製品やサービスの開発、行政改革、地域活性化などを行うことを目的としています。オープンイノベーションなどで**相手の企業に投資をすること**をCVC（Corporate Venture Capital：コーポレートベンチャーキャピタル）といいます。CVCを活用すれば、自社で研究開発するよりも低リスク、低コストで事業を立ち上げることができます。企業への投資にはVC（Venture Capital：ベンチャーキャピタル）もあります。VCは、**投資した企業が上場した際の売却利益が目的**なのに対して、CVCは協業による自社事業の成長が目的です。

2 ハッカソン

ハッカソンはHack（ハック。プログラムを書くこと）＋Marathon（マラソン）の造語です。**複数のソフトウェア開発者が一定時間、会場などにこもってプログラムを書き続け、そのアイディアや技能を競うイベント**です。企業内研修の一環として行われる場合や、オープンイノベーションの一環として大手企業が外部から参加者を集めて自社の製品に役立つアイディアを競わせることもあります。

3 イノベーションのジレンマ

「**大企業が既存製品の改良にばかり注力していると、顧客のニーズを見誤り、新興企業にシェアを奪われる**」という、経営学者のクリステンセンが提唱したイノベーション理論がイノベーションのジレンマです。大企業は、新規市場への参入というリスクを避け、既存製品を改良することで確実な利益を追い求めがちで、改良に力を注いでいるうちに、顧客のニーズからかけ離れた高価格でハイスペックな製品ができあがります。そこに新興企業による市場を一変する新しい価値の製品が投入され、あっという間に新興企業にシェアを奪われてしまうことがあります。

イノベーションのジレンマの有名な例は、画質の良さを追求していたデジタルカメラ市場が、手軽に使えるスマートフォンのカメラ機能の登場によって一変したことです。

4 イノベーションの障壁

イノベーション理論には、新製品の開発から商品化、市場での普及までの困難さ（イノベーションの障壁）を表現している用語があります。

①魔の川	技術を実用化して**製品にするまで**の壁
②死の谷	製品を**採算が見合う商品にするまで**の壁
③キャズム（溝）	好奇心が旺盛で新しいもの好きの消費者だけでなく、**一般的な消費者に商品が普及するため**に越えなければならない溝
④ダーウィンの海	商品が市場に出て淘汰されずに**生き残るまで**の壁

図解でつかむ

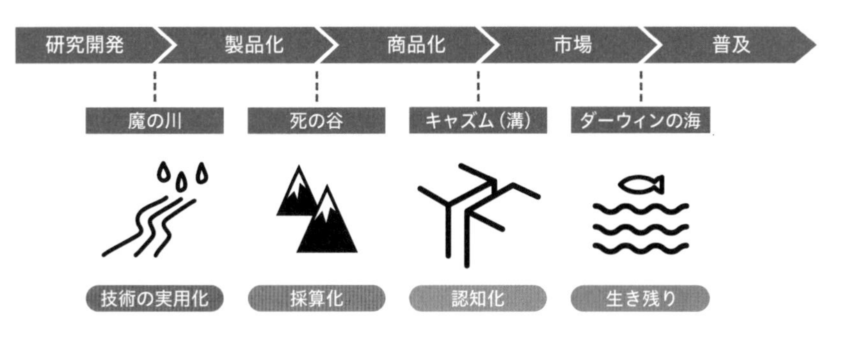

問題にチャレンジ！

Q イノベーションのジレンマに関する記述として、最も適切なものはどれか。

（令和元年秋・問 17）

ア 最初に商品を消費したときに感じた価値や満足度が、消費する量が増えるに従い、徐々に低下していく現象

イ 自社の既存商品がシェアを占めている市場に、自社の新商品を導入することで、既存商品のシェアを奪ってしまう現象

ウ 全売上の大部分を、少数の顧客が占めている状態

エ 優良な大企業が、革新的な技術の追求よりも、既存技術の向上でシェアを確保することに注力してしまい、結果的に市場でのシェアの確保に失敗する現象

解説

ア 限界効用逓減（げんかいこうようていげん）の法則に関する記述です。 **イ** カニバリゼーションに関する記述です。 **ウ** パレートの法則に関する記述です。80：20 の法則とも呼ばれ、価値の 80％は 20％の要因に存在するという理論です。売上額の 8 割に貢献しているのは、たった 2 割の顧客になります。

A エ

5 デザイン思考

デザイン思考とは、**問題解決の考え方**であり、ビジネス上の課題に対して、**デザイナーがデザインを行う際の思考プロセス（デザイナー的思考）を転用して問題にアプローチする手法の**ことをいいます。デザイン思考では、顧客の要求を把握するためにペルソナ法と呼ばれる**架空の顧客を作成する手法**が使われています。作成したペルソナの視点を通して**顧客が本当に欲する製品やサービスを企画・設計**します。デザイン思考は、既存の概念にとらわれずにイノベーションを生み出す方法として注目されています。

6 バックキャスティング

課題を定義して、その解決策を考える従来のやり方（フォーキャスティング）の逆で、**あるべき姿を定義して**、その実現のために、**今何をすべきかを考える発想法**です。現在や過去にとらわれず、自由で革新的なアイディアが出やすい特徴があり、SDGs の実現には欠かせない発想法です。

7 ビジネスモデルキャンバス

ビジネスモデルとは、**企業が利益を生み出すしくみ**のことで、このしくみを可視化したものがビジネスモデルキャンバスです。

新規事業を立ち上げる際に用いられ、必要な問いに対する答えをくり返すフレームワーク（決められた枠組み）を使うことで、スピーディに効率よくアイディアを出すことができ、さらに今まで見えていなかった観点からビジネスを考えることができます。

8 リーンスタートアップ（Lean startup）

Lean には、「ぜい肉がなく、やせた」という意味があり、リーンスタートアップとは**無駄のない効率的な新製品の開発手法**のことです。

変化の激しい時代となった今、**「仮説」→「試作品開発」→「市場での仮説検証」→「改善」のサイクルをスピーディに回すことで、消費者のニーズに合った製品を効率的に開発することができます。**

9 API（エーピーアイ）エコノミー

API（Application Programming Interface）とは、システムに必要な機能を一から開発せずに、開発済みのソフトウェアを部品として利用するしくみです。API エコノミーは、**自社で開発したサービスを API（部品）として公開し、他社のシステムから利用してもらうことにより、ビジネスの拡大を狙っています。**例えば、LINE のメッセージ機能を利用できる API と連携した宅配サービスの再配達機能があります。

図解でつかむ

ビジネスモデルキャンバス　利益を生み出すしくみを可視化

リーンスタートアップ

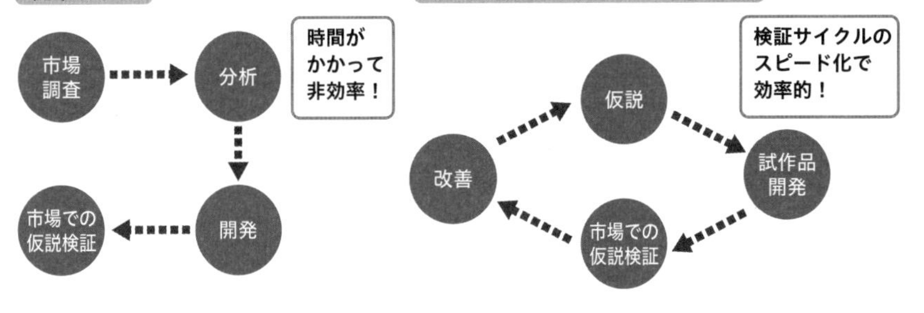

問題にチャレンジ！

Q　デザイン思考の例として、最も適切なものはどれか。　（令和元年秋・問 30）

ア　Web ページのレイアウトなどを定義したスタイルシートを使用し、ホームページをデザインする。

イ　アプローチの中心は常に製品やサービスの利用者であり、利用者の本質的なニーズに基づき、製品やサービスをデザインする。

ウ　業務の迅速化や効率を図ることを目的に、業務プロセスを抜本的に再デザインする。

エ　データと手続きを備えたオブジェクトの集まりとして捉え、情報システム全体をデザインする。

解説

ア　CSS（Cascading Style Sheets）の説明です。**ウ**　BPR（Business Process Reengineering）の説明です。**エ**　オブジェクト指向の例です。

A　イ

29 ビジネスシステム

ストラテジ系
ビジネスインダストリ
出る度 ★★☆

スーパーやコンビニエンスストア、車や電車など、至るところで私たちの生活を便利にするためのシステムが動いています。あらためて、それらの正式名称としくみについてみておきましょう。

販売情報や位置情報を活用することで、新しいビジネスシステムが生まれています。

1 POS（Point of Sales：販売時点情報管理）システム

POS は、顧客がレジで商品を購入した際、**商品の販売情報を記録し、売上情報の集計や在庫の管理、売れ筋商品の分析を行うシステム**のことをいいます。スーパーやコンビニエンスストアなどで多く見かけるシステムです。最近では顧客が商品バーコードの読み取りから精算まで行うセルフレジの導入も増えています。

2 GIS（Geographic Information System：地理情報システム）

GIS は、**デジタルの地図上に人や物の情報を重ねて表示し、その情報を管理、分析するシステム**です。GPS（**人工衛星からの電波を使って位置を測定するシステム**）と組み合わせて、カーナビやスマートフォンなどのルート案内で利用されています。

3 ITS（Intelligent Transport Systems：高度道路交通システム）

ITS は **ICT（情報通信技術）を活用して、人と車と道路を結び、円滑で安全な道路交通を実現するシステム**です。カーナビによる交通情報の提供や ETC（Electronic Toll Collection：高速道路の自動料金徴収システム）、歩行者への経路や施設案内の提供などさまざまなサービスがあります。

4 RFID（IC タグ）

Radio Frequency Identification の略。RFID（IC タグ）は、IC チップの情報を無線で読み書きするしくみで、Suica や PASMO といった交通系 IC カードなどに利用されています。

RFID を商品に取り付けることで、**個体識別や所在管理、移動履歴の把握**（トレーサビリティ）などが可能になり、在庫管理や商品の追跡などさまざまな業界で導入されています。

5 ブロックチェーン

ブロックチェーンは**インターネット上で金融取引などを行うしくみ**で、**データの改ざんができない**ことも特徴の１つです。最近では金融以外でもブロックチェーンを応用する動きが増えています。例えば、食品の生産や流通、品質のデータをブロックチェーンに記録することで、商品に問題が発生した場合、流通経路の特定（トレーサビリティ）ができます。

また、土地や権利の情報をブロックチェーンで管理する、不動産契約の自動化（スマートコントラクト：契約の自動化）などにも利用されています。

図解でつかむ

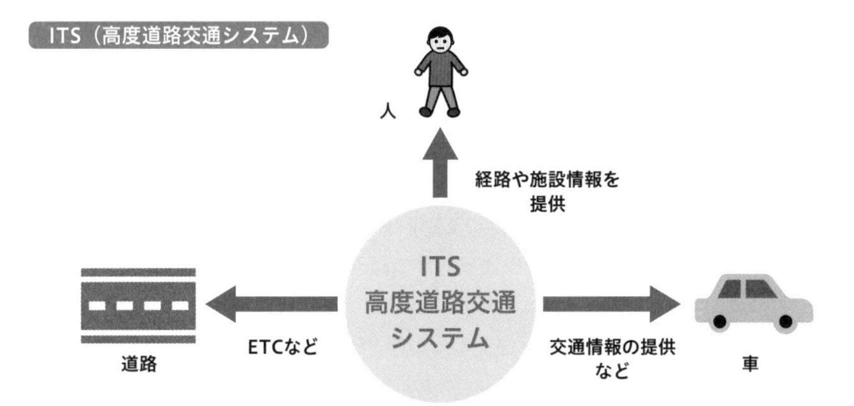

問題にチャレンジ！

Q ICタグを使用した機能の事例として、適切なものはどれか。

（平成29年春・問22）

ア POSレジにおけるバーコードの読取り
イ 遠隔医療システムの画像配信
ウ カーナビゲーションシステムにおける現在地の把握
エ 図書館の盗難防止ゲートでの持出しの監視

解説

ア バーコードの読取りにはマークを識別してデジタルデータに変換するOMR（Optical Mark Reader）が使用されます。 **イ** 医療情報システムの活用例です。 **ウ** GPS（Global Positioning System）の活用例です。 **エ** 書籍に付けられたICタグにより、無断持ち出しを検出できます。

A エ

6 営業支援システム（SFA：Sales Force Automation）

SFA は、**企業の営業活動を支援し、業務効率化や売上アップにつなげるシステム**です。SFA によって案件情報、顧客情報、日報が共有されることで、業務の可視化や属人化の防止が進み、組織として効率的に営業業務を進めることができます。

7 スマートグリッド、スマートメータ

グリッドは「送電網」という意味で、スマートグリッドは次世代送電網とも呼ばれています。従来は発電所から家庭や企業への一方向の電力供給でしたが、**スマートグリッドは双方向の電力供給ができ、余った電力を不足している箇所に供給できます。**家庭の**電力計に、センサーや通信機能を内蔵し、送配電網や建物内のシステムと通信し、自動検針などができるようにしたもの**をスマートメータといいます。スマートメータには IoT の技術が使われています。

8 CDN（Content Delivery Network）

画像や動画などの Web コンテンツを効率よく配信するためのネットワークです。CDN では世界中にコンテンツ配信用の CDN サーバを配置し、**Web サイトにアクセスした利用者に最も近いサーバから効率的かつ高速に Web コンテンツを配信**します。CDN サーバには Web サイトから配信されるコンテンツの複製（キャッシュ）が保存され、CDN サーバがこの複製を配信することで Web サイトの負荷を軽減できます。

9 サイバーフィジカルシステム（CPS）とデジタルツイン

サイバーフィジカルシステムとは**サイバー空間（仮想空間）とフィジカル空間（現実空間）を高度に融合させたシステム**のことです。フィジカル空間の IoT で収集したデータをサイバー空間の AI やシステムが分析し、その結果がフィジカル空間に効果をもたらします。デジタルツインは**サイバー空間に作られたフィジカル空間のデータのコピー**です。デジタルツインを利用すると、サイバー空間で行ったシミュレーションの結果から、**現実世界で起こりえる故障や変化を予測**することができます。

10 行政分野におけるシステム

住民基本台帳ネットワークシステムは、住民基本台帳（氏名、住所などが記載された住民票をまとめたもの）をネットワーク化し、全国共通の本人確認ができるシステムです。マイナポータルは政府が運営するオンラインサービスで、マイナンバーカード（公的な本人確認書類であり、行政サービスを受けることができる IC カード）を使って、行政の手続がスムーズにできるシステムです。J アラート（全国瞬時警報システム）は、災害情報などの緊急情報を全国に送信し、瞬時に住民に伝達するシステムです。

図解でつかむ

サイバーフィジカルシステム（CPS）とデジタルツイン

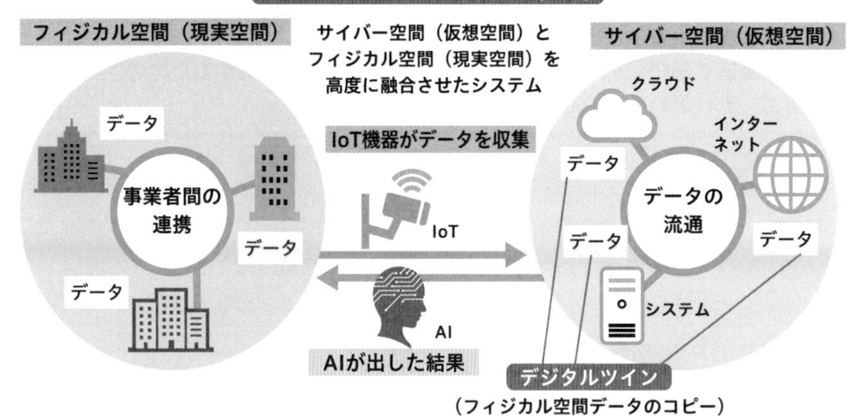

CDN

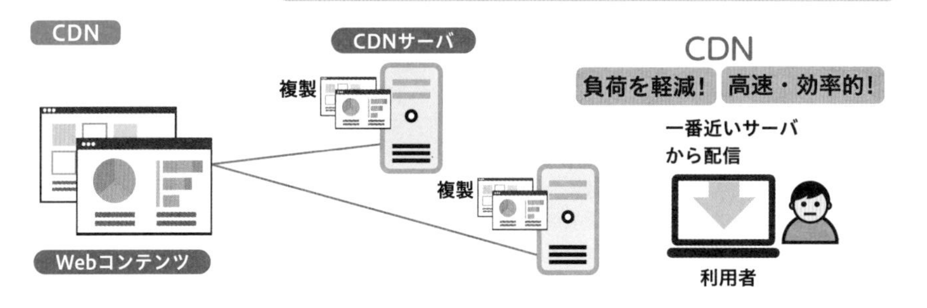

問題にチャレンジ！

Q IoT 活用におけるデジタルツインの説明はどれか。（応用情報・平成 31 年春・問 71 改）

ア インターネットを介して遠隔地に設置した 3D プリンタへ設計データを送り、短時間に複製物を製作すること

イ システムを正副の二重に用意し、災害や故障時にシステムの稼働の継続を保証すること

ウ デジタル空間に現実世界と同等な世界を、さまざまなセンサーで収集したデータを用いて構築し、現実世界では実施できないようなシミュレーションを行うこと

解説

アは 3D プリントサービス、**イ**はデュプレックスシステムの説明です。　**A** ウ

30 エンジニアリングシステム

ストラテジ系

ビジネスインダストリ

出る度 ★★★

エンジニアリングとは、科学技術を応用してモノを作る技術のことです。エンジニアリングシステムの普及にはメリットがたくさんあります。大量の製品を製造するのに適した生産方式や、多品種を少量製造するための生産方式など、それぞれの特徴を確認しておきましょう。

1 CAD（キャド）（Computer Aided Design）

コンピュータを使って機械や構造物の設計、製図を行うこと、または、その機能を組み込んだコンピュータシステムやソフトウェアを指します。

2 コンカレントエンジニアリング

コンカレントとは「同時発生の」という意味です。主に**製造業で使われる開発手法**で、製品開発の設計、製造、品質管理など**複数の工程を同時並行で進め、各部門間での情報共有や共同作業を行うこと**で、**開発期間の短縮やコストの削減を図る手法**です。

3 生産方式の種類

種類	概要
ライン生産方式	**1 種類の製品を大量に作るための生産方式。**ベルトコンベアなどにより流れてくる部品を各自がひとつの工程のみを担当し組み立てていく。生産する品目の変更はラインを変更する必要があり、大がかりになる
セル生産方式	**1 人～少数の作業員が製品の組立工程を完成まで受け持つ生産方式。**部品や工具を U 字型などに配置したセル（作業台）で作業を行う。1 人で担当する作業が増えるというデメリットはあるが、**多品種を少量生産できる**
JIT（ジット） (Just In Time)	ジャストインタイム。**必要なものを、必要なだけ、必要なときに作る方式**で、**トヨタ生産方式**の代表的な考え方
かんばん方式	JIT の考え方に基づいた、**在庫をできるだけ持たない**生産管理方式。**「かんばん」と呼ばれる作業指示書**を使って生産工程のやりとりを行う
リーン生産方式	「リーン」とは「ぜい肉がなくやせた」という意味。トヨタ自動車の生産方式をベースにした、**無駄のない効率的な生産管理方式**
FMS（エフエムエス）（Flexible Manufacturing System）	フレキシブル生産システム。**多品種少量生産にも対応できる**自動生産システム。消費者のニーズの多様化にともない、一つの生産システムで多様な作業を処理できるように考えられた

4 MRP（Material Requirements Planning：資材所要量計画）

ある一定期間に**生産する予定の製品品種から、発注すべき資材（部品や原材料）の量と時期を決定する方式**です。MRP を導入することで、部品の不足や余剰在庫を削減することができます。

図解でつかむ

1つの部品を担当・大量生産
効率的だが品目の変更に弱い

1人で担当・多品種少量生産
作業は増えるが品目が変更しやすい

問題にチャレンジ！

Q コンカレントエンジニアリングの説明として、適切なものはどれか。

（平成 29 年秋・問 17）

ア 既存の製品を分解し、構造を解明することによって、技術を獲得する手法

イ 仕事の流れや方法を根本的に見直すことによって、望ましい業務の姿に変革する手法

ウ 条件を適切に設定することによって、なるべく少ない回数で効率的に実験を実施する手法

エ 製品の企画、設計、生産などの各工程をできるだけ並行して進めることによって、全体の期間を短縮する手法

解説

ア リバースエンジニアリングの説明です。 **イ** BPR（Business Process Reengineering）の説明です。 **ウ** 実験計画法の説明です。

A エ

エンジニアリングシステムの問題は、作業時間や部品の在庫数を求める計算問題も出題されます。計算ミスをしないよう過去問で慣れておきましょう。

31 e-ビジネス①

ストラテジ系
ビジネスインダストリ
出る度 ★★☆

EC（Electronic Commerce：電子商取引）とは、インターネットを通じて行われる商取引(モノやサービスを売買する)で、ネットショッピングのことです。通常の商取引と異なり、時間や場所に縛られずに相手と直接取引できるという特徴があります。

1 EC（電子商取引）の分類

種類	概要
BtoB（ビートゥービー） Business to Business	企業間取引。部品調達や文具などのオフィス製品の購入などで利用されている。BtoB の取引を行うシステムの EDI（イーディーアイ）（Electronic Data Interchange：電子データ交換）は、受発注書など企業間の取引をすべてデータ化し、インターネットなどを通じて連携することで運用管理コストを削減するしくみ
BtoC（ビートゥーシー） Business to Consumer	企業対個人取引。電子出版や音楽／動画配信、オンラインゲーム分野での利用が伸びている。**インターネット上で企業が個人に業務を発注するサービス**（クラウドソーシング）も BtoC の１つ
CtoC（シートゥーシー） Consumer to Consumer	個人対個人取引。オークション形式によって最終的な販売価格が決まる「ネットオークション」と、売り手が販売したい価格を設定し、購入者がその価格で購入すれば取引成立となる「**フリマアプリ**」がある。消費者間取引のトラブル対策として、支払いや商品の発送などの**安全性を保証する仲介サービス**（エスクロー）もある
OtoO（O2O）（オートゥーオー） Online to Offline	**EC サイト（オンライン）の利用者を実店舗（オフライン）に誘導するマーケティングの施策。**店頭で使えるクーポンなどを配信し、新規顧客に実店舗に来店してもらうことが目的。また、同様にリアルとネットの連携を行い、どこでも商品やサービスを購入できる利便性によって顧客を増やし、売上を増加させることが目的のオムニチャネルがある

2 電子商取引の特徴

EC サイトにおいて、たまにしか売れない商品群の売上が積もり積もって大きな割合を占めるという現象（ロングテール）は EC サイトならではの現象です。また、**基本的な機能は無料**で提供し、**それ以外の機能は課金**して利用するサービス（フリーミアム）も増えています。

3 電子マーケットプレイス

e マーケットプレイスとも呼ばれ、**売り手と買い手を結びつけるインターネット上の取引市場**のことです。Amazon マーケットプレイスや楽天市場のような消費者向けの電子商店が集まった電子モール（オンラインモール）や、個人間（CtoC）で商品を売買するネットオークションやフリマアプリも含みます。

図解でつかむ

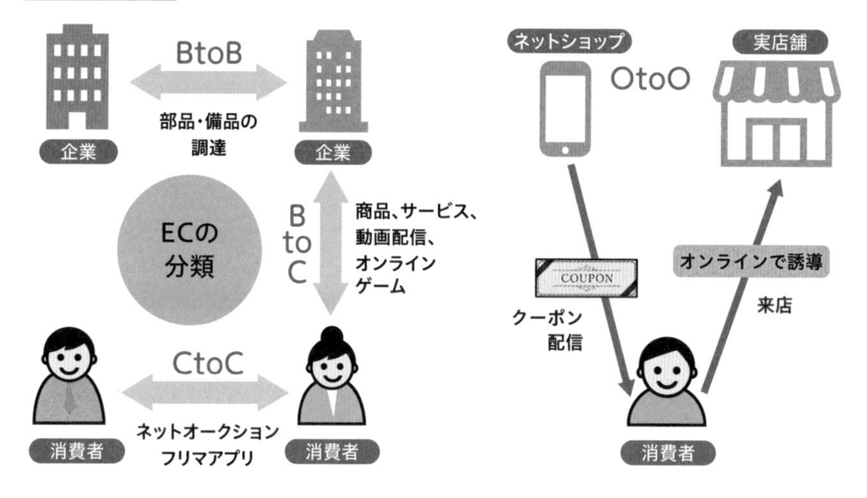

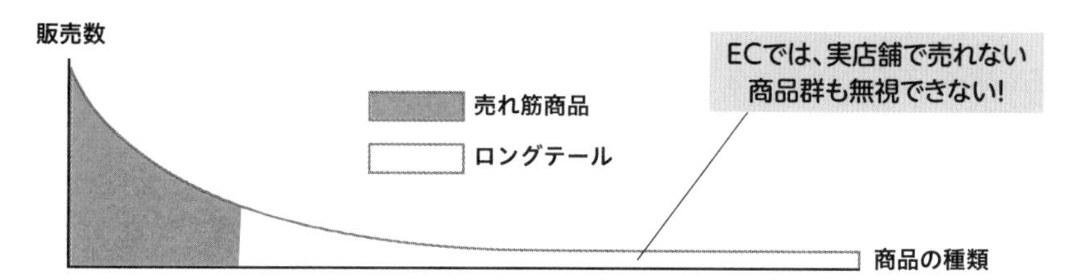

問題にチャレンジ！

Q 受発注や決済などの業務で、ネットワークを利用して企業間でデータをやり取りするものはどれか。 (平成30年春・問22)

ア BtoC　**イ** CDN　**ウ** EDI　**エ** SNS

解説

ア 企業と個人の間の電子商取引を表す用語です。 **イ** Content Delivery Networkの略。主にWebシステムにおけるコンテンツ配信を高速化するために、最適化された配信環境のことです。 **エ** Social Networking Serviceの略。社会的なネットワークをインターネット上で構築するサービスの総称です。

A ウ

32 e-ビジネス②

ストラテジ系

ビジネスインダストリ

出る度 ★☆☆

インターネットバンキングやインターネットトレーディングは、私たちにとって身近な存在になりました。インターネットは広告・宣伝活動にも利用されており、効率的に集客するためのさまざまな手法があります。

1 インターネットバンキング／インターネットトレーディング

インターネットバンキングは、預金の残高照会、入出金照会、口座振込といった銀行などの**金融機関のサービスをインターネット経由で利用すること**です。

インターネットトレーディング（オンライントレード）は、電子商取引の１つで、**インターネットを通じて株式や投資信託の売買を行うシステム**です。

2 電子決済とファイナンス

FinTech（フィンテック）とは、Finance（金融）と テクノロジーを合わせた造語で、**金融や決済サービスの IT 化**を指す言葉です。電子決済には、インターネットバンキングのように**コンピュータとデータ通信によって、預金口座間の資金移動や決済をするシステム**（EFT［Electronic Fund Transfer：**電子資金移動**］）やクレジットカード、電子マネー、QR コード、スマートフォンを利用して、**現金を使わない**キャッシュレス決済があります。また、クラウド（群衆）とファンディング（資金調達）を合わせた造語で、クラウドファンディングと呼ばれる**個人や企業などがインターネット上で不特定多数の人から資金を調達するしくみ**も活用されています。

3 インターネット広告の種類

SEO（エスイーオー） (Search Engine Optimization)	検索エンジン最適化。アクセス数の増加を狙う施策で、Google などの検索結果ページの上位に表示されるように工夫すること
リスティング広告	検索結果ページに表示する広告で、料金を払えばすぐに掲載順位を上げることができる
アフィリエイト	ブログやメールマガジンなどのリンクを経由して、申込みや購入などの成果があれば報酬が出る**成果報酬型広告**のこと
オプトインメール広告	オプトインは「同意」という意味で、**事前にメールの受信に同意をした相手に広告メールを配信する手法。**一方的に送り付けるスパムメールとは区別されるため、開封率が高く、広告効果が高い。また、同意を得た相手がその後、メールの受信を拒否した場合、それ以降のメール送信は禁止されている（オプトアウト）

バナー広告	サイト内に広告画像を貼り付け、リンクを経由して**広告主のサイトに誘導**するしくみ
レコメンデーション	購入履歴などから**興味関心を推測し、おすすめ商品を紹介する**
デジタルサイネージ	液晶ディスプレイを使った**電子看板**。駅やショッピングセンターなどの案内表示や広告表示システムのこと

図解でつかむ

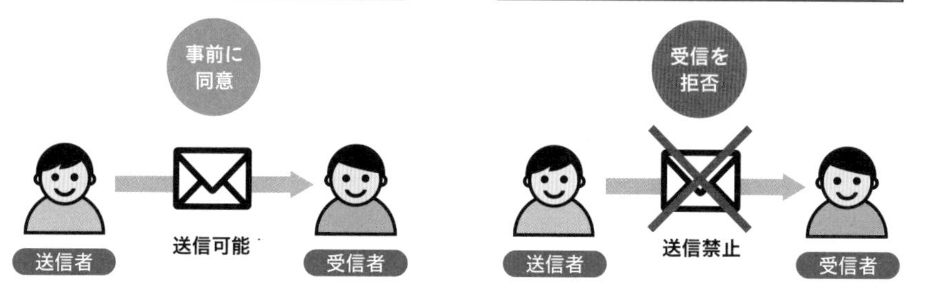

問題にチャレンジ！

Q SEO に関する説明として、最も適切なものはどれか。 （令和元年秋・問 29）

ア SNS に立ち上げたコミュニティの参加者に、そのコミュニティの目的に合った検索結果を表示する。

イ 自社の Web サイトのアクセスログを、検索エンジンを使って解析し、不正アクセスの有無をチェックする。

ウ 利用者が検索エンジンを使ってキーワード検索を行ったときに、自社の Web サイトを検索結果の上位に表示させるよう工夫する。

エ 利用者がどのような検索エンジンを望んでいるかを調査し、要望にあった検索エンジンを開発する。

解説

ア SNS 検索の説明です。SEO は Google などの検索エンジンを対象として最適化するので誤りです。ちなみに、SNS を最適化することでアクセスを集める施策として SMO（Social Media Optimization、ソーシャルメディア最適化）という言葉があります。 **イ** ログ分析の説明です。 **エ** 検索エンジンを開発するわけではありません。

A ウ

33 電子商取引の留意点

ストラテジ系
ビジネスインダストリ
出る度 ★☆☆

銀行口座の管理だけでなく、口座の開設もインターネット上で行えるようになっています。利便性が高まる一方で、個人情報の漏えいや犯罪行為に口座が利用されることのないよう、本人確認などのセキュリティの確保が重要です。

1 アカウントアグリゲーション

アカウントアグリゲーションは、**複数の金融機関等の口座情報を一つの画面に一括表示するサービス**のことです。アカウントは「口座」、アグリゲーションは「集約」という意味です。銀行やクレジットカード、EC サイト、ポイントサービスなどの入出金の状態をスマートフォンで一度に確認できる家計簿アプリが人気となっています。

便利な一方で、個人の資産情報を一つの事業者に預けることは、利用者にとって大変なリスクがあります。そのため、事業者は本人確認や情報の暗号化など個人情報の漏えい防止策として、十分なセキュリティを確保する必要があります。

2 eKYC（electronic Know Your Customer）

eKYC は、銀行口座開設などで必要な**本人確認手続きをオンライン上だけで完結する**しくみです。以前は、運転免許証などの本人確認書類のコピーを郵送して、銀行側が本人確認をしたうえで、申請者の住所に転送不要郵便などで書類を送る流れでした。eKYC では、スマートフォンで撮影した運転免許証などの写真付き身分証明書と申請者の顔写真を専用アプリで送信し、照合して本人確認を行います。これにより、本人確認にかかる時間が大幅に短縮されました。

本人確認に eKYC が導入された背景には、犯罪収益移転防止法（犯収法）の改正があります。犯収法とは、AML・CFT（Anti-Money Laundering / Countering the Financing of Terrorism：マネーローンダリング・テロ資金供与対策）として、金融機関などが取引する際の本人確認等について定めている法律です。

マネーローンダリングは、犯罪行為で得た資金を正当な取引で得た資金のように見せかける行為や、口座を転々とさせたり不動産などに形を変えてその出所を隠したりすることです。また、テロ資金供与とは、爆弾テロなどのテロ行為を行うために必要な資金をテロリストに提供することです。

このような**犯罪行為に口座を利用されないように金融機関等が口座開設時に行う本人確認業務として生まれた技術**が eKYC です。

図解でつかむ

eKYC

背景　マネーローンダリング対策としてさまざまな場面で本人確認（KYC）が必要となったが、手続きの煩雑さやコスト増加が課題に

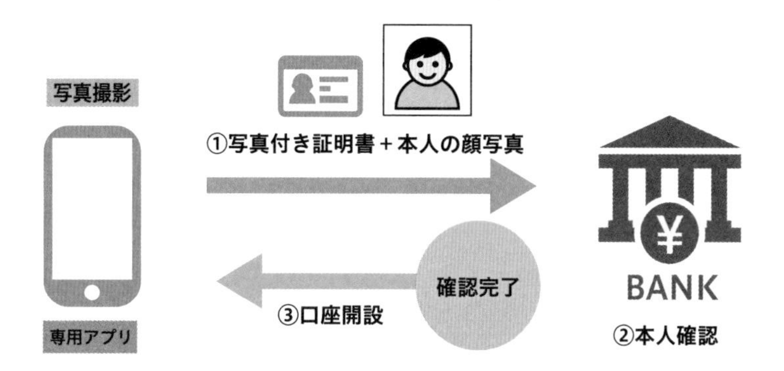

本人確認手続のオンライン化で大幅に効率化

問題にチャレンジ！

Q　フィンテックのサービスの一つであるアカウントアグリゲーションの特徴はどれか。

（応用情報・令和元年秋・問72）

ア　各金融機関のサービスに用いる、利用者のID・パスワードなどの情報をあらかじめ登録し、複数の金融機関の口座取引情報を一括表示できる。

イ　資金移動業者として登録された企業は、少額の取引に限り、国内・海外送金サービスを提供できる。

ウ　電子手形の受取り側が早期に債権回収することが容易になり、また、必要な分だけ債権の一部を分割して譲渡できる。

エ　ネットショップで商品を購入した者に与信チェックを行い、問題がなければ商品代金の立替払いをすることによって、購入者は早く商品を入手できる。

解説

イ　資金移動サービスの説明です。　**ウ**　電手決済サービスの説明です。　**エ**　エスクローサービスの説明です。

A　ア

34 IoTを利用したシステム

ストラテジ系
ビジネスインダストリ
出る度 ★★★

現在、さまざまな分野でIoTの導入が進められています。製造業や工業系のビジネスのみならず、介護などのサービス業での見守り業務や私たちが日常で使う家庭内での機器の制御など、身近なところで活用されるようになってきています。

1 ドローン

ドローンとは、**遠隔操作や自動制御によって飛行する無人の航空機**のことで、カメラやセンサーを搭載することによって、さまざまな分野で活用されています。建築業では人の立入りが難しい場所の点検を、農業では農薬散布をドローンが行っています。ドローンによる農薬散布や、カメラやセンサーを搭載した農作物の自動収穫ロボットなど**IoTを農業に取り入れた**スマート農業の導入が進んでいます。

2 コネクテッドカー

コネクテッドカーとは、**インターネットに接続した車**のことで、自動運転の実現にも欠かせない高度な通信技術を可能にします。位置情報だけでなく、**センサーにより車や周囲の状況などの情報を収集して分析**します。コネクテッドカーを使ったサービスとしては、事故時の自動緊急通報システムや盗難時車両追跡システムなどがあります。

3 CASE（ケース）（Connected、Autonomous、Shared & Services、Electric）／MaaS（マース）（Mobility as a Service）

CASEは「Connected（コネクテッド）」「Autonomous（自動運転）」「Shared & Services（シェアリングとサービス）」「Electric（電動化）」の頭文字をつなげたもので、**自動車業界の次世代に向けた戦略**といえます。Cはコネクテッドカーのことで、通信とセットで新しいサービスを広げることです。Aは運転手が不要となる完全な自動運転のことです。Sは自動車をみんなで共同所有する新しい使い方です。Eは環境問題対策としてハイブリッドや電気自動車（EV）を増やしていくことです。

また、MaaS（Mobility as a Service）のMobilityは「移動性」という意味で、MaaSは**移動すること自体をサービスとして捉える**という考えです。目的地を指定すると、電車、バス、タクシーなど複数の移動手段が提示され、さらにそれらの予約、決済も行えるアプリなどがあります。今までのように自動車メーカーはただ製造するだけではなく、モビリティサービスの提供者へと変わる時代になり、CASEとMaaSは、自動車業界におけるDX（デジタル変革）といわれています。

図解でつかむ

ドローン

作業効率化・
コスト削減を実現

MaaS

移動手段の
検索・予約・決済が
まとめてできる

ARグラス・MRグラス

マシンビジョン

スマートファクトリー
IoTやAIによる
製造業の効率化

HEMS

エネルギーを見える化して家電を制御

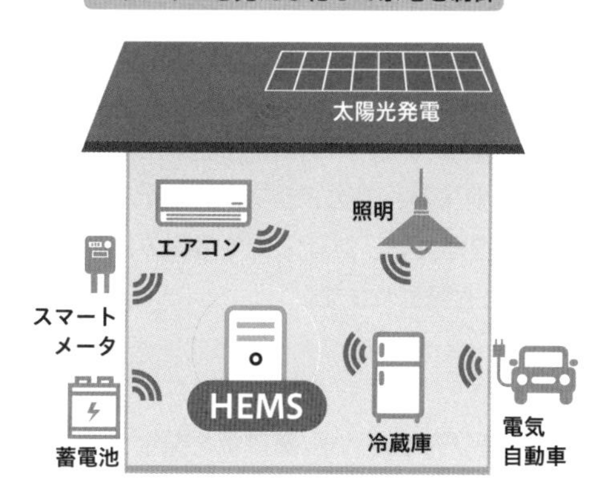

ワイヤレス充電

ケーブルが
不要

4 スマートファクトリー

スマートファクトリーとは、**IoT 技術を使って工場にある機械からデータを収集・分析し、AI が自律的な判断を行い**、今まで人手による作業だった生産管理や在庫管理を効率化します。スマートファクトリーでは、AR（Augmented Reality：拡張現実）や MR（Mixed Reality：複合現実）の技術が取り入れられています。AR は現実世界に情報を重ねて表示する技術です。MR は現実世界に仮想世界の物体を表示し、実際に仮想の物体をさまざまな角度から確認したり、触れることもできます。

実際に工場での検品作業やマニュアルの表示などに AR や MR 機能を持った眼鏡（AR グラス・MR グラス）が利用され、スピーディで的確な作業が可能になっています。

マシンビジョンもスマートファクトリーを支える技術の１つです。マシンビジョンとは、**カメラに写った画像をシステム上で処理し、処理結果に基づいた動作を機械に行わせる技術**です。機械の目によりスピーディかつ人間の目では確認しきれない細かなエラーを検知することができ、工場の製造ラインで製品分析や欠陥検出などに活用されています。

5 HEMS（ヘムス）（Home Energy Management System）

HEMS とは、**電力やガス、水道などの家庭内のエネルギーを見える化するだけでなく、エアコンや給湯器などの家電を最適に制御するための管理システム**です。HEMS によって省エネ効果が期待できるため、政府は 2030 年までに全世帯に設置することを目標としています。HEMS には IoT 対応の家電やスマートメータ（通信機能を備えた電力メーター）の役割が欠かせません。

6 スマートウォッチ／スマートグラス／スマートスピーカー

スマートウォッチやスマートグラスは時計や眼鏡といった本来の機能にプラスして、メールの受信や電話の着信、心拍数の表示などができ、ウェアラブルデバイスとも呼ばれます。スマートスピーカーは**音声認識の AI を搭載し、対話形式で情報の検索や家電の操作を行う**ことができます。AI スピーカーとも呼ばれます。

7 ワイヤレス充電

スマートフォンなどの充電の際に、**充電用ケーブルを使わず、電磁場を発生させるパッドに載せるだけ**で充電ができるしくみがワイヤレス充電です。総務省は遠隔充電の実用化を目指しており、ゆくゆくは電気自動車、災害時の送電などで活躍が期待されています。ワイヤレス充電は電源供給のための配線や電池交換が不要となるため、ドローンなどの IoT 製品の給電方法としても注目を集めています。

問題にチャレンジ！

Q1 IoTに関する記述として、最も適切なものはどれか。 （令和元年秋・問13）

ア 人工知能における学習のしくみ

イ センサーを搭載した機器や制御装置などが直接インターネットにつながり、それらがネットワークを通じて、さまざまな情報をやり取りするしくみ

ウ ソフトウェアの機能の一部を、ほかのプログラムで利用できるように公開する関数や手続きの集まり

エ ソフトウェアのロボットを利用して、定型的な仕事を効率化するツール

Q2 IoTに関する事例として、最も適切なものはどれか。 （令和2年10月・問10）

ア インターネット上に自分のプロファイルを公開し、コミュニケーションの輪を広げる。

イ インターネット上の店舗や通信販売のWebサイトにおいて、ある商品を検索すると、類似商品の広告が表示される。

ウ 学校などにおける授業や講義をあらかじめ録画し、インターネットで配信する。

エ 発電設備の運転状況をインターネット経由で遠隔監視し、発電設備の性能管理、不具合の予兆検知及び補修対応に役立てる。

解説 Q1

ア 機械学習の説明です。

ウ API（Application Programming Interface）の説明です。

エ RPA（Robotic Process Automation）の説明です。

A イ

解説 Q2

ア SNSの事例です。

イ 検索結果連動広告やターゲティング広告の事例です。

ウ eラーニングの事例です。

A エ

可逆圧縮の方法

可逆圧縮とは、文書データのように圧縮したものを完全に元に戻す必要がある場合の圧縮方法です。可逆圧縮にはランレングス法やハフマン法があります。

ランレングス法は、**文字と連続する回数で表現する方法**です。例えば「AAABBCCCC」という文字列の場合、Aが3回、Bが2回、Cが4回連続しているので「A3B2C4」となり、9文字を6文字に圧縮できます。

ハフマン法は、**出現回数の多い文字に対して少ないビット列で表現する**方法です。「AAABBCCCC」の場合、ABCの3種類の文字をビット列で区別するためには「00,01,10」の3パターンになり1文字につき2ビット必要になります。すべての文字に2ビットを割当てると、2ビット×9文字で、圧縮前のビット数は18ビットになります。

ハフマン法は、ハフマン木という**木構造に文字を格納**することで、文字にビット列を割当てます。ハフマン木は以下の手順で作成します。

①出現回数の少ない順に文字を並べます。
②先頭の文字Bとその次の文字Aの出現回数を値に持つノードを子ノードとして、親ノードには子ノードの合計値を格納します。
③最後の文字Cの出現回数と手順②の子ノードを親ノードとして、親ノードには子ノードの合計値を格納します（左側の子の値のほうが小さくなるように、Cの出現回数4は9の左側の子に格納）。ルートノードの値が文字数9と一致したのでハフマン木は完成です。

次にハフマン木の親と左側の子をつなぐブランチには0を、右側の子をつなぐブランチには1を割当てます。ルートノードから各文字までたどったとき、ブランチのビットを左から並べたものが各文字のビット列です。Aは「11」、Bは「10」、Cは「0」というビット列になります。A（11）を3回、B（10）を2回、C（0）を4回連続させると、1111110100000となり、18ビットを14ビットに圧縮できます。

ハフマン法

B	A	C
2回	3回	4回

出現回数の少ない順に並べる

「AAABBCCCC」の文字数（ルートノード）
9
0
1
Cの出現回数
4
C 0
子ノードの合計（親ノード）
5
0
1
Bの出現回数
2
B 10
Aの出現回数
3
A 11

コンピュータ

本章のポイント

ハードウェア、ソフトウェア、システムの性能、オフィスツールの基本機能やデータベースのしくみなど、IT を正しく効率的に活用するための知識を学習します。コンピュータやシステムの構成を理解し、ツールやデータを活用することは業務にも必要なスキルです。試験対策としてはもちろんですが、業務を効率的に行うための基礎知識としても有用です。

1 コンピュータの構成

テクノロジ系

コンピュータ構成要素

出る度 ★☆☆

コンピュータは、入力されたデータを命令に従って処理し、その結果を出力する機械です。この章では、情報システムを構成するコンピュータの種類とハードウェアの構成について理解します。

1 コンピュータの種類

種類	概要
PC	**パーソナルコンピュータ**の略で、**個人で使用する**のが一般的。PC本体とディスプレイが独立したデスクトップ型、PC本体とディスプレイが一体化したノート型、ディスプレイがタッチパネルになっているタブレット型などがある
サーバ	**特定のサービスを提供するためのコンピュータ。** Web通信を行うためのWebサーバ、メールの送受信を管理するメールサーバなど
汎用コンピュータ	**企業の経理や販売管理などの重要な基幹（きかん）業務に使用されている**コンピュータ。「メインフレーム」とも呼ばれる
スマートデバイス	情報を処理する機能に加えて、**通信機能、カメラ、マイクなどを搭載している。** スマートフォンやタブレット端末など
ウェアラブルデバイス	時計型やメガネ型など**身につけて使用する端末。** 本来の機能に加えて**メールの受信や電話の着信、心拍数の表示など**ができる

2 コンピュータの構成

コンピュータは、ハードウェアとソフトウェアで構成されています。

3 ハードウェアの構成

ハードウェアは、データの入出力や記憶、演算などを行う複数の装置から構成されています。

装置	概要
入力装置	コンピュータの外部から**内部にデータを取り込む**装置 **キーボード、マウス、タッチパネル、スキャナ、カメラ**など
出力装置	コンピュータの内部のデータを**外部に送り出す**装置 **ディスプレイ、プリンタ、プロジェクタ**など
記憶装置	プログラムやデータを**保存する**装置 **メインメモリ（主記憶装置）、ハードディスク（HDD）、USBメモリ**など
演算装置	**計算処理を行う**装置：CPU
制御装置	記憶装置に保存されているプログラムやデータを読み出し、**各装置を制御する**装置：CPU

図解でつかむ

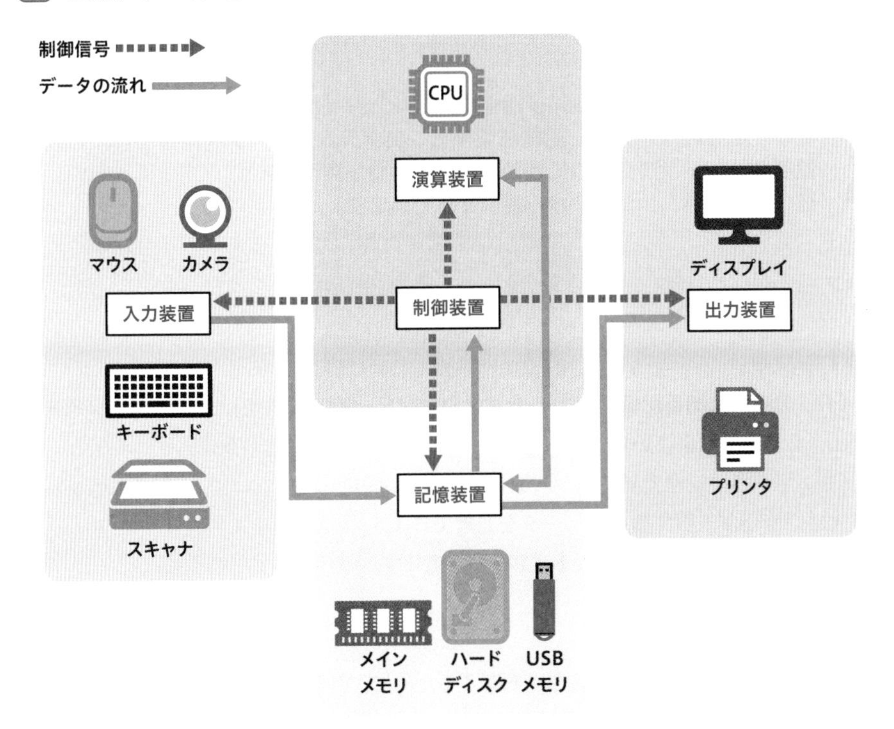

問題にチャレンジ！

Q コンピュータを構成する一部の機能の説明として、適切なものはどれか。

(平成21年秋・問72)

ア 演算機能は制御機能からの指示で演算処理を行う。

イ 演算機能は制御機能、入力機能及び出力機能とデータの受渡しを行う。

ウ 記憶機能は演算機能に対して演算を依頼して結果を保持する。

エ 記憶機能は出力機能に対して記憶機能のデータを出力するように依頼を出す。

解説

イ 演算機能が入力機能および出力機能とのデータをやり取りする際は、記憶機能を介して行います。 **ウ** 記憶機能が演算を依頼することはありません。記憶機能内の命令を制御機能が取り出して、その命令を演算機能が実行します。 **エ** 出力の依頼は制御機能の仕事です。

A ア

2 CPU

テクノロジ系

出る度 ★★★

CPU（Central Processing Unit）はコンピュータの中枢となる装置で、プロセッサとも呼ばれます。記憶装置からプログラムやデータを読み出し、各装置を制御し、プログラムに書かれている命令を実行します。CPU は、制御装置、演算装置、レジスタから構成されています。

コンピュータの頭脳であり、司令塔ともいえる CPU について見ていきましょう。

1 レジスタ

CPU の内部にある記憶領域で、**データや命令を一時的に格納**します。メインメモリと比べると**容量は小さい**ですが、メモリの中で**最も高速に動作**します。

CPU が一度に処理できるビット数は、レジスタのサイズによって決まり、**ビット数が大きいほうが一度に多くのデータを処理**できます。32 ビット CPU、64 ビット CPU がありますが、現在は **64 ビット CPU が主流**です。

2 クロック周波数

クロックとは、効率的に各装置を制御するために、**装置間で動作するタイミングを合わせるための信号**のことです。

クロック周波数とは、**1 秒間に発生するクロック信号の数**のことで、単位は Hz（ヘルツ）で表します。同じ 64 ビットの CPU でも、**クロック周波数が大きいほど、高速に命令を実行**できます。例えば、1 秒間に 10 億回のクロック信号が発生する場合には、クロック周波数は 1 GHz（ギガヘルツ）になります。

3 マルチコアプロセッサ

コア（CPU の核となる**演算・制御装置**）を**複数持っている CPU** がマルチコアプロセッサです。コアは別々のプログラムを**並行して実行**できるので、**コア数が多いほうが処理能力は高い**です。コアが **2 つ**のものをデュアルコアプロセッサ、コアが **4 つ**のものをクアッドコアプロセッサといいます。

4 GPU（Graphics Processing Unit）

GPU は、**画像処理に特化した演算装置**です。3D グラフィックの画像処理を CPU より短時間で行えるため、**ゲームなどのリアルな映像表現**に利用されています。最近では、**気象状況や地震のシミュレーション**などでの利用が増えています。

図解でつかむ

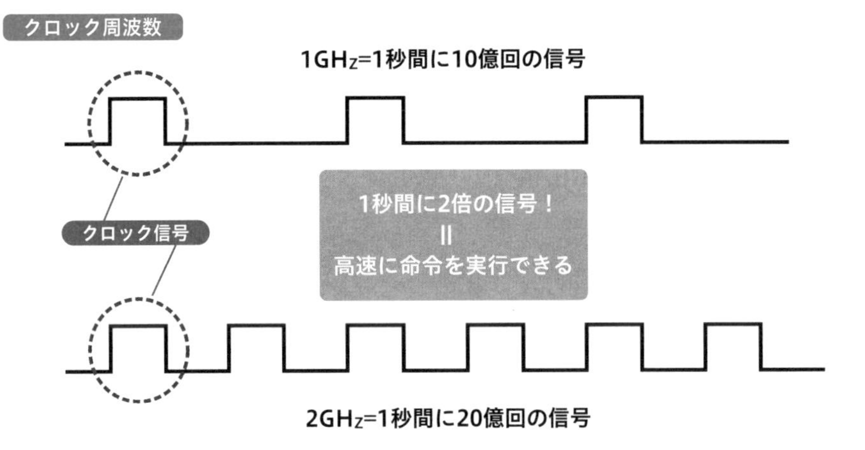

覚えておきましょう！　①CPUのビット数：同じクロック周波数では、ビット数の大きいほうが高速、②クロック周波数：大きいほど高速、③マルチコアプロセッサ：デュアルコアプロセッサよりクアッドコアプロセッサのほうが高速

問題にチャレンジ！

Q PCのCPUに関する記述のうち、適切なものはどれか。　(平成31年春・問97)

ア　1GHzCPUの“1GHz”は、そのCPUが処理のタイミングを合わせるための信号を1秒間に10億回発生させて動作することを示す。

イ　32ビットCPUや64ビットCPUの“32”や“64”は、CPUの処理速度を示す。

ウ　一次キャッシュや二次キャッシュの“一次”や“二次”は、CPUがもつキャッシュメモリ容量の大きさの順位を示す。

エ　デュアルコアCPUやクアッドコアCPUの“デュアル”や“クアッド”は、CPUの消費電力を1/2、1/4の省エネモードに切り替えることができることを示す。

解説

イ　CPUのビット数は、そのCPUが一度に演算できるビット数を示します。　**ウ**　キャッシュメモリの次数は、複数のキャッシュメモリを搭載している場合に、そのキャッシュメモリとCPUとの論理的な近さを示します。一次キャッシュメモリが、より高速でより小容量です。　**エ**　“デュアル”や“クアッド”は、マルチコアCPUにおいて1つのプロセッサ内に搭載されているコア数を示します。

A ア

3 記憶装置(メモリ)

テクノロジ系

コンピュータ構成要素

出る度 ★★★

メモリは、コンピュータが処理をするために必要なデータやプログラムを記憶する装置です。メモリには、プログラムが処理をしている間に使うデータなどを一時的に格納するメインメモリ(主記憶装置)とデータを恒久的に保存する補助記憶装置(HDD や DVD、USB メモリなど)があります。

1 半導体メモリ（IC メモリ）

半導体メモリ（IC メモリ）とは、**半導体の回路で構成されたメモリ**で、回路を**電気的に制御することでデータを記憶**します。**データの読み書きが高速で、消費電力が少なく、振動に強い**というメリットがあります。半導体メモリには、RAM（ラム）（Random Access Memory）と ROM（ロム）（Read Only Memory）の 2 種類があります。

種類	概要	
RAM	**電源を切断すると記憶内容が失われる**揮発性メモリ	
	DRAM（ディーラム）(Dynamic RAM)	**処理速度は遅いが記憶容量は大きい。**定期的な再書き込みが必要
	SRAM（エスラム）（Static RAM）	**処理速度は高速だが記憶容量は小さい**
ROM	**電源を切断しても記憶内容が消去されない**不揮発性メモリ。電気を使ってデータの消去や読み書きを行うものをフラッシュメモリという	

2 メモリの種類

装置	種類	概要
メインメモリ	半導体メモリ (DRAM)	プログラムが処理をしている間に使う**データなどを一時的に格納しておく装置。**電源を切断すると記憶内容が失われる (揮発性)。**キャッシュメモリの次に高速。**現在主流のメモリチップの規格は DDR4 SDRAM (第 4 世代 DDR〈Double Data Rate〉SDRAM〈Synchronous DRAM〉)。DDR3 SDRAM (第 3 世代 DDR) の 2 倍の転送速度。メモリチップを載せるモジュール (基板) の規格には、DIMM (Dual Inline Memory Module：デスクトップ PC 向け) と SO-DIMM (Small Outline DIMM：ノートパソコン向け) がある
キャッシュメモリ	半導体メモリ (SRAM)	**CPU とメインメモリとの速度の違いを吸収して、処理を高速化するための**揮発性**メモリ。メインメモリから読み出したデータをキャッシュメモリに貯めておき、同じデータにアクセスする時は、キャッシュメモリから読み出す。メインメモリより高速。**複数のキャッシュメモリを搭載した場合、CPU に近いほうから、一次キャッシュメモリ、二次キャッシュメモリと呼ばれ、**一次キャッシュメモリのほうがより高速で小容量**

ハードディスク（HDD）	磁気ディスク	**磁気を利用**してデータの読み書きを行う、**一般的な補助記憶装置**。記憶容量は、数十 GB ～数 TB
エスエスディー SSD（Solid State Drive）	半導体メモリ（フラッシュメモリ）	**ハードディスクに代わる補助記憶装置。ハードディスクに比べ高速、省電力、衝撃や振動に強い。**電源を切断しても記憶内容が消去されない（不揮発性）。記憶容量は、数十 GB ～数 TB。**メインメモリの次に高速**
CD	光ディスク	レーザ光を利用してデータの読み書きを行う**補助記憶装置**。記憶容量は、**650MB と 700MB** がある
DVD		**CD の後継**となる補助記憶装置。記憶容量は、片面 1 層 4.7GB、片面 2 層 8.5GB
Blu-ray		**DVD の後継**となる補助記憶装置。記憶容量は、片面 1 層 25GB、片面 2 層 50GB
USB メモリ	半導体メモリ（フラッシュメモリ）	**USB コネクタとメモリ本体が一体化した補助記憶装置。**記憶容量は、数十 MB ～数百 GB
SD カード		コンパクトで**デジタルカメラ、携帯電話などで広く利用されている補助記憶装置。**記憶容量は数十 MB ～数百 GB

図解でつかむ

キャッシュメモリのしくみ

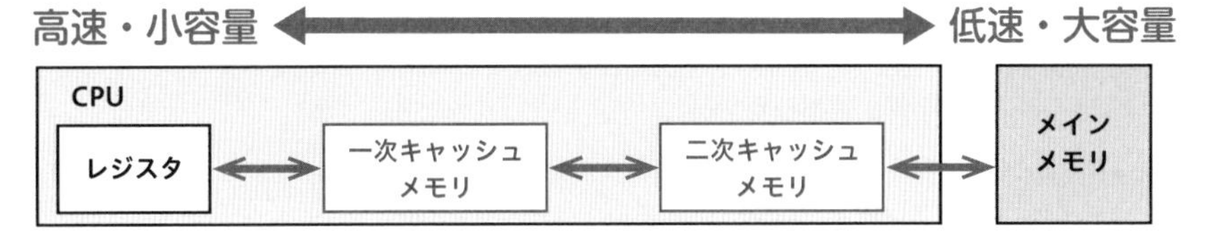

問題にチャレンジ！

Q メモリに関する説明のうち、適切なものはどれか。 （平成 30 年春・問 76）

ア DRAM は、定期的に再書込みを行う必要があり、主に主記憶に使われる。

イ ROM は、アクセス速度が速いので、キャッシュメモリなどに使われる。

ウ SRAM は、不揮発性メモリであり、USB メモリとして使われる。

エ フラッシュメモリは、製造時にプログラムやデータが書き込まれ、利用者が内容を変更することはできない。

解説

イ ROM は読み取り専用です。 **ウ** SRAM は揮発性メモリです。 **エ** フラッシュメモリは、書き換え可能メモリです。

A ア

4 入出力デバイス

テクノロジ系

コンピュータ構成要素

出る度 ★★★

PCと周辺機器(キーボードやマウス、プリンタなど)を接続してデータをやりとりするために、さまざまな専用の規格(入出力インタフェース)があります。各メーカーは、これらの規格に沿って機器を製造しているため、他社製品であっても接続することができます。

1 入出力インタフェース

装置		概要
USB		Universal Serial Bus の略。**コンピュータとキーボード、マウス、プリンタなどを**接続するためのデータ伝送路の標準規格の１つ。**データの転送速度はUSB2.0では480Mbps、USB3.2では20Gbps。**接続する機器によってコネクタの形状が異なる
	Type-A	**パソコン**に接続するための標準的なコネクタ
	Type-B	**プリンタやスキャナ**など
	Type-C	**USB 3.1 で制定された上下左右対称のコネクタ。**ノート PC など
HDMI（エイチディーエムアイ）		High-Definition Multimedia Interface の略。**音声データと映像データ**を１本のケーブルで転送する規格。**テレビとハードディスクレコーダーやゲーム機、パソコンとモニタやプロジェクタ**を接続する際など
DisplayPort（ディスプレイポート）		HDMI と同様に PC とモニタなどをつなぐケーブル。**HDMI に比べて高画質に対応しやすい**
Bluetooth®（ブルートゥース）		**10 ～ 100 メートル前後の近距離無線通信の規格。スマートフォンとワイヤレスイヤホン**を接続する際など
IrDA（アイアールディーエイ）		Infrared Data Association の略。**赤外線を利用した近距離データ通信の規格。携帯電話同士のアドレス交換**やデジタルカメラとプリンタ間でのデータ転送など
NFC（エヌエフシー）		Near Field Communication の略。**最長十数 cm 程度までの至近距離無線通信の世界標準規格。**非接触型 IC カードなどに採用されている RFID（アールエフアイディー）（IC タグ）と専用の読み取り装置間の通信に利用されている。FeliCa（フェリカ）は NFC 規格の１つで**交通系 IC カードにも使われている**

2 周辺装置を制御するしくみ

PC で周辺装置を制御するためのソフトウェアをデバイスドライバ（ドライバ）といいます。デバイスドライバを PC にインストールすることで、周辺装置が利用できるようになります。周辺機器を**接続した際に、自動的に OS が認識してデバイスドライバのインストールと設定をしてくれる機能**をプラグアンドプレイといいます。

図解でつかむ

問題にチャレンジ！

Q1 NFCに準拠した無線通信方式を利用したものはどれか。 (平成31年春・問93)

ア ETC車載器との無線通信　　**イ** エアコンのリモートコントロール

ウ カーナビの位置計測　　**エ** 交通系のIC乗車券による改札

Q2 PCと周辺機器の接続に関する次の記述中のa、bに入れる字句の適切な組合せはどれか。 (平成28年秋・問93)

PCに新しい周辺機器を接続して使うためには[a]が必要になるが、[b]機能に対応している周辺機器は、接続すると自動的に[a]がインストールされて使えるようになる。

	a	b
ア	デバイスドライバ	プラグアンドプレイ
イ	デバイスドライバ	プラグイン
ウ	マルウェア	プラグアンドプレイ
エ	マルウェア	プラグイン

解説 Q1

ア ETC車載器との無線通信は、車両の無線通信に特化したDSRC（Dedicated Short Range Communications）を利用しています。 **イ** エアコンのリモコンは、赤外線を利用しています。 **ウ** カーナビの位置計測は、GPSを利用しています。　**A** エ

解説 Q2

コンピュータが周辺機器を扱うには対応するデバイスドライバが必要です。以前は、付属のCD-ROMなどを用いて機種に応じてインストールを行っていました。現在では、プラグアンドプレイによるインストールが一般化しており、煩雑さが軽減されています。

A ア

5 システムの構成①

テクノロジ系

システム構成要素

出る度 ★★★

システムは、どのように処理を行うのか(処理形態)、どのように利用されるか(利用形態)によって分類できます。仮想化にはさまざまな形態があるため、図で違いを押さえておきましょう。

1 処理形態による分類

システムはどのように処理を行っているのか、すなわち処理形態によって分類ができます。メインとなる1台のコンピュータに複数のコンピュータを接続して、**メインのコンピュータがすべての処理**を行う集中処理や複数のコンピュータを接続して、**それぞれのコンピュータが処理を分担する**分散処理、高速化を目的に一連の処理を**複数の処理装置で同時に並行して行う**並列処理があります。分散処理や並列処理では、レプリケーション（複製）という、**データをリアルタイムにコピーする技術**が利用されています。

2 利用形態による分類

システムがどのように利用されるのか、すなわち利用形態によって分類ができます。コンピュータと利用者が対話をするように、相互に処理を行う対話型処理やインターネットショッピングにおける決済のようにデータの入力があった時点ですぐに処理を行うリアルタイム処理、月末の請求書の集計処理のようにデータをある程度溜めておいてから、一括で処理するバッチ処理があります。

3 サーバの仮想化

サーバの仮想化とは、**1台のコンピュータ上で複数のサーバを仮想的に動作させる技術**です。VM(Virtual Machine:仮想マシン)とも呼ばれます。各仮想サーバでは、別々のOSやアプリケーションを動作させることができるため、サーバの運用・保守費用を削減できます。仮想化はその方法によって3つに分類されています。

ホスト型は、コンピュータ上のOS(ホストOS)上に仮想化ソフトウェアをインストールし、そこで仮想サーバとしてOSとアプリケーションを動作させます。

ハイパーバイザ型はコンピュータ上にOSは不要で、直接仮想化ソフトウェアをインストールし、そこで仮想サーバとしてOSとアプリケーションを動作させます。

コンテナ型はコンピュータのOSを共有し、OS上に仮想化ソフトウェアをインストールし、そこで仮想サーバとして、アプリケーションを動作させます。コンテナ型はホストOSを共有するため動作が速いというメリットがあります。

4 VDI（Virtual Desktop Infrastructure：デスクトップ仮想化）／シンクライアント

VDIとは、デスクトップを仮想的に動作させる技術です。サーバ内に用意された仮想デスクトップでOSやアプリケーションが動作し、利用者のPCには画面情報だけが転送される技術です。VDIでは、シンクライアント技術を利用します。

シンクライアントとは、利用者のPCにソフトウェアやデータを持たせずにサーバで一括管理する形態です。サーバ側で処理された結果は、クライアントに転送されます。ソフトウェアやデータの管理がしやすく、PCの盗難、紛失などによる情報漏えいのリスクも回避できるというメリットがあります。

図解でつかむ

サーバの仮想化

仮想サーバ(仮想マシン)

1台のコンピュータ上で
複数のサーバを仮想的に動かす技術

ホスト型		ハイパーバイザ型		コンテナ型	
アプリケーション	アプリケーション	アプリケーション	アプリケーション	アプリケーション	アプリケーション
OS	OS	OS	OS	仮想化ソフトウェア(コンテナ)	仮想化ソフトウェア(コンテナ)
仮想化ソフトウェア		仮想化ソフトウェア(ハイパーバイザ)		ホストOS	
ホストOS					
物理サーバ		物理サーバ		物理サーバ	

問題にチャレンジ！

Q　1台のコンピュータを論理的に分割し、それぞれで独立したOSとアプリケーションソフトを実行させ、あたかも複数のコンピュータが同時に稼働しているかのように見せる技術として、最も適切なものはどれか。　（平成30年春・問62）

ア　NAS　　**イ**　拡張現実　　**ウ**　仮想化　　**エ**　マルチブート

解説

ア　NASはNetwork Attached Storageの略。ネットワークに直接接続して使用するファイルサーバのことです。**イ**　拡張現実（AR）は、現実世界の情報にデジタル合成などによって作られた情報を重ねて、人間から見た現実世界を拡張する技術です。**エ**　マルチブートとは、1つのコンピュータに複数のOSをインストールし、OSを選択して起動できる環境のことです。

A ウ

5 デュアルシステム

同じシステムを2組用意して、**並行して同じ処理を行い、結果を照合**します。結果を照合するため、高い信頼性が担保できます。片方のシステムが故障した場合、**故障したシステムを切り離して処理を継続**できるので、24時間365日稼働するような、可用性や高い信頼性が求められるシステムで利用されています。

6 デュプレックスシステム

同じシステムを2組用意して、**一方をメイン**で使います。**もう一方は予備機**として、メインのシステムが故障した際に切り替えて処理を継続させます。いつでも切替可能なように予備機を起動しておく方式をホットスタンバイといい、切替時に予備機の起動から行う方式をコールドスタンバイといいます。

7 クライアントサーバシステム

サービスを要求するPC「クライアント（依頼人）」と、サービスを提供する「サーバ（提供者）」で構成された形態です。クライアントとサーバが**処理を分担**することで、サーバの負荷が軽減でき、効率的に処理できます。メールを送受信する際には、クライアントのメールソフトとメールサーバのソフトウェアが連携して処理を行っています。

8 Webシステム

PCなどにソフトウェアをインストールせずに、Webブラウザを利用します。サーバのソフトウェアで処理を行い、その結果は端末のWebブラウザを使用して表示されます。

9 ピアツーピア（P2P）

クライアントやサーバの区別なく**端末同士が直接データをやりとりする形態**です。**SkypeやLINEの無料通話、ビットコイン（暗号資産）の送金**などに利用されています。

問題にチャレンジ！

Q 通常使用される主系と、その主系の故障に備えて待機しつつ他の処理を実行している従系の2つから構成されるコンピュータシステムはどれか。

（平成29年秋・問87）

ア クライアントサーバシステム　**イ** デュアルシステム
ウ デュプレックスシステム　**エ** ピアツーピアシステム

解説

ア システムの機能を「サービスを要求するクライアント側」と「サービスを処理するサーバ側」に垂直機能分散させた形態です。 **イ** 同じ処理を2組のコンピュータシステムで行い、その結果を照合機でチェックしながら処理を進行していくシステム構成です。 **エ** ピアツーピアは、クライアントサーバシステムのようにサービスを要求する側・提供する側という端末ごとの区別がなく、どの端末もサーバにもなればクライアントにもなるという特徴を持つシステムの形態です。

A ウ

図解でつかむ

デュアルシステムとデュプレックスシステム

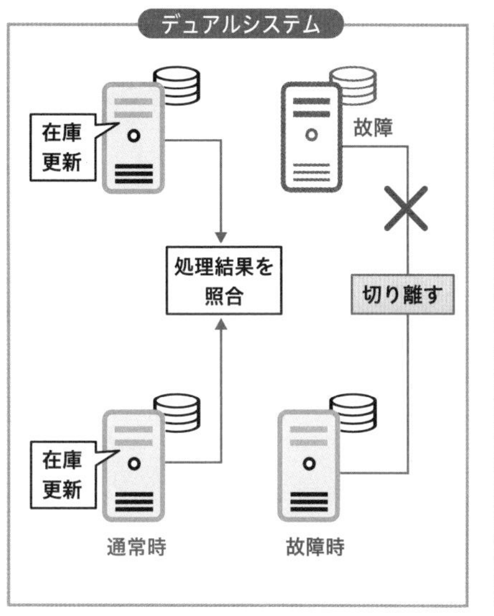

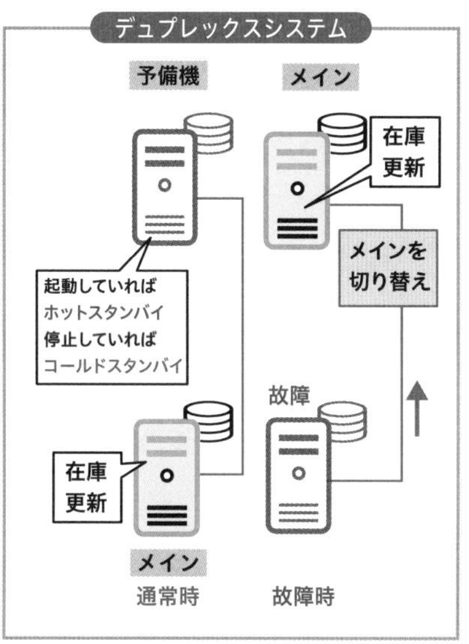

クライアントサーバシステムとWebシステム

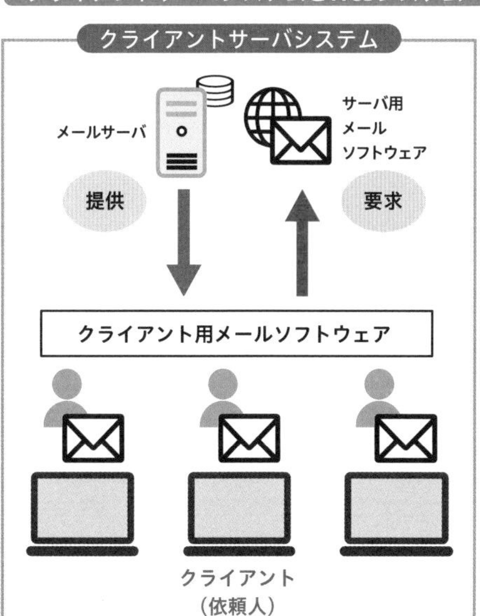

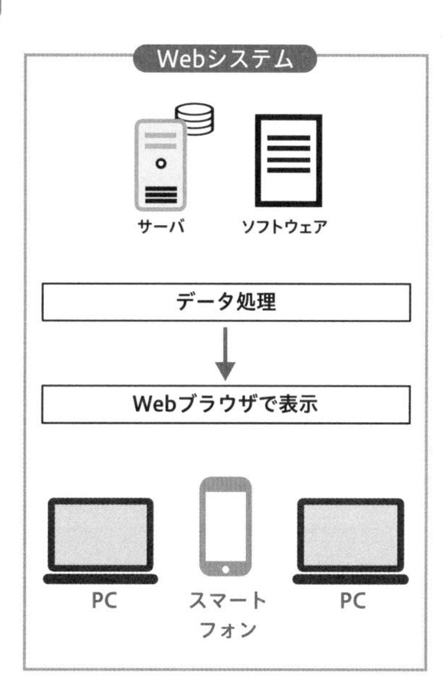

6 システムの構成②

テクノロジ系

システム構成要素

出る度 ★★★

障害に強いシステムを構築するためには、さまざまな方法や技術があります。ここでは耐障害性のあるシステム構成としてクラスタ、RAID、マイグレーション、NAS の特徴を覚えておきましょう。

1 クラスタ

「群れ」「集団」という意味で、**複数のコンピュータを連携して、全体を１台の高性能なコンピュータのように利用する**形態です。どれか１台に障害が発生しても正常なコンピュータに切り替えて稼働するため**可用性が向上**します。また複数のコンピュータに処理を分散することで、全体の**処理能力も向上**します。

2 RAID（レイド）

複数のハードディスクをまとめて１台のハードディスクとして認識させ、**処理速度や可用性を向上させる**技術です。RAID には次のような種類があります。

種類	機能
RAID0	**ストライピング機能** ・データを決まった長さで分割し、複数のディスクに縞模様（ストライプ）を書くように**データを分散して記録** ・同時に複数のディスクにアクセスできるため、**処理速度が向上** ・１台に故障が発生すると、すべてのデータにアクセスできない
RAID1	**ミラーリング機能** ・**複数のディスク**に鏡のように**同じデータを同時に記録** ・１台に故障が発生しても、もう１台のディスクで処理が継続できるので、**可用性が向上**
RAID5	**分散パリティ付きストライピング機能** ・データのほかに、障害発生時の**復旧用データ（パリティ）を複数のディスクに分散して記録** ・１台に故障が発生した場合、正常なデータとパリティを使って故障したディスクのデータを復旧できるため、**処理速度、可用性が向上** ・パリティのために１台分の容量が必要

3 マイグレーション（ライブマイグレーション）

マイグレーションとは「移行」の意味です。ライブマイグレーションとは、あるコンピュータ上で動作している**仮想マシン上の OS やアプリケーションを、停止せずに別の**

コンピュータへ移動することです。アプリケーションを動作させたまま、元のコンピュータのメンテナンスや交換ができるため、業務やサービスを停止せずに済みます。

4 NAS（ナス）

Network Attached Storage の略で、**ネットワークに直接接続して使用するハードディスク**です。企業や家庭内の **LAN で共有ディスクやファイルサーバとして利用**されています。OS や通信機能が内蔵され、異なる種類の PC やサーバ間で利用できます。

図解でつかむ

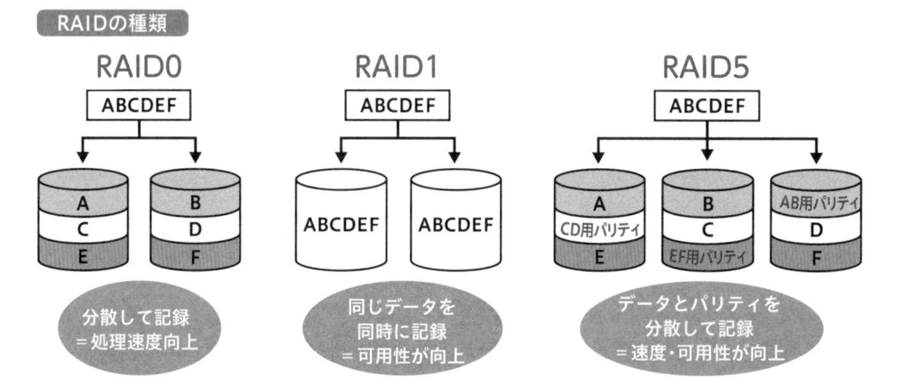

問題にチャレンジ！

Q サーバの仮想化技術において、あるハードウェアで稼働している仮想化されたサーバを停止することなく別のハードウェアに移動させ、移動前の状態から引き続きサーバの処理を継続させる技術を何と呼ぶか。 （令和元年秋・問 57）

ア ストリーミング　**イ** デジタルサイネージ
ウ プラグアンドプレイ　**エ** ライブマイグレーション

解説

ア 主に音声や動画などマルチメディアファイルについて、データをダウンロードしながら順次再生をする方式です。 **イ** デジタル技術を活用して平面ディスプレイやプロジェクタなどに映像や情報を表示する広告媒体のことです。店舗や屋外に設置されているのがよく見られます。 **ウ** 周辺機器を接続するのと同時に、自動的に PC がそれを認識し、デバイスドライバのインストールと設定を行う機能です。

A エ

7 システムの評価指標～性能

テクノロジ系

システム構成要素

出る度 ★☆☆

システムを評価する際の観点は3つあります。それは、①性能(処理の速さ)、②信頼性(正常に稼働するか)、③経済性(費用対効果など)です。ここでは、これらの観点から、システムの性能を評価するための指標についてみていきましょう。

1 レスポンスタイム(応答時間)

利用者が処理を要求してから、結果が返ってくるまでにかかる時間がレスポンスタイムです。

例えば、利用者が画面のボタンをクリックしたときに、その処理の要求がネットワークを経由してサーバに届き、処理した結果がクライアントに返され画面に表示されるまでの時間をいいます。**レスポンスタイムは短いほど、より性能が良い**といえます。

システムをつくるときには一般的に「画面遷移は2秒以内」といった利用者と合意した目標値が設定されます。しかし、完成したシステムのレスポンスタイムが目標の数値を超えてしまう場合はシステムの改善を行う必要があります。

月末の集計作業などのバッチ処理(データをある程度溜めておいてから、一括で処理する形態)では、集計結果を印刷する場合があります。こうした集計結果の印刷のように、**時間がかかる処理の場合、処理を要求してから最後の1ページの印刷が完了するまでの時間**のことをターンアラウンドタイムといい、レスポンスタイムとは区別します。

2 スループット(処理能力)

システムが単位時間当たり、どのくらいの処理を実行できるかを表す指標です。**スループットは多いほど性能が良い**です。一般的には「アクセスのピーク時でも1時間で10万件を処理する」といった利用者と合意した目標値が設定され、できあがったシステムが目標のスループットに満たない場合は、システムの改善を行う必要があります。

3 ベンチマーク

「基準」という意味で、**コンピュータの性能を評価**するための指標です。システムの性能を比較する場合、**実際にプログラムを動作させて実行時間を計測して評価**します。この評価方法をベンチマークテストといいます。

図解でつかむ

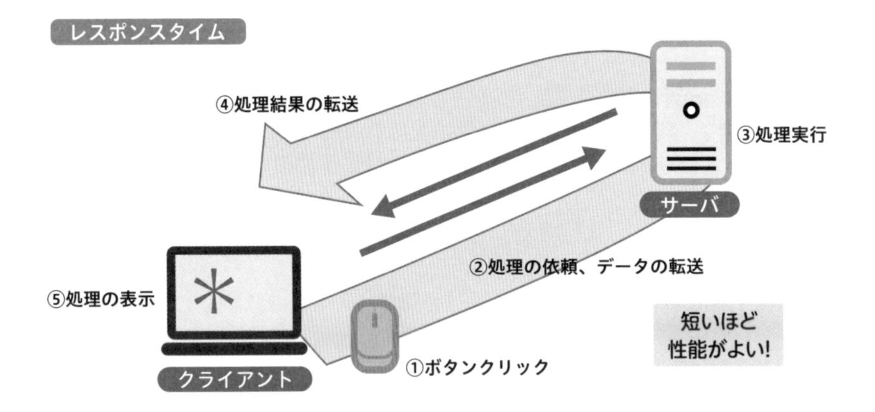

レスポンスタイムやスループットなどの性能に関する指標は、要件定義の際に目標値が設定され、テスト工程で目標値を満たしているかを実際のシステムで計測します。

問題にチャレンジ！

Q ベンチマークテストに関する記述として、適切なものはどれか。

(平成 29 年春・問 77)

ア システム内部の処理構造とは無関係に、入力と出力だけに着目して、様々な入力条件に対して仕様どおりの出力結果が得られるかどうかを試験する。

イ システム内部の処理構造に着目して、分岐条件や反復条件などを網羅したテストケースを設定して、処理が意図したとおりに動作するかどうかを試験する。

ウ システムを設計する前に、作成するシステムの動作を数学的なモデルにし、擬似プログラムを用いて動作を模擬することで性能を予測する。

エ 標準的な処理を設定して実際にコンピュータ上で動作させて、処理に掛かった時間などの情報を取得して性能を評価する。

解説

ア ブラックボックステストの説明です。 **イ** ホワイトボックステストの説明です。
ウ シミュレーションの説明です。

A エ

8 システムの評価指標〜信頼性①

テクノロジ系

システム構成要素

出る度 ★★☆

システムの信頼性を評価する指標が「稼働率(システムが正常に稼働している割合)」です。稼働率には、「運用時間における稼働率」と「システム構成における稼働率」があります。まずは「運用時間における稼働率」をみていきましょう。

1 運用時間における稼働率

システムが正常に稼働している割合を表す稼働率は、以下の計算式で求められます。

$$\text{稼働率} = \frac{\text{MTBF（平均故障間隔）}}{\text{MTBF（平均故障間隔）} + \text{MTTR（平均修復時間）}}$$

2 MTBF（平均故障間隔）

MTBFとは、Mean Time Between Failuresの略で、システムに生じる故障と故障の間隔の平均です。つまり、**システムが連続して正常に稼働している時間の平均値**のことです。

3 MTTR（平均修復時間）

MTTRとは、Mean Time To Repairの略で、システムが故障してから**修復するまでにかかった時間の平均値**です。

4 故障率

システムが障害などで**正常に稼働していない割合**を表します。これは、1から稼働率を引いた値になります。

故障率 = 1 – 稼働率

計算問題を苦手とする人は多いですが、公式を理解できれば確実に正解できる問題になります。公式は暗記ではなく、意味を理解しましょう。

図解でつかむ

信頼性の求め方〈例〉

あるシステムで 5,000 時間の運用において、故障回数は 20 回、合計故障時間は 2,000 時間であった場合の MTTR、MTBF、稼働率、故障率は以下のように求めます。

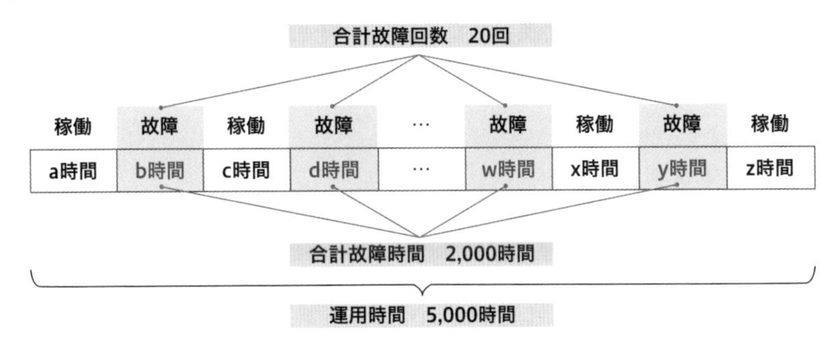

MTTR（平均修復時間） ＝ 2,000 時間（合計故障時間）÷ 20 回（故障回数）
＝ **100 時間**

MTBF（平均故障間隔）

合計稼働時間 ＝ 5,000 時間（運用時間）− 2,000 時間（合計故障時間）
＝ 3,000 時間

MTBF ＝合計稼働時間 ÷ 故障回数＝ 3,000 時間 ÷ 20 回 ＝ **150 時間**

稼働率 $= \dfrac{\text{MTBF}}{(\text{MTBF}+\text{MTTR})} = \dfrac{150}{(150+100)} = 0.6 =$ **60%**

故障率 ＝ 1 − 稼働率 ＝ 1 − 0.6 ＝ 0.4 ＝ **40%**

問題にチャレンジ！

Q あるコンピュータシステムの故障を修復してから 60,000 時間運用した。その間に 100 回故障し、最後の修復が完了した時点が 60,000 時間目であった。MTTR を 60 時間とすると、この期間でのシステムの MTBF は何時間となるか。

（平成 26 年春・問 69）

ア 480　　イ 540　　ウ 599.4　　エ 600

解説

合計稼働時間 ＝ 60,000 時間 − 全修復時間（100 回 × 60 時間）＝ 54,000 時間

MTBF は平均故障間隔なので、54,000 時間 ÷ 100 回 ＝ 540 時間／回

よって、平均故障間隔（MTBF）は 540 時間です。

A イ

9 システムの評価指標～信頼性②

テクノロジ系

システム構成要素

出る度 ★★☆

システムを構成する装置の接続の方法によっても、システム全体の稼働率は変わってきます。「直列接続」と「並列接続」、それぞれの稼働率の求め方を理解しておきましょう。

1 直列接続の稼働率

直列接続の場合には、**1台でも故障している装置があれば、システム全体が稼働できません。**

直列接続のときの稼働率は、以下の計算式で求められます。

稼働率 ＝ 装置 A の稼働率 × 装置 B の稼働率

例 装置 A、B ともに稼働率が 90% の場合、

稼働率 ＝ 0.9 × 0.9

＝ 0.81 ＝ 81%

2 並列接続の稼働率

並列接続の場合には、**いずれか一方の装置が稼働していれば、システムは停止せずに、稼動し続けられます。**

並列接続のときの稼働率は、以下の計算式で求められます。

稼働率 ＝ 1 －（1 －装置 A の稼働率）×（1 －装置 B の稼働率）

例 装置 A、B ともに稼働率が 90% の場合、

稼働率 ＝ 1 －（1 － 0.9）×（1 － 0.9）

－ 1 －（0.1 × 0.1）

＝ 1 － 0.01

＝ 0.99 ＝ 99%

並列接続は装置の二重化や冗長構成と呼ばれ、Web サーバや DB サーバの障害対策としてよく使われているしくみです。

図解でつかむ

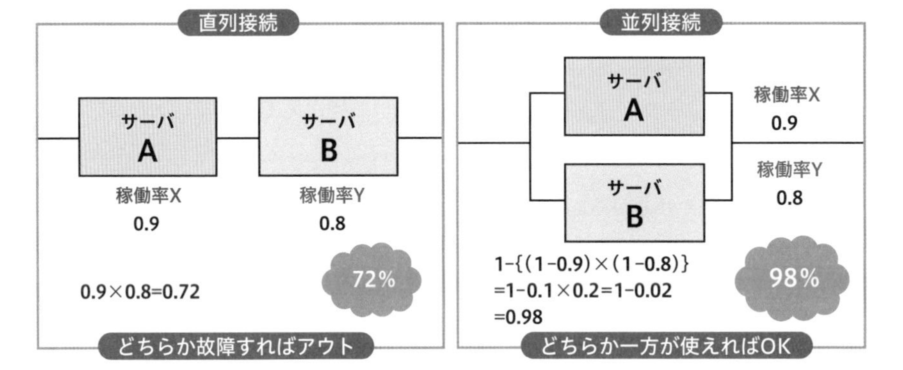

直列接続の稼働率は、装置単体の稼働率より下がります！
並列接続の稼働率は、装置単体の稼働率より上がります！

問題にチャレンジ！

Q 稼働率 0.9 の装置を 2 台直列に接続したシステムに、同じ装置をもう 1 台追加して 3 台直列のシステムにしたとき、システム全体の稼働率は 2 台直列のときを基準にすると、どのようになるか。 (平成 30 年春・問 80)

ア 10% 上がる　**イ** 変わらない　**ウ** 10% 下がる　**エ** 30% 下がる

解説

稼働率が 0.9 の装置を 2 台直列接続した場合の稼働率は、0.9 × 0.9 = 0.81 です。
稼働率が 0.9 の装置を 3 台直列接続した場合の稼働率は、0.9 × 0.9 × 0.9 = 0.729 です。
つまり 3 台のときの稼働率は、2 台のときの稼働率に 0.9 を乗じた数値になっています。稼働率は 2 台→ 3 台で 0.9 倍（= 90%）になるので、その低下率は（1−0.9 = 0.1 =）10%です。よって 2 台直列のときより 10%下がります。

A ウ

10 システムの評価指標～経済性

テクノロジ系

システム構成要素

出る度 ★★☆

システムの評価をする際に、経済性すなわち費用対効果という観点も重要です。構築に莫大な費用をかけたのに、その効果はごくわずかでは困ります。システムの導入から運用にかかる費用について押さえておきましょう。

システム構築にかかる費用には以下の3つがあります。

1 初期コスト

初期コストは、システムの**導入時にかかる費用**で、イニシャルコストともいいます。具体的には以下のようなものがあります。

- ・サーバやネットワーク機器の購入費用
- ・システムの開発費用
- ・利用者の教育費用

システムを**クラウドで構築した場合、サーバの購入やシステム開発が不要**となり、**初期コストを抑える**ことができます。

2 運用コスト

運用コストとは、システムの**運用を開始してからかかる費用**で、ランニングコストともいいます。具体的には以下のようなものがあります。

- ・サーバやネットワーク機器などの電気代
- ・サーバやネットワーク機器などの老朽化による移行費用
- ・システムの管理、保守をするための人件費

システムを**クラウドで構築した場合、システムの管理、保守は事業者が行うため、人件費と移行費用を削減**できます。その代わり、**サービスの月額利用料が必要**になります。

3 TCO（Total Cost of Ownership）

Ownershipは「所有権」という意味で、TCOはシステムを所有するためにかかるコストの総額という意味です。つまり、TCOはシステムの導入から廃棄までの総コストのことで、**初期コストと運用コストを含めた全体の費用**です。

システムの経済性の評価は、TCOで判断します。

図解でつかむ

TCO

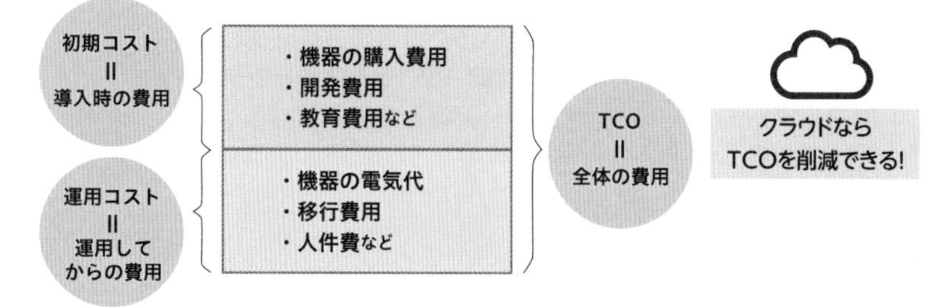

ストラテジ系の「TOC（Theory Of Constraints：制約理論）」と混同しないようにしましょう。TOCは制約（全体のパフォーマンスを低下させてしまう部分）を集中的に管理、改善する生産管理や経営管理の改善手法です。

問題にチャレンジ！

Q 販売管理システムに関する記述のうち、TCOに含まれる費用だけを全て挙げたものはどれか。
（令和元年秋・問96）

① 販売管理システムで扱う商品の仕入高
② 販売管理システムで扱う商品の配送費
③ 販売管理システムのソフトウェア保守費
④ 販売管理システムのハードウェア保守費

ア ①、②　イ ①、④　ウ ②、③　エ ③、④

解説

TCO（Total Cost of Ownership）は、ある設備・システムなどに関する、取得から廃棄までの費用の総額を表します。TCOは、初期投資額であるイニシャルコストと、維持管理費用であるランニングコストに大別できます。

イニシャルコストの例

ハードウェア購入・設置費用、パッケージソフトの購入費用・開発費、初期教育費など

ランニングコストの例

保守・サポート契約費、ライセンス料、運用人件費、消耗品費など

①と②は、業務で発生するコストのため誤りです。③と④は、運用コストにあたるので正しいです。TCOはシステムの導入から廃棄までを含んだ総コストのことです。

A エ

11 信頼性を確保するしくみ

テクノロジ系
システム構成要素
出る度 ★☆☆

システム障害を発生させずに、いかにシステムを正常に稼働し続けられるかを表すのが「信頼性」です。24 時間 365 日稼働するシステムと平日の業務時間内のみ稼働するシステムでは、確保しなければならない信頼性のレベルが異なります。その信頼性を確保するしくみを知っておきましょう。

■ 信頼性を確保するためのしくみ

信頼性を確保するためのしくみには、以下のような種類があります。

しくみの名称	概要
フェールセーフ	Fail は「失敗、故障」、Safe は「安全」という意味。システムで故障や誤動作が発生した場合、**システムを継続して稼働させるよりも、安全を優先**するしくみ。例えば、地震発生時に、エレベーターを最寄りの階で自動停止させるなど
フェールソフト	Soft は「やわらかい、柔軟」という意味。システムで故障や誤動作が発生した場合、**故障した機能を切り離し、機能を縮小してシステムを稼働する**しくみ。例えば、事故発生時に電車の路線の一部区間の運転を取り止め、運転区間を縮小して運転を継続するなど
フォールトトレラント	Fault は「欠点、過失」、Tolerant は「耐性のある」という意味。システムで故障や誤動作が発生した場合、**予備の装置に切り替えて、機能を縮小せずにシステムを継続して稼働する**しくみ。24 時間 365 日稼働するシステムで採用されている
フォールトアボイダンス	Avoidance は「回避、逃避」という意味。**信頼性の高い機器を使用して障害を起こさないようにする**という考え方
フールプルーフ	Fool は「ばかな」、Proof は「品質など試す試験」という意味。**誤った操作をしても、システムや装置が故障や誤動作しない**しくみ。例えば、洗濯機や電子レンジで、扉を閉めないと操作ボタンが押せないしくみなど

信頼性を向上させるためには、当然コストもかかるため、どのしくみを採用するかはシステムの特徴や要件によって決定することになります。

Point!

フェールソフト	⇒故障を柔軟に。機能を縮小する
フェールセーフ	⇒故障を安全に。安全な状態にする
フォールトトレラント	⇒機器の多重化、切替えによって、障害に耐えて正常稼働を継続する
フォールトアボイダンス	⇒障害を回避する
フールプルーフ	⇒誤った操作をしても故障しない

似たような用語が多いので、単語の意味をキーワードにして覚えましょう！

問題にチャレンジ！

Q フールプルーフの考え方として、適切なものはどれか。 （平成21年秋・問67）

ア 故障などでシステムに障害が発生した際に、被害を最小限にとどめるようにシステムを安全な状態にする。
イ システム障害は必ず発生するという思想の下、故障の影響を最低限に抑えるために、機器の多重化などの仕組みを作る。
ウ システムに故障が発生する確率を限りなくゼロに近づけていく。
エ 人間がシステムの操作を誤ってもシステムの安全性と信頼性を保持する。

解説

フールプルーフ（Fool Proof）は、不特定多数の人が操作するシステムに、入力データのチェックやエラーメッセージの表示などの機能を加えることで、人為的ミスによるシステムの誤動作を防ぐように設計する考え方です。例としては、データ送信のときの確認メッセージの表示や入力値のチェック、手順や整合性のチェックなどのしくみが挙げられます。また、わかりやすいユーザーインタフェース設計もフールプルーフを実現するための一要素になるでしょう。

ア フェールセーフの考え方です。 **イ** フォールトトレラントの考え方です。 **ウ** 信頼性の高い機器を使用して障害を起こさないようにする、フォールトアボイダンスの考え方です。

A エ

12 OS（オペレーティングシステム）

テクノロジ系
ソフトウェア
出る度 ★☆☆

ソフトウェアはコンピュータに実行させる処理の集まりで、大きく分けるとOSとアプリケーションソフトウェアがあります。OSはコンピュータを動かすための基本となるソフトウェアで、ハードウェアとアプリケーションソフトウェアの制御や利用者とのやり取りを行います。

1 OS

OSはOperating Systemの略で、代表的なOSには以下の種類があります。

OSの種類	説明
Windows（ウインドウズ）	**マイクロソフト社が開発したOS。32ビットOSまたは64ビットOSがある。**PCのOSとしては世界最大シェア
Mac OS（マックオーエス）	**アップル社が開発したOS。**UNIXをベースとしているため、ソフトウェアの開発にも向いている
Chrome OS（クロームオーエス）	**Google社が開発したOS。**WebブラウザであるGoogle Chrome上でGoogleドキュメントやスプレッドシートといったオフィスツールを利用できる
UNIX（ユニックス）	**AT&T社のベル研究所で開発されたOS。Linuxの基となるOS**
Linux（リナックス）	**UNIXを改良して開発されたOS。プログラムコードが公開されているオープンソースソフトウェア**
iOS（アイオーエス）	**アップル社が開発したスマートデバイス向けOS。iPhoneやiPadなどで採用されている**
Android（アンドロイド）	**Google社が開発した、スマートデバイス向けOS。現在、スマートデバイス向けOSとしては世界最大シェア**

2 BIOS（バイオス）（Basic Input/Output System）

パソコンの起動時に**OSより先に動作**し、**接続された装置・機器に対する制御などを行うプログラム**です。コンピュータの起動時にあらかじめ設定されたパスワードを入力しなければOSが起動しないようにする機能をBIOSパスワードといい、PCの盗難や紛失時の**セキュリティ対策**として利用されています。

3 マルチブート

1台のPCに複数のOSをインストールし、コンピュータの起動時にどのOSを起動するかを選ぶことができます。仮想化とは違い、起動できるOSは1つです。

図解でつかむ

ハードウェア・ソフトウェアの関係

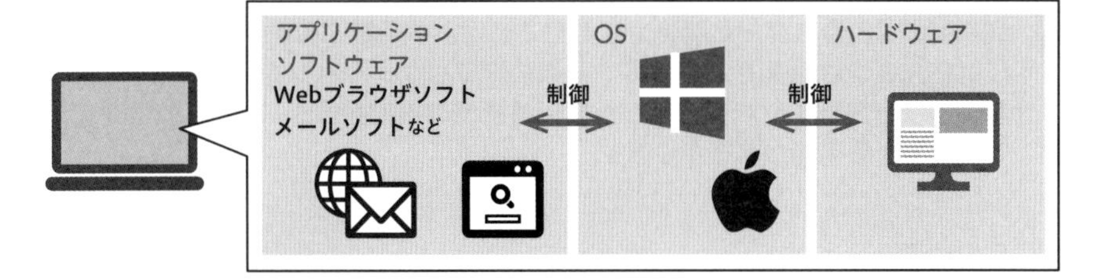

BIOSパスワード画面

パスワードを設定しておくと、正しいパスワードを入力しない限りOSが起動しません。パソコン盗難時の情報漏えいや第三者による不正使用を防ぐためのセキュリティ対策です。

最近では、Windows と Android を切り替えて使用できるデュアルブート（デュアル OS）のタブレットが増えています。Excel や Word を利用する場合は Windows、スマートフォンアプリを起動する場合は Android というように目的に応じて OS を切り替えられます。

問題にチャレンジ！

Q 利用者が PC の電源を入れてから、その PC が使える状態になるまでを 4 つの段階に分けたとき、最初に実行される段階はどれか。 （平成 28 年春・問 85）

ア BIOS の読込み

イ OS の読込み

ウ ウイルス対策ソフトなどの常駐アプリケーションソフトの読込み

エ デバイスドライバの読込み

解説

実行される順番は、次の通り。

① BIOS の読込み→② OS の読込み→③ウイルス対策ソフトなどの常駐アプリケーションソフトの読込み→④デバイスドライバの読込み

デバイスドライバは、OS に標準で組み込まれているものや、利用者によって後からインストールされるものなどがあるため、OS とアプリケーションソフトの中間になります。

A ア

13 OSの機能

テクノロジ系
ソフトウェア
出る度 ★★☆

利用者がPCやスマートフォンを安全で効率よく簡単に操作するために、OSにはさまざまな機能があります。複数のアプリケーションを同時に実行したり、プリンタやイヤホンといった周辺装置との接続が簡単にできるのは、こうしたOSの機能があるからです。

■ OSの機能

OSには以下のような機能があります。

OSの機能	説明
ユーザー管理	コンピュータに**利用者を追加（削除）**したり、**利用者情報の設定**を変更する。具体的には、利用者のアカウント（コンピュータやネットワークなどを利用するために必要な権利）を作成し、プロファイル（利用者ごとの設定情報や個別のデータなどをまとめたもの）を管理する
ファイル管理	ハードディスクなどの記憶媒体に**ファイルの書き込みや読み込み**を行う
入出力管理	マウスやプリンタ、イヤホンなどの**周辺機器の制御や管理**を行う
資源管理	各タスクに対し、CPUやメモリ、ハードディスクなどの**資源を効率的に割り当てる**
タスク管理	**実行中のアプリケーションを管理**する。タスクとは、OSから見たアプリケーションの実行単位のこと。例えば、メールソフトで文章を入力しながら、インターネットを利用してファイルをダウンロードするなどの**複数のタスクを並行して実行すること**をマルチタスクという
メモリ管理	**アプリケーションが動作する際に必要となるメモリ領域を管理**する。アプリケーションは、ハードディスク→メインメモリ→キャッシュメモリ→レジスタの順でメモリに読み込まれて実行される

OSのマルチタスク機能により、私たちは複数のアプリケーションを同時に使えます。これはOSが各アプリケーションのタスクを切り替えながら効率的にCPUで処理しているためです。見かけは同時に使っている感覚ですが、実際は交互に各アプリケーションのタスクが実行されています。

図解でつかむ

OSの機能の例（Windows10の場合）

ユーザー管理画面

デバイス管理画面

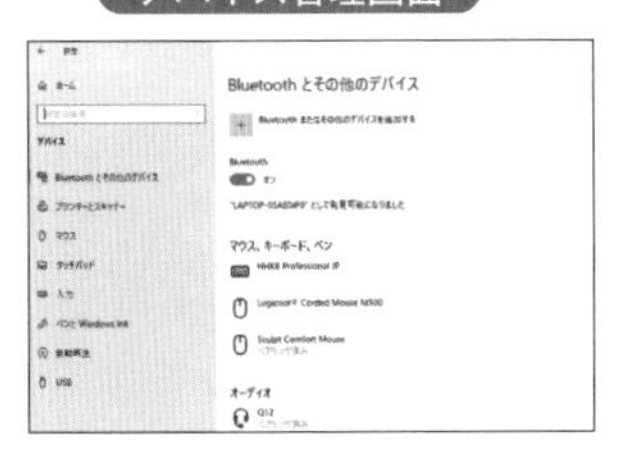

資源管理画面

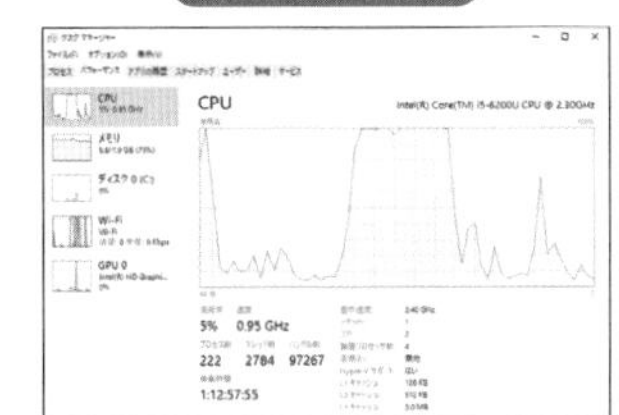

問題にチャレンジ！

Q Web サイトからファイルをダウンロードしながら、その間に表計算ソフトでデータ処理を行うというように、1台の PC で、複数のアプリケーションプログラムを少しずつ互い違いに並行して実行する OS の機能を何と呼ぶか。

（平成 29 年春・問 73）

ア	仮想現実	**イ**	デュアルコア
ウ	デュアルシステム	**エ**	マルチタスク

解説

ア 仮想現実（VR:Virtual Reality）は、コンピュータなどによって作り出した世界をコンピュータグラフィックスなどを利用して、利用者に知覚させる技術です。 **イ** デュアルコアは、1つのプロセッサパッケージの中に2つの CPU コアを搭載したマルチコアプロセッサの一形態です。 **ウ** デュアルシステムは、同じ処理を2組のコンピュータシステムで行い、その結果を照合機でチェックしながら処理をしていく信頼化設計の一形態です。

A エ

14 ファイル管理

テクノロジ系

ソフトウェア

出る度 ★★★

ファイル管理の基本的なしくみとファイルへのアクセス方法を学びます。ファイル管理は本試験ではよく出題され、出題形式としては階層構造の図を使った問題が多く出題されています。カレントディレクトリ、ルートディレクトリ、絶対パス、相対パスの意味はしっかり理解しておきましょう。

1 ディレクトリ

ディレクトリとは、**Windowsのフォルダと同じ**で、ファイルを分類して階層的に管理します。**階層の最上位のディレクトリ**をルートディレクトリといい、**現在アクセスしているディレクトリ**をカレントディレクトリといいます。

2 絶対パス

絶対パスは、**ルートディレクトリから目的のファイルまでの経路**のことです。ディレクトリとディレクトリ、ディレクトリとファイルの間には区切り文字を使用します。区切り文字はLinuxでは「/」、Windowsでは「¥」を使用します。

3 相対パス

相対パスは、**カレントディレクトリから目的のファイルまでの経路**のことです。**1階層上のディレクトリ**は「..」、**カレントディレクトリ**は「.」を使って表します。

4 ファイル拡張子

拡張子とは、ファイルの種類を判別するためにファイル名の末尾に付けられる文字列のことで、以下のような種類があります。

拡張子	説明
.exe	プログラムなどの**実行ファイル**
.zip	複数のファイルを圧縮してデータ量を縮小したもの。**圧縮ファイル**
.gif	**256色以下の比較的色数の少ない静止画像ファイル**
.jpeg ／ .jpg	**デジタルカメラなどのフルカラー対応の画像ファイル**
.mpeg ／ .mpg	**動画圧縮のフォーマットで、MPEG-1、MPEG-2、MPEG-4、MPEG-7などの規格がある**
.avi	**マイクロソフトが開発した動画用ファイル形式。再生するには適切なコーデック（データを小さく圧縮したり、元に戻すことができるソフト）が必要**

図解でつかむ

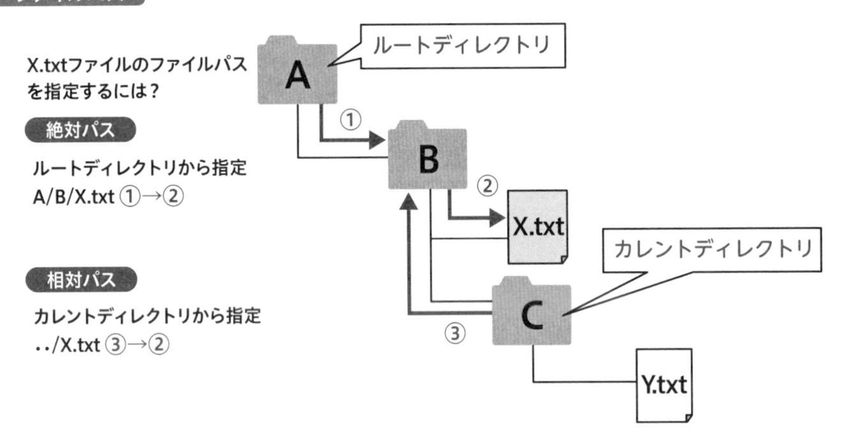

問題にチャレンジ！

Q　Web サーバ上において、図のようにディレクトリ d1 および d2 が配置されているとき、ディレクトリ d1（カレントディレクトリ）にある Web ページファイル f1.html の中から、別のディレクトリ d2 にある Web ページファイル f2.html の参照を指定する記述はどれか。ここで、ファイルの指定方法は次のとおりである。

（平成 31 年春・問 96）

〔指定方法〕

（1）ファイルは、“ディレクトリ名 /…/ ディレクトリ名 / ファイル名”のように、経路上のディレクトリを順に“ / ”で区切って並べた後に“ / ”とファイル名を指定する。

（2）カレントディレクトリは“ . ”で表す。

（3）1 階層上のディレクトリは“ .. ”で表す。

（4）始まりが“ / ”のときは、左端のルートディレクトリが省略されているものとする。

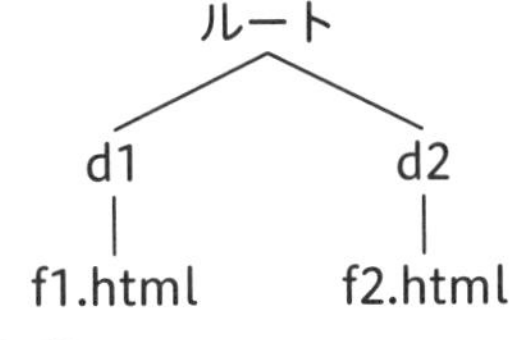

ア　./d2/f2.html　　イ　./f2.html

ウ　../d2/f2.html　　エ　d2/../f2.html

解説

ア　d1 配下の d2 に存在する f2.html を参照するパスです。※図中には存在しません。 **イ**　d1 配下の f2.html を参照するパスです。※図中には存在しません。 **エ**　このパスでは、どのファイルも参照できません。

A　ウ

15 バックアップ

テクノロジ系

ソフトウェア

出る度 ★☆☆

バックアップとは、システムの誤操作や障害によるファイルの破損に備えて、別の装置などにデータを複製(コピー)し、予備として取っておくことです。障害発生時にバックアップしたデータを使ってファイルを元の状態に戻すことを復元(リストア)といいます。

1 バックアップの種類

単にすべてのデータをコピーするだけでなく、差分や増分を取得する方法があります。

種類	方法
フル バックアップ	・バックアップ対象の**すべてのデータを複製** ・バックアップ、復元にかかる時間は長い ・データを復元する際は、**フルバックアップのデータ**を装置に複製するだけでよい
差分(さぶん) バックアップ	・フルバックアップの取得以降に、**追加や更新されたデータを複製** ・バックアップにかかる時間は、**追加や更新が多ければ長い** ・データを復元する際は、**フルバックアップと差分バックアップのデータ**を装置に複製する
増分(ぞうぶん) バックアップ	・**前回のバックアップ**（フルバックアップまたは増分バックアップ）取得**以降に追加、更新されたデータ**のみを複製 ・バックアップにかかる時間は**短い** ・データを復元する際は、**フルバックアップと増分バックアップのデータ**を装置に複製する

2 バックアップ要件

システムの要件や扱うデータの性質によってバックアップの要件は異なります。

要件	例
タイミング	・毎日 ・毎週末　など
保存先	・別のハードディスク ・DVDなどのメディア　など
方法	・日曜日はフルバックアップで、それ以外は増分バックアップを取得するなど
世代管理	・最新のバックアップだけでなく、過去の状態を復元できるしくみ（例えば、毎週フルバックアップを取得し、3世代分を保存している場合は、3週間前のデータを復元することができる）

図解でつかむ

バックアップの種類

フルバックアップ

	1日目	2日目	3日目
データ	あいう	あいうえお	あいうえおかき
バックアップ	あいう	あいうえお	あいうえおかき
	フル	フル	フル

毎回全データをコピー

差分バックアップ

	1日目	2日目	3日目
データ	あいう	あいうえお	あいうえおかき
バックアップ	あいう	えお	えおかき
	フル	差分	差分

フルバックアップとの差分をコピー

増分バックアップ

	1日目	2日目	3日目
データ	あいう	あいうえお	あいうえおかき
バックアップ	あいう	えお	かき
	フル	増分	増分

前回のバックアップ以降の変更をコピー

問題にチャレンジ！

Q 毎週日曜日の業務終了後にフルバックアップファイルを取得し、月曜日〜土曜日の業務終了後には増分バックアップファイルを取得しているシステムがある。水曜日の業務中に故障が発生したので、バックアップファイルを使って火曜日の業務終了時点の状態にデータを復元することにした。データ復元に必要なバックアップファイルを全て挙げたものはどれか。ここで、増分バックアップファイルとは、前回のバックアップファイル（フルバックアップファイルまたは増分バックアップファイル）**の取得以降に変更されたデータだけのバックアップファイルを意味する。**

（平成28年春・問92）

ア　日曜日のフルバックアップファイル、月曜日と火曜日の増分バックアップファイル
イ　日曜日のフルバックアップファイル、火曜日の増分バックアップファイル
ウ　月曜日と火曜日の増分バックアップファイル
エ　火曜日の増分バックアップファイル

解説

データを復元する手順は、次の通りです。①日曜日のフルバックアップを使用し、日曜日の業務終了時の状態にデータを復元する→②月曜日の増分バックアップを使用し、月曜日の業務終了時の状態にデータを復元する→③火曜日の増分バックアップを使用し、火曜日の業務終了時の状態にデータを復元する。よって、この3つのファイルを含んだ**ア**が正解となります。

A ア

16 オフィスツール①

テクノロジ系

ソフトウェア

出る度 ★★★

オフィスツールとは、文書作成や表計算、Web ブラウザなど、ビジネスで利用されるソフトウェアのことです。中でも表計算ソフトは、データのコピーや集計、抽出をスピーディかつ正確に行うことができ、業務効率アップにつながります。ここでは試験に出る機能を中心にみていきます。

1 表計算ソフトで使う「セル」

1つひとつのマス目が**セル**です。A 列 1 行目の位置（**セル番地**）を「A1」と表します。複数のセルの集まり（**セル範囲**）の場合は、例えば「左上端のセル番地が B1 で、右下端のセル番地が C2」のセル範囲であれば「B1: C2」と表します（右ページ参照）。

2 セルの複写（コピー）

セルを複写する際に、元のセルに**セル番地を含む式が入力されている場合は注意が必要**です。セル番地が相対参照か絶対参照かによって複写の内容が異なります。文章だけでは理解が難しいので、実際に表計算ソフトに入力して確かめてみましょう。

参照方法	説明
相対参照	複写元と複写先のセルの番地の差を維持するために、式の中の**セル番地が変化する参照方法** ［例］セル A6 に「A1 + 5」(A6 セルと同じ列の 5 行上のセルの値に 5 を加算）という式が入力されているとき、このセルを B8 に複写すると、「B3 + 5」(B8 セルと同じ列の 5 行上のセルの値に 5 を加算）という式が入る
絶対参照	**複写元のセル番地の列番号と行番号の両方または片方を固定する参照方法。** 絶対参照を適用する列番号と行番号の両方または片方の直前に「$」をつける ［例］セル B1 に「$A$1 + $A2 + A$5」(列 A 行 1 のセルの値と、列 A で B1 のセルから見て 1 行下のセルの値と、B1 のセルから見て一つ左の列で行 5 のセルの値を加算）という式が入力されているとき、このセルを C4 に複写すると、「A1 + $A5 + B$5」(列 A 行 1 のセルの値と、列 A で C4 セルから見て 1 行下のセルの値と、C4 セルから見て一つ左の列で行 5 のセルの値を加算）が入る。A5 は列、行ともに固定。$A2 は列のみ固定、行は相対的に変化。A$5 は行のみ固定、列は相対的に変化

3 ピボットテーブル

大量のデータを 1 カ所に集めて、**さまざまな視点から集計したり、分析したりする機能**です。項目別の集計や項目の入れ替えなども簡単にできるため、業務でも幅広く利用されています。

図解でつかむ

セルとセル範囲

問題にチャレンジ！

Q 表計算ソフトを用いて、天気に応じた売行きを予測する。表は、予測する日の天気（晴れ・曇り・雨）**の確率、商品ごとの天気別の売上予測額を記入したワークシートである。セル E4 に商品 A の当日の売上予測額を計算する式を入力し、それをセル E5 ～ E6 に複写して使う。このとき、セル E4 に入力する適切な式はどれか。ここで、各商品の当日の売上予測額は、天気の確率と天気別の売上予測額の積を求めた後、合算した値とする。**

（平成 29 年春・問 91）

	A	B	C	D	E
1	天気	晴れ	曇り	雨	
2	天気の確率	0.5	0.3	0.2	
3	商品名	晴れの日の 売上予測額	曇りの日の 売上予測額	雨の日の 売上予測額	当日の 売上予測額
4	商品 A	300,000	100,000	80,000	
5	商品 B	250,000	280,000	300,000	
6	商品 C	100,000	250,000	350,000	

ア B2 ＊ B4 ＋ C2 ＊ C4 ＋ D2 ＊ D4　**イ** B$2 ＊ B4 ＋ C$2 ＊ C4 ＋ D$2 ＊ D4

ウ $B2 ＊ B$4 ＋ $C2 ＊ C$4 ＋ $D2 ＊ D$4

エ B2 ＊ B4 ＋ C2 ＊ C4 ＋ D2 ＊ D4

解説

商品 A の当日の売上予想額：（晴れの日の予測額 × 晴れの確率）＋（曇りの日の予測額 × 曇りの確率）＋（雨の日の予測額 × 雨の確率）＝ B2 ＊ B4 ＋ C2 ＊ C4 ＋ D2 ＊ D4 となります。複写の際に各商品の予測額のセル番地（B4、C4、D4）は相対参照で行番号が変更されます。各天気の確率のセル番地は、列と行または行のみは固定でなくてはいけません。したがって、この 3 つの項については行番号だけを絶対参照にします。**A** イ

17 オフィスツール②

テクノロジ系
ソフトウェア
出る度 ★★★

この章では、表計算ソフトの基本機能のうち、関数について理解します。関数は、業務における定型の計算処理などで利用されています。IT パスポート試験でよく出題される関数を中心に押さえましょう。

■ 関数

関数とは与えられた値（引数）を元に、何らかの計算や処理を行い、結果を返すプログラムのことです。

種類	説明
合計（セル範囲）	セル範囲に含まれる**数値の合計**を返す ［例］合計（A1:B5）はセル A1 から B5 の数値の合計を返す
平均（セル範囲）	セル範囲に含まれる**数値の平均**を返す
最大（セル範囲）	セル範囲に含まれる**数値の最大**を返す
最小（セル範囲）	セル範囲に含まれる**数値の最小**を返す
IF（論理式 , 式 1 , 式 2 ）	論理式の結果が **true（論理式が成り立つ）のときは式 1 の値を、false（論理式が成り立たない）のときは式 2 の値**を返す ［例］IF（B3 > A4, ' 北海道 ',C4）はセル B3 が A4 より大きいとき、" 北海道 " を、それ以外の場合は C4 の値を返す
個数（セル範囲）	セル範囲に含まれるセルのうち、**空白でないセルの個数**を返す
整数部（算術式）	算術式の値以下で**最大の整数**を返す［例 1］整数部（3.9）は 3 を返す［例 2］整数部（－ 3.9）は－ 4 を返す
論理積 （論理式 1 , 論理式 2 ,…）	論理式 1 , 論理式 2 ,…の値が**すべて true**（すべての論理式が成り立つ）のとき、true を返す
論理和 （論理式 1 , 論理式 2 ,…）	論理式 1 , 論理式 2 ,…の値のうち、**少なくとも 1 つが true**（論理式のどれか 1 つでも成り立つ）のとき、true を返す
否定（論理式）	論理式の値が **true のとき false** を、**false のとき true** を返す
切上げ（算術式 , 桁位置） 四捨五入（算術式 , 桁位置） 切捨て（算術式 , 桁位置）	算術式の値を指定した桁位置で、**関数 " 切上げ " は切り上げた値**を、**関数 " 四捨五入 " は四捨五入した値**を、**関数 " 切捨て " は切り捨てた値**を返す。ここで、桁位置は小数第 1 位の桁を 0 とし、右方向を正として数えたときの位置とする ［例 1］切上げ（－ 314.059,2）は－ 314.06 を返す ［例 2］切上げ（314.059, － 2）は 400 を返す ［例 3］切上げ（314.059,0）は 315 を返す

図解でつかむ

関数の例

2つの科目 X、Y の成績を評価して合否を判定します。それぞれの点数はセル A2、B2 に入力します。合計点が 120 点以上であり、かつ、2科目とも 50 点以上であればセル C2 に“合格”、それ以外は“不合格”と表示したい場合、

	A	B	C
1	科目 X	科目 Y	合否
2	50	80	合格

セル C2 には次のような計算式を入力します。

IF（論理積（(A2 + B2) >= 120, A 2 >= 50, B2 >= 50）,' 合格 ',' 不合格 '）

上記のように IF の論理式が関数の場合、内側の関数から先に評価を行います。内側の関数は論理積のため、A2 と B2 の合計が 120 以上、A2 が 50 以上、B2 が 50 以上のすべての論理式が成り立つ場合、true が、それ以外の場合は false が返ります。その結果をもとに IF の評価を行います。

問題にチャレンジ！

Q セル B2 ～ C7 に学生の成績が科目ごとに入力されている。セル D2 に計算式“IF（B2 ≧ 50, ' 合格 ', IF（C2 ≧ 50, ' 合格 ', ' 不合格 '））”を入力し、それをセル D3 ～ D7 に複写した。セル D2 ～ D7 において“合格”と表示されたセルの数は幾つか。

（平成 28 年秋・問 82 改）

	A	B	C	D
1	氏名	数学	英語	評価
2	山田太郎	50	80	
3	鈴木花子	45	30	
4	佐藤次郎	35	85	
5	田中梅子	55	70	
6	山本克也	60	45	
7	伊藤幸子	30	45	

ア 2
イ 3
ウ 4
エ 5

解説

セル D2 の式は、数学が 50 点以上の場合は「合格」、50 点未満の場合 IF 関数で英語の点数を評価します。英語が 50 点以上の場合は「合格」、50 点未満の場合は「不合格」となります。数学か英語のどちらかが 50 点以上のセルの個数は 4 つです。 **A ウ**

18 OSS(オープンソースソフトウェア)

テクノロジ系
ソフトウェア
出る度 ★★★

OSS(オーエスエス)(オープンソースソフトウェア)とは、通常の商用ソフトウェアとはライセンス上の取扱いが異なります。無償でソースコードが公開されていて、誰でも改良ができ、それを再配布することが認められているソフトウェアです。

1 OSSのライセンスの条件

OSSは、**ソースコードが無償で公開**され、誰に対しても**改良や再配布を行うことが認められている**ソフトウェアですが、「オープンソースライセンス」という使用許諾契約に基づいて利用する必要があります。OSSのライセンスは「The Open Source Initiative（OSI)」という非営利団体が管理しており、以下のような条件を満たす必要があります。

- **自由に再配布できる**
- **派生ソフトウェアの配布を許可する**
- **使用分野に対する差別をしない**
- **ほかのソフトウェアを制限しない**
- **無償でソースコードを配布する**
- **個人やグループに対する差別をしない**
- **特定の製品に依存しない**
- **ライセンスは技術的に中立である**

2 OSSライセンスの種類

OSSのライセンスは、制約条件の違いにより以下のように分かれています。

ライセンスの種類	説明
GNU(グヌー) GPL(ジーピーエル) (GNU General Public License)	最も**制限の強い**ライセンス。GPLのコードを含むソフトウェアは配布の際には**ソースコードの公開が必須**
LGPL(エルジーピーエル)	**GPLの制約を緩めた**ライセンス。LGPLライセンスのソフトウェアを利用してソフトウェアを開発しても、独自開発部分の**ソースコードの公開を強制しない**
BSD(ビーエスディー)	最も**制限の弱い**ライセンス。改変したソフトウェアの**ソースコードを公開する必要はない**
MPL(エムピーエル) (Mozilla Public License)	改変したソフトウェアのソースコードは公開する必要があるが、**独自開発したソフトウェア**については、**別のライセンスを適用**することが可能

3 OSS の種類

ソフトウェアの分類	ソフトウェアの名称
OS	Linux、Android
Web ブラウザ	Firefox、Chromium
オフィスツール	LibreOffice、OpenOffice
メールクライアント	Thunderbird
データベース管理システム	MySQL、PostgreSQL、SQLite
Web サーバ	Apache

OSS の種類については、ソフトウェアの分類と名称の組合せは必ず覚えておきましょう。OSS は、利用者の環境に合わせてソースコードを改変できるというメリットがありますが、ライセンス条件には禁止事項もあります。ライセンス条件をきちんと確認して、適切に使用しましょう。

問題にチャレンジ！

Q OSS (Open Source Software) **に関する記述のうち、適切なものだけを全て挙げたものはどれか。** (令和元年秋・問 89)

① Web サーバとして広く用いられている Apache HTTP Server は OSS である。
② Web ブラウザである Internet Explorer は OSS である。
③ ワープロソフトや表計算ソフト、プレゼンテーションソフトなどを含むビジネス統合パッケージは開発されていない。

ア ①　**イ** ①、②　**ウ** ②、③　**エ** ③

解説

①正しい。Apache は OSS の Web サーバです。②誤り。Internet Explorer は Web ブラウザですが、OSS ではありません。③誤り。ワープロソフトや表計算ソフト、プレゼンテーションソフトなどを含む OSS のオフィスツールとして LibreOffice、OpenOffice があります。よって、正しいものは①のみ。選択肢の**ア**が正解です。

A ア

19 データベース方式

テクノロジ系

データベース

出る度 ★☆☆

データベースは、業務で利用する多様なデータを意味や一定のルールに沿って整理し、格納したものです。システムや部署間での情報の共有やデータの集中管理を行うことができ、業務の効率化につながります。

1 データベース管理システム

DBMS（デービーエムエス）（Database Management System）は、**データベースを運用、管理するためのソフトウェア**で、以下のような機能を持っています。

機能	概要
データ操作	データの**検索、追加、更新、削除**を行う機能
アクセス制御	利用者に**データベースの利用権限を設定**し、アクセス権のない利用者がデータベースにアクセスできないようにする機能
同時実行制御（排他制御）	**同時に複数の利用者がデータベースを操作**しても、データの**矛盾が生じない**ようにする機能
障害回復	データベースに障害が発生した場合に、**障害が発生する前の状態にデータを復旧**する機能

2 データベースの種類

データベースはデータの管理方法によって以下の種類があります。

種類	概要
リレーショナル（関係）データベース	**最も普及しているデータベース**で、データを**表形式**で表す。データの操作に**SQL**という言語を利用する
NoSQL（ノーエスキューエル）	Not only SQLの略で、SQLを使わずリレーショナル型データベース以外のものをまとめて呼ぶ。**自由なデータ方式**が特徴。 キーバリューストア（KVS）は、**キー（Key：IDのような一意なもの）を割り当ててバリュー（Value：値）をストア（Store：格納する）方式**。構造が単純で大規模なデータを扱うWebアプリケーションなどで利用されている。 ドキュメント指向データベースは、JSON（JavaScript Object Notation）という**シンプルなデータ定義形式**で管理。1件分のデータを**ドキュメント**と呼ぶ。さまざまなプログラミング言語間のデータの受け渡しが可能。 グラフ指向データベースは、**ノード、リレーション、プロパティで構成され、ノード間の関係性を表現する。**SNSでの人間関係や乗換案内の迂回経路の検索に利用されている

図解でつかむ

データベースの種類

リレーショナルデータベース

社員情報

社員番号	社員氏名	部署番号
2001	伊藤一郎	101
2002	佐々木次郎	102
2003	田中三郎	101
2004	山本和子	104

部署情報

部署番号	部署名
101	総務部
102	経理部
103	営業部
104	開発部

NoSQL

キーバリューストア(KVS)

```
{
"2001 " : { "伊藤一郎 ", "総務部 "},
"2002 " : { "佐々木次郎 ", "経理部 "},
"2003 " : { "田中三郎 ", "総務部 "},
"2004 " : { "山本和子 ", "開発部 "},
}
```

キー　　バリュー

ドキュメント指向データベース

```
[
  {
    "社員番号 ": "2001 ",
    "社員情報 ":{ "伊藤一郎 ", "総務部 "},
  },
  {
    "社員番号 ": "2002 ",
    "社員情報 ": { "佐々木次郎 ", "経理部 "},
  },
  …
]
```

ドキュメント

JSON形式

グラフ指向データベース

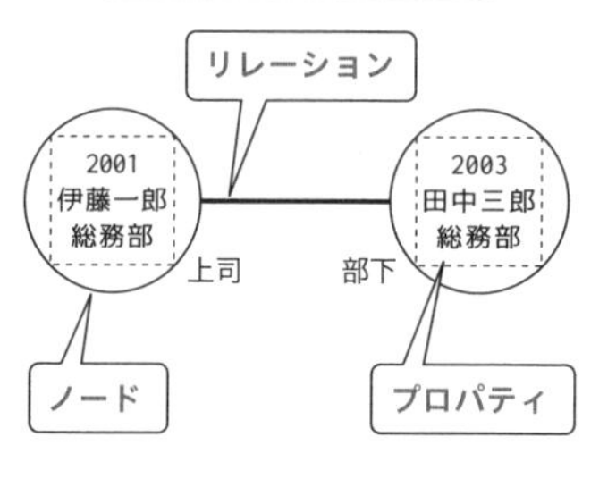

問題にチャレンジ！

Q　情報システムに関する機能a～dのうち、DBMSに備わるものを全て挙げたものはどれか。　(令和3年・問75)

a. アクセス権管理　　b. 障害回復　　c. 同時実行制御　　d. ファイアウォール

ア　a、b、c　　**イ**　a、d　　**ウ**　b、c　　**エ**　c、d

解説

a. 正しい。不正な利用者がデータベースにアクセスできないように、利用者のアクセス権を設定、管理します。b. 正しい。データベースに障害が発生した場合に、障害が発生する前の状態に回復する機能を持っています。c. 正しい。複数のトランザクションを並行実行してもデータの矛盾が生じないようにトランザクションのスケジューリングを行います。d. 誤り。DBMSには不正な通信を遮断するファイアウォールの機能はありません。

A　ア

20 データベース設計

テクノロジ系

データベース

出る度 ★★★

データベースの設計とは、業務で使用するデータやデータ同士の関連性を整理して、どのように格納するかを決定することです。ここでは、最も普及しているリレーショナルデータベースの設計に関わる用語について理解しておきましょう。

1 データベースの構造

データベースは以下のような構造になっています。

用語	概要
テーブル（表）	データを**2次元で管理する表**のこと
レコード（行）	テーブル内の**1件分のデータ**のこと
フィールド（列）	テーブル内の**項目**のこと
主キー	テーブル内のレコードを**一意に識別する**ためのフィールド。1つのテーブルに主キーの値が同じレコードは複数存在できない。これを**一意性制約**という
外部キー	**ほかのテーブルの主キーを参照**しているフィールド。外部キーの値は重複してもよいが、**参照するテーブルの主キーの値と同じ**でなければならない。これを**参照整合性制約**という
インデックス	データの**検索速度を向上させるため**に、どのレコードがどこにあるかを示したもの。**本の索引**のようなもの

2 データの正規化

データベースでは、関連する情報ごとにテーブルを分割してデータを管理します。データの正規化とは、**データの重複がないようにテーブルを適切に分割し、データの更新時に不整合を防ぐためのしくみ**です。もし商品の単価が複数のテーブルに存在していたら、単価が変更されたときに複数のテーブルを変更する必要があり、修正漏れなどによりデータの不整合が発生する可能性があります。

このようなことを防ぐために、データベースの設計では正規化を行い、どこのテーブルにどのデータを持たせるべきかを決定していきます。分割した**テーブルとテーブルの関係**はE-R図（イーアール）で表現します。テーブルが実体（Entity）、テーブルの関係が関連（Relationship）になります。

図解でつかむ

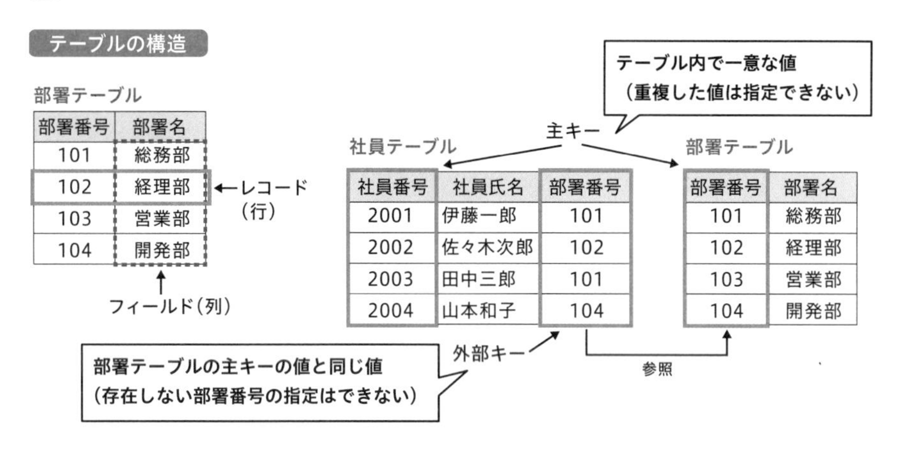

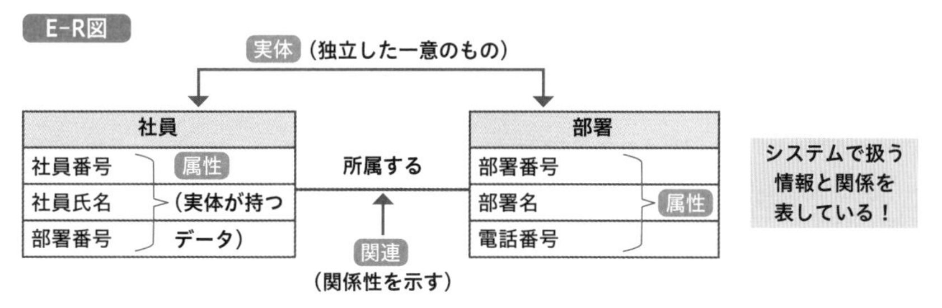

問題にチャレンジ！

Q 売上伝票のデータを関係データベースの表で管理することを考える。売上伝票の表を設計するときに、表を構成するフィールドの関連性を分析し、データの重複及び不整合が発生しないように、複数の表に分ける作業はどれか。

（令和元年秋・問 87）

ア 結合　　**イ** 射影　　**ウ** 正規化　　**エ** 排他制御

解説

ア 結合は、複数のテーブルを同じ内容のフィールドを使って連結することです。**イ** 射影は、目的のテーブルからフィールドを選択することです。**エ** 排他制御は、同時に複数の利用者がデータベースを操作しても、データの矛盾が生じないようにするデータベース管理システム（DBMS）の機能です。

A ウ

21 データ操作

データベース

出る度 ★★☆

データベースでは、必要なデータを抽出したり、新たなデータを追加したり、既存のデータを削除するだけでなく、複数のテーブルを結合して新たな結果を生み出すこともできます。それぞれの操作について、概要を理解しておきましょう。

■ データ操作

リレーショナルデータベースを操作するための言語をSQL（Structured Query Language）といいますが、データ操作には以下の種類があります。

操作	概要
選択	目的とするテーブルから、**指定された条件のレコードだけを取り出す**
射影（しゃえい）	目的とするテーブルから、**指定されたフィールドだけを取り出す**
挿入	目的のテーブルに、**新たにレコードを追加する**
更新	目的のテーブルの**指定された条件のレコードの値を更新する**
削除	目的のテーブルから**指定された条件のレコードを削除する**
結合	複数のテーブルに対して、**共通のフィールドを使ってテーブルを連結し、新たな結果を取り出す**

データの正規化によりデータベースのデータは複数のテーブルに分割されて格納されています。必要な情報を取り出すためには、「複数のテーブルを結合してから取り出す」操作が必要になります。

図解でつかむ

データ操作のイメージ

選択

部署番号が101のレコードを取り出す

社員テーブル

社員番号	社員氏名	部署番号
2001	伊藤一郎	101
2002	佐々木次郎	102
2003	田中三郎	101
2004	山本和子	104

➡ 結果

社員番号	社員氏名	部署番号
2001	伊藤一郎	101
2003	田中三郎	101

射影

社員氏名のフィールドを取り出す

社員テーブル

社員番号	社員氏名	部署番号
2001	伊藤一郎	101
2002	佐々木次郎	102
2003	田中三郎	101
2004	山本和子	104

➡ 結果

社員氏名
伊藤一郎
佐々木次郎
田中三郎
山本和子

挿入

社員テーブルに1レコードを追加する

社員テーブル

社員番号	社員氏名	部署番号
2001	伊藤一郎	101
2002	佐々木次郎	102
2003	田中三郎	101
2004	山本和子	104

結果

社員番号	社員氏名	部署番号
2001	伊藤一郎	101
2002	佐々木次郎	102
2003	田中三郎	101
2004	山本和子	104
2005	加藤　恵	103

削除

社員番号が2005のレコードを削除する

社員テーブル

社員番号	社員氏名	部署番号
2001	伊藤一郎	101
2002	佐々木次郎	102
2003	田中三郎	101
2004	山本和子	104
2005	加藤　恵	103

結果

社員番号	社員氏名	部署番号
2001	伊藤一郎	101
2002	佐々木次郎	102
2003	田中三郎	101
2004	山本和子	104

更新

社員番号が2004のレコードの部署番号を103に更新する

社員テーブル

社員番号	社員氏名	部署番号
2001	伊藤一郎	101
2002	佐々木次郎	102
2003	田中三郎	101
2004	山本和子	104

結果

社員番号	社員氏名	部署番号
2001	伊藤一郎	101
2002	佐々木次郎	102
2003	田中三郎	101
2004	山本和子	103

結合

社員テーブルと部署テーブルを部署番号で結合する

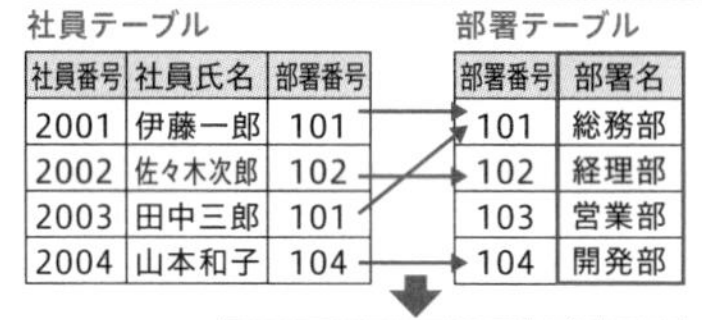

社員テーブル

社員番号	社員氏名	部署番号
2001	伊藤一郎	101
2002	佐々木次郎	102
2003	田中三郎	101
2004	山本和子	104

部署テーブル

部署番号	部署名
101	総務部
102	経理部
103	営業部
104	開発部

社員番号	社員氏名	部署番号	部署名
2001	伊藤一郎	101	総務部
2002	佐々木次郎	102	経理部
2003	田中三郎	101	総務部
2004	山本和子	104	開発部

問題にチャレンジ！

Q 関係データベースの操作 a ～ c と、関係演算の適切な組合せはどれか。

（平成 30 年春・問 65）

a. 指定したフィールド（列）を抽出する。

b. 指定したレコード（行）を抽出する。

c. 複数の表を一つの表にする。

	a	b	c
ア	結合	射影	選択
イ	射影	結合	選択
ウ	射影	選択	結合
エ	選択	射影	結合

解説

a. 指定したフィールド（列）を抽出する操作は、射影です。

b. 指定したレコード（行）を抽出する操作は、選択です。

c. 複数の表を 1 つの表にする操作は、結合です。

A ウ

22 トランザクション処理

テクノロジ系

データベース

出る度 ★★★

データベースには業務上の重要なデータが格納され、複数の利用者が同時にアクセスします。そのため、データに矛盾が発生しないよう同時実行制御(排他制御)のしくみや障害発生時にデータを回復するためのリカバリ機能が備わっています。

1 トランザクション

例えば、注文処理では注文を確定する際に、注文テーブルに注文情報を追加する操作と在庫テーブルで注文の個数分の在庫数をマイナスする更新操作が必要です。このように**関連のある複数のデータ操作を1つにまとめたもの**がトランザクションです。

2 ACID特性

トランザクション処理には、4つの特性が必要です。

特性	意味
Atomicity（原子性）	「処理済み」か「未処理」のどちらかの状態であること
Consistency（一貫性）	データベースに矛盾や不整合がないこと
Isolation（独立性）	他のトランザクションの影響を受けないこと
Durability（耐久性）	障害が発生してもデータが失われないこと

この4つの特性を実現するために、トランザクション制御や同時実行制御（排他制御）、障害回復機能が用意されています。

3 トランザクション制御

トランザクション内のすべての処理が成功した場合、データベースに対して行ったすべての操作を確定します。これをコミットといいます。1つでも処理が失敗した場合は、すべての操作を取り消し、トランザクションの開始前の状態に戻します。これをロールバックといいます。また、ネットワーク上の複数のデータベースを1つのデータベースのように利用する分散データベースでは、処理の整合性が保たれるよう2段階に分けてコミットを行う2相コミットメントが採用されています。

4 同時実行制御（排他制御）

同時実行制御では、操作中のデータにロックをかけ、ほかのトランザクションから操作させないようにすることで、データの上書きなどが起きないようにします。操作の完了後、ロックを外して（アンロック）、ほかのトランザクションの操作を可能にします。
2つ以上のトランザクションが**互いにロックをかけ合い、ロックの解除待ちになってしまう状態**をデッドロックといいます。デッドロックが起きるとシステムの性能が落ちるため、トランザクション内の処理の順番を決めるなどの回避策が必要です。

図解でつかむ

トランザクション制御

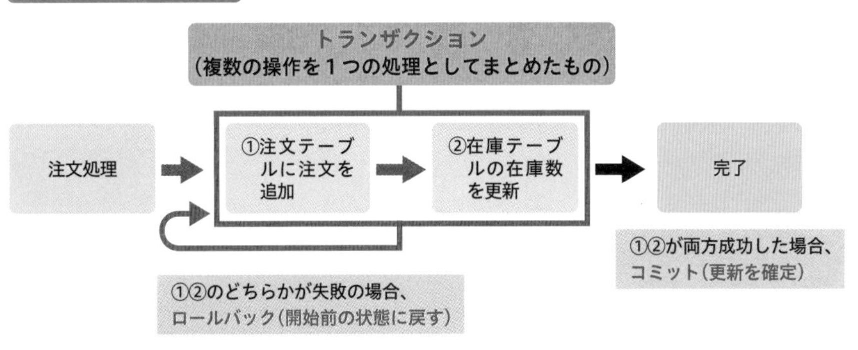

トランザクションの例（注文処理）

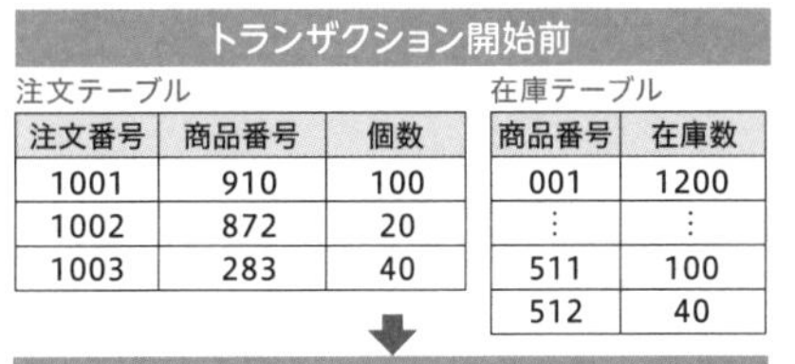

トランザクション開始前

注文テーブル

注文番号	商品番号	個数
1001	910	100
1002	872	20
1003	283	40

在庫テーブル

商品番号	在庫数
001	1200
⋮	⋮
511	100
512	40

トランザクション実行（すべての操作が成功）

注文テーブル

注文番号	商品番号	個数
1001	910	100
1002	872	20
1003	283	40
1004	511	30

在庫テーブル

商品番号	在庫数
001	1200
⋮	⋮
511	70
512	40

①挿入（成功）　②更新（成功）
③コミット（操作を確定）

トランザクション終了（コミット）

注文テーブル

注文番号	商品番号	個数
1001	910	100
1002	872	20
1003	283	40
1004	511	30

在庫テーブル

商品番号	在庫数
001	1200
⋮	⋮
511	70
512	40

更新が確定する！

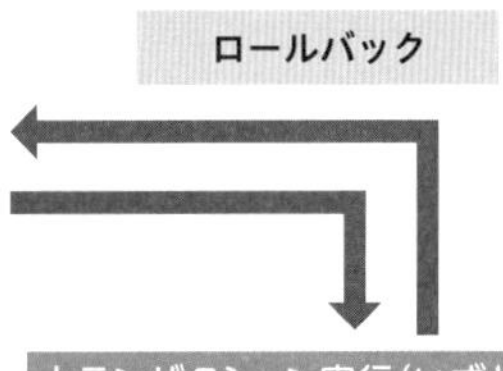

トランザクション実行（いずれかの操作が失敗）

注文テーブル

注文番号	商品番号	個数
1001	910	100
1002	872	20
1003	283	40
1004	511	30

在庫テーブル

商品番号	在庫数
001	1200
⋮	⋮
511	70
512	40

①挿入（失敗）　②更新（成功）
③ロールバック（操作を取り消す）

失敗したので操作を取り消す！

5 障害回復

コミットはメモリ上のデータを更新しているだけで、**実際にデータベースが更新されるのはチェックポイント**というタイミングです。チェックポイント以前にコミットしたトランザクションはデータベースへの更新が完了しています。

障害が発生した際に、チェックポイント以降にコミットしたトランザクションについては、更新が反映されていません。そのため、トランザクションの更新後ログ（記録）をもとに、**再実行して障害発生直前の状態にします。**これをフォワードリカバリ（ロールフォワード：前進復帰）といいます。

障害発生時に**コミットしていないトランザクション**については、ACID特性の原子性に基づき未処理の状態に戻す必要があります。そのため、**更新前ログを使ってトランザクション開始直前の状態に戻します。**これをバックワードリカバリ（ロールバック：後退復帰）といいます。

図解でつかむ

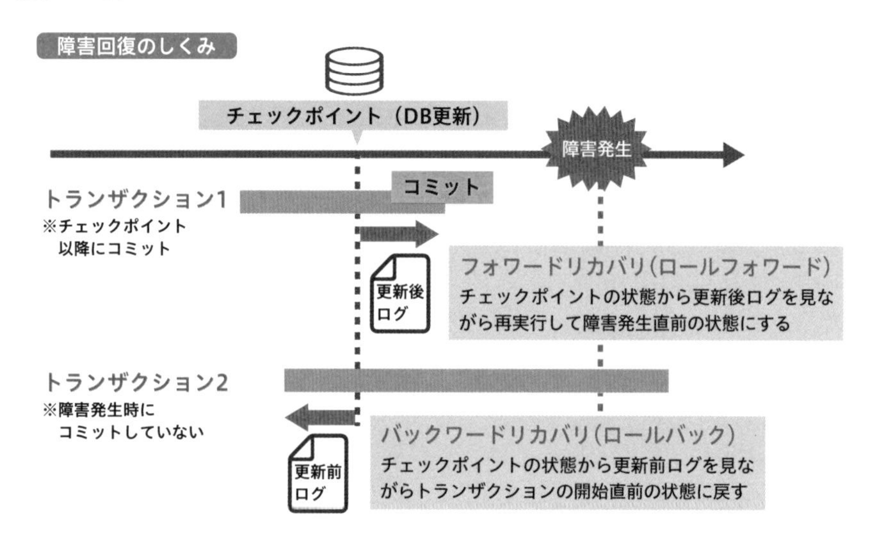

問題にチャレンジ！

Q1 トランザクション処理におけるロールバックの説明として、適切なものはどれか。 (平成30年秋・問63)

ア あるトランザクションが共有データを更新しようとしたとき、そのデータに対する他のトランザクションからの更新を禁止すること

イ トランザクションが正常に処理されたときに、データベースへの更新を確定させること

ウ 何らかの理由で、トランザクションが正常に処理されなかったときに、データベースをトランザクション開始前の状態にすること

エ 複数の表を、互いに関係付ける列をキーとして、1つの表にすること

Q2 トランザクションが、データベースに対する更新処理を完全に行なうか、全く処理しなかったのように取り消すか、のどちらかの結果になることを保証する特性はどれか。 (基本情報・平成28年春・問28)

ア 一貫性（consistency）　**イ** 原子性（atomicity）

ウ 耐久性（durability）　**エ** 独立性（isolation）

解説 Q1

ア 排他制御の説明です。　**イ** コミットの説明です。　**エ** 結合演算の説明です。

A ウ

解説 Q2

ア トランザクションによりデータの矛盾が生じないこと、つまり常にデータベースの整合性が保たれていることを保証する性質です。

ウ いったん正常終了したトランザクションの結果は、以後、システムに障害が発生しても失われないことを保証する性質です。永続性と呼ばれる場合もあります。

エ 複数のトランザクションを同時に実行した場合と、順番に実行した場合の結果が等しくなることを保証する性質です。

A イ

グラフィックス処理

グラフィックスとは、文字や図、イラスト、写真などを組み合わせたものです。デスクトップ画面のような2次元のものから、ゲームや4K/8Kといった高画質の映像、さらにはバーチャルリアリティ（VR：Virtual Reality）、拡張現実（AR：Augmented Reality）、3Dといった3次元グラフィックス表示など、時代とともに進化し、さまざまな分野で利用されています。コンピュータを使ってグラフィックスを制作することを**コンピュータグラフィックス（CG）**と呼びます。グラフィックス処理における色、画像の品質、描画用ツールに関する特徴を押さえておきましょう。

コンピュータでの色の表現には以下の方法があります。加法混色（かほうこんしょく）は**光の3原色**（Red, Green, Blue）を組み合わせて表現する方法です。減法混色（げんぽうこんしょく）は塗料などの**色の3原色**であるCyen（シアン）、Magenta（マゼンタ）、Yellow（イエロー）を組み合わせて表現する方法です。CMYKは減法混色に、Key Plate（キープレート）として**黒を加えた方法**で、プリンタなどで使用されています。

デジタル画像は、**画素（ピクセル）**と呼ばれる点の集まりで表現され、点の集まり具合を**解像度**といいます。画像の品質（画像の細かさ）を表す単位にはdpi（dot per inch：1インチ〈2.54cm〉当たりにいくつの点を置くか）があります。**プリンタ**などで使用する解像度で、数値が高いほどきめ細かい画像になります。ppi（pixels per inch）は画像解像度を表す単位で、数値が高いほど**ディスプレイ**でより精細に表示することができます。

グラフィックスを描画するためのソフトウェアには、ドロー系とペイント系があります。**ドロー系**はベクター形式**（計算式によって線や色を表現）**で描画するため、拡大しても画像の劣化がなく、図形のような単純な表現に向いています。Adobe社のIllustratorなどがあります。**ペイント系**はラスター形式**（色情報を持った点の集まりとして表現）**で描画するため、拡大すると画像が劣化しますが、写真のような複雑な表現に向いています。Adobe社のPhotoshopなどがあります。

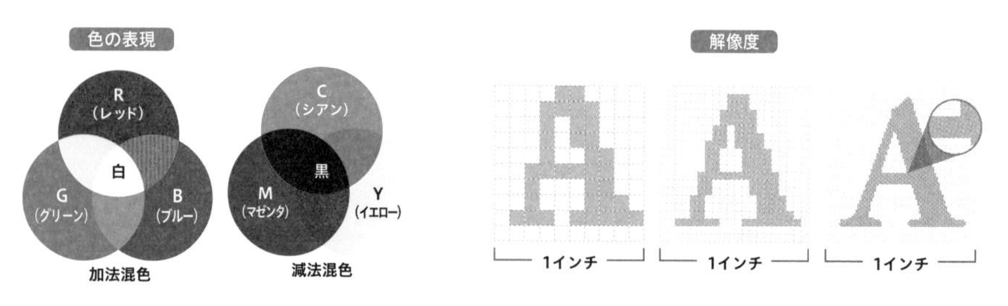

過去問道場®

試験時間　120 分

ITパスポート試験は100問出題され、1,000点満点で採点されます。
合格基準は

①ストラテジ系、マネジメント系、テクノロジ系で各30%となる300点以上あること
②合計得点が60%以上となる600点以上あること

となります。本番では各問題によって配点が異なりますが、本書でもおおむねこれらの基準で採点するとよいでしょう。間違えた問題については、解説ページやITパスポート試験ドットコムの用語集で確認して知識の定着を図りましょう。

解答用紙

●試験時間 120 分

問 1	問 2	問 3	問 4	問 5	問 6	問 7	問 8	問 9	問 10
問 11	問 12	問 13	問 14	問 15	問 16	問 17	問 18	問 19	問 20
問 21	問 22	問 23	問 24	問 25	問 26	問 27	問 28	問 29	問 30
問 31	問 32	問 33	問 34	問 35	問 36	問 37	問 38	問 39	問 40
問 41	問 42	問 43	問 44	問 45	問 46	問 47	問 48	問 49	問 50
問 51	問 52	問 53	問 54	問 55	問 56	問 57	問 58	問 59	問 60
問 61	問 62	問 63	問 64	問 65	問 66	問 67	問 68	問 69	問 70
問 71	問 72	問 73	問 74	問 75	問 76	問 77	問 78	問 79	問 80
問 81	問 82	問 83	問 84	問 85	問 86	問 87	問 88	問 89	問 90
問 91	問 92	問 93	問 94	問 95	問 96	問 97	問 98	問 99	問 100

問題

問1　特定の目的の達成や課題の解決をテーマとして、ソフトウェアの開発者や企画者などが短期集中的にアイディアを出し合い、ソフトウェアの開発などの共同作業を行い、成果を競い合うイベントはどれか。

ア　コンベンション　イ　トレードフェア　ウ　ハッカソン　エ　レセプション

問2　銀行などの預金者の資産を、AI が自動的に運用するサービスを提供するなど、金融業において IT 技術を活用して、これまでにない革新的なサービスを開拓する取組を示す用語はどれか。

ア　FA　イ　FinTech　ウ　OA　エ　シェアリングエコノミー

問3　ディープラーニングに関する記述として、最も適切なものはどれか。

ア　営業、マーケティング、アフタサービスなどの顧客に関わる部門間で情報や業務の流れを統合する仕組み
イ　コンピュータなどのデジタル機器、通信ネットワークを利用して実施される教育、学習、研修の形態
ウ　組織内の各個人がもつ知識やノウハウを組織全体で共有し、有効活用する仕組み
エ　大量のデータを人間の脳神経回路を模したモデルで解析することによって、コンピュータ自体がデータの特徴を抽出、学習する技術

問4　利用者と提供者をマッチングさせることによって、個人や企業が所有する自動車、住居、衣服などの使われていない資産を他者に貸与したり、提供者の空き時間に買い物代行、語学レッスンなどの役務を提供したりするサービスや仕組みはどれか。

ア　クラウドコンピューティング　イ　シェアリングエコノミー
ウ　テレワーク　エ　ワークシェアリング

問5　取得した個人情報の管理に関する行為 a ～ c のうち、個人情報保護法において、本人に通知または公表が必要となるものだけを全て挙げたものはどれか。

a. 個人情報の入力業務の委託先の変更
b. 個人情報の利用目的の合理的な範囲での変更
c. 利用しなくなった個人情報の削除

ア　a　　イ　a, b　　ウ　b　　エ　b, c

問6　我が国における、社会インフラとなっている情報システムや情報通信ネットワークへの脅威に対する防御施策を、効果的に推進するための政府組織の設置などを定めた法律はどれか。

ア　サイバーセキュリティ基本法　　イ　特定秘密保護法
ウ　不正競争防止法　　エ　マイナンバー法

問7　新製品の開発に当たって生み出される様々な成果 a ～ c のうち、特許法による保護の対象となり得るものだけを全て挙げたものはどれか。

a. 機能を実現するために考え出された独創的な発明
b. 新製品の形状、模様、色彩など、斬新的な発想で創作されたデザイン
c. 新製品発表に向けて考え出された新製品のブランド名

ア　a　　イ　a, b　　ウ　a, b, c　　エ　a, c

問8　A 氏は、インターネット掲示板に投稿された情報が自身のプライバシを侵害したと判断したので、プロバイダ責任制限法に基づき、その掲示板を運営する X 社に対して、投稿者である B 氏の発信者情報の開示を請求した。このとき、X 社がプロバイダ責任制限法に基づいて行う対応として、適切なものはどれか。ここで、X 社は A 氏、B 氏双方と連絡が取れるものとする。

ア　A 氏、B 氏を交えた話合いの場を設けた上で開示しなければならない。
イ　A 氏との間で秘密保持契約を締結して開示しなければならない。
ウ　開示するかどうか、B 氏に意見を聴かなければならない。
エ　無条件で直ちに A 氏に開示しなければならない。

問 9　BPM（Business Process Management）の説明として、適切なものはどれか。

ア　地震、火災、IT 障害および疫病の流行などのリスクを洗い出し、それが発生したときにも業務プロセスが停止しないように、あらかじめ対処方法を考えておくこと

イ　製品の供給者から消費者までをつなぐ一連の業務プロセスの最適化や効率の向上を図り、顧客のニーズに応えるとともにコストの低減などを実現すること

ウ　組織、職務、業務フロー、管理体制、情報システムなどを抜本的に見直して、業務プロセスを再構築すること

エ　組織の業務プロセスの効率的、効果的な手順を考え、その実行状況を監視して問題点を発見、改善するサイクルを継続的に繰り返すこと

問 10　“クラウドコンピューティング”に関する記述として、適切なものはどれか。

ア　インターネットの通信プロトコル

イ　コンピュータ資源の提供に関するサービスモデル

ウ　仕様変更に柔軟に対応できるソフトウェア開発の手法

エ　電子商取引などに使われる電子データ交換の規格

問 11　SaaS の説明として、最も適切なものはどれか。

ア　インターネットへの接続サービスを提供する。

イ　システムの稼働に必要な規模のハードウェア機能を、サービスとしてネットワーク経由で提供する。

ウ　ハードウェア機能に加えて、OS やデータベースソフトウェアなど、アプリケーションソフトウェアの稼働に必要な基盤をネットワーク経由で提供する。

エ　利用者に対して、アプリケーションソフトウェアの必要な機能だけを必要なときに、ネットワーク経由で提供する。

問 12　自然災害などによるシステム障害に備えるため、自社のコンピュータセンターとは別の地域に自社のバックアップサーバを設置したい。このとき利用する外部業者のサービスとして、適切なものはどれか。

ア　ASP　　イ　BPO　　ウ　SaaS　　エ　ハウジング

問 13　意思決定に役立つ知見を得ることなどが期待されており、大量かつ多種多様な形式でリアルタイム性を有する情報などの意味で用いられる言葉として、最も適切なものはどれか。

ア　ビッグデータ　　　　イ　ダイバーシティ
ウ　コアコンピタンス　　エ　クラウドファンディング

問 14　システムのライフサイクルプロセスの一つに位置付けられる、要件定義プロセスで定義するシステム化の要件には、業務要件を実現するために必要なシステム機能を明らかにする機能要件と、それ以外の技術要件や運用要件などを明らかにする非機能要件がある。非機能要件だけを全て挙げたものはどれか。

a. 業務機能間のデータの流れ
b. システム監視のサイクル
c. 障害発生時の許容復旧時間

ア　a, c　　イ　b　　ウ　b, c　　エ　c

問 15　システム導入を検討している企業や官公庁などが RFI を実施する目的として、最も適切なものはどれか。

ア　ベンダー企業からシステムの詳細な見積金額を入手し、契約金額を確定する。
イ　ベンダー企業から情報収集を行い、システムの技術的な課題や実現性を把握する。
ウ　ベンダー企業との認識のずれをなくし、取引を適正化する。
エ　ベンダー企業に提案書の提出を求め、発注先を決定する。

問 16　ある製造業では、後工程から前工程への生産指示や、前工程から後工程への部品を引き渡す際の納品書として、部品の品番などを記録した電子式タグを用いる生産方式を採用している。サプライチェーンや内製におけるジャストインタイム生産方式の一つであるこのような生産方式として、最も適切なものはどれか。

ア　かんばん方式　　　イ　クラフト生産方式
ウ　セル生産方式　　　エ　見込み生産方式

問 17　あるメーカの当期損益の見込みは表のとおりであったが、その後広告宣伝費が 5 億円、保有株式の受取配当金が 3 億円増加した。このとき、最終的な営業利益と経常利益はそれぞれ何億円になるか。ここで、広告宣伝費、保有株式の受取配当金以外は全て見込みどおりであったものとする。

単位　億円

項目	金額
売上高	1,000
売上原価	780
販売費および一般管理費	130
営業外収益	20
営業外費用	16
特別利益	2
特別損失	1
法人税、住民税および事業税	50

	営業利益	経常利益
ア	85	92
イ	85	93
ウ	220	92
エ	220	93

問 18　ある商品の 1 年間の売上高が 400 万円、利益が 50 万円、固定費が 150 万円であるとき、この商品の損益分岐点での売上高は何万円か。

ア　240　　イ　300　　ウ　320　　エ　350

問 19　企業の財務状況を明らかにするための貸借対照表の記載形式として、適切なものはどれか。

ア

借方	貸方
資産の部	負債の部
	純資産の部

イ

借方	貸方
資本金の部	負債の部
	資産の部

ウ

借方	貸方
純資産の部	利益の部
	資本金の部

エ

借方	貸方
資産の部	負債の部
	利益の部

問 20　貸借対照表から求められる、自己資本比率は何 % か。

単位　百万円

資産の部		負債の部	
流動資産合計	100	流動負債合計	160
固定資産合計	500	固定負債合計	200
		純資産の部	
		株主資本	240

ア　40　　イ　80　　ウ　125　　エ　150

問 21　意匠権による保護の対象として、適切なものはどれか。

ア　幾何学的で複雑なパターンが造形美術のような、プリント基板の回路そのもの
イ　業務用車両に目立つように描かれた、企業が提供するサービスの名称
ウ　工芸家がデザインし職人が量産できる、可愛らしい姿の土産物の張子の虎
エ　魚のうろこのような形の重なりが美しい、山の斜面に作られた棚田の景観

問 22　営業秘密の要件に関する記述 a ～ d のうち、不正競争防止法に照らして適切なものだけを全て挙げたものはどれか。

a. 公然と知られていないこと
b. 利用したいときに利用できること
c. 事業活動に有用であること
d. 秘密として管理されていること

ア　a, b　　イ　a, c, d　　ウ　b, c, d　　エ　c, d

問 23 ソフトウェアの開発において基本設計からシステムテストまでを一括で委託するとき、請負契約の締結に関する留意事項のうち、適切なものはどれか。

ア 請負業務着手後は、仕様変更による工数の増加が起こりやすいので、詳細設計が完了するまで契約の締結を待たなければならない。

イ 開発したプログラムの著作権は、特段の定めがない限り委託者側に帰属するので、受託者の著作権を認める場合、その旨を契約で決めておかなければならない。

ウ 受託者は原則として再委託することができるので、委託者が再委託を制限するためには、契約で再委託の条件を決めておかなければならない。

エ ソフトウェア開発委託費は開発規模によって変動するので、契約書では定めず、開発完了時に委託者と受託者双方で協議して取り決めなければならない。

問 24 大手システム開発会社 A 社からプログラムの作成を受託している B 社が下請代金支払遅延等防止法（以下、下請法）の対象会社であるとき、下請法に基づく代金の支払いに関する記述のうち、適切なものはどれか。

ア A 社はプログラムの受領日から起算して 60 日以内に、検査の終了にかかわらず代金を支払う義務がある。

イ A 社はプログラムの受領日から起算して 60 日を超えても、検査が終了していなければ代金を支払う義務はない。

ウ B 社は確実な代金支払いを受けるために、プログラム納品日から起算して 60 日間は A 社による検査を受ける義務がある。

エ B 社は代金受領日から起算して 60 日後に、納品したプログラムに対する A 社の検査を受ける義務がある。

問 25 次の記述 a ～ c のうち、勤務先の法令違反行為の通報に関して、公益通報者保護法で規定されているものだけを全て挙げたものはどれか。

a. 勤務先の同業他社への転職のあっせん
b. 通報したことを理由とした解雇の無効
c. 通報の内容に応じた報奨金の授与

ア a, b イ b ウ b, c エ c

問 26 ISO が定めた環境マネジメントシステムの国際規格はどれか。

ア ISO 9000 イ ISO 14000 ウ ISO/IEC 20000 エ ISO/IEC 27000

問 27　事業環境の分析などに用いられる 3C 分析の説明として、適切なものはどれか。

ア　顧客、競合、自社の三つの観点から分析する。
イ　最新購買日、購買頻度、購買金額の三つの観点から分析する。
ウ　時代、年齢、世代の三つの要因に分解して分析する。
エ　総売上高の高い順に三つのグループに分類して分析する。

問 28　自社の商品について PPM を作図した。“ 金のなる木 ”に該当するものはどれか。

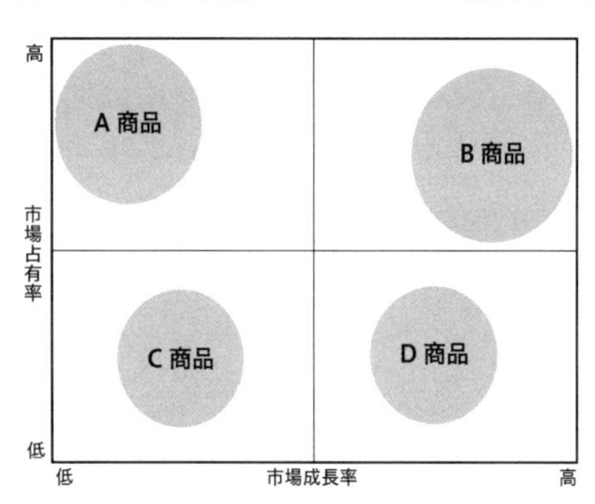

注記　円の大きさは売上の規模を示す。

ア　A 商品　　イ　B 商品　　ウ　C 商品　　エ　D 商品

問 29　マーケティングミックスにおける売り手から見た要素は 4P と呼ばれる。これに対応する買い手から見た要素はどれか。

ア　4C　　イ　4S　　ウ　AIDMA　　エ　SWOT

問 30　製品やサービスの価値を機能とコストの関係で分析し、機能や品質の向上およびコスト削減などによって、その価値を高める手法はどれか。

ア　サプライチェーンマネジメント
イ　ナレッジマネジメント
ウ　バリューエンジニアリング
エ　リバースエンジニアリング

問 31　CRM の前提となっている考え方として、最も適切なものはどれか。

ア　競争の少ない領域に他社に先駆けて進出することが利益の源泉となる。
イ　顧客との良好な関係を構築し、維持することが利益の源泉となる。
ウ　製品のライフサイクルを短縮することが利益の源泉となる。
エ　特定市場で大きなシェアを獲得することが利益の源泉となる。

問 32　記述 a ～ c のうち、技術戦略に基づいて、技術開発計画を進めるときなどに用いられる技術ロードマップの特徴として、適切なものだけを全て挙げたものはどれか。

a. 技術者の短期的な業績管理に向いている。
b. 時間軸を考慮した技術投資の予算および人材配分の計画がしやすい。
c. 創造性に重きを置いて、時間軸は余り考慮しない。

ア　a　　イ　a, b　　ウ　a, b, c　　エ　b

問 33　製品の製造におけるプロセスイノベーションによって、直接的に得られる成果はどれか。

ア　新たな市場が開拓される。
イ　製品の品質が向上する。
ウ　製品一つ当たりの生産時間が増加する。
エ　歩留り率が低下する。

問 34　ロングテールに基づいた販売戦略の事例として、最も適切なものはどれか。

ア　売れ筋商品だけを選別して仕入れ、Web サイトにそれらの商品についての広告を長期間にわたり掲載する。
イ　多くの店舗において、購入者の長い行列ができている商品であることを Web サイトで宣伝し、期間限定で販売する。
ウ　著名人のブログに売上の一部を還元する条件で商品広告を掲載させてもらい、ブログの購読者と長期間にわたる取引を継続する。
エ　販売機会が少ない商品について品ぞろえを充実させ、Web サイトにそれらの商品を掲載し、販売する。

問 35　インターネットを利用した広告において、あらかじめ受信者からの同意を得て、受信者の興味がある分野についての広告をメールで送るものはどれか。

ア　アフィリエイト広告　　イ　オーバーレイ広告
ウ　オプトアウトメール広告　　エ　オプトインメール広告

問 36　AI を利用したチャットボットに関する事例として、最も適切なものはどれか。

ア　あらゆる物がインターネットを介してつながることによって、外出先でスマートデバイスから自宅のエアコンのスイッチを入れることなどができるようになる。
イ　コンピュータが様々な動物の画像を大量に認識して学習することによって、犬と猫の画像が判別できるようになる。
ウ　商品の操作方法などの質問を書き込むと、詳しい知識をもった人が回答や助言を投稿してくれる。
エ　商品の販売サイトで、利用者が求める商品の機能などを入力すると、その内容に応じて推奨する商品をコンピュータが会話型で紹介してくれる。

問 37　システム開発後にプログラムの修正や変更を行うことを何というか。

ア　システム化の企画　イ　システム運用　ウ　ソフトウェア保守　エ　要件定義

問 38　クラスや継承という概念を利用して、ソフトウェアを部品化したり再利用することで、ソフトウェア開発の生産性向上を図る手法として、適切なものはどれか。

ア　オブジェクト指向　　イ　構造化
ウ　プロセス中心アプローチ　　エ　プロトタイピング

問 39　ユーザーの要求を定義する場合に作成するプロトタイプはどれか。

ア　基幹システムで生成されたデータをユーザー自身が抽出・加工するためのソフトウェア
イ　ユーザーがシステムに要求する業務の流れを記述した図
ウ　ユーザーとシステムのやり取りを記述した図
エ　ユーザーの要求を理解するために作成する簡易なソフトウェア

問 40　共通フレームの定義に含まれているものとして、適切なものはどれか。

ア　各工程で作成する成果物の文書化に関する詳細な規定
イ　システムの開発や保守の各工程の作業項目
ウ　システムを構成するソフトウェアの信頼性レベルや保守性レベルなどの尺度の規定
エ　システムを構成するハードウェアの開発に関する詳細な作業項目

問 41　次のアローダイアグラムに基づき作業を行った結果、作業 D が 2 日遅延し、作業 F が 3 日前倒しで完了した。作業全体の所要日数は予定と比べてどれくらい変化したか。

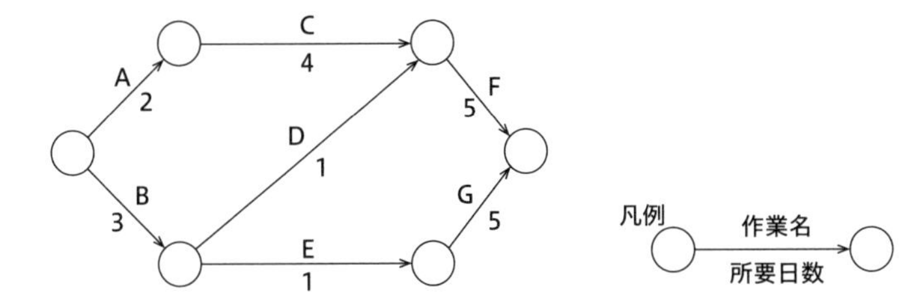

ア　3 日遅延　　イ　1 日前倒し　　ウ　2 日前倒し　　エ　3 日前倒し

問 42　プロジェクト管理におけるプロジェクトスコープの説明として、適切なものはどれか。

ア　プロジェクトチームの役割や責任
イ　プロジェクトで実施すべき作業
ウ　プロジェクトで実施する各作業の開始予定日と終了予定日
エ　プロジェクトを実施するために必要な費用

問 43　IT サービスマネジメントのフレームワークはどれか。

ア　IEEE　　イ　IETF　　ウ　ISMS　　エ　ITIL

問 44　社内システムの利用方法などについての問合せに対し、単一の窓口であるサービスデスクを設置する部門として、最も適切なものはどれか。

ア　インシデント管理の担当　　イ　構成管理の担当
ウ　変更管理の担当　　エ　リリース管理の担当

問 45　IT サービスを提供するために、データセンターでは建物や設備などの資源を最適な状態に保つように維持・保全する必要がある。建物や設備の維持・保全に関する説明として、適切なものはどれか。

ア　IT ベンダーと顧客の間で不正アクセスの監視に関するサービスレベルを合意する。
イ　自家発電機を必要なときに利用できるようにするために、点検などを行う。
ウ　建物の建設計画を立案し、建設工事を完成させる。
エ　データセンターで提供している IT サービスに関する、利用者からの問合せへの対応、一次解決を行う。

問46　ある事業者において、情報資産のライフサイクルに従って実施される情報セキュリティ監査を行うことになった。この対象として、最も適切なものはどれか。

ア　情報資産を管理している情報システム
イ　情報システム以外で保有している情報資産
ウ　情報システムが保有している情報資産
エ　保有している全ての情報資産

問47　情報システムに関わる業務a～cのうち、システム監査の対象となり得る業務だけを全て挙げたものはどれか。

a. 情報システム戦略の立案
b. 情報システムの企画・開発
c. 情報システムの運用・保守

ア　a　　イ　a, b, c　　ウ　b, c　　エ　c

問48　ITガバナンスに関する記述として、適切なものはどれか。

ア　ITベンダーが構築すべきものであり、それ以外の組織では必要ない。
イ　ITを管理している部門が、全社のITに関する原則やルールを独自に定めて周知する。
ウ　経営者がITに関する原則や方針を定めて、各部署で方針に沿った活動を実施する。
エ　経営者の責任であり、ITガバナンスに関する活動は全て経営者が行う。

問49　アジャイル開発の方法論であるスクラムに関する記述として、適切なものはどれか。

ア　ソフトウェア開発組織およびプロジェクトのプロセスを改善するために、その組織の成熟度レベルを段階的に定義したものである。
イ　ソフトウェア開発とその取引において、取得者と供給者が、作業内容の共通の物差しとするために定義したものである。
ウ　複雑で変化の激しい問題に対応するためのシステム開発のフレームワークであり、反復的かつ漸進的な手法として定義したものである。
エ　プロジェクトマネジメントの知識を体系化したものであり、複数の知識エリアから定義されているものである。

問50　アジャイル開発において、短い間隔による開発工程の反復や、その開発サイクルを表す用語として、最も適切なものはどれか。

ア　イテレーション　　イ　スクラム
ウ　プロトタイピング　　エ　ペアプログラミング

問 51　システム開発の見積方法として、類推法、積算法、ファンクションポイント法などがある。ファンクションポイント法の説明として、適切なものはどれか。

ア　WBS によって洗い出した作業項目ごとに見積もった工数を基に、システム全体の工数を見積もる方法
イ　システムで処理される入力画面や出力帳票、使用ファイル数などを基に、機能の数を測ることでシステムの規模を見積もる方法
ウ　システムのプログラムステップを見積もった後、1 人月の標準開発ステップから全体の開発工数を見積もる方法
エ　従来開発した類似システムをベースに相違点を洗い出して、システム開発工数を見積もる方法

問 52　プロジェクトマネジメントにおける WBS の作成に関する記述のうち、適切なものはどれか。

ア　最下位の作業は 1 人が必ず 1 日で行える作業まで分解して定義する。
イ　最小単位の作業を一つずつ積み上げて上位の作業を定義する。
ウ　成果物を作成するのに必要な作業を分解して定義する。
エ　一つのプロジェクトでは全て同じ階層の深さに定義する。

問 53　IT サービスマネジメントにおいて利用者に FAQ を提供する目的として、適切なものはどれか。

ア　IT サービスマネジメントのフレームワークを提供すること
イ　サービス提供者側と利用者側でサービスレベルの目標値を定めること
ウ　サービスに関するあらゆる問合せを受け付けるため、利用者に対する単一の窓口を設置すること
エ　利用者が問題を自己解決できるように支援すること

問 54　あるコールセンターでは、顧客からの電話による問合せに対応するオペレータを支援するシステムとして、顧客とオペレータの会話の音声を認識し、顧客の問合せに対する回答の候補をオペレータの PC の画面に表示する AI を導入した。１日の対応件数は 1,000 件であり、問合せ内容によって二つのグループ A、B に分けた。AI 導入前後の各グループの対応件数、対応時間が表のとおりであるとき、AI 導入後に、１日分の 1,000 件に対応する時間は何％短縮できたか。

AI 導入前後のグループ別の対応件数と対応時間

	グループ A		グループ B	
	対応件数	対応時間	対応件数	対応時間
AI 導入前	500 件	全体の 80%	500 件	全体の 20%
AI 導入後	500 件	AI 導入前と比べて 30%短縮	500 件	AI 導入前と同じ時間

ア　15　　イ　16　　ウ　20　　エ　24

問 55　内部統制の考え方に関する記述 a ～ d のうち、適切なものだけを全て挙げたものはどれか。

a. 事業活動に関わる法律などを遵守し、社会規範に適合した事業活動を促進することが目的の一つである。
b. 事業活動に関わる法律などを遵守することは目的の一つであるが、社会規範に適合した事業活動を促進することまでは求められていない。
c. 内部統制の考え方は、上場企業以外にも有効であり取り組む必要がある。
d. 内部統制の考え方は、上場企業だけに必要である。

ア　a, c　　イ　a, d　　ウ　b, c　　エ　b, d

問 56　ソフトウェアの不正利用防止などを目的として、プロダクト ID や利用者のハードウェア情報を使って、ソフトウェアのライセンス認証を行うことを表す用語はどれか。

ア　アクティベーション　　　イ　クラウドコンピューティング
ウ　ストリーミング　　　　　エ　フラグメンテーション

問 57　複数の IoT デバイスとそれらを管理する IoT サーバで構成される IoT システムにおける、エッジコンピューティングに関する記述として、適切なものはどれか。

ア　IoT サーバ上のデータベースの複製を別のサーバにも置き、両者を常に同期させて運用する。

イ　IoT デバイス群の近くにコンピュータを配置して、IoT サーバの負荷低減と IoT システムのリアルタイム性向上に有効な処理を行わせる。

ウ　IoT デバイスと IoT サーバ間の通信負荷の状況に応じて、ネットワークの構成を自動的に最適化する。

エ　IoT デバイスを少ない電力で稼働させて、一般的な電池で長期間の連続運用を行う。

問 58　OpenFlow を使った SDN（Software-Defined Networking）の説明として、適切なものはどれか。

ア　RFID を用いる IoT（Internet of Things）技術の一つであり、物流ネットワークを最適化するためのソフトウェアアーキテクチャ

イ　様々なコンテンツをインターネット経由で効率よく配信するために開発された、ネットワーク上のサーバの最適配置手法

ウ　データ転送と経路制御の機能を論理的に分離し、データ転送に特化したネットワーク機器とソフトウェアによる経路制御の組合せで実現するネットワーク技術

エ　データフロー図やアクティビティ図などを活用し、業務プロセスの問題点を発見して改善を行うための、業務分析と可視化ソフトウェアの技術

問 59　NTP の利用によって実現できることとして、適切なものはどれか。

ア　OS の自動バージョンアップ　　イ　PC の BIOS の設定

ウ　PC やサーバなどの時刻合わせ　　エ　ネットワークに接続された PC の遠隔起動

問 60　NAT に関する次の記述中の a、b に入れる字句の適切な組合せはどれか。

NAT は職場や家庭の LAN をインターネットへ接続するときによく利用され、［ a ］と［ b ］を相互に変換する。

	a	b
ア	プライベート IP アドレス	MAC アドレス
イ	プライベート IP アドレス	グローバル IP アドレス
ウ	ホスト名	MAC アドレス
エ	ホスト名	グローバル IP アドレス

問 61　テザリング機能をもつスマートフォンを利用した、PC のインターネット接続に関する記述のうち、適切なものはどれか。

ア　PC とスマートフォンの接続は無線 LAN に限定されるので、無線 LAN に対応した PC が必要である。

イ　携帯電話回線のネットワークを利用するので安全性は確保されており、PC のウイルス対策は必要ない。

ウ　スマートフォンをルータとして利用できるので、別途ルータを用意する必要はない。

エ　テザリング専用プロトコルに対応した PC を用意する必要がある。

問 62　ネットワークにおける DNS の役割として、適切なものはどれか。

ア　クライアントからの IP アドレス割当て要求に対し、プールされた IP アドレスの中から未使用の IP アドレスを割り当てる。

イ　クライアントからのファイル転送要求を受け付け、クライアントへファイルを転送したり、クライアントからのファイルを受け取って保管したりする。

ウ　ドメイン名と IP アドレスの対応付けを行う。

エ　メール受信者からの読出し要求に対して、メールサーバが受信したメールを転送する。

問 63　インターネット上のコンピュータでは、Web や電子メールなど様々なアプリケーションプログラムが動作し、それぞれに対応したアプリケーション層の通信プロトコルが使われている。これらの通信プロトコルの下位にあり、基本的な通信機能を実現するものとして共通に使われる通信プロトコルはどれか。

ア　FTP　　イ　POP　　ウ　SMTP　　エ　TCP/IP

問 64　PC やスマートフォンの Web ブラウザから無線 LAN のアクセスポイントを経由して、インターネット上の Web サーバにアクセスする。このときの通信の暗号化に利用する SSL/TLS と WPA2 に関する記述のうち、適切なものはどれか。

ア　SSL/TLS の利用の有無にかかわらず、WPA2 を利用することによって、Web ブラウザと Web サーバ間の通信を暗号化できる。

イ　WPA2 の利用の有無にかかわらず、SSL/TLS を利用することによって、Web ブラウザと Web サーバ間の通信を暗号化できる。

ウ　Web ブラウザと Web サーバ間の通信を暗号化するためには、PC の場合は SSL/TLS を利用し、スマートフォンの場合は WPA2 を利用する。

エ　Web ブラウザと Web サーバ間の通信を暗号化するためには、PC の場合は WPA2 を利用し、スマートフォンの場合は SSL/TLS を利用する。

問 65　無線 LAN に関する記述のうち、適切なものだけを全て挙げたものはどれか。

a. 使用する暗号化技術によって、伝送速度が決まる。

b. 他の無線 LAN との干渉が起こると、伝送速度が低下したり通信が不安定になったりする。

c. 無線 LAN で TCP/IP の通信を行う場合、IP アドレスの代わりに ESSID が使われる。

ア　a，b　　イ　b　　ウ　b，c　　エ　c

問 66　シャドー IT の例として、適切なものはどれか。

ア　会社のルールに従い、災害時に備えて情報システムの重要なデータを遠隔地にバックアップした。

イ　他の社員がパスワードを入力しているところをのぞき見て入手したパスワードを使って、情報システムにログインした。

ウ　他の社員に PC の画面をのぞかれないように、離席する際にスクリーンロックを行った。

エ　データ量が多く電子メールで送れない業務で使うファイルを、会社が許可していないオンラインストレージサービスを利用して取引先に送付した。

問 67　攻撃者が他人の PC にランサムウェアを感染させる狙いはどれか。

ア　PC 内の個人情報をネットワーク経由で入手する。

イ　PC 内のファイルを使用不能にし、解除と引換えに金銭を得る。

ウ　PC のキーボードで入力された文字列を、ネットワーク経由で入手する。

エ　PC への動作指示をネットワーク経由で送り、PC を不正に操作する。

問 68　Web サイトなどに不正なソフトウェアを潜ませておき、PC やスマートフォンなどの Web ブラウザからこのサイトにアクセスしたとき、利用者が気付かないうちに Web ブラウザなどの脆弱性を突いてマルウェアを送り込む攻撃はどれか。

ア　DDoS 攻撃　　イ　SQL インジェクション

ウ　ドライブバイダウンロード　　エ　フィッシング攻撃

問 69　脆弱性のある IoT 機器が幾つかの企業に多数設置されていた。その機器の 1 台にマルウェアが感染し、他の多数の IoT 機器にマルウェア感染が拡大した。ある日のある時刻に、マルウェアに感染した多数の IoT 機器が特定の Web サイトへ一斉に大量のアクセスを行い、Web サイトのサービスを停止に追い込んだ。この Web サイトが受けた攻撃はどれか。

ア　DDoS 攻撃　　イ　クロスサイトスクリプティング
ウ　辞書攻撃　　エ　ソーシャルエンジニアリング

問 70　情報セキュリティのリスクマネジメントにおけるリスク対応を、リスクの移転、回避、受容および低減の 4 つに分類するとき、リスクの低減の例として、適切なものはどれか。

ア　インターネット上で、特定利用者に対して、機密に属する情報の提供サービスを行っていたが、情報漏えいのリスクを考慮して、そのサービスから撤退する。
イ　個人情報が漏えいした場合に備えて、保険に加入する。
ウ　サーバ室には限られた管理者しか入室できず、機器盗難のリスクは低いので、追加の対策は行わない。
エ　ノート PC の紛失、盗難による情報漏えいに備えて、ノート PC の HDD に保存する情報を暗号化する。

問 71　内外に宣言する最上位の情報セキュリティポリシーに記載することとして、最も適切なものはどれか。

ア　経営陣が情報セキュリティに取り組む姿勢
イ　情報資産を守るための具体的で詳細な手順
ウ　セキュリティ対策に掛ける費用
エ　守る対象とする具体的な個々の情報資産

問 72　1 年前に作成した情報セキュリティポリシーについて、適切に運用されていることを確認するための監査を行った。この活動は PDCA サイクルのどれに該当するか。

ア　P　　イ　D　　ウ　C　　エ　A

問 73　情報セキュリティの三大要素である機密性、完全性および可用性に関する記述のうち、最も適切なものはどれか。

ア　可用性を確保することは、利用者が不用意に情報漏えいをしてしまうリスクを下げることになる。
イ　完全性を確保する方法の例として、システムや設備を二重化して利用者がいつでも利用できるような環境を維持することがある。
ウ　機密性と可用性は互いに反する側面をもっているので、実際の運用では両者をバランスよく確保することが求められる。
エ　機密性を確保する方法の例として、データの滅失を防ぐためのバックアップや誤入力を防ぐための入力チェックがある。

問 74　ISMS の情報セキュリティリスク対応における、人的資源に関するセキュリティ管理策の記述として、適切でないものはどれか。

ア　雇用する候補者全員に対する経歴などの確認は、関連する法令、規制及び倫理に従って行う。
イ　情報セキュリティ違反を犯した従業員に対する正式な懲戒手続を定めて、周知する。
ウ　組織の確立された方針及び手順に従った情報セキュリティの適用を自社の全ての従業員に要求するが、業務を委託している他社には要求しないようにする。
エ　退職する従業員に対し、退職後も有効な情報セキュリティに関する責任事項及び義務を定めてその従業員に伝え、退職後もそれを守らせる。

問 75　複数の取引記録をまとめたデータを順次作成するときに、そのデータに直前のデータのハッシュ値を埋め込むことによって、データを相互に関連付け、取引記録を矛盾なく改ざんすることを困難にすることで、データの信頼性を高める技術はどれか。

ア　LPWA　　　イ　SDN
ウ　エッジコンピューティング　　　エ　ブロックチェーン

問 76　電子メールの内容が改ざんされていないことの確認に利用するものはどれか。

ア　IMAP　　イ　SMTP　　ウ　情報セキュリティポリシー　　エ　デジタル署名

問 77　バイオメトリクス認証の例として、適切なものはどれか。

ア　本人の手の指の静脈の形で認証する。
イ　本人の電子証明書で認証する。
ウ　読みにくい文字列が写った画像から文字を正確に読み取れるかどうかで認証する。
エ　ワンタイムパスワードを用いて認証する。

問 78　ISMSの導入効果に関する次の記述中のa、bに入れる字句の適切な組合せはどれか。

[a]マネジメントプロセスを適用することによって、情報の機密性、[b]および可用性をバランス良く維持、改善し、[a]を適切に管理しているという信頼を利害関係者に与える。

	a	b
ア	品質	完全性
イ	品質	妥当性
ウ	リスク	完全性
エ	リスク	妥当性

問 79　交通機関、店頭、公共施設などの場所で、ネットワークに接続したディスプレイなどの電子的な表示機器を使って情報を発信するシステムはどれか。

ア　cookie　　イ　RSS　　ウ　デジタルサイネージ　　エ　デジタルディバイド

問 80　プロセッサに関する次の記述中の a、b に入れる字句の適切な組合せはどれか。

[a]は[b]処理用に開発されたプロセッサである。CPU に内蔵されている場合も多いが、より高度な[b]処理を行う場合には、高性能な[a]を搭載した拡張ボードを用いることもある。

	a	b
ア	GPU	暗号化
イ	GPU	画像
ウ	VGA	暗号化
エ	VGA	画像

問 81　CPU に搭載された 1 次と 2 次のキャッシュメモリに関する記述のうち、適切なものはどれか。

ア　1 次キャッシュメモリは、2 次キャッシュメモリよりも容量が大きい。
イ　2 次キャッシュメモリは、メインメモリよりも読み書き速度が遅い。
ウ　CPU がデータを読み出すとき、まず 1 次キャッシュメモリにアクセスし、データが無い場合は 2 次キャッシュメモリにアクセスする。
エ　処理に必要な全てのデータは、プログラム開始時に 1 次または 2 次キャッシュメモリ上に存在しなければならない。

問 82　複数のハードディスクを論理的に一つのものとして取り扱うための方式①～③のうち、構成するハードディスクが１台故障してもデータ復旧が可能なものだけを全て挙げたものはどれか。

① RAID5　②ストライピング　③ミラーリング

ア　①、②　イ　①、②、③　ウ　①、③　エ　②、③

問 83　デュアルシステムの特徴を説明したものはどれか。

ア　同じ処理を行うシステムを二重に用意し、処理結果を照合することで処理の正しさを確認する方式であり、一方に故障が発生したら、故障したシステムを切り離して処理を続行する。
イ　同じ装置を２台使用することで、シンプレックスシステムに対し、処理能力を２倍に向上させることができる。
ウ　オンライン処理を行う現用系システムと、バッチ処理などを行いながら待機させる待機系のシステムを用意し、現用系に障害が発生した場合は待機系に切り替え、オンライン処理を起動してサービスを続行する。
エ　複数の装置を直列に接続し、それらの間で機能ごとに負荷を分散するように構成しているので、処理能力は高いが、各機能を担当する装置のうちどれか一つでも故障するとサービスが提供できなくなる。

問 84　LAN に直接接続して、複数の PC から共有できるファイルサーバ専用機を何というか。

ア　CSV　イ　NAS　ウ　RAID　エ　RSS

問 85　記述 a ～ d のうち、クライアントサーバシステムの応答時間を短縮するための施策として、適切なものだけを全て挙げたものはどれか。

a. クライアントとサーバ間の回線を高速化し、データの送受信時間を短くする。
b. クライアントの台数を増やして、クライアントの利用待ち時間を短くする。
c. クライアントの入力画面で、利用者がデータを入力する時間を短くする。
d. サーバを高性能化して、サーバの処理時間を短くする。

ア　a, b, c　イ　a, d　ウ　b, c　エ　c, d

問 86　ファイルの階層構造に関する次の記述中の a、b に入れる字句の適切な組合せはどれか。

階層型ファイルシステムにおいて、最上位の階層のディレクトリを［ a ］ディレクトリという。ファイルの指定方法として、カレントディレクトリを基点として目的のファイルまでのすべてのパスを記述する方法と、ルートディレクトリを基点として目的のファイルまでの全てのパスを記述する方法がある。ルートディレクトリを基点としたファイルの指定方法を［ b ］パス指定という。

	a	b
ア	カレント	絶対
イ	カレント	相対
ウ	ルート	絶対
エ	ルート	相対

問 87　月曜日から金曜日までの業務で、ハードディスクに格納された複数のファイルを使用する。ハードディスクの障害に対応するために、毎日の業務終了後、別のハードディスクにバックアップを取得する。バックアップ取得の条件を次のとおりとした場合、月曜日から金曜日までのバックアップ取得に要する時間の合計は何分か。

〔バックアップ取得の条件〕

(1) 業務に使用するファイルは 6,000 個であり、ファイル 1 個のサイズは 3M バイトである。
(2) 1 日の業務で更新されるファイルは 1,000 個であり、更新によってファイルのサイズは変化しない。
(3) ファイルを別のハードディスクに複写する速度は 10M バイト／秒であり、バックアップ作業はファイル 1 個ずつ、中断することなく連続して行う。
(4) 月曜日から木曜日までは、その日に更新されたファイルだけのバックアップを取得する。金曜日にはファイルの更新の有無にかかわらず、全てのファイルのバックアップを取得する。

ア　25　　イ　35　　ウ　50　　エ　150

問 88　表計算ソフトを用いて、ワークシートに示す各商品の月別売上額データを用いた計算を行う。セル E2 に式 " 条件付個数 (B2:D2, > 15000)" を入力した後、セル E3 と E4 に複写したとき、セル E4 に表示される値はどれか。

	A	B	C	D	E
1	商品名	1 月売上額	2 月売上額	3 月売上額	条件付個数
2	商品 A	10,000	15,000	20,000	
3	商品 B	5,000	10,000	5,000	
4	商品 C	10,000	20,000	30,000	

ア　0　　イ　1　　ウ　2　　エ　3

問 89　条件①～④を全て満たすとき、出版社と著者と本の関係を示す E-R 図はどれか。ここで、E-R 図の表記法は次のとおりとする。

〔表記法〕

[a]→[b]　a と b が、1 対多の関係であることを表す。

〔条件〕

①出版社は、複数の著者と契約している。

②著者は、1 つの出版社とだけ契約している。

③著者は、複数の本を書いている。

④1 冊の本は、1 人の著者が書いている。

ア　[出版社]→[著者]→[本]

イ　[出版社]→[著者]←[本]

ウ　[出版社]←[著者]→[本]

エ　[出版社]←[著者]←[本]

問 90　関係データベースの“社員”表と“部署”表がある。“社員”表と“部署”表を結合し、社員の住所と所属する部署の所在地が異なる社員を抽出する。抽出される社員は何人か。

社員

社員 ID	氏名	部署コード	住所
H001	伊藤　花子	G02	神奈川県
H002	高橋　四郎	G01	神奈川県
H003	鈴木　一郎	G03	三重県
H004	田中　春子	G04	大阪府
H005	渡辺　二郎	G03	愛知県
H006	佐藤　三郎	G02	神奈川県

部署

部署コード	部署名	所在地
G01	総務部	東京都
G02	営業部	神奈川県
G03	製造部	愛知県
G04	開発部	大阪府

ア　1　　イ　2　　ウ　3　　エ　4

問 91　データベース管理システムにおける排他制御の目的として、適切なものはどれか。

ア　誤ってデータを修正したり、データを故意に改ざんされたりしないようにする。

イ　データとプログラムを相互に独立させることによって、システムの維持管理を容易にする。

ウ　データの機密のレベルに応じて、特定の人しかアクセスできないようにする。

エ　複数のプログラムが同一のデータを同時にアクセスしたときに、データの不整合が生じないようにする。

問 92　同じ装置が複数接続されているシステム構成 a ～ c について、稼働率が高い順に並べたものはどれか。ここで、─□─は装置を表し、並列に接続されている場合はいずれか一つの装置が動作していればよく、直列に接続されている場合は全ての装置が動作していなければならない。

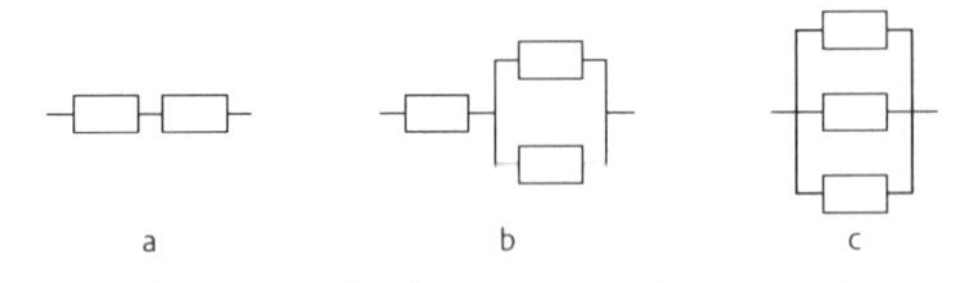

ア　a, b, c　　イ　b, a, c　　ウ　c, a, b　　エ　c, b, a

問 93　パスワードの解読方法の一つとして、全ての文字の組合せを試みる総当たり攻撃がある。“A” から “Z” の 26 種類の文字を使用できるパスワードにおいて、文字数を 4 文字から 6 文字に増やすと、総当たり攻撃でパスワードを解読するための最大の試行回数は何倍になるか。

ア　2　　イ　24　　ウ　52　　エ　676

問 94　3 人の候補者の中から兼任も許す方法で委員長と書記を 1 名ずつ選ぶ場合、3 人の中から委員長 1 名の選び方が 3 通りで、3 人の中から書記 1 名の選び方が 3 通りであるので、委員長と書記の選び方は全部で 9 通りある。5 人の候補者の中から兼任も許す方法で委員長と書記を 1 名ずつ選ぶ場合、選び方は何通りあるか。

ア　5　　イ　10　　ウ　20　　エ　25

問 95　品質管理担当者が行っている検査を自動化することを考えた。10,000 枚の製品画像と、それに対する品質管理担当者による不良品かどうかの判定結果を学習データとして与えることによって、製品が不良品かどうかを判定する機械学習モデルを構築した。100 枚の製品画像に対してテストを行った結果は表のとおりである。品質管理担当者が不良品と判定した製品画像数に占める、機械学習モデルの判定が不良品と判定した製品画像数の割合を再現率としたとき、このテストにおける再現率は幾らか。

単位 枚

		機械学習モデルによる判定	
		不良品	良品
品質管理担当者による判定	不良品	5	5
	良品	15	75

ア　0.05　　イ　0.25　　ウ　0.50　　エ　0.80

問 96　下から上へ品物を積み上げて、上にある品物から順に取り出す装置がある。この装置に対する操作は、次の 2 つに限られる。

PUSH x：品物 x を 1 個積み上げる。
POP：一番上の品物を 1 個取り出す。

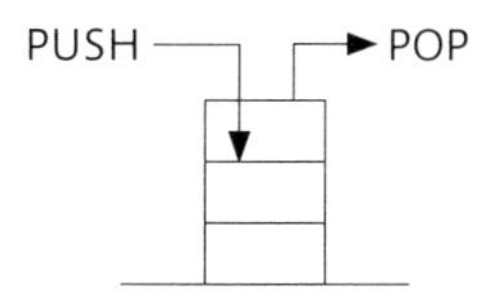

最初は何も積まれていない状態から開始して、a、b、c の順で 3 つの品物が到着する。1 つの装置だけを使った場合、POP 操作で取り出される品物の順番としてあり得ないものはどれか。

ア　a, b, c　　イ　b, a, c　　ウ　c, a, b　　エ　c, b, a

問 97　手続 printArray は、配列 integerArray の要素を並べ替えて出力する。手続 printArray を呼び出したときの出力はどれか。ここで、配列の要素番号は 1 から始まる。

〔プログラム〕

```
○printArray()
  整数型：n, m
  整数型の配列：integerArray ← { 2, 4, 1, 3 }
  for ( n を 1 から ( integerArray の要素数 − 1 ) まで 1 ずつ増やす )
    for ( m を 1 から ( integerArray の要素数 − n ) まで 1 ずつ増やす )
      if ( integerArray[m] > integerArray[m + 1] )
        integerArray[m] と integerArray[m + 1] の値を入れ替える
      endif
    endfor
  endfor
  integerArray の全ての要素を先頭から順にコンマ区切りで出力する
```

ア　1, 2, 3, 4　　イ　1, 3, 2, 4

ウ　3, 1, 4, 2　　エ　4, 3, 2, 1

問 98　IoT デバイスで収集した情報を IoT サーバに送信するときに利用されるデータ形式に関する次の記述中の a、b に入れる字句の適切な組合せはどれか。

[a]形式は、コンマなどの区切り文字で、データの区切りを示すデータ形式であり、[b]形式は、マークアップ言語であり、データの論理構造を、タグを用いて記述できるデータ形式である。

	a	b
ア	CSV	JSON
イ	CSV	XML
ウ	RSS	JSON
エ	RSS	XML

問 99　ブログにおけるトラックバックの説明として、適切なものはどれか。

ア　一般利用者が、気になるニュースへのリンクやコメントなどを投稿するサービス

イ　ネットワーク上にブックマークを登録することによって、利用価値の高い Web サイト情報を他の利用者と共有するサービス

ウ　ブログに貼り付けたボタンをクリックすることで、SNS などのソーシャルメディア上でリンクなどの情報を共有する機能

エ　別の利用者のブログ記事へのリンクを張ると、リンクが張られた相手に対してその旨を通知する仕組み

問 100　イラストなどに使われている、最大表示色が 256 色である静止画圧縮のファイル形式はどれか。

ア　GIF　　イ　JPEG　　ウ　MIDI　　エ　MPEG

解答と解説

解答一覧

問1	問2	問3	問4	問5	問6	問7	問8	問9	問10
ウ	イ	エ	イ	ウ	ア	ア	ウ	エ	イ
問11	問12	問13	問14	問15	問16	問17	問18	問19	問20
エ	エ	ア	ウ	イ	ア	ア	イ	ア	ア
問21	問22	問23	問24	問25	問26	問27	問28	問29	問30
ウ	イ	ウ	ア	イ	イ	ア	ア	ア	ウ
問31	問32	問33	問34	問35	問36	問37	問38	問39	問40
イ	エ	イ	エ	エ	エ	ウ	ア	エ	イ
問41	問42	問43	問44	問45	問46	問47	問48	問49	問50
ウ	イ	エ	ア	イ	エ	イ	ウ	ウ	ア
問51	問52	問53	問54	問55	問56	問57	問58	問59	問60
イ	ウ	エ	エ	ア	ア	イ	ウ	ウ	イ
問61	問62	問63	問64	問65	問66	問67	問68	問69	問70
ウ	ウ	エ	イ	イ	エ	イ	ウ	ア	エ
問71	問72	問73	問74	問75	問76	問77	問78	問79	問80
ア	ウ	ウ	ウ	エ	エ	ア	ウ	ウ	イ
問81	問82	問83	問84	問85	問86	問87	問88	問89	問90
ウ	ウ	ア	イ	イ	ウ	ウ	ウ	ア	イ
問91	問92	問93	問94	問95	問96	問97	問98	問99	問100
エ	エ	エ	エ	ウ	ウ	ア	イ	エ	ア

本書における合格の目安

問1～問35	ストラテジ系	30%以上（11問以上）
問36～問55	マネジメント系	30%以上（6問以上）
問56～問100	テクノロジ系	30%以上（14問以上）

かつ合計60%以上となる60問以上の正解が合格の目安となります。

自分の実力はいかがでしたか？ 間違えた問題はテキストで復習して知識を万全にしましょう。

問1　正解　ウ　**ストラテジ系／技術戦略マネジメント**　（令和元秋⑲）

ア．コンベンションは、大規模な展示会や会議を示す言葉です。イ．トレードフェアは、関係者が一堂に会し情報交換や商談を行う見本市のことを示す言葉です。ウ．正しい。**ハッカソン**は、ハックとマラソンを組み合わせた造語で、IT 技術者やデザイナーなどがチームとなり、与えられた短期間内にテーマに沿ったアプリケーションやサービスを開発し、その成果を競い合うイベントです。エ．レセプションは、接待や歓迎などのために催される会を示す言葉です。

問2　正解　イ　**ストラテジ系／ビジネスインダストリ**　（令和元秋⑱）

ア．Factory Automation の略。工場設備や産業ロボットの導入による工場の自動化を表す言葉です。イ．正しい。**FinTech（フィンテック）**は、金融を意味する Finance と技術を意味する Technology による造語で、金融サービスと情報技術を結びつけることで、革新的な金融商品・サービスが生み出される動きを指す言葉です。ウ．Office Automation の略。事務機器や事務作業の自動化を表す言葉です。エ．シェアリングエコノミーは、物やサービスを所有するのではなく、インターネット上のプラットフォームを介して個人と個人の間で使っていないモノ・場所・技能などを貸し借り・売買することによって、共有していく経済活動です。

問3　正解　エ　**ストラテジ系／ビジネスインダストリ**　（令和元秋㉑）

ア．CRM システムの説明です。イ．e ラーニングの説明です。ウ．ナレッジマネジメントの説明です。エ．正しい。**ディープラーニング（Deep Learning）**は、人間や動物の脳神経をモデル化したアルゴリズム（ニューラルネットワーク）を多層化したものを用意し、それに「十分な量のデータを与えることで、人間の力なしに自動的に特徴点やパターンを学習させる」ことをいいます。

問4　正解　イ　**ストラテジ系／システム戦略**　（令和２年10月㉛）

ア．クラウドコンピューティングは、目的のコンピュータ処理を行うために、自社のシステム資源を使う代わりにインターネット上のコンピュータ資源やサービスを利用するシステムの形態です。イ．正しい。**シェアリングエコノミー**は、物やサービスを所有するのではなく、インターネット上のプラットフォームを介して個人と個人の間で使っていないモノ・場所・技能などを貸し借り・売買することによって、共有していく経済の動きのことです。貸主は遊休資産の活用による収入が得られ、借主は購入や維持にかかわるコストを削減できる利点があります。ウ．テレワークは、各自が在宅などの勤務先以外のオフィススペースで仕事を行い、勤務先とのやり取りは電話、メール、チャット、テレビ会議などのオンラインで行う勤務形態です。出社の必要がないので時間や場所の制約を受けずに柔軟に働くことができる利点があります。**エ.** ワークシェアリングは、仕事（work）と共有（sharing）を組み合わせた言葉で、人々の間で雇用を分かち合うことを意味し、労働時間の短縮によって仕事の機会を増やす考え方です。雇用維持や雇用創出の効果があります。

問5　正解　ウ　**ストラテジ系／法務**　（令和元秋㉗）

a. 誤り。個人情報取扱事業者には、個人情報の安全管理が図られるように委託先を監督する義務がありますが、委託先を変更した場合の通知または公表の義務はありません。**b.** 正しい。個人情報保護法では「個人情報取扱事業者は、利用目的を変更した場合は、変更された利用目的について、本人に通知し、または公表しなければならない」と定めています。ただし、「通知等をすることで第三者の生命、身体、財産を害する可能性がある場合」「取得の状況からみて利用目的が明らかであると認められる場合」などを除きます。**c.** 誤り。個人情報の削除に際して本人への通知または公表は不要です。必要な場合は「b」だけなので、「ウ」が正解です。

問6　正解　ア　**ストラテジ系／法務**　（平成 29 秋⑬）

ア. 正しい。**サイバーセキュリティ基本法**は、日本国におけるサイバーセキュリティに関する施策の推進にあたっての基本理念、国および地方公共団体の責務等を明らかにし、サイバーセキュリティ戦略の策定その他サイバーセキュリティに関する施策の基本となる事項を定めた法律です。**イ.** 特定秘密保護法は、国と国民の安全を確保するために、安全保障に関する情報のうち特に秘匿することが必要であるものを定め、それらの保護に関して必要な事項を定めた法律です。**ウ.** **不正競争防止法**は、事業者間の公正な競争と国際約束の的確な実施を確保するため、不正競争の防止を目的として制定された法律です。**エ.** マイナンバー法は、行政事務においてマイナンバー（個人番号）を安全かつ適切に活用し、効率的な情報管理およびその利用をするために必要な条項を定めた法律です。

問7　正解　ア　**ストラテジ系／法務**　（令和 2 年 10 月⑯）

産業財産権には、次の 4 つの種類があり特許庁が所管しています。特許権は自然の法則や仕組みを利用した価値ある発明を保護し、存続期間は出願日から 20 年です。実用新案権は物品の形状、構造または組合せに係る考案のうち発明以外のものを保護し、存続期間は出願日から 10 年です。意匠権は、製品の価値を高める形状やデザインを保護し、存続期間は出願日から 25 年です。商標権は、商品の名称やロゴマークなどを保護し、存続期間は設定登録日から 10 年です。**a.** 正しい。独創的な発明は特許法で保護されます。**b.** 誤り。工業上有用なデザインは意匠法による保護対象となります。**c.**

誤り。商品名、サービス名、ブランド名などの固有名称は商標法による保護対象となります。したがって、特許法の保護対象となるものは「a」だけで、「ア」が正解です。

問8　正解　ウ　ストラテジ系／法務　(平成30春⑨)

設問に関する発信者情報の開示請求に関しては、**プロバイダ責任制限法**の第5条で定められています。インターネット上の掲示板への投稿等により自身の権利が侵害されたと判断した者は、プロバイダや電子掲示板の運営者、もしくはサーバ管理者に発信者情報（氏名、住所、メールアドレス等）の開示を請求することができます。開示請求を受けたプロバイダ等のサービス提供者は、開示に同意するか否かについて発信者の意見を聴かなければなりません。発信者の同意があれば請求者に対して開示することになりますが、同意を得られない、または反論が示された場合には請求を拒絶することができます。拒絶された被害者は、裁判所に開示請求を訴え出ることもできます。設問では、開示請求者がA氏、発信者がB氏ですので、開示請求を受けたX社は情報の開示についてB氏の意見を聴く義務があります。したがって、適切な対応は「ウ」です。

問9　正解　エ　ストラテジ系／システム戦略　(平成29春㉙)

BPM(Business Process Management) は、BPRのように1回限りの革命的・抜本的な改革でなく、組織が繰り返し行う日常業務において、継続的にビジネスプロセスの発展を目指すための管理手法です。他のマネジメントプロセスと同様に「計画」→「業務の実行」→「業務の監視」→「業務の見直し」というPDCAサイクルを繰り返して継続的に改善活動を行います。「業務プロセス」「改善するサイクル」から「エ」が適切な記述となります。**ア．BCP(Business Continuity Plan)** の説明です。**イ．SCM(Supply Chain Management)** の説明です。**ウ．BPR(Business Process Reengineering)** の説明です。**エ．**正しい。BPMの説明です。

問10　正解　イ　ストラテジ系／システム戦略　(平成30秋⑨)

ア．クラウドコンピューティングはプロトコルではありません。インターネット技術の基盤となっているプロトコルといえばTCP/IPになります。**イ．**正しい。クラウドコンピューティングは、組織内のシステム資源を使う代わりにインターネット上のコンピュータ資源やサービスを利用して目的のコンピュータ処理を行う形態です。**ウ．**アジャイル開発の説明です。**エ．**EDI(Electronic Data Interchange)の説明です。

問11　正解　エ　ストラテジ系／システム戦略　(平成29秋⑪)

ア．ISP(Internet Service Provider) の説明です。**イ．IaaS(Infrastructure as a Service)** の説明です。**ウ．PaaS(Platform as a Service)** の説明です。**エ．**正しい。

SaaSの説明です。**SaaS(Software as a Service)**は、サービス提供事業者が運用するソフトウェアをインターネット経由で利用するクラウドサービスの形態です。ソフトウェアのデータやユーザー情報も含めてインターネット上で管理されます。自社でシステムを構築・保守する場合と比べて、時間と費用を大幅に節約できるのが利点です。

問12　正解　エ　ストラテジ系／システム戦略　(平成28秋㉒)

ア．Application Service Providerの略。主に業務用のアプリケーションをインターネット経由で、顧客にレンタルする事業者のことをいいます。**イ．**Business Process Outsourcingの略。業務効率の向上、業務コストの削減を目的に、業務プロセス単位で外部委託を実施することです。**ウ．**Software as a Serviceの略。専門の事業者が運用するサービスをネットワーク（インターネット）経由で利用するソフトウェアの提供形態です。**エ．**正しい。ハウジングサービスは、顧客の通信機器や情報発信用のコンピュータ（サーバ）を、回線設備の整った専門業者の施設に設置するサービスで、通信業者やプロバイダが行っています。

問13　正解　ア　ストラテジ系／システム戦略　(平成31春㉘)

ア．正しい。ビッグデータには、大量かつ多種多様な形式でリアルタイム性を有する情報という意味があります。**ビッグデータ**は、典型的なデータベースソフトウェアが把握し、蓄積し、運用し、分析できる能力を超えたサイズのデータを指す言葉で、一般的には数十テラバイトから数ペタバイトのデータがビッグデータとして扱われます。**イ．ダイバーシティ**は、多様性という意味で、企業活動に人種や性別などの違いから生じるさまざまな価値観を取り込むことによって、新たな価値の創造や組織のパフォーマンス向上につなげようとする考え方のことです。**ウ．コアコンピタンス**は、長年の企業活動により蓄積された他社と差別化できる、または競争力の中核となる企業独自のノウハウや技術を指す言葉です。**エ．クラウドファンディング**は、群衆（Crowd）と資金調達（Funding）という言葉を組み合わせた造語で、インターネットを通じて不特定多数の賛同者から資金を集めるしくみです。

問14　正解　ウ　ストラテジ系／システム企画　(平成30春⑥)

「機能要件」と「非機能要件」はどちらもシステムに求められる要件ですが、以下のような違いがあります。**機能要件**とは、業務をシステムとして実現するために必要なシステムの機能に関する要件のことで、そのシステムが扱うデータの種類や構造、処理内容、処理特性、ユーザーインターフェース、帳票などの出力の形式などが含まれます。**非機能要件**とは、制約条件や品質要求などのように機能面以外の要件のことで、性能や可用性、および運用・保守性などの「品質要件」のほか、「技術要件」「セキュリティ」「運用・

操作要件」「移行要件」「環境対策」などが非機能要件として定義されます。これらから、**a.** 誤り。業務を構成する機能間のデータの流れは、システムの機能として必ず組み入れなくてはならないので機能要件です。**b.** 正しい。監視頻度は保守性の品質要件になるので非機能要件です。**c.** 正しい。障害発生時の許容復旧時間は、可用性の品質要件になるので非機能要件です。非機能要件は「b、c」となるので、「ウ」が正解です。

問 15　**正解** イ　ストラテジ系／システム企画　（令和元秋⑯）

RFI（Request for Information：情報提供依頼書）は、企業・組織がシステム調達や業務委託をする場合や、初めての取引となるベンダー企業に対して情報の提供を依頼すること、またはその際に提出される文書のことをいいます。RFI を発行することによって相手方が保有する技術・経験や、情報技術動向、および導入予定のシステムが技術的に実現可能であるかなどを確認することができます。この情報は要件定義や発注先候補の選定に利用できます。その後、自社の要求を取りまとめた **RFP（Request for Proposal：提案依頼書）**が発注先候補に対して発行されることになります。したがって「イ」が適切な目的です。見積書の提出を求めることは **RFQ（Request for Quotation）**といいます。

問 16　**正解** ア　ストラテジ系／ビジネスインダストリ　（令和 3 ㉟）

ア. 正しい。かんばん方式は、工程間の中間在庫の最少化を目的として“かんばん”と呼ばれる生産指示票を使う生産システムです。必要なものを、必要なだけ、必要なときに作るジャストインタイム生産方式には欠かせない重要な要素です。現在では IT を利用した“e かんばん”に進化しています。**イ.** クラフト生産方式は、熟練した職人が手間をかけて全部または一部の工程を手工業で生産する方式です。高級時計の製造過程をイメージするといいと思います。**ウ.** セル生産方式は、1 人または少数の作業者チームで製品の全組立て工程（および製品検査）を行う形態です。多品種少量の生産に適しています。**エ.** 見込み生産方式は、生産開始時の需要予測に基づき、見込み数量を生産する方式です。

問 17　**正解** ア　ストラテジ系／企業活動　（令和元秋②）

損益計算書の区分上、広告宣伝費は「販売費および一般管理費」に、株式の受取配当金は「営業外収益」に分類されるので、広告宣伝費 5 億円、受取配当金 3 億円を損益計算書に足すと、最終的な金額は次ページのようになります。

単位　億円

項目	金額
売上高	1,000
売上原価	780
販売費および一般管理費	135
営業外収益	23
営業外費用	16
特別利益	2
特別損失	1
法人税、住民税および事業税	50

営業利益と経常利益はそれぞれ次の計算式で求めます。

営業利益：売上高－売上原価－販売費および一般管理費

経常利益：営業利益＋営業外収益－営業外費用

損益計算書の金額を当てはめて計算すると、営業利益:1,000 － 780 － 135 ＝ 85 億円、経常利益:85 ＋ 23 － 16 ＝ 92 億円となります。したがって「ア」の組合せが適切です。

問 18　正解 イ ストラテジ系／企業活動　（平成 29 秋⑯）

損益分岐点とは、企業会計において、売上と費用が同額になる売上高、つまり利益がゼロとなる売上高のことです。損益分岐点における売上高は以下の公式を用いて求めます。

損益分岐点売上高＝固定費÷（1 －変動費率）　変動費率＝変動費÷売上高

この設問では変動費が示されていませんが、売上高、費用および利益には「売上高－（固定費＋変動費）＝利益」の関係があるので、売上高から利益を差し引いて総費用を求め、さらに総費用から固定費を引くことで変動費を求められます。変動費＝ 400 － 50 － 150 ＝ 200（万円）　次に変動費から変動費率を計算します。変動費率＝ 200 ÷ 400 ＝ 0.5　固定費、変動費率がわかったので、上記の式に代入して損益分岐点売上高を求めます。150 ÷ (1 － 0.5) ＝ 300（万円）　したがって「イ」が正解です。

問 19　正解 ア ストラテジ系／企業活動　（平成 29 秋③）

貸借対照表（たいしゃくたいしょうひょう）は、一定時点における組織の資産、負債および純資産が記載されており、企業の財政状態を明らかにするものです。バランスシート (B/S) とも呼ばれます。貸借対照表の形式は選択肢アのように、左側（借方）に資産、右側（貸方）の上に負債、右側下に純資産で構成されています。

問 20　正解 ア ストラテジ系／企業活動　(平成 30 春⑪)

自己資本比率(じこしほんひりつ)は、企業が運用している資金全体に対する自己資本の割合を示す数値で、経営の健全性を示す指標として用いられます。

自己資本比率 (%) = 自己資本／総資本 × 100

自己資本は貸借対照表のうち純資産の部の金額であり、総資本は負債の部（他人資本）と純資産の部（自己資本）を合わせた金額ですので、設問の貸借対照表における自己資本と総資本は次の通りです。

自己資本 = 240(百万円)　総資本 = 160 + 200 + 240 = 600(百万円)

つまり自己資本比率は、240 ÷ 600 × 100 = 40(%) となります。よって、「ア」が正解です。

問 21　正解 ウ ストラテジ系／法務　(平成 29 春⑰)

ア. 回路配置権の保護対象です。**イ.** **商標権**による保護対象です。**ウ.** 正しい。**意匠権**は、物の形状や模様、色彩などで表した商品デザインなどのように工業上の利用性があり、製品の価値や魅力を高める形状・デザインに対して認められる権利です。知的財産権のうち特許権などと同じ産業財産権に分類され、権利存続期間は出願日から 25 年です。手工業による量産であっても反復生産可能ならば意匠権による保護対象になります。**エ .** 例え美しいデザインでも工業上の利用性がない、自然物で量産できないもの、ビル等の不動産、絵や彫刻といった純粋美術の分野に属する著作物には意匠権が認められません。

問 22　正解 イ ストラテジ系／法務　(平成 30 春㉔)

不正競争防止法は、事業者間の公正な競争と国際約束の的確な実施を確保するため、不正競争の防止を目的として制定された法律です。この法律上の「営業秘密」とされるには次の 3 つの要件すべてを満たすことが求められます。①生産方法、販売方法その他の事業活動に有用な技術上または営業上の情報であること (**有用性**)、②公然と知られていないこと (**非公知性**)、③組織内で秘密として管理されていること (**秘密管理性**)。**a.** 正しい。非公知性に関する記述であり営業秘密の要件として適切です。**b.** 誤り。可用性に関する記述であり、営業秘密とは関係ありません。**c.** 正しい。有用性に関する記述であり営業秘密の要件として適切です。**d.** 正しい。秘密管理性に関する記述であり営業秘密の要件として適切です。適切な組合せは「a、c、d」です。

問 23　正解 ウ ストラテジ系／法務　(平成 31 春㉜)

ア. **請負契約**は、必ずしも書面によるものではなく、発注を行った時点で請負契約が成立したと認められるケースもあります。しかし、金額、納期、開発範囲等を書面に残しておかないと後々紛争になることも多いため、着手前に契約書を交付する必要があります。**イ**．記述とは逆で、請負契約では成果物の著作権は原則として受託側に帰属します。このため、成果物の著作権を委託者側に移転させるためにはその旨を契約書で定めておかなければなりません。**ウ**．正しい。請負契約では、受託側は仕事の完成だけに責任を負い、完成の方法については原則として問われません。もし、再委託を制限したいのであれば、契約書にその旨を定めておく必要があります。**エ**．請負契約では、金額、納期、開発範囲等を最初に確定します。ソフトウェア開発委託費は、開発着手前に委託者と受託者双方による協議によって決定します。

問24　正解　ア　ストラテジ系／法務　（平成28春⑨）

下請法(したうけほう)は、親事業者による下請事業者に対する優越的地位の乱用行為を取り締まるために制定された法律です。法律には、"下請け代金の支払い確保"以外にも親事業者の遵守事項などが条文化されており、親事業者の下請事業者に対する取引を公正に行わせることで、下請事業者の利益を保護することを目的としています。「支払期日を定める義務」では、「親事業者は、下請事業者の給付の内容について検査するかどうかを問わず、下請代金の支払期日を物品等を受領した日（役務提供委託の場合は、下請事業者が役務の提供をした日）から起算して60日以内でできる限り短い期間内で定める義務がある」ことが明記されています。**ア**．正しい。**イ**．検査の有無に関わらず受領日から60日以内に支払う義務があります。**ウ**．成果物の検査は任意であり義務ではありません。検査を行う場合は発注時に交付する3条書面に具体的事項を記載しておく必要があります。**エ**．検査の実施は親事業者の責任において行われます。下請事業者の義務ではありません。

問25　正解　イ　ストラテジ系／法務　（平成31春④）

公益通報者保護法は、労働者が労務を提供している事業所の犯罪行為、または最終的に刑罰につながる法令違反事実を通報したことを契機とする、事業所から通報者への不利益な扱いを防止することを目的とする法律であり、この法律に基づき公益通報を行った労働者は、「公益通報をしたことを理由とする解雇の無効（第3条）」「公益通報をしたことを理由とする労働者派遣契約の解除の無効（第4条）」「公益通報をしたことを理由とする降格、減給、派遣労働者の交代、その他不利益な取扱いの禁止（第5条）」などの保護を受けます。したがって法に規定されているのは「b」のみです。

問26　正解　イ　ストラテジ系／法務　（平成29秋⑩）

ア．**ISO 9000**は、組織の品質マネジメントシステムについての国際標準規格です。対応するJISとして、JIS Q 9000と**JIS Q 9001**およびJIS Q 9004～JIS Q 9006があります。**イ**．正しい。ISO 14000は、組織の環境マネジメントシステムについての国際標準規格です。対応するJISとして、JIS Q 14001とJIS Q 14004があります。**ウ．**ISO/IEC 20000は、組織のITサービスマネジメントシステムについての国際標準規格です。対応するJISとして、JIS Q 20000-1とJIS Q 20000-2があります。**エ．**ISO/IEC 27000は、組織の情報セキュリティマネジメントシステムについての国際標準規格です。対応するJISとして、JIS Q 27000、JIS Q 27001およびJIS Q 27002があります。

問27　正解 ア　**ストラテジ系／経営戦略マネジメント**　（令和元秋⑦）

3C分析は、マーケット分析に必要不可欠な3要素である、**顧客（Customer）**、**自社（Company）**、**競合他社（Competitor）**について自社の置かれている状況を分析する手法です。一般的には、「顧客」→「競合他社」→「自社」の順で分析を行います。**ア．**正しい。3C分析の説明です。**イ．**RFM分析の説明です。**ウ．**コーホート分析の説明です。**エ．**ABC分析の説明です。ちなみに、3つのグループではなく10等分のグループに分割する方法を「デシル分析」といいます。

問28　正解 ア　**ストラテジ系／経営戦略マネジメント**　（平成31春㉖）

PPM（Product Portfolio Management）は、縦軸と横軸に「市場成長率」と「市場占有率」を設定したマトリックス図を4つの象限に区分し、市場における製品（または事業やサービス）の位置付けを2つの観点から分類して経営資源の配分を検討する手法です。4つのカテゴリには、それぞれ「**花形**」「**金のなる木**」「**問題児**」「**負け犬**」の名称が付けられています。**ア．**正しい。市場の成長がないため追加の投資が必要ではなく、市場占有率の高さから安定した資金・利益の流入が見込める分野であり、"金のなる木"に該当します。**イ．**占有率・成長率ともに高く、資金の流入も大きいが、成長に伴い占有率の維持には多額の資金の投入を必要とする分野である"花形"に該当します。**ウ．**成長率・占有率がともに低く、新たな投資による利益の増加も見込めないため市場からの撤退を検討するべき分野である"負け犬"に該当します。**エ．**成長率は高いが占有率は低いので、花形製品とするためには多額の投資が必要になります。投資が失敗し、そのまま成長率が下がれば負け犬になってしまうため、慎重な対応を必要とする分野である"問題児"に該当します。

問29　正解 ア　**ストラテジ系／経営戦略マネジメント**　（平成29秋㉜）

マーケティングミックスとは、企業がマーケティング戦略において目標とする市場から期待する反応を得るために組み合わせる、複数のマーケティング要素のことです。マーケティングミックスにはいくつかの組合せが考えられますが、このうち4Pは売り手側の企業が顧客に対してとり得る次の4つのマーケティング手段を表します。**Product（製**

品）、Price（価格）、Place（流通）、Promotion（販売促進）

また、4P を買い手側の視点（顧客価値、顧客負担、利便性、対話）に置き換えた考え方を 4C といいます。ア．正しい。4C は、4P を買い手側から見た要素に置き換えたものです。イ．4S は、現場の環境を整備し職場改善に繋げるための基本活動である 4 つの要素（整理、整頓、清潔、清掃）を合わせた言葉です。ウ．AIDMA（アイドマ）は、消費者の購買決定プロセスを説明するモデルで、購入に至るまでには、**注意（Attention）→関心（Interest）→欲求（Desire）→記憶（Memory）→行動（Action）**の段階があることを示しています。エ．SWOT は、**強み（Strength）**、**弱み（Weakness）**、**機会（Opportunity）**、**脅威（Threat）**の各視点から自社環境を考察して戦略を立てる考え方です。

問 30　正解 ウ　**ストラテジ系／経営戦略マネジメント**　（平成 28 春㉘）

ア．**サプライチェーンマネジメント**は、生産から販売に至る一連の情報をリアルタイムに交換・一元管理することによって業務プロセス全体の効率を大幅に向上させることを目指す経営手法です。イ．**ナレッジマネジメント**は、企業が保持している情報・知識、個人が持っているノウハウや経験などの知的資産を共有して、創造的な仕事につなげていく一連の経営活動です。ウ．正しい。**バリューエンジニアリング（VE：Value Engineering）**は、製品やサービスの「価値」を、それが果たすべき「機能」とそのためにかける「コスト」との関係で把握し、システム化された手順によって最小の総コストで製品の「価値」の最大化を図る手法です。エ．リバースエンジニアリングは、既存ソフトウェアの動作を解析するなどして、製品の構造を分析し、そこから製造方法や動作原理、設計図、ソースコードなどを調査する技法です。

問 31　正解 イ　**ストラテジ系／経営戦略マネジメント**　（平成 28 秋⑤）

ア．**ブルーオーシャン戦略**の考え方です。イ．正しい。CRM の考え方です。**CRM（Customer Relationship Management）**は、顧客との長期的な関係を築くことを重視し、顧客の満足度と利便性を高めることで、それぞれの顧客の顧客生涯価値を最大化することを目標とする考え方です。基本となる情報以外にも商談履歴、通話内容の記録、取引実績などの顧客に関するあらゆる情報を統合管理し、企業活動に役立てます。ウ．製品戦略における計画的陳腐化の考え方です。エ．**ニッチ戦略**の考え方です。

問 32　正解 エ　**ストラテジ系／技術戦略マネジメント**　（平成 30 秋㉛）

技術ロードマップは、縦軸に対象の技術、製品、サービス、市場を、横軸には時間の経過をとり、それらの要素の将来的な展望や進展目標を時系列で表した図表のことです。技術開発に関わる人々が、技術の将来像について科学的な裏付けのもとに集約した意見をもとに策定され、研究者・技術者にとって、研究開発の指針となる重要な役割を果たします。a. 誤り。ロードマップは中長期的な戦略ビジョンを示すものですので、短期的な業績管理には向きません。b. 正しい。技術投資を検討する上では中長期的な視点が不可欠です。技術ロードマップには、複合的に絡んだ市場動向や技術進展が整理されて記載されているので、投資時期および資源配分の意思決定を検討するのに役立ちます。c. 誤り。技術の進展を時系列で予測したものなので、時間軸についても考慮されています。よって「エ」が正解です。

問33　正解　イ　**ストラテジ系／技術戦略マネジメント**　(平成30秋㉒)

ア. プロセスイノベーションは生産工程における技術革新ですので、直接的に新たな市場が開拓されることはありません。一方、製品に関する技術革新であるプロダクトイノベーションならば新規市場の開拓に寄与することがあります。イ. 正しい。プロセスイノベーションでは、主に品質の向上、生産効率化、コスト削減などの効果が得られます。ウ. 製品当たりの生産時間は短いほど効率的ですので、製造工程のプロセスイノベーションが起これば製品1つ当たりの生産時間は減少するはずです。エ. **歩留り率**(ぶどまりりつ)とは、製造工程において生じる不良品や目減りなどを除いて最終的に製品になる割合です。歩留り率は高いほど良いとされるので、プロセスイノベーションが起これば歩留り率は上昇するはずです。

問34　正解　エ　**ストラテジ系／ビジネスインダストリ**　(平成31春㉟)

ア. **パレートの法則**に基づく販売戦略です。イ. バンドワゴン効果を利用した販売戦略です。ウ. **インフルエンサーマーケティング**の説明です。エ. 正しい。**ロングテール**は、膨大な商品を低コストで扱うことができるインターネットを使った商品販売において、実店舗では陳列されにくい販売機会の少ない商品でも、それらを数多く取りそろえることによって十分な売上を確保できることを説明した経済理論です。

問35　正解　エ　**ストラテジ系／ビジネスインダストリ**　(平成25秋⑨)

ア. **アフィリエイト広告**とは、広告を経由して成立した販売件数・金額に応じて費用が発生する広告形態です。イ. オーバーレイ広告とは、Webページのコンテンツに重なるようにして表示される広告です。ウ. **オプトアウトメール広告**は、ユーザーの承諾なしに送りつけられるメール広告です。エ. 正しい。**オプトインメール広告**とは、広告メールを受け取ることを承諾(オプトイン)した受信者に対して送信されるダイレクトメール型の広告です。

問36　正解　エ　**マネジメント系／サービスマネジメント**　（令和元秋㊸）

ア．**IoT**を利用した事例です。イ．**ディープラーニング**を利用した事例です。ウ．Q&Aサイトに代表されるナレッジコミュニティの説明です。エ．正しい。チャットボットを利用した事例です。**チャットボット**とは、“チャット”と“ロボット”を組み合わせた言葉で、相手からのメッセージに対してテキストや音声でリアルタイムに応答するようにプログラムされたソフトウェアです。

問37　正解　ウ　**マネジメント系／システム開発技術**　（令和元秋㊻）

ア．システム化の企画は、経営事業の目的・目標を達成するために必要とされるシステムに対する基本方針をまとめ、実施計画を得る工程です。イ．システム運用は、当初の目的の環境で、システム／ソフトウェア製品を使用することです。ウ．正しい。**ソフトウェア保守**は、稼働中のシステムに修正や変更を行うことです。ソフトウェア保守の対象は、開発プロセスから運用プロセスに引き渡された後のシステムです。このため、開発中に実施される修正はソフトウェア保守に当たらないことに注意しましょう。エ．要件定義は、システムやソフトウェアの取得または開発にあたり、必要な機能や能力などを明確にする工程です。

問38　正解　ア　**マネジメント系／ソフトウェア開発管理技術**　（令和３㊶）

ア．正しい。**オブジェクト指向**は、データと処理をまとめたクラスを定義して、ソフトウェア開発の生産性や保守性の向上を図る手法です。イ．**構造化（プログラミング）**は、プログラム上の手続きをいくつかの単位に分け、段階的に詳細化した構造で記述することです。ウ．**プロセス中心アプローチ**は、業務の処理手順に着目して、システム分析を実施する手法です。エ．**プロトタイピング**は、システム開発プロセスの早い段階でシステムの試作品をつくり、利用者にそのイメージを理解させ、承認を得ながら開発を進めていく開発モデルです。

問39　正解　エ　**マネジメント系／ソフトウェア開発管理技術**　（平成28春㊾）

ア．**BIツール**の説明です。イ．アクティビティ図のような**業務フロー図**の説明です。ウ．**ユースケース図**などの説明です。エ．正しい。プロトタイプの説明です。**プロトタイプ（Prototype）**とは、開発の初期段階で、利用者の要求する仕様との整合性を確認したり、問題の洗い出しをしたりするなどのために作成される簡易的な試作品です。プロトタイプを用いる開発モデルでは、利用者に完成品のイメージを理解させ、承認やフィードバックを得ながら開発を進めていくため、開発後半での後戻りや完成時に不具合が発覚することを防止できます。

問 40　正解 イ マネジメント系／ソフトウェア開発管理技術 （令和元秋㊴）

共通フレームは、ソフトウェア産業界においての「共通の物差し」となることを目的として作成された規格です。何度か改訂を重ねており、2020 年現在における最新バージョンは共通フレーム 2013 となっています。**ア.** 文書の詳細な規定は行っていません。**イ.** 正しい。共通フレームでは、システム開発等に係る作業項目をプロセス、アクティビティ、タスクの階層構造で列挙しています。共通フレームの適用に当たっては、各作業を取捨選択したり、繰返し実行したり、複数のものを一つに括るなど開発モデルに合わせた使い方をします。**ウ.** ソフトウェアの尺度については規定していません。信頼性レベルや保守性レベル等のソフトウェア属性の定義は、共通フレームの利用者に委ねられています。**エ.** 共通フレーム 2013 では「ハードウェア実装プロセス」という工程が定義されていますが、ハードウェアについては構成の検討、決定、導入、運用、保守だけに留め、ハードウェア開発の詳細な作業項目については記述していません。

問 41　正解 ウ マネジメント系／プロジェクトマネジメント （令和 5 ㊶）

当初予定の所要日数は、以下の 3 つのパスのうち所要期間が最も長くなるパスの日数です。

A → C → F…2 ＋ 4 ＋ 5 ＝ **11** 日
B → D → F…3 ＋ 1 ＋ 5 ＝ 9 日
B → E → G…3 ＋ 1 ＋ 5 ＝ 9 日

当初は 11 日間で作業全体が完了する予定だったことがわかります。

作業 D が 2 日遅れ、作業 F が 3 日前倒しで完了すると、クリティカルパスが以下のように変化します。

A → C → F…2 ＋ 4 ＋ **2** ＝ 8 日
B → D → F…3 ＋ **3** ＋ **2** ＝ 8 日
B → E → G…3 ＋ 1 ＋ 5 ＝ **9** 日

作業全体が終了するのは「B → E → G」が終了する 9 日目です。したがって、当初予定の所要日数 11 日と比較して、**ウ.**「2 日前倒し」となることがわかります。

問 42　正解 イ マネジメント系／プロジェクトマネジメント （平成 31 春㊷）

プロジェクトスコープ（単にスコープともいう）は、そのプロジェクトの実施範囲を定義したものです。スコープには、プロジェクトの成果物および成果物を作成するために必要なすべての作業が過不足なく含まれます。したがって、「イ」が正解です。**ア.** 責任分担表で定義するものです。**イ.** 正しい。**ウ.** プロジェクト・スケジュールの説明です。**エ.** プロジェクト・コストの説明です。

問 43　正解 エ **マネジメント系／サービスマネジメント**　（令和元秋㊿）

ア．Institute of Electrical and Electronics Engineers の略。アメリカ合衆国に本部を持ち、電気工学・電子工学技術分野における標準化活動を行っている専門家組織です。**イ**．Internet Engineering Task Force の略。TCP/IP・HTTP・SMTP などのようにインターネット上で開発される技術やプロトコルなどを標準化する組織です。標準化が行われた規格は RFC としてインターネット上に公開され、誰もが自由に閲覧できるようになっています。**ウ**．Information Security Management System の略。情報セキュリティマネジメントシステムの管理・運用に関する仕組みであり、JIS Q 27001（ISO/IEC 27001）の基となった規格です。**エ**．正しい。**ITIL(Information Technology Infrastructure Library)** は、IT サービスを運用管理するためのベストプラクティス（成功事例）を包括的にまとめたフレームワークです。IT サービスマネジメントの分野で広く支持され、業界標準の教科書的な位置付けになります。

問 44　正解 ア **マネジメント系／サービスマネジメント**　（平成 31 春㊱）

ア．正しい。サービスデスクは、利用者からの問合せを受付け、その解決までの記録を一元管理すると同時に、問題解決を行う適切な部門への引継ぎを担当します。サービスデスクでは、利用者からの問合せのうち、サービスの中断やサービス品質の低下につながる事象を「インシデント」として扱います。発生したすべてのインシデントは、インシデント管理プロセスによって暫定対応が行われるので、迅速なサービス復旧のためには、サービスデスクをインシデント管理の担当部門に設置するのが適切です。インシデント管理は、インシデント発生時に迅速なサービスの復旧を目指します。**イ**．構成管理は、すべての IT 資産の構成情報を提供します。**ウ**．変更管理は、変更作業に伴うリスクを管理し、リリース管理プロセスへ引き継ぐかどうかの評価を行います。**エ**．リリース管理は、変更管理プロセスで承認された内容について、実際のサービス提供システムへ変更作業を行います。

問 45　正解 イ **マネジメント系／サービスマネジメント**　（平成 30 秋㊼）

ア．**SLA(Service Level Agreement)** についての説明です。**イ**．正しい。建物や設備の維持・保全に関する説明です。**ウ**．建物の建築は、維持・保全に含まれません。**エ**．サービスデスクについての説明です。

問 46　正解 エ **マネジメント系／システム監査**　（平成 31 春㊿）

情報セキュリティ監査は、独立かつ専門的な立場から、組織体の情報セキュリティの状況を検証または評価して、情報セキュリティの適切性を保証し、情報セキュリティの改善に役立つ的確な助言を与えるものです。情報セキュリティ監査では、組織が保有するすべての情報資産について、リスクアセスメントが行われ、適切なリスクコントロールが実施されているかどうかが確認されます。情報資産とは、組織が管理し、維持を要求されている情報、およびそれが含まれている媒体の集合です。つまり、情報システムやその構成要素はもちろんのこと、情報システムの内外、デジタル・紙媒体などの形式を問わず、すべての情報が監査対象となります。したがって「エ」が正解となります。

問47　正解 イ　マネジメント系／システム監査　（平成31春㊹）

システム監査では、情報システムに係るあらゆる業務が監査対象となり得ます。システムの主ライフサイクルプロセスである、企画、要件定義、開発、保守、運用の他にも、プロジェクトマネジメント、調達、供給、支援業務などもその対象になります。したがって、システム監査の対象となり得るのは「a、b、c」のすべての業務です。

問48　正解 ウ　マネジメント系／システム監査　（平成30春㊵）

IT ガバナンスとは、企業が、競争優位性を確実にするために、IT の企画、導入、運営および活用を行うに当たり、関係者を含むすべての活動を適正に統制し、目指すべき姿に導く仕組みを組織に組み込むことです。IT を用いた企業統治という意味があります。経営目標を達成するための IT 戦略の策定、組織規模での IT 利活用の推進などが該当します。ア．IT を利活用するすべての組織に求められます。イ．IT ガバナンスの構築および周知は経営者の主導で行います。ウ．正しい。IT ガバナンスの構築と推進は経営者の責務です。エ．IT ガバナンスに関する活動は組織全体で行います。

問49　正解 ウ　マネジメント系／ソフトウェア開発管理技術　（令和元秋㊵）

アジャイル開発は、顧客の要求に応じて、迅速かつ適応的にソフトウェア開発を行う軽量な開発手法の総称です。**スクラム（Scrum）**は、アジャイル開発の方法論の１つで、開発プロジェクトを数週間程度の短期間ごとに区切り、その期間内に分析、設計、実装、テストの一連の活動を行い、一部分の機能を完成させるという作業を繰り返しながら、段階的に動作可能なシステムを作り上げるフレームワークです。スクラム開発における反復の単位を「スプリント」といいます。したがって「ウ」が正解です。ア．CMMI（Capability Maturity Model Integration：統合能力成熟度モデル）の説明です。イ．共通フレームの説明です。ウ．正しい。エ．PMBOK の説明です。

問50　正解 ア　マネジメント系／ソフトウェア開発管理技術　（令和元秋㊾）

ア．正しい。アジャイル開発では、全体の開発期間を数週間程度の短い期間に区切って、小さな開発単位ごとに設計・開発・テストを反復します。イテレーションは、アジャイル開発における開発サイクルを意味します。イ．スクラムは、世界的に最も普及しているアジャイル開発のフレームワークです。**ウ**．プロトタイピングは、システム開発プロセスの早い段階でシステムの試作品を作って利用者にそのイメージを理解させ、承認を得ながら開発を進めていく開発モデルです。**エ**．ペアプログラミングは、2人1組で実装を行い、1人が実際のコードをコンピュータに打ち込んでもう1人はそれをチェックしながら補佐するという役割を随時交代しながら作業を進めることです。

問51　正解 イ　マネジメント系／システム開発技術　(平成29春㊲)

ファンクションポイント法は、外部入出力や内部ファイルの数と開発難易度の高さから、ファンクションポイントという数値を算出し、それをもとに定量的に開発規模を見積もる手法です。画面や帳票の数などを基準に見積もるので、依頼者からのコンセンサス（合意）が得られやすいという長所があります。**ア**．積算法またはWBS法の説明です。**イ**．正しい。**ウ**．プログラムステップ法（LOC法）の説明です。**エ**．類推法の説明です。

問52　正解 ウ　マネジメント系／プロジェクトマネジメント　(平成30春㊽)

WBS(Work Breakdown Structure) は、プロジェクト目標を達成し、必要な成果物を過不足なく作成するために、プロジェクトチームが実行すべき作業を、成果物を主体に階層的に要素分解したものです。WBSの作成には、作業の漏れや抜けを防ぎ、プロジェクトの範囲を明確にすると同時に、作業単位ごとに内容・日程・目標を設定することでコントロールをしやすくする目的があります。**ア**．最下位の要素は、管理やコントロールがしやすい単位とします。1人が1日で行う単位まで分解してしまうと管理が煩雑になるため不適切です。**イ**．WBSの作成では、上位の成果物を基準に、その成果物を得るために必要な構成要素および作業に分解することを繰り返します。つまり記述とは逆で上位から下位に向かって行います。**ウ**．正しい。トップダウン的に、成果物を作成するために必要な作業に分解することを繰り返して作成します。**エ**．階層の深さはWBS内で異なっていても問題ありません。

問53　正解 エ　マネジメント系／サービスマネジメント　(平成30春㊶)

FAQ（Frequently Asked Questions）は、何回も繰り返し質問される項目とその質問への回答をまとめたものです。頻繁に問合せがある内容をその解決策とともに利用者に提示することで、利用者が既知の問題を自分で解決できるようになり、問合せ回数や問題解決までの時間を削減することができます。**ア**．ITILの目的です。**イ**．SLA(Service Level Agreement) の目的です。**ウ**．サービスデスクの目的です。**エ**．正しい。

問 54　正解 エ **マネジメント系／サービスマネジメント**　（令和 2 年 10 月㊸）

AI 導入が対応時間の短縮につながったのは、グループ A だけです。グループ A の対応時間はコールセンター全体の 80%を占め、そのうち 30%が短縮できたので、AI 導入前の対応時間全体に対する時間短縮割合は 80% × 30% = 0.8 × 0.3 = 24%となります。したがって「エ」が正解です。

問 55　正解 ア **マネジメント系／システム監査**　（平成 31 春㊸）

a. 正しい。内部統制の基本的目的として、①業務の有効性および効率性、②財務報告の信頼性、③事業活動に関わる法令等の遵守ならびに④資産の保全があります。“法令等の遵守”は、内部統制の基本的な目的の 1 つです。**b.** 誤り。“法令等の遵守”では、国内外の法令、規則・基準等、社内外の行動規範を遵守することを求めています。**c.** 正しい。上場していない中小企業については、内部統制の整備と運用が義務化されているわけではありませんが、内部統制の考え方は企業を守るために有効であり、取り組む必要があります。**d.** 誤り。上場していない企業についても取り組む必要があります。正解は「ア」です。

問 56　正解 ア **テクノロジ系／セキュリティ**　（平成 29 秋㊾）

ア. 正しい。**アクティベーション（Activation）**は、正当な手続きを経ることによってアカウントまたはソフトウェア／ハードウェアを使用可能な（アクティブ）状態にすることです。一般的には PC の固有情報とソフトウェアの製品番号を紐付けることで、同じ製品番号のソフトウェアが他の PC で利用されることを防ぎます。主に違法コピーによるソフトウェアの不正利用を防止するために設けられています。**イ.** **クラウドコンピューティング**は、組織内のシステム資源を使う代わりにインターネット上のコンピュータ資源やサービスを利用して目的のコンピュータ処理を行う形態です。**ウ.** ストリーミングは、音声や動画などのマルチメディアファイルをダウンロードしながら再生する方式です。**エ.** フラグメンテーションは、主記憶領域を区画してプログラムに割り当てた結果として生じる主記憶上の不連続な未使用領域です。

問 57　正解 イ **テクノロジ系／データベース**　（令和元秋㉑）

ア. レプリケーションの説明です。**イ.** 正しい。**エッジコンピューティング**の説明です。エッジコンピューティングは、利用者や端末と物理的に近い場所に処理装置を分散配置して、ネットワークの端点でデータ処理を行う技術の総称です。**ウ.** SDN（Software Defined Networking）の説明です。**エ.** IoT サーバと IoT ゲートウェイ（または IoT デバイス）間の通信を担う LPWA（Low Power Wide Area）や、IoT ゲートウェイと IoT デバイス間の通信を担う短距離無線通信の BLE（Bluetooth Low Energy）などの説明です。

問58　正解　ウ テクノロジ系／ネットワーク　（基本情報・平成31春㉟）

OpenFlowとは、既存のネットワーク機器がもつ制御処理と転送処理を分離したアーキテクチャです。制御部をネットワーク管理者が自ら設計・実装することで、ネットワーク機器ベンダーの設定範囲を超えた柔軟な制御機能を実現できます。**SDN(Software-Defined Networking)**とは、このOpenFlow上でソフトウェア制御による動的で柔軟なネットワークを作り上げる技術全般を意味します。SDNを用いると、物理的に接続されたネットワーク上で、別途仮想的なネットワークを構築するといった柔軟な制御が可能になります。

ア．EPC globalネットワークアーキテクチャの説明です。イ．CDN(Content Delivery Network)の説明です。ウ．正しい。エ．UML(Unified Modeling Language)の説明です。

問59　正解　ウ テクノロジ系／ネットワーク　（令和元秋㊾）

NTP(Network Time Protocol)は、ネットワークに接続されている環境において、サーバおよびクライアントコンピュータが持つシステム時計を正しい時刻(協定世界時：UTC）に合わせるためのプロトコルです。ア．OSの自動バージョンアップはNTPを利用しなくてもコンピュータ上で設定可能です。イ．BIOSの設定はBIOSセットアップメニューで行います。ウ．正しい。NTPは時刻を同期させるためのプロトコルです。エ．ネットワーク経由でコンピュータの電源をONにするにはWOL(Wake-on-LAN）という機能を使います。

問60　正解　イ テクノロジ系／ネットワーク　（令和元秋㊿）

NAT(Network Address Translation)は、企業や組織のネットワーク内で割り当てられている**プライベートIPアドレス**とインターネット上でのアドレスである**グローバルIPアドレス**を1対1で相互に変換する技術です。さらに、NATの考え方にポート番号を組み合わせ、複数の端末が同時にインターネットに接続できるようにした技術をNAPT(Network Address Port Translation)といいます。NATが相互変換するのは、プライベートIPアドレスとグローバルIPアドレスです。したがって「イ」の組合せが正解となります。

問61　正解　ウ テクノロジ系／ネットワーク　（平成28秋⑳）

テザリング(Tethering)とは、スマートフォンなどのモバイル端末がもつ携帯回線などのインターネット接続機能を活用して、他のコンピュータや情報端末をインターネットに繋ぐことです。モバイル端末をアクセスポイント(親機)のように利用し、3G・4G回線を経由してインターネットに接続するので、Wi-Fiのない外出先でもノートPCやタブレットおよびゲーム機などを手軽にインターネットに繋ぐことが可能です。ア．スマートフォンとの接続は有線（USBケーブル）でも問題ありません。イ．通常のインターネットアクセスと同様の危険性があるためウイルス対策が必要です。ウ．正しい。PCからインターネット接続を行う際は、スマートフォンがデフォルトゲートウェイとして機能するためルータを用意する必要はありません。エ．PC側では特にテザリング対応である必要はなく、USB接続、Bluetooth、無線LANのいずれかのインタフェースがあれば足ります。ただし、スマートフォンはテザリング対応の機種を使用しなければなりません。

問62　**正解** ウ　テクノロジ系／ネットワーク　（令和元秋㉛）

TCP/IPを利用したネットワークでは、各ノードを識別するため一意のIPアドレスが割り当てられていますが、このIPアドレスは数字の羅列で人間にとって覚えにくいため、IPアドレスと対応する別名であるドメイン名が付けられています。**DNS(Domain Name System)**は、ドメイン名・ホスト名とIPアドレスを結びつけて相互変換する（名前解決する）仕組みです。ア．**DHCP(Dynamic Host Configuration Protocol)**の役割です。イ．**ファイルサーバ**の役割です。ウ．正しい。DNSの役割です。エ．**POP(Post Office Protocol)**の役割です。

問63　**正解** エ　テクノロジ系／ネットワーク　（令和5㊳）

インターネットの基盤技術である**TCP/IP**では、異機種のコンピュータ同士の相互接続を容易にするため通信機能をいくつかの階層に分け、それぞれの階層に求められる機能を定義しています。**FTP**、**POP**、**SMTP**はいずれもアプリケーション層のプロトコルです。アプリケーション層の下位に位置するのは、**トランスポート層のTCP**と**インターネット層のIP**です。したがって「エ」が正解となります。

問64　**正解** イ　テクノロジ系／セキュリティ　（令和3㊸）

SSL/TLSはWebブラウザとWebサーバの間のHTTP通信を暗号化するプロトコル、**WPA2**は無線LANにおいて端末とアクセスポイントの間の通信を暗号化するプロトコルです。端末からインターネット上のWebサーバにアクセスするには、端末（Webブラウザ）、無線LANアクセスポイント、ルータ、インターネット、Webサーバの順でアクセスしますが、このうちWPA2が暗号化するのは、端末と無線LANアクセスポイント間の通信だけです。Webブラウザと Webサーバ間の通信を暗号化するためには、PC、スマートフォンにかかわらずSSL/TLS（HTTPS通信）を利用しなければなりません。ア．**WPA2**ではWebブラウザとWebサーバ間の通信を暗号化できません。イ．正しい。ウ、エ．PC、スマートフォンどちらも**SSL/TLS**を利用します。

問 65　正解 イ テクノロジ系／ネットワーク　（令和 2 年 10 月⑱）

a. 誤り。伝送速度は選択する無線 LAN の規格や通信環境によって変わります。使用する暗号化技術によって変わるわけではありません。b. 正しい。無線 LAN の通信範囲が、同じ周波数帯を使用する他の無線 LAN と重なった場合、電波干渉が起こり伝送速度の低下や通信の不安定さをもたらします。c. 誤り。ESSID は PC などの端末とアクセスポイントの間の認証に使われる情報です。TCP/IP では宛先を指定するのに IP アドレスを使うので、IP アドレスが使われなくなるわけではありません。したがって適切な記述は「b」だけです。

問 66　正解 エ テクノロジ系／セキュリティ　（令和 3 ⑥）

ア．BCP（事業継続計画）に関連した遠隔地バックアップの例です。イ．ソーシャルエンジニアリングの例です。ウ．クリアスクリーンの例です。エ．正しい。許可を受けていない外部サービスを業務に使っているのでシャドー IT です。

問 67　正解 イ テクノロジ系／セキュリティ　（令和元秋⑱）

ランサムウェアは、身代金を意味する ransom とソフトウェアの語尾に付ける ware を合わせた造語です。感染したコンピュータのデータを勝手に暗号化し、システムへのアクセスを制限されたユーザーに対し元に戻すための復元プログラムを買うように迫るマルウェアです。コンピュータのデータを人質にとり、金銭を要求する動作から「身代金要求型マルウェア」とも呼ばれます。したがって「イ」が正解です。

問 68　正解 ウ テクノロジ系／セキュリティ　（令和 5 ⑱）

ア．**DDoS 攻撃**は、インターネット上の多数のコンピュータから同時に大量のパケットを送り付けることで、標的のサーバやネットワークを過負荷状態にする分散型のサービス停止攻撃です。イ．**SQL インジェクション**は、Web アプリケーションに対してデータベースへの命令文を構成する不正な入力データを与え、Web アプリケーションが想定していない SQL 文を意図的に実行させることで、データベースを破壊したり情報を不正取得したりする攻撃です。ウ．正しい。**ドライブバイダウンロード**は、Web サイトに悪意のあるプログラムを埋め込み、Web ブラウザを通じて利用者が気付かないようにそのプログラムをダウンロードさせたり、自動的に実行させる攻撃です。脆弱性のある利用環境だと Web ページを閲覧しただけでマルウェアの被害に遭うおそれがあります。ドライブバイダウンロードは、単独で攻撃に使用されることもありますし、また、標的型攻撃や水飲み場攻撃などで補助的に使用されることもあります。エ．**フィッシング攻撃**は、実際の企業を装った Web サイトやメールを使ってユーザーを誘い、偽サイトに誘導するなどして個人情報を不正に取得する行為です。

問 69　正解 ア　テクノロジ系／セキュリティ　（令和元秋⑩⑩）

ア．正しい。**DDoS 攻撃（分散型 DoS 攻撃）**は、特定のサイトに対し、日時を決めて、複数台の PC から同時に Dos 攻撃を仕掛ける行為です。本問のように支配下のボットネットを操って一斉攻撃したり、インターネット上のルータやサーバに反射させて増幅した大量の応答パケットを 1 か所に送り付けたりする手口があります。**イ．**クロスサイトスクリプティング（XSS）は、動的に Web ページを生成するアプリケーションに対して、セキュリティ上の不備を突いた悪意のあるスクリプトを混入させることで攻撃者が仕込んだ操作を実行させたり、別のサイトを介してユーザーのクッキーや個人情報を盗んだりする攻撃です。**ウ．辞書攻撃**は、パスワードとして利用されそうな単語を網羅した辞書データを用いて、パスワード解読を試みる攻撃手法です。**エ．ソーシャルエンジニアリング**は、技術的な方法を用いるのではなく、人の心理的な弱みに付け込んでパスワードなどの秘密情報を不正に取得する方法の総称です。

問 70　正解 エ　テクノロジ系／セキュリティ　（令和元秋㊸）

リスクの移転、回避、受容および低減とは、それぞれ次のようなリスク対応策です。**リスク移転**とは、保険に加入する、業務を外部委託するなどして、リスクが顕在化したときの損失を他者に移転する方策。**リスク回避**とは、リスクの要因そのものを排除することでリスクを除去してしまう方策。**リスク受容**とは、リスクに対して何もしない方策。発現確率が低いリスクや、対策費用が損害額を上回るようなリスクに対して採用される。**リスク低減**とは、リスクが顕在化する確率、リスクが顕在化したときの損害のいずれかまたは両方を小さくする方策です。これを踏まえて、それぞれの事例が 4 種のリスク対応のどれに該当するかを考えます。**ア．**リスク回避の例です。**イ．**リスク移転の例です。**ウ．**リスク受容の例です。**エ．**正しい。損害の発生確率を下げる対策なのでリスク低減の例です。暗号化しても復号されて情報が漏えいしてしまう可能性が残ることから、リスク回避ではありません。

問 71　正解 ア　テクノロジ系／セキュリティ　（令和元秋㊹）

情報セキュリティポリシーは、基本方針、対策基準、実施手順の 3 階層で構成されることが一般的ですが、本問では“最上位の”情報セキュリティポリシーとしているため、一番上の基本方針の記載事項を問うていると考えられます。情報セキュリティポリシーの最上位に位置する文書は、組織の経営者が最終的な責任者となり「情報セキュリティに本格的に取り組む」という姿勢を示し、情報セキュリティの目標と適用範囲、その目標を達成するために企業がとるべき行動を社内外に宣言するものです。**ア．**正しい。情報セキュリティポリシーに記載することです。**イ．**詳細な手順については個々の実施手順・運用規則・マニュアルなどに記載します。**ウ．**セキュリティ対策に掛ける費用は

IT 関連予算内に記載します。**エ**．守るべき個々の情報資産については情報資産管理台帳に記載します。

問 72　正解 ウ テクノロジ系／セキュリティ　（令和元秋㊳）

情報セキュリティマネジメントシステム（ISMS）の **PDCA サイクル**では、各フェーズで以下の活動を行います。Plan（計画）では、リスクアセスメントの実施、情報セキュリティポリシーの策定を行います。Do（実行）では、計画段階で選択した対策の導入・運用を行います。Check（点検）では、対策実施状況の監視、実施効果の評価を行います。Act（処置）では、管理策の維持、対策の見直しおよび改善を行います。監視、測定、レビュー、監査などを行って業務実績を点検・評価するフェーズは C(Check) です。よって、「ウ」が正解となります。

問 73　正解 ウ テクノロジ系／セキュリティ　（令和元秋㊼）

情報セキュリティの三大要素である機密性、完全性および可用性はそれぞれ次のような特性です。①**機密性（Confidentiality）**は、許可された正規のユーザーだけが情報にアクセスできる特性を示しています。②**完全性（Integrity）**は、情報が完全で、改ざん・破壊されていない特性を示しています。③**可用性（Availability）**は、ユーザーが必要な時に必要なだけシステムやサービスを利用可能である特性を示しています。**ア**．利用者が不用意に情報漏えいをしてしまうリスクを下げるのは機密性の確保です。**イ**．システムや設備を二重化して利用者がいつでも利用できるような環境を維持することで向上するのは可用性です。**ウ**．正しい。情報資産の利用を特定の者だけに制限すると、機密性は高まりますが、必要なデータを利用できない者が出てくるので可用性は低下します。逆に誰もが自由に情報資産を利用できるようにすると、可用性は高まりますが機密性は低下します。このように機密性と可用性には部分的にトレードオフの関係があるので、実務ではバランスを考慮した管理策を講じる必要があります。**エ**．データの滅失やデータの不整合を防止することによって高まるのは完全性です。

問 74　正解 ウ テクノロジ系／セキュリティ　（令和 2 年 10 月㊹）

ア．全ての従業員候補者についての経歴などの確認は、関連する法令、規制及び倫理に従って行うことが望ましいとされています。**イ**．情報セキュリティ違反を犯した従業員に対して処置をとるための、正式かつ周知された懲戒手続を備えることが望ましいとされています。**ウ**．適切でない。組織の資産に対する供給者のアクセスに関連するリスクを軽減するための情報セキュリティ要求事項について、供給者と合意し、文書化することが望ましいとされています。従って、業務を委託している他社に対して適用すべき情報セキュリティ管理策を特定し、それを義務付けることが望まれます。**エ**．雇用の終了又は変更の後もなお有効な情報セキュリティに関する責任及び義務を定め、その従業員又は契約相手に伝達し、かつ、遂行させることが望ましいとされています。

問 75　**正解** エ　テクノロジ系／セキュリティ　（令和元秋㊾）

ア．Low Power Wide Area の略。省電力・広範囲を特徴とする無線通信規格で、IoT ネットワークでの活用が期待されています。イ．Software-Defined Networking の略。データ転送と経路制御の機能を論理的に分離し、ソフトウェア制御による動的で柔軟なネットワークを作り上げる技術全般を意味します。ウ．エッジコンピューティングは、利用者や端末と物理的に近い場所に処理装置を分散配置して、ネットワークの端点でデータ処理を行う技術の総称です。エ．正しい。ブロックチェーンは、“ブロック”と呼ばれるいくつかの取引データをまとめた単位をハッシュ関数で鎖のように繋ぐことによって、台帳を形成し、**P2P ネットワーク**で管理する技術です。分散型台帳技術（DLT）とも呼ばれます。履歴の改ざんを難しくする技術です。

問 76　**正解** エ　テクノロジ系／セキュリティ　（令和元秋㊽）

ア．Internet Message Access Protocol の略。メールをクライアントコンピュータ上のメールソフトではなくメールサーバ上で管理することで、複数の端末が利用する場合のメール状態の一元管理やメールの選択受信などの機能を実現したメール受信用プロトコルです。イ．Simple Mail Transfer Protocol の略。インターネット環境において、クライアントからサーバにメールを送信したり、サーバ間でメールを転送したりするためのプロトコルです。ウ．情報セキュリティポリシーは、組織の経営者が最終的な責任者となり「情報セキュリティに本格的に取り組む」という姿勢を示し、情報セキュリティの目標と、その目標を達成するために企業がとるべき行動を社内外に宣言する文書です。エ．正しい。**デジタル署名**は、公開鍵暗号技術を応用して電子文書の正当性を保証する技術で、この技術を利用すると「送信元が正当であるか」と「改ざんの有無」の 2 点が確認できます。送信側で電子メールにデジタル署名を付与し、受信側でデジタル署名を検証することで内容が改ざんされていないことを確認できます。

問 77　**正解** ア　テクノロジ系／セキュリティ　（令和元秋㊿）

バイオメトリクス認証は、生体認証とも呼ばれ、人間の身体的な特徴や行動の特性など個人に固有の情報を用いて本人の認証を行う方式です。事前に本人の生体特徴情報を認証システムに登録しておき、認証時にはセンサーで読み取った情報を比較することで本人確認を行う仕組みになっています。認証方式として、指紋認証、静脈パターン認証、虹彩認証、声紋認証、顔認証、網膜認証などの種類があります。ア．正しい。認証情報として静脈パターンを用いているのでバイオメトリクス認証の例です。イ．生体情報を使用しないので誤りです。ウ．**CAPTCHA（キャプチャ）**の例です。人間とコンピュータを見分け、プログラムによるスパム行為を防止する役割があります。エ．ワンタイムパスワードとは、一度しか使えないパスワードを使って認証する仕組みです。盗聴やリプレイアタックへの対策となります。

問78　正解 ウ　テクノロジ系／セキュリティ　（平成31春㉒）

JIS Q 27001：2023では、ISMSを採用する効果を「ISMSは、リスクマネジメントプロセスを適用することによって情報の機密性、完全性および可用性を維持し、かつ、リスクを適切に管理しているという信頼を利害関係者に与える。」としています。したがって、［a］＝リスク、［b］＝完全性 となる「ウ」が正解です。

問79　正解 ウ　テクノロジ系／マルチメディア　（令和元秋㊿）

ア．**cookie**は、WebサーバやWebページの指示によってユーザー情報などをWebブラウザに保存する仕組みです。ログイン状態の管理などの目的で使用されます。イ．RSSは、ニュースやブログなど各種のウェブサイトの更新情報を簡単にまとめ、配信するための幾つかの文書フォーマットです。ウ．正しい。**デジタルサイネージ（Digital Signage、電子看板）**は、デジタル技術を活用して平面ディスプレイやプロジェクタなどに映像や情報を表示する広告媒体のことです。広告入替えの手間がかからず、表示内容がリアルタイムで操作可能で、動画を表示することができるなど従来のポスターやロールスクリーン看板にはないメリットがあります。エ．デジタルディバイドは、パソコンやインターネットなどの情報通信技術を使いこなせる者と使いこなせない者の間に生じる、待遇や貧富、機会の格差を指す言葉です。情報格差ともいいます。

問80　正解 イ　テクノロジ系／コンピュータ構成要素　（令和元秋95）

GPU（Graphics Processing Unit）は、コンピュータにおいて画像処理を専門に担当するハードウェア部品です。動画再生や3DCGのレンダリングなどの定型的かつ大量の演算が要求される処理において、CPUの補助演算装置として機能します。最近では、膨大な計算を必要とする科学シミュレーションや機械学習の分野でもGPUを利用することが増えてきています。したがって「イ」の組合せが適切です。VGAとは、640×480画素のディスプレイを表す名称、およびアナログRGBコネクタのことです。

問81　正解 ウ　テクノロジ系／コンピュータ構成要素　（平成30秋65）

キャッシュメモリは、主記憶とは異なる半導体を使用した非常に高速にアクセスできるメモリで、CPUと主記憶の速度差を埋め、CPUの処理効率を向上させる目的で搭載されます。現在のコンピュータでは、1次、2次、3次というように複数のキャッシュメモリを併用して実装されていることがほとんどです。このようにキャッシュメモリを階層構造にする場合、一般的にCPUに近い位置であるほど高速、かつ、小容量のものが使用されます。1次キャッシュは2次キャッシュよりもCPUに近い存在になります。どのキャッシュメモリにもデータが存在しなかったときには主記憶へのアクセスが行われます。**ア.** 容量の大きさは「**1次キャッシュ < 2次キャッシュ**」になります。**イ.** “2次”といってもキャッシュメモリであることに変わりはないため、主記憶よりは高速です。**ウ.** 正しい。CPUは自身に近いキャッシュから順にデータを探します。**エ.** キャッシュメモリは一度使用された(または今後使用されそうな)データが格納される場所です。プログラム開始時にキャッシュメモリ上にすべてのデータが存在している必要はありません。

問82　正解 ウ　テクノロジ系／システム構成要素　(平成31春㊷)

①復旧できる。**RAID5**は、1台が故障しても他のディスクに残ったパリティビットを用いて、故障したディスクのデータを復旧できるようになっています。②復旧できない。**ストライピング**は、分散して書き込むだけでデータの冗長化をしないので、故障時にデータ復旧できません。③復旧できる。**ミラーリング**では同じデータが複数のディスクに保存されているので、1台が故障しても正常なディスクのデータを用いて復旧できます。データ復旧が可能な方式は「①、③」ですので、正解は「ウ」になります。

問83　正解 ア　テクノロジ系／システム構成要素　(平成28春㊿)

デュアルシステム(Dual System)は、信頼化設計の1つであり、同じ処理を2組のコンピュータシステムで行い、その結果を照合機でチェックしながら処理を進行していくシステム構成です。障害発生時には、問題のある側のシステムをメイン処理から切り離し、残された側のシステムのみで処理を続行しつつ、障害からの回復を図ります。デュアルシステムの構築には、電源からデータベースに至るまですべての装置が2系統分必要なので相当なコストが掛かります。それでも信頼性や耐障害性に特に優れているため、システムの停止や誤りが人の命や財産、あるいは企業活動に重大な影響を与え得るようなシステムを構築する場合などに採用されます。**ア.** 正しい。デュアルシステムの特徴です。**イ.** デュアルシステムでは1つの処理を2系統のシステムで同時に行うため、処理性能は1系統のシンプレックスシステムと変わりません。**ウ.** **デュプレックスシステム**の特徴です。**エ.** タンデムシステムの特徴です。

問84　正解 イ　テクノロジ系／システム構成要素　(平成25秋㊾)

ア. Comma Separated Valuesの略。複数のデータ項目間をコンマ「,」で区切って記録したファイル形式です。表計算ソフトやデータベースソフトとの互換性があるのでデータ交換用のフォーマットとして使用されることがあります。似たような形式のファイルフォーマットとしてTSV(Tab Separated Values)やSSV(Space Separated Values)があります。**イ**. 正しい。**NAS(Network Attached Storage)**は、TCP/IPのコンピュータネットワークに直接接続して使用するファイルサーバで、コントローラとハードディスクから構成されています。ファイルサービス専用のコンピュータであり、専用化や用途に合うようにチューニングされたOSなどにより、高速なファイルサービスと容易な管理機能が実現されています。**ウ**. Redundant Arrays of Inexpensive Disksの略。安価な複数台のディスク装置を組み合わせ、1つの仮想的なディスクとして扱うことで信頼性や性能を向上させる技術です。**エ**. RSSは、ブログやニュースサイト、電子掲示板などのWebサイトで、効率の良い情報収集や情報発信を行うために用いられている文書フォーマットの総称です。

問85　正解 イ テクノロジ系／システム構成要素 (令和2年10月㊸)

応答時間はクライアントが要求を送信してから、その応答を受信するまでの時間です。レスポンスタイムとも呼ばれます。ネットワーク上のクライアントサーバシステムでは、クライアントが要求を送信してから結果を受信するまでに以下の処理が行われます。

1. クライアントの要求がネットワークを介してサーバに届く
2. サーバが要求を処理して、結果をクライアントに送信する
3. サーバの応答がネットワークを介してクライアントに届く

応答時間は上記に要する合計時間なので、いずれかを短くする施策である必要があります。

a. 正しい。データ伝送にかかる時間が短くなれば、応答時間が短縮されます。**b**. 誤り。データ伝送時間とサーバの処理時間のどちらも短くならないので不適切です。**c**. 誤り。応答時間はクライアントが要求を発してから結果を受け取るまでの時間なので、入力時間の短縮は効果がありません（短縮されるのは要求を発する前の時間なので)。**d**. 正しい。サーバでの処理時間が短くなれば、応答時間が短縮されます。したがって適切な組合せは「a，d」で、「イ」が正解です。

問86　正解 ウ テクノロジ系／ソフトウェア (令和元秋㊽)

a. カレントディレクトリ、ルートディレクトリのそれぞれの意味を確認します。**カレントディレクトリ**とは、ユーザーが現時点で作業を行っているディレクトリ（フォルダ）のことです。**ルートディレクトリ**とは、階層型ディレクトリ構造の中で最上階層にあるディレクトリ（フォルダ）のことです。aには、最上位の階層のディレクトリを意味する字句が入るので「ルート」が適切です。**b**. 絶対パス、相対パスはファイルパスの指定方法です。**絶対パス**とは、階層の最上位であるルートディレクトリを基点として、

目的のファイルやディレクトリまでのすべての経路をディレクトリ構造に従って示す方法です。**相対パス**とは、現在作業を行っているカレントディレクトリを基点として、目的のファイルやディレクトリまでのすべての経路をディレクトリ構造に従って示す方法です。b には、ルートディレクトリを基点としたファイルの指定方法を意味する字句が入るので「絶対」が適切です。したがって、「ウ」の組合せが正解です。

問 87　正解 ウ　テクノロジ系／ソフトウェア　(平成 29 秋㉓)

更新された分だけをバックアップする月～木曜日とフルバックアップを実施する金曜日に分けて考えます。〈月～木曜日〉1 つ当たり 3M バイトのファイル 1,000 個をバックアップするので、バックアップデータ量は、3M × 1,000 = 3(G バイト) となります。3G バイトのデータを 10M バイト／秒の速度で複写するので、1 日当たりのバックアップ取得時間は、 3G ÷ 10M = 300(秒) となります。月曜から木曜の 4 日間では、300 × 4 = 1,200(秒) です。〈金曜日〉全ファイル 6,000 個をバックアップするので、バックアップデータ量は、 3M × 6,000 = 18(G バイト) となります。18G バイトのデータを 10M バイト／秒の速度で複写するので、金曜日のバックアップ取得時間は、18G ÷ 10M = 1,800(秒) です。したがって、月～金までの合計時間は、1,200 + 1,800 = 3,000(秒) = 50(分) となります。

問 88　正解 ウ　テクノロジ系／ソフトウェア　(令和 2 年 10 月㉑)

まずセル E2 に表示される値から考えます。式 “ 条件付個数 (B2:D2, > 15000)” は、セル B2 ～ D2 の中で 15000 より大きな値をもつセルの個数を返すという意味です (式の仕様は、試験中に CBT 画面で「表計算仕様」をクリックして確認することができます)。セル B2 ～ D2 のうち 15,000 を超えるのはセル D2 だけなのでセル E2 に表示される値は「1」となります。次にセル E3 に表示される値を考えます。セル E2 に入力された式のセル番地は相対参照になっているので、式を縦（行）方向に複写すると式中の行番号が 1 つ増えることになります。つまり、セル E3 に格納される式は “ 条件付個数 (B3:D3, > 15000)” です。セル B3 ～ D3 の値はいずれも 15,000 以下なのでセル E3 に表示される値は「0」となります。最後にセル E4 に表示される値を考えます。セル E4 はセル E2 から見て 2 行下に位置するので、式の複写により行番号が 2 つ増えることになります。つまり、セル E4 に格納される式は “ 条件付個数 (B4:D4, > 15000)” です。セル B4 ～ D4 のうち 15,000 を超えるのはセル C4 と D4 なのでセル E4 に表示される値は「2」となり、「ウ」が正解です。

問 89　正解 ア　テクノロジ系／データベース　(令和 3 ⑳)

〔条件〕の関係を設問の表記法で表していくと次のようになります。①1 つの出版社に対して複数の著者が関連します。よって、出版社からみた著者の数は“多”です。②1人の著者は1つの出版社だけと関連します。よって、著者からみた出版社の数は“1”です。③1人の著者に対して複数の本が関連します。よって、著者からみた本の数は“多”です。④1冊の本は1人の著者だけと関連します。よって、本からみた著者の数は“1”です。①と②より 出版社 → 著者 という関係を導くことができ、③と④より 著者 → 本 という関係が導けます。出版社と著者と本の関係を示すE-R図には、出版社から著者に向けた矢印と、著者から本に向けた矢印の2つが必要なので、「ア」が適切となります。

問90　正解 イ　テクノロジ系／データベース　(平成31春⑱)

関係データベースにおける結合は、2つの表を共通する列の値で結びつける操作です。“社員”表と“部署”表は、どちらも“部署コード”列を持つので“部署コード”列の値で結合することになります。2つの表を結合すると次ページのようになります。

社員

社員 ID	氏名	部署コード	住所
H001	伊藤　花子	G02	神奈川県
H002	高橋　四郎	G01	神奈川県
H003	鈴木　一郎	G03	三重県
H004	田中　春子	G04	大阪府
H005	渡辺　二郎	G03	愛知県
H006	佐藤　三郎	G02	神奈川県

部署

部署コード	部署名	所在地
G01	総務部	東京都
G02	営業部	神奈川県
G03	製造部	愛知県
G04	開発部	大阪府

社員 ID	氏名	部署コード	住所	部署名	所在地
H001	伊藤　花子	G02	神奈川県	営業部	神奈川県
H002	高橋　四郎	G01	神奈川県	総務部	東京都
H003	鈴木　一郎	G03	三重県	製造部	愛知県
H004	田中　春子	G04	大阪府	開発部	大阪府
H005	渡辺　二郎	G03	愛知県	製造部	愛知県
H006	佐藤　三郎	G02	神奈川県	営業部	神奈川県

この表のうち、社員の住所と所属する部署の所在地が異なるのは以下の 2 行です。

社員 ID	氏名	部署コード	住所	部署名	所在地
H001	伊藤　花子	G02	神奈川県	営業部	神奈川県
H002	高橋　四郎	G01	神奈川県	総務部	東京都
H003	鈴木　一郎	G03	三重県	製造部	愛知県
H004	田中　春子	G04	大阪府	開発部	大阪府
H005	渡辺　二郎	G03	愛知県	製造部	愛知県
H006	佐藤　三郎	G02	神奈川県	営業部	神奈川県

したがって、設問の操作によって抽出される社員は以下の 2 名になります。

社員 ID	氏名	部署コード	住所	部署名	所在地
H002	高橋　四郎	G01	神奈川県	総務部	東京都
H003	鈴木　一郎	G03	三重県	製造部	愛知県

問 91　正解 エ　テクノロジ系／データベース　（令和元秋㊹）

排他制御は、あるデータの更新処理を行っている間、他のプログラムには更新処理の実行を待たせることで同時に更新処理が実行されることを防ぐ仕組みです。同じデータに対して同時更新を行うと、読み書きのタイミングによっては不整合や更新消失が発生する場合があるため、データベース管理システムでは更新処理時に表、ブロック、列といった単位でロックを掛けることでデータの一貫性が損なわれないように制御しています。ア．**改ざん防止機能**の説明です。イ．**スキーマ**の目的です。ウ．**認証**や**アクセス制御**の説明です。エ．正しい。排他制御の目的です。

問 92　正解 エ　テクノロジ系／システム構成要素　（平成 28 春㊵）

稼働率 R の機器 2 台が直列または並列に接続されているときに、そのシステム全体の稼働率は次の公式で求めることができます。

・直列（ ）…R^2　並列（ ）…$1 - (1 - R)^2$

システムを構成する装置は同一なので、装置の稼働率を 0.9 と仮定して（今回は装置の稼働率の仮値として 0.9 を使いましたが、$0 < R < 1$ を満たす値であれば稼働率の高低関係は同じになります）の全体の稼働率を計算することで高低の比較を行います。最初からシステム全体の稼働率を求めようとすると、計算が煩雑になってしまうため、あらかじめ部分要素である の稼働率を次のように計算しておくと楽になります。$1 - (1 - 0.9)^2 = 1 - 0.1 \times 0.1 = 0.99$ です。この数値を活用して各システム構成の稼働率を計算します。a．$0.9 \times 0.9 = 0.81$　b．$0.9 \times 0.99 = 0.891$

c．$1 - (1 - 0.9)(1 - 0.99) = 1 - 0.1 \times 0.01 = 1 - 0.001 = 0.999$ となります。したがって稼働率が高い順は「c、b、a」なので、「エ」が正解です。

問 93　正解 エ　テクノロジ系／基礎理論　（令和元秋㊿）

総当たり攻撃は、特定の文字数および文字種で設定される可能性のある組合せのすべてを試すことでパスワードの特定を試みる攻撃手法です。総当たり攻撃では最後の 1 回で一致したときに最大の試行回数となるので、最大の試行回数は設定可能なパスワードの総数と一致します。“0” から “9” の数字を使用する 4 桁のパスワードの総数が「$10 \times 10 \times 10 \times 10 = 10,000 = 10^4$ 個」であるのと同様の考え方で、“A” から “Z” の 26 種類の文字を使用できる 4 文字のパスワードの総数は「$26 \times 26 \times 26 \times 26 = 26^4$ 個」、26 種類の 6 文字では「26^6 個」になります。設問では、文字数を 4 文字から 6 文字に増やしたときに試行回数が何倍になるか問われています。26^6 を 26^4 で割って答えを求めます。26 の 6 乗 ÷ 26 の 4 乗 = 26 の 2 乗 = 676 倍となります。したがって「エ」が正解です。

問94　正解　エ　テクノロジ系／基礎理論　（令和元秋㉒）

5人の中から委員長1名を選ぶ方法は5通り、5人の中から書記1名は5通りです。委員長と書記の兼任が許されているため、委員長の選び方のそれぞれについて書記の選び方が5通りあることになります。したがって、選び方は「5通り×5通り＝25通り」です。ちなみに、兼任を許さない場合は5人から1名委員長を選び、残った4人から書記1名を選ぶことになるので「5通り×4通り＝20通り」の選び方があります。

問95　正解　ウ　テクノロジ系／基礎理論　（令和5㊻）

設問の表は以下のように見ます。

単位 枚

		機械学習モデルによる判定	
		不良品	良品
品質管理担当者による判定	不良品	5	5
	良品	15	75

①品質担当者が不良品と判定

②機械学習モデルが不良品と判定

品質管理担当者が不良品と判定した数は「5＋5＝10枚」です。そのうち②機械学習モデルも不良品と判定した数は5枚です。よって、再現率は、

5÷10＝0.50

したがって「ウ」が正解です。

問96　正解　ウ　テクノロジ系／アルゴリズムとプログラミング　（令和元秋㊷）

選択肢ごとに**PUSH操作**と**POP操作**のみで順番が実現可能か検証します。[ ]は装置の中の状態を表しています。横向きになっていますが左側を装置の底として考えてください。

ア．a，b，c　以下の手順で可能です。① PUSH a：[a]、② POP：[] → aを取り出す、③ PUSH b：[b]、④ POP：[] → bを取り出す、⑤ PUSH c：[c]、⑥ POP：[] → cを取り出す、となります。

イ．b，a，c　以下の手順で可能です。① PUSH a：[a]、② PUSH b：[a，b]、③ POP：[a] → bを取り出す、④ POP：[] → aを取り出す、⑤ PUSH c：[c]、⑥ POP：[] → cを取り出す、となります。

ウ．c，a，b　正しい。順番としてあり得ません。① PUSH a：[a]、② PUSH b：[a，b]、③ PUSH c：[a，b，c]、④ POP：[a，b] → cを取り出す、となります。次にaを取り出す必要がありますが、POP操作を行うとbが取り出されます。aはbより下に積まれているのでbより先に取り出すことができません。

エ．c，b，a　以下の手順で可能です。① PUSH a：[a]、② PUSH b：[a，b]、③ PUSH c：[a，b，c]、④ POP：[a，b] → cを取り出す、⑤ POP：[a] → bを取り出す、

⑥ POP：[] → a を取り出す、となります。

問97　正解　ア　テクノロジ系／アルゴリズムとプログラミング　（令和5 ⑥⓪）

プログラムをトレースしていくと以下の流れになります。

1. integerArray = {2, 4, 1, 3}
   integerArray の要素数＝4
   n を 1 から 3 (=4 − 1) まで外側のループ処理を繰り返す
2. n = 1 の外側のループ処理
   i. m を 1 から 3 (=4 − n) まで内側のループ処理を繰り返す
   ii. m=1 の内側のループ処理
      integerArray[1] = 2、integerArray[2] = 4
      2 > 4 は false なので、何も処理しない。
   iii. m=2 の内側のループ処理
      integerArray[2] = 4、integerArray[3] = 1
      4 > 1 は true なので、2 つの位置を入れ替える。
      ⇒ integerArray = {2, 1, 4, 3}
   iv. m=3 の内側のループ処理
      integerArray[3] = 4、integerArray[4] = 3
      4 > 3 は true なので、2 つの位置を入れ替える。
      ⇒ integerArray = {2, 1, 3, 4}
3. n = 2 の外側のループ処理
   i. m を 1 から 2 (=4 − n) まで内側のループ処理を繰り返す
   ii. m=1 の内側のループ処理
      integerArray[1] = 2、integerArray[2] = 1
      2 > 1 は true なので、2 つの位置を入れ替える。
      ⇒ integerArray = {1, 2, 3, 4}
   iii. m=2 の内側のループ処理
      integerArray[2] = 2、integerArray[3] = 3
      2 > 3 は false なので、何も処理しない。
4. n = 3 の外側のループ処理
   i. m を 1 から 1 (=4 − n) まで内側のループ処理を繰り返す
   ii. m=1 の内側のループ処理
      integerArray[1] = 1、integerArray[2] = 2
      1 > 2 は false なので、何も処理しない。

ループ処理が終了した時点で、配列 integerArray の要素は {1, 2, 3, 4} となっているので、先頭から順に出力すると「1, 2, 3, 4」が出力されます。したがって「ア」が正解です。

問 98　正解 イ テクノロジ系／アルゴリズムとプログラミング （令和 4 ㊳）

a. **CSV（Comma Separated Value）**は、「氏名 , 住所 , 生年月日」のように各項目値を “,（コンマ）” で区切って記述するデータ形式です。1 つの行が 1 件のデータを表します。**RSS（RDF Site Summary）**は、ブログやニュースサイト、電子掲示板などの Web サイトで、効率の良い情報収集や情報発信を行うために用いられる XML ベースの文書フォーマットの総称です。「コンマなどの区切り文字」とあるので、a には「CSV」が当てはまります。b. **JSON（JavaScript Object Notation：ジェイソン）**は、「{ パラメタ名 1: 値 1, パラメタ名 2: 値 2}」というように “:（コロン）” で連結したパラメタ名と値の組を “,（コンマ）” で区切って指定する形式です。**XML（eXtensible Markup Language）**は、ユーザーが独自に定義したタグを用いて文書構造を記述するマークアップ言語です。「マークアップ言語」とあるので、b には「XML」が当てはまります。したがって正しい組合せは「イ」です。

問 99　正解 エ テクノロジ系／ヒューマンインタフェース （令和元秋㊾）

トラックバックは、ブログシステムに備わるコミュニケーション機能の 1 つで、自分のブログに他人のブログのリンクを張ったときに、相手に対してその旨が自動的に通知される機能です。通知を受け取った側のブログは、その通知内容をもとにトラックバックコーナー内にリンク元ページへのリンクを自動で設置するので、2 つのページ間で相互リンクが張られるようになっています。**ア**. コメント投稿サービスの説明です。**イ**. ソーシャルブックマークの説明です。**ウ**. ソーシャルボタンの説明です。**エ**. 正しい。トラックバックの説明です。

問 100　正解 ア テクノロジ系／マルチメディア （平成 30 秋㊻）

ア. 正しい。**GIF（Graphics Interchange Format）**は、256 色以下の比較的色数の少ない静止画像 (イラストなど) を中心に扱う可逆圧縮形式の画像ファイルフォーマットです。JPEG と並んで歴史が長く、すべての Web ブラウザで標準サポートされています。背景の透過や、アニメーション (GIF 動画)、インタレースなどの拡張機能をもちます。**イ**. Joint Photographic Experts Group の略。デジタルカメラで撮影したフルカラー静止画像などを圧縮するのに一般的な画像ファイル方式です。**ウ**. Musical Instrument Digital Interface の略で “ ミディ ” と読みます。シンセサイザなどの電子楽器の演奏データや電子音源を機器間でデジタル転送するための世界共通規格です。**エ**. Moving Picture Experts Group の略。動画圧縮のフォーマットで、MPEG-1、MPEG-2、MPEG-4、MPEG-7 などの規格があります。

さらに過去問を解いてみよう

本試験では、事例を使った設問など、丸暗記では対応できない応用的な問題が増えています。こうした問題の対策として、過去問題を解くことをオススメします。

直近のものから3～6回程度を解くとよいでしょう。過去問題と解答については、情報処理推進機構の下記ウェブサイトにて公開されています。

●情報処理推進機構「過去問題（問題冊子・解答例）」
（https://www3.jitec.ipa.go.jp/JitesCbt/html/openinfo/questions.html）

本試験自体がCBT方式で行われることから、画面上で学習できるITパスポート試験ドットコムを活用することをおすすめしますが、本書では過去問5回分の解説PDFを提供しています（ITパスポート試験ドットコムに掲載されている解説と同内容です）。

以下に過去問の収録分を示しています。これ以降で情報処理推進機構から公表される過去問についても、刊行後2回分は、追加で提供を行う予定です。下記提供先から、各自ダウンロードして学習にご活用ください。

【収録過去問解説】
・令和5年度分
・令和4年度分
・令和3年度分
・令和2年度10月分
・令和元年度秋期分

●本書の過去問解説ダウンロード先
（https://www.itpassportsiken.com/pdf/download/）

※なお、追加の過去問解説提供サービスは予告なく終了する場合があります。予めご了承ください。

これだけ覚える！
重要用語 180

使い方 ①何度も読んで少しずつ覚える、②試験直前期の総まとめとして一問一答形式で使うなど、ご活用ください。

ストラテジ系

企業活動

□□	**SDGs** は、持続可能な開発目標（Sustainable Development Goals）のこと。2015年に国連サミットで採択された2030年までに達成されるべき社会・経済・環境に統合的に取り組む国際目標
□□	**第4次産業革命**とは、AIやIoTにより産業構造が変化すること
□□	**Society5.0** とは、サイバー空間（仮想空間）とフィジカル空間（現実空間）を高度に融合させたシステムによって、経済発展と社会的課題の解決を両立する人間中心の社会のこと

会計財務

□□	**売上総利益（粗利）**は、売上から原価を引いたもの
□□	**営業利益**とは、売上総利益（粗利）から販売費および一般管理費を引いたもの
□□	**経常利益**とは、営業利益から本業以外で得た利益（預けたお金に対する利息の受け取りなど）を加算、本業以外での費用（借りたお金に対する利息の支払い）を減算したもの
□□	**固定費**とは、売上の増減に関わらず固定的に必要な費用。オフィスの家賃や社員の給与など
□□	**変動費**とは、売上の増減によって変化する費用。原材料費や配送費など
□□	**損益分岐点**とは、売上と費用が一致する点で、儲けも損もない売上のこと
□□	**損益計算書（P/L）**とは、1年間の企業活動でどのくらいの利益があったのかを示す、企業の経営状態を表したもの
□□	**貸借対照表（B/S）**とは、ある時点での企業の財産状況を示したもの。左側に「資産」、右側に「負債と純資産」を記載する。資産とは現金化できる所有物であり、負債とは支払いが必要なもの。純資産は資産から負債を引いたもの
□□	**総資産利益率（ROA：Return on Assets）**とは、総資産を使ってどれだけ利益を得ているかを表したもの。当期純利益÷総資産（負債＋純資産）×100

□□	**自己資本利益率（ROE：Return on Equity）**とは、自己資本（株主による資金）を使ってどれだけ利益を得ているかを表したもの。当期純利益÷自己資本×100
□□	**投下資本利益率（投資利益率）（ROI：Return on Investment）**とは、投資に対してどれだけ利益を得ているかを表したもの。利益÷投下資本×100
□□	**売上高総利益率（粗利益率）**とは、売上高に対してどれだけの利益を得ているかを表したもの。売上総利益÷売上高×100
□□	**自己資本比率**とは、企業の安全性の指標として用いられるもの。総資本に対して自己資本（純資産）がどのくらい占めているかをみる。経営の安定度合いを示し、この値が高いほど良好。純資産÷総資本×100
法務	
□□	**著作権法の対象**には、音楽、映画、コンピュータプログラム（ソースコード）、OS、データベースなどが含まれる。アルゴリズム、プログラム言語、規約（コーディングのルール、プロトコル）は著作権の対象外。違法にアップロードされたコンテンツと知りながらダウンロードする行為は違法
□□	**不正アクセス禁止法の禁止行為**には、他人のIDやパスワードを入力したり、不正に取得や保管する行為、正当な理由なく他人のIDやパスワードを提供する行為、管理者になりすまし、IDやパスワード等の提供を要求する行為がある
□□	**資金決済法**は、SuicaやコンビニのATM、暗号資産などに関するお金のやりとりのルール。銀行以外のお金の受け渡しを安全に効率よく、便利に行うための法制度。暗号資産交換業者は、内閣総理大臣の登録を受けなければならない
□□	**個人情報**とは、生存する個人に関する情報で、氏名や生年月日、住所、電話番号などの記述により特定の個人を識別できるもの。個人識別符号（指紋や顔の画像といった身体の一部の情報、マイナンバーや免許証番号、年金番号といった公的な番号が含まれるもの）も含む
□□	**サイバーセキュリティ基本法**は、サイバーセキュリティを確保するために、「サイバーセキュリティ戦略や基本的施策」や「内閣にサイバーセキュリティ戦略本部を設置すること」などを規定した法律
□□	**エコーチェンバー**とは、ソーシャルメディアで起こる現象。価値観の似た者同士の中で、考え方の偏りが強まっていくこと
□□	**フィルターバブル**とは、検索履歴を基に自分の好みにあった情報が優先的に表示され、それ以外の情報から泡に包まれたように隔離される状態のこと
□□	**ISO 9000**とは、品質マネジメントシステムのこと。製品やサービスの品質を管理するための規格
□□	**ISO 14000**とは、環境マネジメントシステムのこと。環境を保護し、環境に配慮した企業活動を促進するための規格

□□	**ISO/IEC 27000**とは、情報セキュリティマネジメントシステムのこと。情報資産を守り、有効に活用するための規格
□□	**ISO 26000**とは、組織が社会的責任（環境保全や地域への貢献といった取組み）を実践するための手引
□□	**JIS Q 38500**とは、ITガバナンス（ITを効果的に活用して、情報システム戦略を実施する取組み）の責任者である経営者のためのガイド
経営戦略	
□□	**SWOT分析**とは、Strength（強み）、Weakness（弱み）、Opportunity（機会）、Threat（脅威）の頭文字をとった経営環境の分析手法のこと。市場や自社を取り巻く環境（機会、脅威）と自社の状況（強み、弱み）を分析し、ビジネス機会をできるだけ多く獲得するための経営戦略手法
□□	**PPM（Product Portfolio Management）**とは、自社の経営資源（ヒト、モノ、カネ、情報）の配分や事業の組合せ（ポートフォリオ）を決める手法。花形の市場成長率・占有率は共に高く、占有率を維持するためにさらなる投資が必要。金のなる木の市場成長率は低いが、占有率は高い。投資用の資金源となる。問題児の市場成長率は高いが、占有率が低い。占有率を高めて花形にするために投資を行うか、負け犬になる前に撤退を検討する。負け犬は、市場成長率、占有率ともに低いため市場からの撤退を検討する
□□	**VRIO分析**とは、自社の経営資源が、「強み」なのか「弱み」なのかを評価するためのフレームワークのこと。経営資源に対して、Value（経済的価値）、Rarity（希少性）、Inimitability（模倣困難性：他社がまねできないか）、Organization（組織：経営資源を積極的に活用できる組織か）の順に4つの項目に回答した結果で評価を行う
□□	**3C分析**とは、市場における3つのCであるCustomer（顧客）、Competitor（競合）、Company（自社）の要素を使って事業を行うビジネス環境を分析する手法
□□	**4P分析**とは、Product（製品）、Price（価格）、Promotion（販売促進）、Place（販売ルート）の頭文字をとったもの。4Pは売り手の視点に立ち、「何を」「いくらで」「どこで」「どのようにして」売るのかを決定する手法
□□	**4C分析**とは、Customer Value（顧客にとっての価値）、Cost（価格）、Convenience（利便性）、Communication（伝達）の頭文字をとったもの。4Cは買い手の視点に立ち「どんな価値のものを」「いくらで」「どこで」「どうやって知って」買ってもらうかを検討する手法
□□	**アンゾフの成長マトリクス**とは、企業が成長する上でとるべき戦略を整理したもの。「製品」と「市場」の2軸を設定し、それぞれの軸をさらに「既存」と「新規」に分ける。企業が向かう方向性として、既存製品を新たな市場に浸透させるための市場開拓、既存製品を既存の市場で成長させるための市場浸透、新たな製品を開発し、新たな市場に参入するための多角化、新たな製品を開発し、既存の市場で展開するための製品開発を表す
□□	**BSC（バランススコアカード）**とは、財務、顧客、業務プロセス、学習と評価の視点から業績評価を行う手法

□□	**CRM（顧客関係管理）**は、顧客情報を一元管理し、顧客と長期的に良好な関係を築き、満足度を向上させるためのシステム
□□	**SCM（供給連鎖管理）**とは、製造業などで自社と関係のある取引先企業を１つの組織として捉え、グループ全体で情報を一元管理し業務の効率化を図るためのシステム
□□	**ERP（企業資源計画）**とは、企業の経営資源（ヒト、モノ、カネ、情報など）を統合的に管理・配分し、業務の効率化や経営の全体最適を目指すシステム
□□	**SFA（営業支援システム）**は、企業の営業活動を支援し、業務効率化や売上アップにつなげるシステム

技術戦略

□□	**オープンイノベーション**とは、社外の技術やアイディア、サービスなどを組み合わせて新たな価値を生み出す手法
□□	**技術ロードマップ**とは、科学技術や工業技術の研究や開発に携わる専門家が、ある程度の科学的知見の裏付けのもと、その技術の現在から将来のある時点までの展望をまとめたもの
□□	**ハッカソン**とは、複数のソフトウェア開発者が一定時間会場などにこもって、プログラムを書き続け、そのアイディアや技能を競うイベント
□□	**デザイン思考**とは、アイディアを出し合い、形にしながら改良を加え、より良い結果を追い求めるための問題解決手法のこと

ビジネスインダストリ

□□	**ハルシネーション**とは、「幻覚」という意味。AI は、事実に基づかない、もっともらしいウソの情報を生成することがあるという事象
□□	**フィンテック（FinTech）**とは、Finance（金融）と テクノロジーを合わせた造語で、金融や決済サービスの IT 化のこと
□□	**暗号資産**とは、紙幣や硬貨のような現物を持たず、インターネット上でやりとりができる通貨
□□	**ロングテール**とは、EC サイトにおいて、たまにしか売れない商品群の売上合計が大きな割合を占めるという現象のこと
□□	**SEO（Search Engine Optimization）**とは、アクセス数の増加を狙うための施策で、Google や Yahoo! などの検索結果ページの上位に表示されるように工夫すること
□□	**eKYC（electronic Know Your Customer）**とは、本人確認手続をオンライン上だけで完結するしくみのこと

IoT システム

□□ テレマティクスとは、カーナビや GPS などの車載器と通信システムを利用してさまざまな情報やサービスを提供すること。位置情報だけでなく、運転の挙動を把握することができる

□□ CASE（Connected, Autonomous, Shared & Services, Electric）とは、Connected（コネクテッド）、Autonomous（自動運転）、Shared & Services（シェアリングとサービス）、Electric（電動化）を目指す、自動車業界の次世代に向けた戦略のこと

□□ MaaS（Mobility as a Service）とは、移動すること自体をサービスとして捉える考え。目的地を指定すると複数の移動手段が提示され、予約、決済も行えるアプリなどがある

システム戦略

□□ RPA（Robotic Process Automation）とは、データの入力や Web サイトのチェックなど PC の定型的な作業をソフトウェアで自動化するしくみ

□□ DFD（Data Flow Diagram）とは、システムで扱うデータの流れを表した図のこと。「源泉（データの発生元・行先）」「プロセス（処理）」「データストア（ファイルやデータベース）」「データフロー（データの流れ）」という記号を使い、データの流れや業務の全体像を明確にする

システム活用促進

□□ デジタルトランスフォーメーション（DX）とは、デジタル変革のこと。AI や IoT をはじめとしたデジタル技術を駆使して、新たな事業やサービスの提供、顧客満足度の向上を狙う取組み

□□ PoC（Proof of Concept）とは、「概念実証」や「コンセプト実証」の意。新しい技術や概念が実現可能か、本格的にプロジェクトを開始する前に試作品を作って検証すること

調達

□□ RFI（Request For Information）とは、発注先に対してシステム化の目的や業務概要を明示し、システム化に関する技術動向に関する情報などを集めるために情報提供を依頼すること

□□ RFP（Request For Proposal）とは、発注元が発注先の候補となる企業に対し、導入システムの要件や提案依頼事項、調達条件などを明示し、具体的な提案書の提出を依頼するための文書のこと

マネジメント系

ソフトウェア開発管理技術

□□ ウォーターフォールモデルとは、システム開発プロセスを要件定義からテストまで順番に行う開発手法のこと

□□	**プロトタイピングモデル**とは、開発の初期段階でプロトタイプと呼ばれる試作品を作成し、利用者に検証してもらうことで、後戻りを減らすための開発手法のこと
□□	**アジャイル**とは、小さな単位で作ってすぐにテストする、スピーディな開発手法。ドキュメントよりソフトウェアの作成を優先する
□□	**XP（エクストリームプログラミング）**では、開発者が行うべき具体的なプラクティス（実践）が定義されている。テスト駆動、ペアプログラミング、リファクタリングが含まれる
□□	**テスト駆動開発**では、小さな単位で「コードの作成」と「テスト」を積み重ねながら、少しずつ確実に完成させる
□□	**ペアプログラミング**とは、コードを書く担当とチェックする担当の２人１組でプログラミングを行う手法。ミスの軽減、作業の効率化が期待できる
□□	**リファクタリング**とは、動くことを重視して書いたプログラムを見直し、より簡潔でバグが入り込みにくいコードに書きなおすこと
□□	**スクラム**とは、コミュニケーションを重視したプロセス管理手法。短い期間の単位で開発を区切り、段階的に機能を完成させながら作り上げる
□□	**共通フレーム（Software Life Cycle Process）**とは、発注者と受注者（ベンダー）の間でお互いの役割や責任範囲、具体的な業務内容について認識に差異が生じないよう作られたガイドライン

プロジェクトマネジメント

□□	**プロジェクトスコープマネジメント**とは、プロジェクトの成果物と作業範囲を明確にする知識エリア
□□	**WBS（Work Breakdown Structure）**とは、プロジェクトの作業範囲から作業項目を洗い出し、細分化、階層化した図のこと
□□	**アローダイアグラム（PERT 図）**とは、各作業の関連性や順序関係を矢印を使って視覚的に表現した図。１日でも遅れるとプロジェクト全体に影響を与える経路をクリティカルパスという

サービスマネジメント

□□	**サービスレベル合意書（SLA）**とは、IT サービスの利用者と提供者の間で取り交わされる、IT サービスの品質に関する合意書。サービスの提供時間や障害復旧時間などを取り決めている
□□	**インシデント管理（障害管理）**では、システム障害などのインシデント（問題）を迅速に解決し、サービス停止時間を最小に留める
□□	**問題管理**では、インシデントの根本的な原因を追究し、恒久的な対策を行う
□□	**構成管理**とは、ハードウェアやソフトウェア、仕様書や運用マニュアルなどのドキュメントと、その組合せを最新の状態に保つこと

□□	**変更管理**とは、IT サービス全体に対する変更作業を効率的に行い、変更作業によるインシデントを未然に防ぐこと
□□	**リリース管理**では、変更管理のうち本番環境への移行が必要となるものを安全、無事にリリースする
□□	**バージョン管理**では、ファイルの変更履歴をバージョンとして保存し管理する
□□	**チャットボット**とは、AI を使った自動会話プログラム。オペレータに代わって AI が質問に回答する

システム監査

□□	**情報セキュリティ監査**とは、情報資産に対して、適切なリスクコントロールが実施されているかどうかを判断すること
□□	**システム監査**とは、情報システム全体に対して、適切なリスクコントロールが実施されているかどうかを判断すること。開発、運用、保守までの情報システムに係るあらゆる業務が監査対象となる
□□	**システム監査人の条件**とは、監査対象から、独立かつ客観的な立場であり、客観的な視点から公正な判断を行うこと
□□	**IT ガバナンス**とは、IT を効果的に活用して、情報システム戦略の実施を管理、統制する取組み

テクノロジ系

基礎理論

□□	**活性化関数**とは、AI に利用されるニューラルネットワークの処理において、入力された値を基に計算し、次のニューロンに渡す値を出力するしくみのこと
□□	**基盤モデル**とは、AI が学習する際に、大量のデータで事前学習したモデルのこと。応用力が高く、その後の学習によって音声認識や画像認識などさまざまな用途に適応できる

ネットワーク

□□	**OSI 基本参照モデル**とは、ISO が策定した、7 層からなるネットワークアーキテクチャ（通信手順を階層構造で定義したもの）
□□	**TCP/IP 階層モデル**とは、OSI 基本参照モデルを簡略したモデル。4 層からなり、インターネットなどのコンピュータネットワークで標準的に利用されている
□□	**HTTP** とは、インターネット閲覧用のプロトコル（規約、約束ごと）のこと
□□	**HTTPS** とは、インターネット閲覧用のプロトコルで通信の暗号化とサーバの認証を行う。S は SSL/TLS
□□	**SMTP** とは、メール送信、転送用のプロトコルのこと

□□	**POP** とは、メール受信用のプロトコルのこと。メールはサーバからダウンロードして管理する
□□	**IMAP** とは、メール受信用のプロトコルのこと。メールはサーバ上で管理する
□□	**MIME** とは、メールに画像、ファイルなどを添付するためのプロトコルのこと
□□	**S/MIME** とは、メールを暗号化するプロトコルのこと
□□	**FTP** とは、ファイル転送用のプロトコルのこと
□□	**NTP** とは、サーバ間で時刻を同期するためのプロトコルのこと。サーバのアクセスログ（記録）を収集する際に必要となる
□□	**TCP** とは、再送機能があり、データを確実に転送するためのプロトコルのこと
□□	**IP** とは、ネットワーク上のコンピュータの場所（IP アドレス）を定義するためのプロトコルのこと
□□	**IEEE 802.11x** とは、無線 LAN 用のプロトコルのこと
□□	**DHCP** とは、端末に IP アドレスを自動で割り当てるしくみのこと
□□	**DNS** とは、www.xx.co.jp のようなドメイン名と IP アドレスを変換するしくみのこと
□□	**NAT** とは、IP アドレスを効率的に使うしくみのこと。LAN 内で使用するプライベート IP アドレスとインターネットで使用するグローバル IP アドレスを変換する
□□	**ポート番号**とは、端末で動作しているアプリケーションを特定する番号のこと。 例）HTTP は 80
□□	**IP アドレス**とは、端末を特定する情報のこと。IPv4（10 進数・32 ビット）と IPv6（16 進数・128 ビット、暗号化機能）がある
□□	**グローバル IP アドレス**は、インターネット上で一意なアドレスのこと
□□	**プライベート IP アドレス**は、LAN 内で一意なアドレスのこと
□□	**MAC アドレス**は、ネットワーク内の通信装置（有線、無線）に割り振られている世界中で一意な番号のこと
□□	**ルータ／L3 スイッチ**とは、LAN 間通信のための装置のこと。IP アドレスでデータの転送先を識別する
□□	**ブリッジ・L2 スイッチ**とは、LAN 内のデータを転送する装置のこと。MAC アドレスで転送先を識別する。VLAN（仮想 LAN）は L2 スイッチの機能を使って、ポートごとに仮想的なネットワークに分割すること
□□	**リピータ／ハブ**とは、電気信号を中継する装置のこと。接続されている端末すべてに同じデータを転送する
□□	**NFC（Near Field Communication）**は、最長十数 cm 程度までの至近距離無線の規格。RFID（IC タグ）と専用の読み取り装置間の通信に利用される

□□	**BLE（Bluetooth Low Energy）**は、近距離無線の規格であり、IoT 向け、省電力、低速が特徴。通信範囲は 10 ～ 400 メートル前後で通信速度は最大 1Mbps
□□	**LPWA（Low Power Wide Area）**は、遠距離通信の規格であり、IoT 向け、省電力、低速が特徴。通信範囲は最大 10km、通信速度は 250Kbps 程度

セキュリティ

□□	**SSL/TLS** とは、通信の暗号化とサーバを認証するプロトコルのこと
□□	**プロキシ**は、「代理」の意味で LAN 内の PC の代わりにインターネットに接続するサーバであり、コンテンツフィルタリング機能を持つ
□□	**ファイアウォール**とは、社外からの不正な通信を遮断するためのしくみ
□□	**DMZ** は、ファイアウォールと社内のネットワークの間に設置する公開エリアのこと。Web サーバなどを設置する
□□	**IDS（Intrusion Detection System：侵入検知システム）/IPS（Intrusion Prevention System：侵入防止システム）**とは、ふるまいやデータ量が不正な通信を検知／遮断するシステムのこと
□□	**WAF（Web Application Firewall）**とは、Web アプリケーションの脆弱性を突いた攻撃から、Web サーバを守るためのしくみのこと
□□	**VPN（Virtual Private Network）**は、仮想的な専用ネットワークのこと。事業所間の LAN など遠隔地との接続などに利用される。**IP-VPN** は通信事業者の回線を利用するため、セキュリティや帯域（速度）が確保されており、**インターネット VPN** はインターネット回線を利用するためコストは安いが、盗聴や改ざんのリスクが高くなる
□□	**共通鍵暗号方式**では、暗号化と復号で同じ鍵（共通鍵）を使用する。暗号化と復号の処理が高速となる
□□	**公開鍵暗号方式**では、暗号化と復号で異なる鍵を使用し、暗号化する鍵（公開鍵）を公開し、復号する鍵（秘密鍵）を秘密にする。鍵の受け渡しも容易
□□	**ハイブリッド暗号方式**は、共通鍵暗号方式と公開鍵暗号方式のメリットを組み合わせた方式のこと。平文は高速な共通鍵で暗号化し、共通鍵を受信者の公開鍵で暗号化して安全に受信者へ渡す
□□	**デジタル署名**とは、ハッシュ関数（データを固定長のビット列に変換するしくみ。同じデータからは同じビット列が生成される）を使って、データが改ざんされていないこと、送信者がなりすましではないことを証明する技術のこと
□□	**タイムスタンプ（時刻認証）**とは、ファイルの更新日時以降変更されていないことを証明する技術のこと
□□	**デジタル証明書**とは、公開鍵とその所有者を証明するしくみ

□□	**ブロックチェーン**は、暗号資産「ビットコイン」の基幹技術。データの偽装や改ざんを防ぐしくみ
□□	**SMS 認証**とは、SMS（ショートメッセージサービス：携帯電話の番号宛てに短いテキストメッセージを手軽に送受信できるサービス）による本人確認の手法のこと
□□	**生体認証（バイオメトリクス認証）**とは、身体的特徴（指紋、顔、網膜、声紋など）や行動的特徴（筆跡やキーストローク）によって個人を特定する技術のこと
□□	**認証局（CA：Certification Authority）**とは、デジタル証明書を発行する専門機関のこと。デジタル証明書には、改ざんを防ぐために認証局のデジタル署名が付与されている
□□	**コンピュータ・ウイルス**は、プログラムに寄生して、自分自身の複製や拡散を行う
□□	**ボット**とは、処理を自動化するソフトウェアのこと。ボット化した PC は外部からの遠隔操作が可能になり、一斉攻撃などの手段として悪用される
□□	**スパイウェア**は、個人情報などを収集して、盗み出す。キーロガーも含まれる
□□	**ランサムウェア**は、データを暗号化するなど使えない状態にし、元に戻す代わりに金銭を要求する
□□	**ワーム**は、プログラムに寄生せずに自分自身を複製でき、拡散を行う
□□	**トロイの木馬**は、害のないプログラムを装いつつ、バックドア（裏口）の設置などを行う
□□	**マクロウイルス**とは、文書作成や表計算ソフトのマクロ機能を悪用したマルウェア
□□	**ファイルレスマルウェア**は、ファイルを持たないマルウェア。メモリ上にダウンロードして動作する
□□	**クロスサイトスクリプティング（XSS）**は、Web アプリケーションの画面表示処理の脆弱性をついた攻撃のこと。悪意のあるスクリプト（プログラム）を Web ブラウザで実行し、個人情報などを盗み出す
□□	**クロスサイトリクエストフォージェリ（CSRF）**とは、Web ブラウザからの要求（リクエスト）処理の脆弱性を突いた攻撃のこと。偽の画面からの要求を正規の利用者からの要求に偽造して実行することで、悪意のある書き込みや高額商品の購入処理が行われる
□□	**SQL インジェクション**とは、Web アプリケーションのデータベース処理の脆弱性をついた攻撃のこと。入力画面で SQL コマンドを入力し、データベース内部の情報を不正に操作する
□□	**クリックジャッキング**とは、利用者を視覚的にだまして特定の操作をさせる攻撃のこと。罠用の画面の上に商品購入などの画面を透明にして重ね合わせ、利用者は罠画面でクリックしたつもりが、商品購入などの処理が実行される

□□	**ディレクトリ・トラバーサル**とは、Webサーバ内のディレクトリ（フォルダ）を移動し、本来非公開のファイルにアクセスする攻撃手法のこと
□□	**ドライブバイダウンロード**とは、WebブラウザやOSなどの脆弱性をついた攻撃のこと。Webサイトに不正なソフトウェアを隠しておき、サイトの閲覧者がアクセスすると自動でダウンロードさせる
□□	**中間者（Man In The Middle）攻撃**とは、無線LAN通信などで利用者とWebサイトの通信の間に攻撃者が入り込み、データを盗聴したり改ざんしたりする攻撃のこと
□□	**MITB（Man In The Browser）攻撃**とは、利用者のWebブラウザを乗っ取り、Webサイトとの通信を盗聴したり改ざんする攻撃のこと。マルウェアの感染によって起こる
□□	**セッションハイジャック**とは、セッション管理（ログインしている利用者を識別するしくみ）の脆弱性をついた攻撃のこと。利用者情報が不正に取得され、利用者になりすまして処理が実行される
□□	**DNSキャッシュポイズニング**は、DNSのキャッシュサーバの仕組みを悪用した攻撃のこと。攻撃者がキャッシュサーバを偽情報に書き換える（汚染される）と偽情報によって悪意のあるサーバに誘導され、機密情報を盗まれる
□□	**DoS（サービス妨害）攻撃**とは、大量の通信を発生させてサーバをダウンさせ、サービスを妨害する攻撃のこと
□□	**DDoS攻撃（分散型DoS攻撃）**とは、ボット化して遠隔操作が可能になった複数の端末からサーバに一斉に通信を発生させ、ダウンさせてサービスを妨害する攻撃のこと
□□	**第三者中継**とは、メールサーバを狙った攻撃のこと。メールサーバの設定が、インターネット上の誰からでも送信できるようになっていると、大量の広告メールを送りつけるスパムメール送信の踏み台として利用される
□□	**IPスプーフィング**とは、攻撃元を特定できないようにするために、送信元のIPアドレスを偽装して通信を行う攻撃のこと
□□	**ゼロデイ攻撃**とは、OSやソフトウェアの脆弱性が発見されてから、開発者による修正プログラムが提供される日より前にその脆弱性を突く攻撃のこと
□□	**クリプトジャッキング**とは、暗号資産に関する攻撃のこと。マイニング（取引の情報などを計算する処理）を第三者のコンピュータを使って行わせる。コンピュータの処理速度の大幅な低下や過負荷による停止などが発生する
□□	**フィッシング詐欺**とは、インターネット上で行われる詐欺の一種のこと。実在する有名企業をかたるメールを送信し、本物を装った偽のサイト（フィッシングサイト）へ誘導し、そこで口座情報やクレジットカード情報などを盗み取る

□□	**プロンプトインジェクション攻撃**とは、生成 AI に対して、悪意のある指示を行い、開発者の意図しない回答や動作を起こさせる攻撃
□□	**敵対的サンプル（Adversarial Examples）**とは、機械学習モデルに間違った予測をさせるために、ノイズ（不要な情報）を入力すること
□□	**不正のトライアングル（機会・動機・正当化）**とは、不正が発生する 3 つの要因をまとめたもの。不正行為の分析や再発防止策の検討に活用される

コンピュータ

□□	**RAM** とは、電源を切断すると記憶内容が失われる揮発性メモリのこと
□□	**DRAM** とは揮発性メモリで、処理速度は遅いが記憶容量は大きい。メインメモリに利用される
□□	**SRAM** とは揮発性メモリで、処理速度は高速だが記憶容量は小さい。キャッシュメモリに利用される
□□	**ROM** とは、電源を切断しても記憶内容が消去されない不揮発性メモリのこと
□□	**フラッシュメモリ**では、電気を使ってデータの消去や読み書きを行う。ROM の一種で、SSD や USB メモリや SD カードなどに利用されている
□□	**メインメモリ**では、プログラムが処理をしている間に使うデータなどを一時的に格納する。キャッシュメモリの次に高速
□□	**キャッシュメモリ**とは、CPU とメインメモリの速度の違いを吸収して、処理を高速化するための揮発性メモリ。CPU に近いほうから「一次キャッシュメモリ」、「二次キャッシュメモリ」と呼ぶ。キャッシュメモリは、より高速でより小容量
□□	**SSD（Solid State Drive）**はフラッシュメモリで、ハードディスクに代わる補助記憶装置。高速、省電力、衝撃や振動に強い。不揮発性。記憶容量は、数十 GB ～数 TB。メインメモリの次に高速である
□□	**デュアルシステム**とは、同じシステムを 2 組用意して同じ処理を並列して行い、結果を照合する処理方式のこと。片方のシステムが故障した場合、故障したシステムを切り離して処理を継続する
□□	**デュプレックスシステム**とは、同じシステムを 2 組用意して、一方を予備機として、通常は主系のシステムで処理を行うこと。主系のシステムが故障した場合、予備機に切り替えて処理を継続する
□□	**ホットスタンバイ**とは、予備機をいつでも切り替えられるように起動しておく方式のこと
□□	**コールドスタンバイ**とは、切り替え時に予備機の起動から行う方式のこと
□□	**VM（Virtual Machine：仮想マシン）**とは、1 台のコンピュータ上で複数のサーバを仮想的に動作させる技術のこと

□□	**VDI（Virtual Desktop Infrastructure：デスクトップ仮想化）**とは、デスクトップを仮想的に動作させる技術のこと。サーバ内に用意された仮想デスクトップでOSやアプリケーションが動作し、利用者のPCには画面情報だけが転送される
□□	**RAID**とは、複数のハードディスクをまとめて1台のハードディスクとして認識させ、処理速度や可用性を向上させる技術のこと
□□	**RAID0**では、データを決まった長さで分割し、複数のディスクにデータを分散して記録する（ストライピング）。処理速度が向上する
□□	**RAID1**では、複数のディスクに鏡のように同じデータを同時に記録する（ミラーリング）。可用性が向上する
□□	**RAID5**では、データの他に障害発生時の復旧用データ（パリティ）を複数のディスクに分散して記録する（分散パリティ付きストライピング）。処理速度、可用性が向上する

データベース

□□	**正規化**とは、データの重複がないようにテーブルを適切に分割し、データの更新時に不整合を防ぐためのしくみ
□□	**E-R図**とは、システムで扱うデータ（エンティティ）とその関連（リレーション）を表した図のこと。主にデータベースにデータを格納するときの設計図として使われる
□□	**バックワードリカバリ（ロールバック：後退復帰）**とは、障害発生時にコミットしていないトランザクションを、更新前ログを使ってトランザクション開始時点の状態に戻すこと
□□	**フォワードリカバリ（ロールフォワード：前進復帰）**とは、障害発生時に、チェックポイント以降にコミットしたトランザクションを、トランザクションの更新後ログをもとに再実行して、障害発生直前の状態にすること

INDEX

数字

2 進数……70, 74
2 進数の計算……72
2 相コミットメント……310
2 分探索法……64
3C 分析……224, 232
4C 分析……232
4G……88
4P 分析……232
5G……88, 94
16 進数……74

A・B・C・D

AAC……56
A/B テスト……44
ABC 分析……48
ACID 特性……310
AI……26, 30, 32
AI・データの利用に関する契約ガイドライン……156
AI 利活用ガイドライン……32
AML・CFT……258
API……67
API エコノミー……246
ASP……146
AVI……57
B/S……204
BCM……192
BCP……192
BIOS……290
BI ツール……38
BLE……88, 93
Bluetooth……88, 272
Blu-ray……271
BMP……56
BPM……144
BPMN……144
BPR……144
BSC……236
BtoB……254
BtoC……254
CA……126
CAD……252
CAL……212
CASE……260
CDN……250
CEO……194
CFO……194
ChatGPT……30
Chrome OS……290
CIO……194
CISO……194
CMMI……168
CMYK……314
CNN……28
CRL……126
CRM……238
CSF……236
CSIRT……114
CSR……188
CSS……86
CS 調査……234
CTO……194
CtoC……254
CVC……244
C 言語……66
C++……66
DaaS……146
DBMS……304
DDoS 攻撃……106
DDR3 SDRAM……270
DDR4 SDRAM……270
DevOps……162
DFD……144
DHCP……84
DIMM……270
DisplayPort……272
DLP……118
DMZ……118
DNS……84
DNS キャッシュポイズニング……106
DoS 攻撃……106
DRAM……270
DTP……56
DX……22

E・F・G・H

EA……142
eKYC……258
ELSI……136
EPS……56
ERP……240
E-R 図……144, 306
ESSID……90
ETC……248
FAQ……176
FIFO……68
FinTech……256
FMS……252
Fortran……66
FTP……78
GAN……28
GDPR……136
GIF……56
GIS……248
GIS データ……40
GPU……268
H.264……57
H.265……57
HDMI……272
HEMS……262
HITL……34
HRM……190
HR テック……190
HTML……86
HTTP/HTTPS……78

I・J・K・L

IaaS……146
IDS……118
IEC……222
IEEE……222
IF……300
IMAP……78
IoT エリアネットワーク……92

IoT セキュリティガイドライン……128
IPS……118
IP アドレス……80
IP スプーフィング……106
IrDA……272
ISMS……112
ISO……222
ISO/IEC 27000……223
ISO/IEC 38500……223
ISO 14000……223
ISO 26000……223
ISO 9000……223
ITIL……174
ITS……248
IT ガバナンス……184, 223
JAN コード……222
Java……66
JavaScript……66
J-CSIP……114
JIS……222
JIS Q 38500……223
JIT……252
JPEG……56
JSON……66, 304
J アラート……250
KPI……236
LAN……76, 81
LIFO……68
LLM……28
LPWA……88, 93

M・N・O・P

M&A……228
MaaS……260
MAC アドレス……80
MAC アドレスフィルタリング……90
MBO……190
MDM……120
MIDI……56
MIMO……96
MITB 攻撃……104
MOT……242
MP3……56
MP4……57
MPEG……57
MRP……253
MTBF……282
MTTR……282
NAS……279
NAT……80
NFC……272
NoSQL……304
NTP……78
OEM……228
OFF-JT……190
OJT……190
OODA ループ……192
OS……290
OSI 基本参照モデル……76
OSS……302
OtoO……254
P/L……200
PaaS……146
PC……266
PCI DSS……120
PCM……56
PDCA サイクル……112
PDF……56
PDS……136
PL 法……216
PMBOK……170
PoC……24
POP……78
POS……248
ppi……314
PPM……224
Python……66

Q・R・S・T

QR コード……222
R……66
RAD……164
RAID……278
RAM……270
RAT……100
RFI……156
RFID……248, 272
RFM 分析……232
RFP……156
RNN……28
ROA……208
ROE……208
ROI……208
ROM……270
RPA……148
SaaS……146
SCM……238
SDGs……188
SDN……94
SECURITY ACTION……114
SEO……256
SFA……250
SGML……86
SIEM……118
SIM……96
SLA……174
SMS 認証……124
SMTP……78
SOC……114
Society5.0……22
SO-DIMM……270
SoE……142
SoR……142
SPAM メール……100
SPOC……176
SQL……308
SQL インジェクション……102
SRI……188
SSD……271
SSL/TLS……118
SWOT 分析……224
TCO……286
TCP/IP……78
TCP/IP 階層モデル……76
TIFF……56
TOC……240
TPM……120
TQC/TQM……240

U・V・W・X

UML……162
UPS……178
URL……84
USB……272
USB メモリ……271
UX……54
UX デザイン……54
VC……244
VDI……275
VLAN……82
VM……274
VPN……119
VRIO 分析……226
W3C……222
WAF……118
WAN……81
WAV……56
WBS……172
Web API……67
Web アクセシビリティ……150
Web 会議……150
Wi-Fi……88
WPS……90
XML……86
XP……166

あ行

アウトソーシング……146
アカウント……292
アカウントアグリゲーション……258
アクセシビリティ……150
アクセス制御……304
アクセスポイント……90
アクチュエータ……92
アクティベーション……212
アジャイル……166
後入れ先出し法……68
アドホック・モード……90
アノテーション……41
アフィリエイト……256
アプリケーション層……76
アライアンス……228
アルゴリズム……58, 64
アローダイアグラム……172
暗号化……122
暗号資産……218
アンゾフの成長マトリクス……234
アンロック……311
意匠権……210
異常値……41
一般データ保護規則……136
イニシャルコスト……286
イノベーションの障壁……245
イノベーションのジレンマ……244
インターネット層……76
インターネットバンキング……256
インデックス……306
インフォグラフィック……54
ウェアラブルデバイス……262, 266
ウォーターフォールモデル……164
受入テスト……158
請負契約……214
売上原価率……208
売上総利益……200
売上高総利益率……208
運用コスト……286
営業秘密……212
営業利益……200
エコーチェンバー……134
エクストリームプログラミング……166
エスカレーション……176
エッジコンピューティング……92
演算装置……266
エンタープライズサーチ……142
オープンイノベーション……244
オープンソースソフトウェア……213, 302
オープンデータ……24
オピニオンリーダー……234
オブジェクト指向……162
オプトインメール広告……256
オペレーティングシステム……290
オムニチャネル……233
音声処理……56
オンプレミス……146
オンライントレード……256

か行

回帰テスト……160
回帰分析……46
会計監査……180
階層型組織……194
外部キー……306
過学習……26
可逆圧縮……56
拡張現実……262, 314
拡張子……294
確定モデル……43
確率モデル……43
仮説検定……44
活性化関数……26
稼働率……282, 284
カニバリゼーション……230
カプセル化……162
株主総会……188
加法混色……314
可用性……112
可用性管理……174
カレントディレクトリ……294
間隔尺度……42
監査証拠……182
関数……300
完全性……112
ガントチャート……172
カンパニー制組織……194
かんばん方式……252
ガンブラー……100
官民データ活用推進基本法……24
管理図……48
キーバリューストア……304
キーロガー……100
記憶装置……266
機械学習……26
木構造……68
擬似言語……60
技術ポートフォリオ……242
基数……70
基数変換……70

機能要件定義……154
揮発性メモリ……270
規模の経済性……230
機密性……112
キャズム……245
キャッシュ……84
キャッシュフロー計算書……206
キャッシュメモリ……270
キャッシュレス決済……256
キュー……68
行……306
脅威……98
強化学習……26
共起キーワード……52
教師あり学習……26
教師なし学習……26
共通鍵暗号方式……90, 122
共通フレーム……168
業務監査……180
業務要件定義……154
行列……42
切捨て……300
近接……54
金融商品取引法……218
クイックソート……64
クーリング・オフ制度……216
クライアントサーバシステム……276
クライアント証明書……126
クラウドファンディング……256
クラス……162
クラスタ……278
クラッキング……98
グラフィックス処理……314
グラフ指向データベース……304
グラフ理論……42
グリーンIT……178
グリーン調達……156
クリックジャッキング攻撃……102
クリティカルパス……172
クリプトジャッキング……108
グローバルIPアドレス……80
クロスサイトスクリプティング……102
クロスサイトリクエストフォージェリ……102
クロスセクションデータ……40
クロスメディアマーケティング……233
クロック周波数……268
経営理念……188
経験曲線……230
継承……162
経常利益……200
系統図……48
ゲーミフィケーション……150
結合……308
欠損値……41
検疫ネットワーク……118
限定提供データ……212
減法混色……314
コア……268
コアコンピタンス……228
公益通報者保護法……220
公開鍵暗号方式……122
効果的な学習方法……28
合計……300
更新……308
構造化インタビュー……48
構造化シナリオ法……54
構造化手法……162
構造化データ……40
コーチング……190
コーディング……158
コーディング標準……66
コーポレートガバナンス……220
国際電気標準会議……222
国際標準化機構……222
誤差……42
故障率……282
個人情報……130
個人情報保護委員会……130
個人情報保護法……130
国家戦略特区……24
固定比率……208
コネクテッドカー……260
コミット……310
コモディティ化……230
コンカレントエンジニアリング……252
コンシューマ向けIoTセキュリティガイドライン……129
コンセプトマップ……52
コンテナ型……274
コンテンツフィルタリング……118
コンピュータ・ウイルス……100
コンプライアンス……188, 220

さ行

サージ防護……178
サーバ……266
サーバ証明書……126
サーバの仮想化……274
サービスデスク……176
サービスマネジメントシステム……176
サービスレベル管理……174
サービスレベル合意書……174
再帰的ニューラルネットワーク……28
在庫回転期間……196
在庫回転率……196
在庫管理……196
最小……300
最小二乗法……46
最大……300
最適化問題……42
サイバー空間……22
サイバー攻撃……114
サイバーセキュリティ基本法……130
サイバーセキュリティ経営ガイドライン……138
サイバーフィジカルシステム……250
サイバー・フィジカル・セキュリティ対策フレームワーク……138
サイバー保険……114
サイバーレスキュー隊……114
最頻値……46
裁量労働制……214
先入れ先出し法……68
削除……308
サブスクリプション契約……212
サブルーチン……66

差分バックアップ……296
産業財産権……210
算術演算……72
散布図……46
シェアリングエコノミー……148
シェープファイル……52
自家発電装置……178
事業部制組織……194
資金決済法……218
シグニファイア……54
資源管理……292
自己資本比率……208
自己資本利益率……208
字下げ……66
四捨五入……300
辞書攻撃……102
システムインテグレーション……146
システム化基本方針……152
システム化計画……152
システム化構想……152
システム監査……180
システム監査基準……182
システム監査計画書……182
システム監査報告書……182
システム設計……158
下請法……216
シックスシグマ……240
実用新案権……210
シミュレーション……42
射影……308
社会的責任……188, 223
社会的責任投資……188
尺度……42
シャドー IT……98
集中処理……274
住民基本台帳
ネットワークシステム……250
準委任契約……214
主キー……306
出力装置……266
順序尺度……42
障害回復……304
使用許諾契約……212
商標権……211
情報銀行……136
情報公開法……220
情報セキュリティ委員会……114
情報セキュリティ監査……180
情報セキュリティ管理基準……138
情報セキュリティポリシー……112
情報セキュリティ
マネジメントシステム……112
情報デザイン……54
情報メディア……56
初期コスト……286
職能別組織……194
職務の分掌……184
ショルダーハッキング……98
シンクライアント……275
シングルサインオン……124
人工知能……26
人工知能学会倫理指針……32
人的セキュリティ対策……116
信頼できる AI のための
倫理ガイドライン……32
親和図法……198
垂直統合……230
水平統合……230
数値解析……42
スーパーシティ……24
スキミングプライシング……234
スクラム……166
スケジュールマネジメント……172
スコープマネジメント……172
スタック……68
ステークホルダー……171
スパイウェア……100
スパイラルモデル……164
スマートグリッド……250
スマートデバイス……266
スマート農業……260
スマートファクトリー……262
スマートメータ……250, 262
スループット……280
制御装置……266
静止画像処理……56
脆弱性……98
生成 AI……30, 130, 210
製造物責任法……216
生体認証……124
性能テスト……158
正の相関……46
税引前当期純利益……200
整列……54, 64
セキュアブート……120
セキュリティバイデザイン……128
セキュリティホール……98
セッション層……76
セッション・ハイジャック……104
絶対参照……298
絶対パス……294
説明変数……46
セル……298
セル生産方式……252
セルフレジ……248
ゼロデイ攻撃……108
線形代数……42
線形探索法……64
センサー……92
全数調査……44
選択……308
選択ソート……64
相関分析……46
総資産利益率……208
相対参照……298
相対パス……294
相対見積……160
挿入……308
増分バックアップ……296
層別抽出……44
ソーシャルエンジニアリング……98
ソーシャルメディアポリシー……134
ソフトウェア……266
ソフトウェア設計……158
ソフトウェアライセンス……212
ソリューションビジネス……146
損益計算書……200
損益分岐点……202
損益分岐点売上高……203

た行

ダークウェブ……98
ターンアラウンドタイム……280
第１種の誤り……44
大規模言語モデル……28
第三者中継……106
貸借対照表……204
耐タンパ性……120
ダイナミックプライシング……234
第２種の誤り……44
対比……54
タイムスタンプ……124
第４次産業革命……22
ダイレクトマーケティング……232
タスク管理……292
タスクフォース……194
畳み込みニューラルネットワーク……28
他人受入率……124
タブレット……266
多要素認証……124
タレントマネジメント……190
探索……64
単純無作為抽出……44
単体テスト……158
チェックポイント……312
中央値……46
中間者攻撃……104
中小企業の情報セキュリティ対策ガイドライン……138
調達……156
著作権……210
著作権法……210
地理情報システム……248
提案書……156
ディープフェイク……34
ディープラーニング……27
定期発注方式……196
ディスクロージャ……188
定量発注方式……196
ディレクトリ……294
ディレクトリ・トラバーサル攻撃……104
データウェアハウス……38
データ駆動型社会……22
データ構造……68
データサイエンス……36
データサイエンティスト……36
データ操作……304
データの正規化……306
データベース……306
データマイニング……38
データリンク層……76
データ連携基盤……24
テーブル……306
テキストマイニング……36
敵対的サンプル……108
敵対的生成ネットワーク……28
デザイン思考……246
デザインの原則……54
テザリング機能……82
デシジョンテーブル……198
デジタル社会形成基本法……25
デジタル証明書……126
デジタル署名……124
デジタルタトゥー……134
デジタルツイン……250
デジタルディバイド……150
デジタルトランスフォーメーション……22
デジタルフォレンジックス……120
テスト駆動開発……166
デッドロック……311
デバイスドライバ……272
デバッグ……158
デフォルトゲートウェイ……82
デュアルシステム……276
デュプレックスシステム……276
テレマティクス……95
テレワーク……148
転移学習……28
電子透かし……120
電子マーケットプレイス……254
投下資本利益率……208
動画処理……57
当期純利益……200
統合テスト……158
同時実行制御……304
ドキュメント指向データベース……304
特性要因図……48
独占禁止法……216
特定商取引に関する法律……216
特定デジタルプラットフォームの透明性及び公正性の向上に関する法律……218
特定電子メール……132
匿名加工情報……130
度数分布表……50
特化型 AI……30
特許権……210
ドメイン名……84
ドライブバイダウンロード……104
トランザクション……310
トランスポート層……76
トロイの木馬……100
ドローン……260
トロッコ問題……34

な行

内部統制……184
流れ図……58
名寄せ……40
ニッチ戦略……228
二分木……68
日本産業規格……222
入出力管理……292
ニューラルネットワーク……26
入力装置……266
人間中心設計……54
人間中心の原則……32
認証技術……122
認証局……126
ネットワークアーキテクチャ……76
ネットワークインタフェースカード……82
ネットワークインタフェース層……76
ネットワーク層……76
ネットワーク組織……194
ノーコード……67

は行

バーチャルリアリティ……314
ハードウェア……266
ハードディスク……271
バイアス……34, 44
排他制御……304
バイト……74
ハイパーバイザ型……274
ハイブリッド暗号方式……122
配列……62
ハウジングサービス……146
箱ひげ図……50
外れ値……40
パスワードリスト攻撃……102
ハッカソン……244
バックアップ……296
バックキャスティング……246
バックドア……100
バックプロパゲーション……26
バックワードリカバリ……312
バッチ処理……274
ハブ……82
ハフマン法……264
パブリックドメインソフトウェア……213
バブルソート……64
バランススコアカード……236
バリューエンジニアリング……236
バリューチェーンマネジメント……238
ハルシネーション……34
パレート図……48
範囲の経済性……230
半構造化インタビュー……48
半導体メモリ……271
ハンドオーバー……96
販売管理費……200
反復……54
汎用 AI……30
汎用コンピュータ……266
ピアツーピア……276
ビーコン……94
ヒートマップ……50
非可逆圧縮……56
非機能要件定義……154
ピクトグラム……55
非構造化インタビュー……48
非構造化データ……40
ビジネスメール詐欺……98
ビジネスモデルキャンバス……246
ビジネスモデル特許……210
ヒストグラム……50
ビッグデータ……38, 40
ビット……74
否定……300
ピボットテーブル……298
秘密鍵暗号方式……122
ヒューマンインザループ……34
表……306
標準偏差……46
標的型攻撃……108
標本……44
標本調査……44
平文……122
比例尺度……42
品質特性……158
ファイアウォール……118
ファイル管理……292
ファイルレスマルウェア……101
ファインチューニング……28
ファクトチェック……134
ファブレス……228
ファンクションポイント法……160
フィールド……306
フィールドワーク……48
フィジカル空間……22
フィッシュボーンチャート……48
フィッシング詐欺……108
フィルターバブル……134
フィルタリング……134
フィンテック……256
フールプルーフ……288
フェイクニュース……134
フェールセーフ……288
フェールソフト……288
フォールトアボイダンス……288
フォールトトレラント……288
フォワードリカバリ……312
負荷テスト……160
不揮発性メモリ……270
復号……122
負債比率……208
不正アクセス禁止法……130
不正競争防止法……212
不正指令電磁的記録に関する罪……132
プッシュ戦略……233
物理層……76
物理的セキュリティ対策……116
負の相関……46
プライバシーバイデザイン……128
プライベート IP アドレス……80
プラグアンドプレイ……272
ブラックボックステスト……160
フラッシュメモリ……271
フリーソフトウェア……213
フリーミアム……254
ブリッジ……82
ブルーオーシャン戦略……228
ブルートフォース攻撃……102
プル戦略……233
フルバックアップ……296
ブレーンストーミング……198
ブレーンライティング……198
プレゼンテーション層……76
フレックスタイム制……214
フローチャート……58
プロキシ……84
プロキシサーバ……118
プログラミング……158
プログラム言語……66
プロジェクト憲章……170
プロセスイノベーション……242
ブロックチェーン……120, 249
プロトタイピングモデル……164
プロバイダ責任制限法……132
プロファイル……292
プロンプトインジェクション攻撃……108
プロンプトエンジニアリング……28

分割表……50
分散処理……274
ペアプログラミング……166
ペアレンタルコントロール……134
平均……300
平均値……46
ヘイトスピーチ……134
並列処理……274
ページランク……42
ベクター形式……314
ベクターデータ……56
ベクトル……42
ペネトレーションテスト……120
ペネトレーションプライシング……234
ペルソナ法……246
偏差値……46
ベンチマーキング……230
ベンチマーク……280
変動費率……202
ポートスキャン攻撃……106
ポート番号……80
保守……160
母集団……44
ホスティングサービス……146
ホスト型……274
ボット……100
ボリュームライセンス契約……212
ホワイトボックステスト……158
本人拒否率……124

ま行

マーケティングミックス……232
マイナポータル……250
マイナンバーカード……250
マクロウイルス……100
マシンビジョン……262
マトリックス図……52
マトリックス組織……194
マルチコアプロセッサ……268
マルチタスク……292
マルチブート……290
マルチモーダルAI……30
水飲み場型攻撃……108
密度の経済性……230
見積書……156
無向グラフ……42
無停電電源装置……178
名義尺度……42
命名規則……66
メインメモリ……270
メインルーチン……66
メジアン……46
メタデータ……40
メモリ管理……292
メンタリング……190
メンタルヘルス……191
モード……46
目的変数……46
モザイク図……50
モジュール……66
モデル化……43
モバイルファースト……86
モバイルワーク……148

や行・ら行・わ行

やり取り型攻撃……108
有意水準……44
有向グラフ……42
ユーザーエクスペリエンス……54
ユーザー管理……292
ユーザビリティ……54
ユニバーサルデザイン……54
要件定義……154, 158
ライブマイグレーション……278
ライブラリ……67
ライン生産方式……252
ラスター形式……314
ラスターデータ……56
ランサムウェア……100
ランダム性……31
ランレングス法……264
リードタイム……196
リーンスタートアップ……246
リーン生産方式……252
リサイクル法……218
リスク……110
リスクアセスメント……110
リスト……68
リテンション……191
リバースエンジニアリング……164
リピータ……82
リファクタリング……166
流動比率……209
利用者認証……124
リレーショナルデータベース……304
倫理的・法的・社会的な課題……136
類推見積法……160
ルータ……82
ルート証明書……126
ルートディレクトリ……294
レーダーチャート……52
レガシーシステム……152
レコード……306
レジスタ……268
レスポンスタイム……280
列……306
レプリケーション……274
労働基準法……214
労働契約法……214
労働者派遣法……214
ローコード……67
ローミング……96
ロールバック……310
ログデータ……40
ロジスティクス……238
ロングテール……254
論理演算……72
論理積……73, 300
論理和……72, 300
ワークエンゲージメント……191
ワークフロー……144
ワーム……100
ワイヤレス充電……262
ワンタイムパスワード……124

【著者紹介】
丸山紀代（まるやま　のりよ）
IT講師。システム開発会社での汎用機システムやECサイトの開発を経て、現在はJava、Pythonプログラミング研修を中心に登壇している。また、ITパスポート・基本情報技術者・応用情報技術者といった情報処理技術者試験対策講師としても活躍しており、オンライン学習サイトSchooやWebセミナーDeliveruで基本情報技術者、応用情報技術者対策コースを担当。例えやイメージを使った講義がわかりやすいと定評がある。

【協力者紹介】
ITパスポート試験ドットコム
ITパスポート試験の解説No.1を目指し、「いつでも・どこでも」をコンセプトにPCやスマートフォンで過去問学習ができるWebサイト。2009年から最新回まで2,000問を超える問題と解説が無料で利用でき、学習管理システムの「過去問道場®」（@kakomon_doujou）は多数の資格試験で人気を博している。多くの情報処理技術者試験に独学で合格してきた管理人が1問1問丁寧に解説しており、企業や教育機関等における多数の利用実績がある。

ITパスポート試験ドットコム（https://www.itpassportsiken.com/）

この1冊で合格！
丸山紀代のITパスポート テキスト&問題集　令和6年度版

2023年12月18日　初版発行

著者／丸山 紀代
協力／ITパスポート試験ドットコム
発行者／山下 直久
発行／株式会社KADOKAWA
〒102-8177　東京都千代田区富士見2-13-3
電話　0570-002-301（ナビダイヤル）

印刷所／株式会社暁印刷
製本所／株式会社暁印刷

●お問い合わせ
https://www.kadokawa.co.jp/（「お問い合わせ」へお進みください）
※内容によっては、お答えできない場合があります。
※サポートは日本国内のみとさせていただきます。
※Japanese text only

定価はカバーに表示してあります。

ISBN 978-4-04-606697-8 C3055